AutoCAD 辅助设计宝典

麓山文化　主编

江苏科学技术出版社

图书在版编目(CIP)数据

AutoCAD辅助设计宝典/麓山文化主编. —南京：
江苏科学技术出版社，2013.9
（凤凰建筑数字设计师系列）
ISBN 978-7-5537-1895-8

Ⅰ.①A… Ⅱ.①麓… Ⅲ.①建筑设计—计算机辅助
设计—AutoCAD软件 Ⅳ.①TU201.4

中国版本图书馆CIP数据核字(2013)第202007号

凤凰建筑数字设计师系列
AutoCAD辅助设计宝典

主 编	麓山文化
责 任 编 辑	刘屹立
特 约 编 辑	李小英

出 版 发 行	凤凰出版传媒股份有限公司
	江苏科学技术出版社
出版社地址	南京市湖南路1号A楼，邮编：210009
出版社网址	http://www.pspress.cn
总 经 销	天津凤凰空间文化传媒有限公司
总经销网址	http://www.ifengspace.cn
经 销	全国新华书店
印 刷	天津紫阳印刷有限公司

开 本	787 mm×1 092 mm　1/16
印 张	29.25
字 数	712 000
版 次	2014年1月第1版
印 次	2014年1月第1次印刷

标 准 书 号	ISBN 978-7-5537-1895-8
定 价	65.00元

内 容 提 要

本书是一本供 AutoCAD 新手使用的学习宝典。本书的作者通过将软件技术与行业应用相结合,系统、全面地讲解了软件的各项功能,以及使用该软件进行建筑、室内和园林设计的方法。

本书共分为六篇 20 章:第一篇为基础入门篇(第 1 章和第 2 章),介绍了 AutoCAD 2014 的基本知识及基本操作;第二篇为二维绘图篇(第 3 章和第 4 章),介绍了二维图形的绘制和编辑等知识;第三篇为效率提高篇(第 5~9 章),介绍了面域与图案填充、图块与外部参照、查询与辅助工具、资源管理工具等提升绘图效率工具的使用;第四篇为打印和注释篇(第 10~12 章),讲解了为图形添加尺寸标注、文字和表格注释的方法,以及打印输出图形的方法;第五篇为三维绘图篇(第 13~16 章),讲解了三维图形的创建与编辑的方法;第六篇为行业应用篇(第 17~20 章),也是综合实战篇,分别介绍了 AutoCAD 在建筑设计、室内设计、园林设计和工业产品设计行业领域中的应用方法和技巧。

本书讲解细致,内容实用,可作为广大 AutoCAD 初学者和爱好者学习 AutoCAD 的指导教材。对各专业技术人员来说也是一本不可多得的参考手册。

前　言

■　**AutoCAD 软件简介**

　　AutoCAD 是美国 Autodesk 公司开发的专门用于计算机辅助绘图与设计的一款软件,具有界面良好、功能强大、易于掌握、使用方便和体系结构开放等特点。在室内装潢、建筑施工、园林土木等领域有着广泛的应用。作为第一个引进中国市场的 CAD 软件,经过 20 多年的发展和普及,AutoCAD 已经成为国内使用最广泛的 CAD 应用软件。

■　**本书特点**

　　本书是一本中文版的 AutoCAD 2014 的自学宝典。全书结合大量的工程实例,让读者在绘图实践中轻松掌握 AutoCAD 2014 的基本操作和技术精髓。总的来说,本书具有以下特色。

零点快速起步, 绘图技术全面掌握	本书从 AutoCAD 的基本操作界面讲起,由浅入深,逐渐深入,结合软件特点和行业应用安排了大量实例,让读者在绘图实践中轻松掌握 AutoCAD 2014 的基本操作和技术精髓
案例贴身实战, 技巧原理细心解说	本书所有案例精彩实用,都包含相应工具和功能的使用方法和技巧。在一些重点和要点处,还添加了大量的提示和技巧讲解,以帮助读者理解和加深认识,从而真正掌握操作方法,并达到举一反三、灵活运用的目的
四大应用领域, 行业应用全面接触	本书实例涉及的行业应用领域包括建筑设计、室内设计、园林设计、工业设计等常见绘图领域,使广大读者在学习 AutoCAD 的同时,可以从中积累相关经验,能够了解和熟悉不同领域的专业知识和绘图规范
大量制作实例, 绘图技能快速提升	本书的每个案例均经过作者精挑细选,具有典型性和实用性,具有重要的参考价值,读者可以边做边学,从新手快速成长为 AutoCAD 绘图高手
高清视频讲解, 学习效率轻松翻倍	本书的配套光盘收录了全书所有实例的高清语音视频教学,可以在家享受专家课堂式的讲解,成倍提高学习兴趣和效率

■　**关于光盘**

　　本书所附光盘的内容分为以下两大部分。

".dwg"格式图形文件	".mp4"格式动画文件
本书所有实例和用到的或完成的".dwg"图形文件都按章节收录在"素材"文件夹下,图形文件的编号与章节的编号是一一对应的,读者可以调用和参考这些图形文件	本书所有实例的绘制过程都收录成了".mp4"有声动画文件,并按章节收录在附盘的"MP4\第01～16 章"文件夹下,编号规则与".dwg"图形文件相同

■　**本书作者**

　　本书由麓山文化组织编写,具体参与编写的有陈志民、陈运炳、申玉秀、李红萍、李红艺、李红术、陈云香、陈文香、陈军云、彭斌全、林小群、刘清平、钟睦、江凡、张洁、刘里锋、朱海涛、廖博、喻文明、易盛、陈晶、张绍华、黄柯、何凯、黄华、陈文轶、杨少波、杨芳、刘有良等。

　　由于作者水平有限，书中错误、疏漏之处在所难免。在感谢您选择本书的同时，也希望您能够把对本书的意见和建议告诉我们。

　　联系信箱：lushanbook@qq.com

编　者
2014 年 1 月

目　　录

第一篇
基础入门篇

第1章

AutoCAD 2014 快速入门

本章简要介绍了 AutoCAD 的发展历程、新增功能、工作空间和工作界面以及绘图环境的设置等内容,使读者在具体学习 AutoCAD 2014 之前,对该软件有一个全面的了解和认识,为本书后面的深入学习打下坚实的基础。

1.1 认识 AutoCAD

AutoCAD 是美国 Autodesk 公司开发的著名计算机辅助设计软件,是当今最优秀、最流行的辅助设计软件之一。自 20 世纪 80 年代 Autodesk 公司推出 AutoCAD V1.0 以来,由于其具有简便易学、精确高效等优点,一直深受广大工程设计人员的青睐。迄今为止,AutoCAD 历经了十余次的扩充与完善,如今它已经在航空航天、造船、建筑、机械、电子、化工、美工、轻纺等很多领域得到了广泛应用,具体可概括为以下几个方面。

工程制图:建筑工程、装饰设计、环境艺术设计、水电工程、土木施工等。

工业制图:精密零件、模具、设备等。

服装加工:服装制版。

电子工业:印刷电路板设计。

随着 AutoCAD 功能的不断加强和 CAD 辅助设计技术应用的逐步深入,AutoCAD 将会在更多的行业中得到更为广泛的应用。

1.2 AutoCAD 2014 新增功能

AutoCAD 2014 是 AutoCAD 的最新版本,除继承以前版本的优点以外,还增加了一些新的功能,使绘图更加方便快捷。

1.2.1 新增功能标签栏

标签栏由多个文件选项卡组成,可以方便地切换和管理图形文件,单击标签栏中的【文件选项卡】,就能实现文件之间的快速切换。

单击【文件选项卡】右侧的"+"号能快速新建文件,在【标签栏】空白处单击鼠标右键,系统会弹出快捷菜单,内容包括新建、打开、全部保存和全部关闭,如图 1-1 所示。如果选择【全部关闭】命令,就可以关闭标签栏中的所有文件,而不会关闭 AutoCAD 2014 软件。【文件选项卡】是以文件打开的顺序来显示的,可以通过拖动选项卡来更改它们之间的位置。

图 1-1　标签栏

1.2.2　在命令行直接调用图案填充

　　AutoCAD 2014 对常用的图案填充操作进行了简化,可以直接在命令行中输入要填充的图案的名称,并按回车键,根据命令行的提示,就可以在绘图区拾取填充区域,对图形进行图案填充,而无需首先调用【图案填充】命令,再对图形进行图案填充的操作。

　　例如填充名称为 ANSI31 的图案,可在命令行进行如下操作。

```
输入 HPNAME 的新值＜"ANSI31"＞:　ANSI31　　　//直接输入图案名称,调用图
　案填充命令
命令:_HATCH
拾取内部点或 [选择对象(S)/放弃(U)/设置(T)]:正在选择所有对象…　　　//拾取填
　充区域
正在选择所有可见对象...
正在分析所选数据...
正在分析内部孤岛...
拾取内部点或 [选择对象(S)/放弃(U)/设置(T)]:　　　//填充图案
```

1.2.3　倒角命令增强

　　AutoCAD 2014 之前的版本调用【倒角】命令后,只能对不平行的两条独立直线进行倒角处理,如果要对多段线进行倒角,要先调用【分解】命令,分解多段线,再进行倒角。AutoCAD 2014 正好解决了这一难题,可以直接对多段线进行倒角。

1.2.4　圆弧命令功能增强

　　AutoCAD 2014 之前的版本调用【圆弧】命令绘制圆弧时,必须按正确顺序指定圆心(或是起点)、端点,才能绘制正确方向的圆弧。在 AutoCAD 2014 中,绘制圆弧时可以按住 Ctrl 键切换圆弧的方向,大大提高了绘图的效率。

1.2.5　图层管理器功能增强

4

　　AutoCAD 2014 在【图层特性管理器】中新增了【将选定图层合并到】选项,如图 1-2

所示。选择该选项后,系统弹出如图 1-3 所示【合并到图层】对话框,在对话框中选择目标图层,再单击【确定】按钮,即可完成图层的合并。

图 1-2　调用图层合并命令

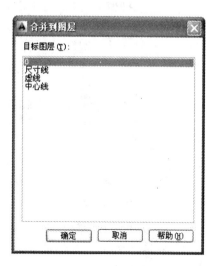

图 1-3　【合并到图层】

1.2.6　外部参照功能增强

在 AutoCAD 2014 中加强了外部参照图形的线型和图层的显示功能。外部参照线型不再显示在功能区或属性选项板上的线型列表中,外部参照图层仍然会显示在功能区中,以便你可以控制它们的可见性,但它们已不在属性选项板中显示。

执行【插入】|【外部参照】命令,系统弹出【外部参照】对话框,选择添加的外部参照,在其上单击鼠标右键,再在弹出的快捷菜单中选择【外部参照类型】,在其子菜单中可以实现附着和覆盖之间的切换,如图 1-4 所示。

外部参照选项板包含了一个新工具,它可以轻松地将外部参照路径更改为【绝对】或【相对】路径,如图 1-5 所示。也可以完全删除路径,XREF 命令包含了一个新的 PATH-TYPE 选项,可通过脚本来自动完成路径的改变。

1.2.7　命令行自动更正功能

当 AutoCAD 2014 的命令行中输入错误命令时,系统不会再提示"未知命令",而是会自动更正成最接近且有效的 AutoCAD 命令。例如,如果你输入了 TABEL,那就会自动启动 TABLE 命令。

1.3　AutoCAD 2014 工作空间

根据不同的用户需求,AutoCAD 2014 提供了 4 种不同的工作空间:草图与注释、三维基础、三维建模和 AutoCAD 经典,用户可以根据自己的绘图习惯和绘图内容,灵活选

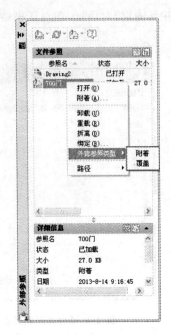

图 1-4 【附着】和【覆盖】间的切换

图 1-5 设置【绝对】或【相对】路径

择相应的工作空间。

1.3.1 切换工作空间

切换工作空间的方法有以下几种。

☞菜单栏:执行【工具】|【工作空间】命令,在弹出的子菜单中进行选择,如图 1-6 所示。

☞列表框:单击打开默认工作界面上的【切换工作空间】列表框 AutoCAD 经典 ，在弹出的下拉列表中选择所需工作空间,如图 1-7 所示。

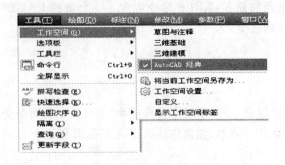

图 1-6 菜单选择

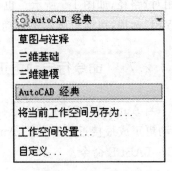

图 1-7 列表选择

☞工具栏:在【工作空间】工具栏的工作空间列表框中进行选择,如图 1-8 所示。

☞状态栏:单击状态栏【切换工作空间】按钮 ,在弹出的菜单中进行选择,如图 1-9 所示。

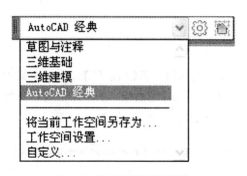

图1-8 【工具栏】下拉菜单

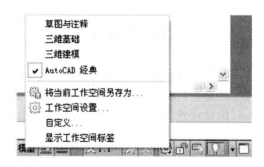

图1-9 【切换工作空间】按钮

1.3.2 AutoCAD 经典空间

为了照顾老版本的 AutoCAD 用户，AutoCAD 2014 提供了经典空间，该工作空间界面与 AutoCAD 的传统界面比较相似，其界面主要有【菜单浏览器】按钮、快捷访问工具栏、菜单栏、标签栏、工具栏、文本窗口与命令行、状态栏等元素，如图1-10所示。

1.3.3 草图与注释空间

AutoCAD 2014 默认的工作空间为【草图与注释】空间。其界面主要由【菜单浏览器】按钮、【功能区】选项板、【快速访问】工具栏、绘图区、命令行窗口和状态栏等元素组成。在该空间中，可以方便地使用【默认】选项卡中的【绘图】、【修改】、【图层】、【标注】、【文字】和【表格】等面板绘制和编辑二维图形，如图1-11所示。

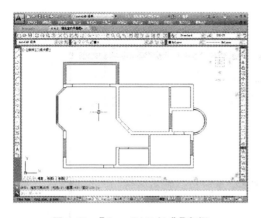

图1-10 【AutoCAD 经典】空间

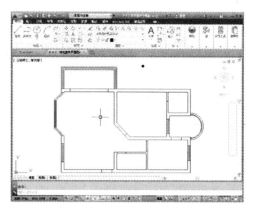

图1-11 【草图与注释】空间

1.3.4 三维基础空间

在【三维基础】空间中，能够非常方便地创建简单的基本三维模型，其功能区提供了各种常用三维建模、布尔运算以及三维编辑工具按钮，如图1-12所示。

7

1.3.5 三维建模空间

【三维建模】空间的界面与【草图与注释】空间的界面相似。其【功能区】选项板中集中了【三维建模】、【视觉样式】、【光源】、【材质】、【渲染】和【导航】等面板，为绘制和观察三维图形、附加材质、创建动画、设置光源等操作提供了非常便利的条件，如图 1-13 所示。

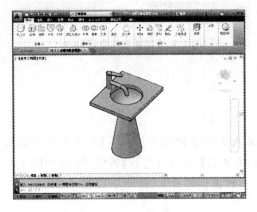
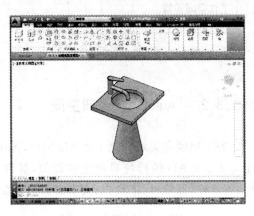

图 1-12 【三维基础】空间   图 1-13 【三维建模】空间

1.4 AutoCAD 2014 工作界面

AutoCAD 2014 默认工作界面为【草图与注释】空间界面，如图 1-14 所示。该界面主要由【菜单浏览器】按钮、【快速访问】工具栏、功能区、标签栏、绘图区、命令行、状态栏等部

图 1-14 AutoCAD 2014 默认工作界面

分组成。

【草图与注释】空间界面使用更为智能、灵活的功能区面板取代【AutoCAD 经典】空间的菜单栏和工具栏，以满足快速调用命令的需求。

1.4.1 菜单浏览器

【菜单浏览器】按钮 位于窗口的左上角，单击该按钮，可以展开 AutoCAD 2014 用于管理图形文件的命令，如新建、打开、保存、打印、输出及浏览用过的文件等。

用户可以通过菜单浏览器浏览文件和缩略图，并了解详细的图形尺寸和文件创建者信息。

1.4.2 【快速访问】工具栏

【快速访问】工具栏位于标题栏的左上角，它提供了常用的快捷按钮，可以给用户提供更多的方便。默认状态下它由 7 个快捷按钮组成，依次为：新建、打开、保存、另存为、打印、放弃和重做等，如图 1-15 所示。

图 1-15 【快速访问】工具栏

1.4.3 标题栏

标题栏位于 AutoCAD 绘图窗口的最上端，【快速访问】工具栏的右侧，它显示了系统正在运行的应用程序和用户正打开的图形文件的信息。

1.4.4 菜单栏

菜单栏位于标题栏的下方，包括【文件】、【编辑】、【视图】、【插入】、【格式】、【工具】、【绘图】、【标注】、【修改】、【参数】、【窗口】、【帮助】共 12 个菜单，几乎包含了所有的绘图命令和编辑命令。

除【AutoCAD 经典】空间外，其他三种工作空间默认不显示菜单栏，以节省屏幕空间。如果需要在这些工作空间中显示菜单栏，可以单击【快速访问】工具栏右端的下拉按钮，在弹出的菜单中选择【显示菜单栏】命令，如图 1-16 所示。

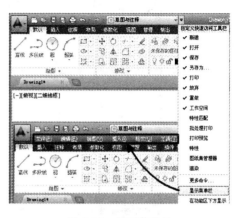

图 1-16 显示菜单栏

1.4.5　标签栏

标签栏位于功能区的下侧，用于文件的切换和管理，AutoCAD 2014 新增功能中已经介绍了标签栏的功能，这里不再赘述。

1.4.6　功能区

功能区是一种智能的人机交互界面，它用于显示与绘图任务相关的按钮和控件，存在于【草图与注释】、【三维建模】和【三维基础】空间中。【草图与注释】空间的功能区选项卡包含了【默认】、【插入】、【注释】、【布局】、【参数化】、【视图】、【管理】、【输出】、【插件】、【Autodesk 360】等，如图 1-17 所示。每个选项卡包含有若干个面板，每个面板又包含许多由图标表示的命令按钮，系统默认的是【默认】选项卡。

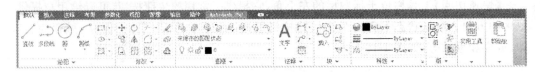

图 1-17　功能区

1.4.7　绘图区

绘图区是屏幕上的一大片空白区域，是用户进行绘图的主要工作区域，如图 1-18 所示。用户所进行的操作过程，以及绘制完成后的图形都会直接反映在绘图区。绘图区实

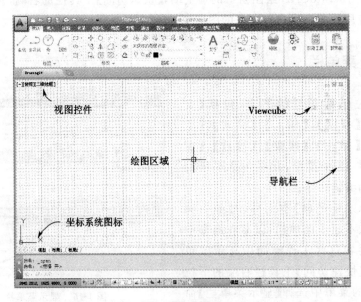

图 1-18　绘图区

际上是无限大的,用户可以通过缩放、平移等命令来观察绘图区的图形。

在绘图区的左下角显示有一个坐标系图标,默认情况下,该坐标系为世界坐标系(World Coordinate System,WCS)。另外,在绘图区内还有一个十字光标,其交点为光标在当前坐标系中的位置。当移动鼠标时,可以改变光标的位置。

绘图区右上角同样也有【最小化】、【最大化】和【关闭】3 个按钮。在 AutoCAD 中同时打开多个文件时,可通过这些按钮来切换和关闭图形文件。

在 AutoCAD 2014 中,绘图区的左上方有 3 个快捷功能控件,可以快速地修改图形的视图方向和视觉样式,如图 1-19 所示。

图 1-19   快捷功能控件菜单

1.4.8   命令行

命令行位于绘图窗口的底部,用于接收和输入命令,并显示 AutoCAD 提示信息,如图 1-20 所示。

AutoCAD 文本窗口的作用和命令窗口的作用一样,它记录了对文档进行的所有操作。文本窗口的界面默认不显示,需要时可以通过按 F2 键调取,如图 1-21 所示。

注意:输入命令之后,必须回车表示确认,本书用"↙"符号表示回车。

图 1-20   命令行窗口

1.4.9   状态栏

状态栏位于界面的底部,它可以显示 AutoCAD 当前的状态,如图 1-22 所示。

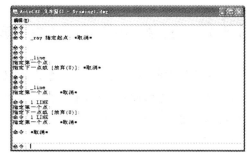

图 1-21   AutoCAD 文本窗口

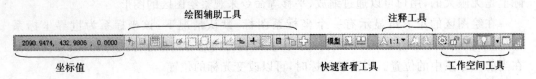

图 1-22 状态栏

1. 坐标值

光标坐标值显示了绘图区中光标的位置。移动光标,坐标值也会随之变化。

2. 绘图辅助工具

该工具主要用于控制绘图的性能,其中包括推断约束、捕捉模式、栅格显示、正交模式、极轴追踪、对象捕捉、三维对象捕捉、对象捕捉追踪、允许/禁止动态 UCS、动态输入、显示/隐藏线宽、显示/隐藏透明度、快捷特性和选择循环等工具。

3. 快速查看工具

使用其中的工具可以方便地预览打开的图形,以及打开图形的模型空间与布局,并在其间进行切换。图形将以缩略图形式显示在应用程序窗口的底部。

4. 注释工具

该工具用于显示缩放注释的若干工具。对于模型空间和图纸空间,将显示不同的工具。当图形状态栏打开后,将显示在绘图区域的底部;当图形状态栏关闭时,图形状态栏上的工具移至应用程序状态栏。

5. 工作空间工具

该工具用于切换 AutoCAD 2014 的工作空间,以及对工作空间进行自定义设置等操作。

1.5 综合实例

本节通过具体的实例,巩固前面介绍的知识,使读者能熟练掌握 AutoCAD 2014 的一些基本操作,方便以后的设计和绘图。

1.5.1 在【草图与注释】工作空间调出菜单栏

(1)单击【快速访问】工具栏中的【新建】按钮，新建空白文件。

(2)单击【工作空间】列表框右侧的下拉按钮，在【自定义快速访问工具栏】下拉列表中选择【显示菜单栏】选项,如图 1-23 所示。

(3)结束操作,菜单栏即显示在【草图与注释】工作空间中,如图 1-24 所示。

1.5.2 在【快速访问】工具栏添加修剪工具

(1)在【快速访问】工具栏空白处单击鼠标右键,在弹出的快捷菜单中选择【自定义访问工具栏】命令,系统弹出【自定义用户界面】对话框,如图 1-25 所示。

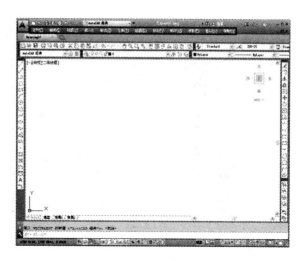

图 1-23　选择命令　　　　　　　　　　图 1-24　显示菜单栏

（2）单击【所有文件中的自定义设置】链接，打开所有自定义文件列表，展开其中的【快速访问】工具栏，如图 1-26 所示，即可看到【快速访问】工具栏中所有的工具选项。

图 1-25　【自定义用户界面】对话框　　　图 1-26　打开自定义设置列表

（3）拖动对话框右侧的滚动条，选择【工具栏】|【修改】|【修剪】选项，如图 1-27 所示。

（4）在最下面的命令列表中，按住鼠标左键将【修剪】命令拖动至【快速访问工具栏】列表中，如图 1-28 所示。

（5）单击对话框中的【应用】按钮，在【快速访问】工具栏中即可看到新添加的【修剪】命令按钮，如图 1-29 所示。

（6）在工具按钮上单击鼠标右键，选择【删除】命令，即可将该按钮从【快速访问】工具栏上删除，如图 1-30 所示。

技巧：直接在【快速访问】工具栏按钮上单击鼠标右键，在弹出的快捷菜单中选择【从快速访问工具栏中删除】命令，可以快速删除该工具按钮。

图 1-27　选择添加的命令按钮

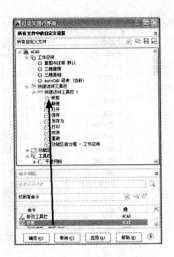

图 1-28　添加命令按钮

图 1-29　在【快速访问】工具栏中添加【修剪】命令

图 1-30　删除【快速访问】工具栏按钮

第2章

AutoCAD 2014 基本操作

在对 AutoCAD 有一个全面的了解和认识之后,本章即开始讲解 AutoCAD 2014 的基本操作,包括命令的调用方法、命令行的操作、文件和视图的操作等,熟练掌握这些基本操作,是灵活使用 AutoCAD 的根本保证。

2.1   AutoCAD 命令的调用方法

命令调用是进行 AutoCAD 绘图工作的基础,AutoCAD 命令调用的方法有以下 5 种。

☞命令行:键盘输入调用命令。例如,在命令行输入 OFFSET/O,并按回车键,即可调用【偏移】命令。

☞菜单栏:使用菜单栏调用命令。例如,执行【修改】|【偏移】命令,调用【偏移】命令。

☞工具栏:使用工具栏调用命令。例如,单击【修改】工具栏中的【偏移】按钮 ,调用【偏移】命令。

☞功能区:在非 AutoCAD 经典工作空间,可以通过单击功能区各面板上的按钮执行命令。例如,单击功能区【默认】选项卡下【绘图】面板中的【多段线】按钮 ,即可调用【多段线】命令。

☞快捷菜单:在相应区域单击鼠标右键,在弹出的快捷菜单中选择命令。

2.1.1   菜单栏调用命令

通过菜单栏调用命令是最直接以及最全面的方式,对于新手来说它比其他的命令调用方式更加方便与简单。除了【AutoCAD 经典】空间以外,其余 3 个绘图空间在默认情况下没有菜单栏,需要用户自己调出。

【课堂举例 2-1】:绘制正六边形

(1)执行【文件】|【新建】命令,新建空白文件,再切换【AutoCAD 经典】空间为当前绘图空间。

(2)执行【绘图】|【多边形】命令,绘制外接圆半径为 60 的正六边形,如图 2-1 所示,命令行提示如下所示。

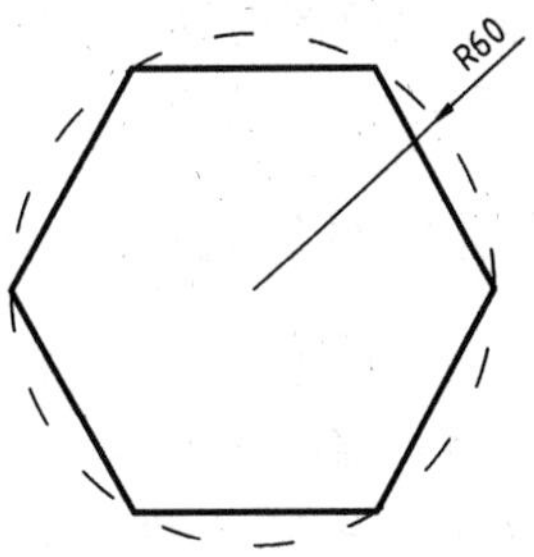

图 2-1   正六边形

命令：_polygon   //调用【多边形】命令
输入侧面数 <4>：6✓   //输入侧边数
指定正多边形的中心点或 [边(E)]：   //指定任意一点为中心点
输入选项 [内接于圆(I)/外切于圆(C)] <I>：I✓   //激活"内接于圆(I)"选项
指定圆的半径：60✓   //输入外接圆半径,按回车键完成正六边形的绘制

2.1.2　功能区调用命令

除了【AutoCAD 经典】空间以外,另外 3 个绘图空间都是以功能区作为调用命令的主要方式。相比其他调用命令的方法,在功能区调用命令更加直观。

2.1.3　工具栏调用命令

工具栏默认显示于【AutoCAD 经典】绘图空间,用户在其他绘图空间可根据实际需要调出工具栏,如【UCS】、【三维导航】、【建模】、【视图】、【视口】等工具栏。

【课堂举例 2-2】：绘制圆

(1)执行【文件】|【新建】命令,新建空白文件,再切换工作空间至【AutoCAD 经典】。

(2)单击【绘图】工具栏上的【圆】按钮⊙,绘制半径为 20 的圆,如图 2-2 所示,命令行提示如下所示。

命令：_circle   //调用【圆】命令
指定圆的圆心或 [三点(3P)/两点(2P)/切点、切点、
    半径(T)]：   //在绘图区任意指定一点作为圆心
指定圆的半径或 [直径(D)]：20✓   //输入半径,
    按回车键完成圆形的绘制

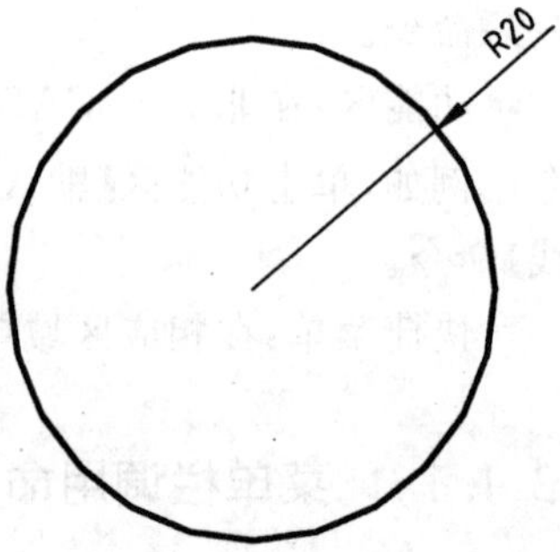

图 2-2　绘制圆

2.1.4　命令行调用命令

熟悉命令的用户可以在命令行直接输入命令,这样可以提高绘图的效率。AutoCAD 2014 增强了命令行输入的功能,在命令输入错误的时候,系统不再会提示"未知命令",而是自动切换为最接近的命令,以提高绘图效率。

【课堂举例 2-3】：绘制矩形

(1)单击【快速访问】工具栏中的【新建】按钮□,新建空白文件。

(2)在命令行中输入 RECTANG/REC,并按回车键,调用【矩形】命令,绘制尺寸为 20×20 的矩形,如图 2-3 所示,命令行提示如下所示。

命令：REC↙ RECTANG　　//调用【矩形】命令
指定第一个角点或［倒角(C)/标高(E)/圆角(F)/厚
　度(T)/宽度(W)］：　　//任意指定一点为矩形的
　第一角点
指定另一个角点或［面积(A)/尺寸(D)/旋转(R)］：
　@20,20↙　　//输入相对直角坐标，按回车键完
　成矩形的绘制

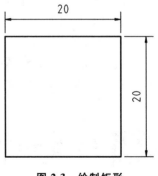

图 2-3　绘制矩形

2.2 AutoCAD 命令行操作

在 AutoCAD 绘图过程中，用户可以根据需要中断、撤销或者重复执行相关命令。

2.2.1 中止命令

绘图过程中难免会遇到调用命令出错的情况，此时，需要结束当前命令，以重新调用新命令，下面介绍 2 种中止当前命令的方式。

☞快捷键：直接按 Esc 键退出。

☞右键快捷菜单：在绘图区域单击鼠标右键，在系统弹出的快捷菜单中选择【取消】选项。

2.2.2 撤销操作

在绘图过程中，如果执行了错误的操作，此时就须要进行撤销操作。撤销操作在 AutoCAD 中被看作为放弃操作，下面介绍 4 种方法撤销操作。

☞快捷键：按 Ctrl＋Z 快捷键。

☞菜单栏：执行【编辑】|【放弃】命令。

☞【快速访问】工具栏：单击【快速访问】工具栏中的【放弃】按钮 ↶ 。

☞命令行：在命令行中输入 Undo/U 并按 Enter 键。

技巧：想要一次性撤销几个操作时，可以单击 ↶ 按钮后的向下箭头 ，选择需要恢复到的相应命令即可。

2.2.3 重复执行命令

在绘图时常常会遇到需要重复利用一个命令的情况，如果每一次都重新调用命令则会降低绘图效率。下面介绍 3 种常用的重复使用命令的方法。

☞快捷键：按 Enter 键或按空格键重复使用上一个命令。

☞命令行：在命令行输入 MULTIPLE/MUL，并按回车键。或者在命令行中单击鼠标右键，在系统弹出的快捷菜单中选择【最近使用的命令】下需要重复的命令，可重复调用上一个使用的命令。

☞右键快捷方式：在绘图区空白处单击鼠标右键，在弹出的右键快捷菜单中选择【重复……】选项重复调用上一命令或选择【最近的输入】选项下需要重复调用的命令，可调用使用过的命令。

2.3 设置绘图环境

利用 AutoCAD 进行工程设计和制图之前，都需要进行一些准备工作。根据工作需要和用户使用习惯设置 AutoCAD 的绘图环境，就是其中一项很重要的内容。良好的绘图工作环境，有利于形成统一的设计标准和工作流程，提高设计工作的效率。

2.3.1 修改绘图单位

在绘图的过程中，用户可以根据需要修改当前文档的长度单位、角度单位、零角度方向等内容。

下面介绍 2 种调取【图形单位】对话框的方法。

☞命令行：在命令行中输入 UNITS/UN，并按回车键。

☞菜单栏：执行【格式】|【单位】命令。

执行上述任一命令后，系统弹出如图 2-4 所示的【图形单位】对话框。在该对话框中可以设置长度和角度单位及其精度，以及从 AutoCAD 设计中心中插入图块或外部参照时的缩放单位。选择【顺时针】复选框，可以设置角度的方向。

图 2-4　图形单位

2.3.2 设置图形界限

图形界限就是 AutoCAD 的绘图区域，也称为图限。对于初学者而言，在绘制图形时"出界"的现象时有发生，为了避免绘制的图形超出用户工作区域或图纸的边界，需要使用绘图界线来标明边界。

通常在执行图形界限操作之前，需要启用状态栏中的【栅格】功能，只有启用该功能才能查看图限的设置效果，它确定的区域是可见栅格指示的区域。

【课堂举例 2-4】：设置 A3 绘图界限

（1）单击【快速访问】工具栏中的【新建】按钮，新建空白文件。

（2）在命令行中输入 LIMITS，并按回车键，调用【图形界限】命令，设置 A3 绘图界限，命令行提示如下所示。

命令：limits↙　　//调用【图形界限】命令
重新设置模型空间界限：
指定左下角点或 [开(ON)/关(OFF)] <0.0000,0.0000>:↙　　　　//按回车键,默认
　　原点为左下角点
指定右上角点 <420.0000,297.0000>: 297,420 ↙　　　　//输入右上角点,按回车键完
　　成图形界限的设置

(3)在命令行中输入 DS 并按回车键,系统弹出【草图设置】对话框,单击选择【捕捉和
栅格】选项卡,在该选项卡中取消勾选【显示超出界限的栅格】复选框,如图 2-5 所示。
(4)在命令行中输入 ZOOM 命令,查看绘图界限,如图 2-6 所示。命令行提示如下
所示。

命令：zoom↙　　//调用【缩放】命令
指定窗口的角点,输入比例因子 (nX 或 nXP),或者
[全部(A)/中心(C)/动态(D)/范围(E)/上一个(P)/比例(S)
/窗口(W)/对象(O)]<实时>:A↙　　　//激活"全部(A)"选项
正在重生成模型。

图 2-5　设置参数

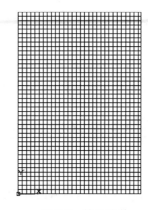

图 2-6　结果图

2.4　样板文件

在每次新建文件时都设置文档环境参数,是一件非常繁琐的事情。可以设置好常用
的环境参数并保存在样板文件当中,新建文档时直接调用样板文件即可,可省去繁琐的步
骤。保存的样板文件环境设置包括长度/角度单位类型和精度、标题栏、边框和徽标、图层
结构等。

2.4.1　创建样板文件

创建样板文件之前,首先将文件中的图形文件全部删除。然后,执行【文件】|【另存
为】命令,系统弹出【图形另存为】对话框,在文件类型下拉列表中选择文件类型为"Auto

CAD 图形样板(＊.dwt)",然后指定样板文件的保存路径和文件名即可。

2.4.2 使用样板文件新建文件

单击【快速访问】工具栏中的【新建】按钮□,系统将弹出如图 2-7 所示的【选择样板】对话框。在该对话框中,显示了 AutoCAD 自带的所有样板文件列表。

在样板文件列表中选择所需的样板文件,单击【打开】按钮,新建文件。

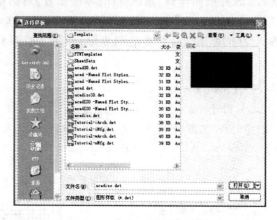

图 2-7 【选择样板】对话框

注意:在保存新图形文件时要注意,应当另存为"＊.dwg"文件。如果直接保存,新绘制的图形将保存到当前的样板文件当中。

2.5 设置系统环境

在命令行中输入 OP,并按回车键,系统弹出如图 2-8 所示的【选项】对话框。该对话框中有 11 个选项卡,所有的环境配置选项都分类存在于这 11 个选项卡中,根据不同用户的需要进行设置。

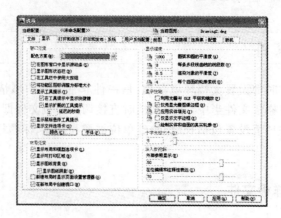

图 2-8 【选项】对话框

2.5.1   【文件】选项卡

【文件】选项卡如图 2-9 所示，该选项卡用于设置 AutoCAD 系统文件的默认搜索路径和保存位置。通常，用户会自己定义一些系统支持文件和图形文档，这些文件并没有存放到 AutoCAD 的默认路径下，因此 AutoCAD 不能自动搜索到这些文件。用户可以在该选项卡中添加或修改系统文件的搜索路径。

这些系统文件包括 AutoCAD 的系统支持文件、工作支持文件、外设驱动程序文件、打印文件、外部参照文件、临时文件、样板文件等。

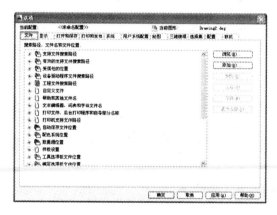

图 2-9   【文件】选项卡

2.5.2   【显示】选项卡

在如图 2-10 所示的【显示】选项卡中，可以设置 AutoCAD 工作界面的一些显示选项，如界面背景色、菜单和命令行字体、滚动条等界面元素、显示精度、显示性能等内容。

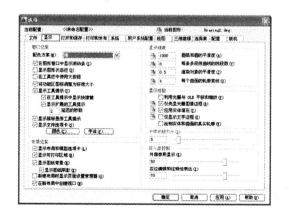

图 2-10   【显示】选项卡

2.5.3 【打开和保存】选项卡

图 2-11 所示的【打开和保存】选项卡中,是用于设置打开和保存文件时的一些选项,包括默认的另存文件后缀名、自动存盘时间、显示最近打开的文件个数等。

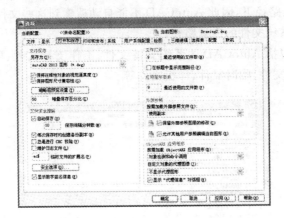

图 2-11 【打开和保存】选项卡

2.5.4 【打印和发布】选项卡

【打印和发布】选项卡用于设置打印出图时的一些默认选项,包括默认的打印设备、基本打印选项、后台打印设置、默认的打印样式类型等,如图 2-12 所示。

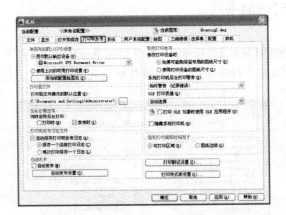

图 2-12 【打印和发布】选项卡

2.5.5 【系统】选项卡

【系统】选项卡如图 2-13 所示,用于设置 AutoCAD 运行过程中的一些优化系统性能选项,包括三维图形的显示特性、定点设备、布局重生成选项、数据库连接选项、出错提示等。

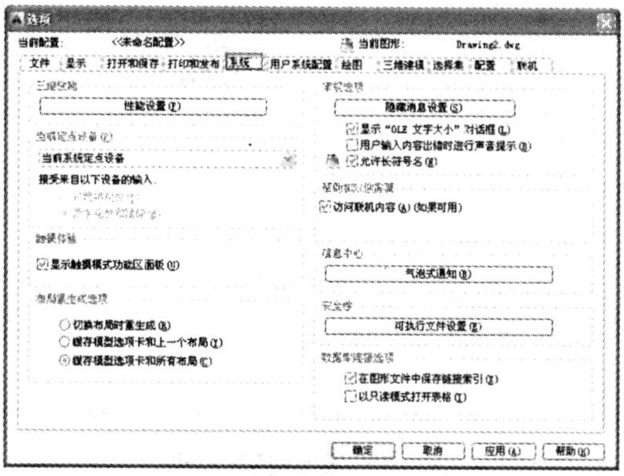

图 2-13 【系统】选项卡

注意：作为一般用户，使用 AutoCAD 的默认设置即可。

2.5.6 【用户系统配置】选项卡

【用户系统配置】选项卡如图 2-14 所示，为用户提供了可以自行定义的选项。这些设置不会改变 AutoCAD 系统配置，但是可以满足各种用户使用上的偏好。

图 2-14 【用户系统配置】选项卡

2.5.7 【绘图】选项卡

【绘图】选项卡如图 2-15 所示，用于对象捕捉、自动追踪等定形和定位功能的设置，包括自动捕捉和自动追踪时特征点标记的大小、颜色和显示特征等。

图 2-15 【绘图】选项卡

2.5.8 【三维建模】选项卡

【三维建模】选项卡如图 2-16 所示，用于设置三维绘图环境，包括设置三维十字光标、显示 View Cube 或 UCS 图标、三维对象、三维导航及动态输入等。

2.5.9 【选择集】选项卡

图 2-16 【三维建模】选项卡

【选择集】选项卡如图 2-17 所示，用于设置进行对象选择时光标的外观和模式，包括选择模式，是否使用 Shift 键进行多选，光标拾取框的大小，是否允许使用夹点操作，夹点符号的颜色、大小等。

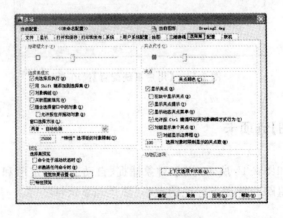

图 2-17 【选择集】选项卡

2.5.10 【配置】选项卡

可以将已经在【选项】对话框中设置好的系统环境配置保存为一个系统配置方案,并运用到其他 AutoCAD 文档。这样,就不须要每次都到各选项卡中反复修改配置选项,提高了工作效率。【配置】选项卡如图 2-18 所示,用于对已经设置好的系统环境配置方案进行管理,包括对系统配置方案的新建、删除、重命名、输入和输出等操作。

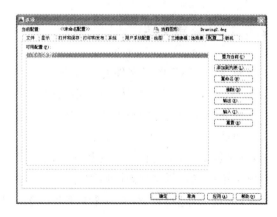

图 2-18 【配置】选项卡

单击右边的【添加到列表】按钮,可以将设置好的系统环境配置创建成一个系统配置方案,并命名添加到图 2-18 中的"可用配置"列表框中。选中需要的配置方案,单击【置为当前】按钮,可以迅速设置为当前的系统环境配置。

单击【输出】按钮,系统配置方案可以被输出保存为后缀名为"*.arg"的系统配置文件。单击【输入】按钮,也可以输入其他系统配置文件。

2.5.11 【联机】选项卡

该选项卡用于登录 Autodesk 360 账户,如图 2-19 所示。注册账户并登录后,用户可以随时随地上传文件,保存或共享文档。

图 2-19 【联机】选项卡

2.6 AutoCAD 2014 文件操作

文件管理是软件操作的基础,包括创建文件、打开文件、保存文件、查找文件和输出文件等。

2.6.1　新建文件

新建 AutoCAD 图形文件的方式有 2 种：一种是软件启动之后将会自动新建一个名称为"Drawing1.dwg"的默认文件；第二种是启动软件之后重新创建一个图形文件。

下面介绍 4 种新建空白文件的方法。

☞ 快捷键：按 Ctrl＋N 快捷键。

☞【快速访问】工具栏：单击【快速访问】工具栏中的【新建】按钮 。

☞ 菜单栏：执行【文件】|【新建】命令。

☞【应用程序】浏览器：单击【应用程序】按钮 ，在下拉菜单中选择【新建】|【图形】选项。

执行上述任一命令后，系统弹出【选择样板】对话框，如图 2-20 所示，以默认"acadiso.dwt"为模板，单击【打开】按钮，新建空白文件。

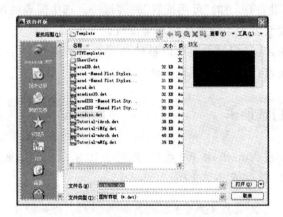

图 2-20　【选择样板】对话框

2.6.2　打开文件

已经保存的文件可以重新打开，以进行查看和编辑等操作。打开已保存的文件主要有以下方式。

☞ 鼠标双击：在磁盘中找到要打开的文件，然后用鼠标左键双击该文件图标，即可打开文件。

☞ 右键快捷菜单：在磁盘中找到要打开的文件，然后用鼠标右键单击文件，在弹出菜单中选择【打开方式】|【AutoCAD Application】命令即可，如图 2-21 所示。

☞ 菜单栏：执行【文件】|【打开】命令，打开指定文件。

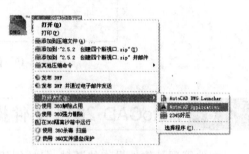

图 2-21　打开图形文件

2.6.3 保存文件

保存的作用是将内存中的文件信息写入磁盘,以免信息因为断电、关机或死机而丢失。在 AutoCAD 中,可以使用多种方式将所绘图形存入磁盘。

1. 保存

这种保存方式主要是针对第一次保存的文件,或者针对已经存在但被修改后的文件。

【课堂举例 2-5】:【保存】文件

(1)单击【快速访问】工具栏中的【新建】按钮 □ ,新建空白文件,在绘图区绘制任意简单图形。

(2)单击【快速访问】工具栏中的【保存】按钮 □ ,打开【图形另存为】对话框。

(3)在【保存于】列表框中设置文件的保存路径,在【文件名】文本框中输入保存文件的名称,单击【保存】按钮。

技巧:执行【文件】|【保存】命令,或者是按 Ctrl+S 组合键,也可以保存相应的文件。

2. 另存为

这种保存方式可以将文件另设路径或文件名进行保存,比如修改了原来存在的文件之后,但是又不想覆盖原文件,就可以把修改后的文件另存一份,这样原文件也将继续保留。

【课堂举例 2-6】:【另存为】文件

(1)单击【快速访问】工具栏中的【另存为】按钮 □ ,或按 Ctrl+Shift+S 组合键,将上一个【课堂举例 2-5】中保存的文件另存一份。

(2)系统弹出【图形另存为】对话框,在其中重新设置保存路径或文件名,然后单击【保存】按钮。

提示:【另存为】方式相当于对原文件进行备份。保存之后原文件仍然存在,只是两个文件的保存路径或文件名不同而已。

2.6.4 查找文件

查找文件可以按照名称、类型、位置以及创建时间等方式进行。

单击【快速访问】工具栏中的【打开】按钮 □ 。在系统弹出的【选择文件】对话框中选择【工具】按钮下拉菜单中的【查找】命令,如图 2-22 所示,打开【查找】对话框。在默认打开的【名称和位置】选项卡中,可以通过名称、类型及查找范围搜索图形文件,如图 2-23 所示。单击【浏览】按钮,即可在【浏览文件夹】对话框中指定路径查找所需文件。

2.6.5 输出文件

输出图形文件是将 AutoCAD 文件转换为其他格式进行保存,以方便在其他软件中

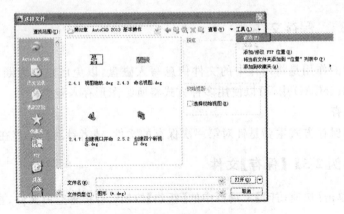

图 2-22 【选择文件】对话框

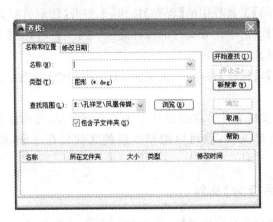

图 2-23 【查找】对话框

使用该文件。下面介绍 3 种输出文件的方法。

☞【菜单浏览器】：单击【菜单浏览器】按钮 ，在下拉列表中选择【输出】命令并选择一种输出格式，如图 2-24 所示。

☞菜单栏：执行【文件】|【输出】命令，系统弹出【输出数据】对话框，在【文件类型】的下拉菜单中选择需要输出的格式，如图 2-25 所示。

图 2-24 【菜单浏览器】下拉菜单

图 2-25 【输出数据】对话框

☞功能区:单击【输出】选项卡下【输出为 DWF/PDF】面板中的【输出】按钮,选择需要的输出格式,如图 2-26 所示。

2.6.6 加密文件

绘制完图形之后,可以对重要的文件进行加密保存,以防止重要文件被泄露。

图 2-26 【输出】面板

【课堂举例 2-7】:加密文件

(1)按 Ctrl+S 组合键,打开【图形另存为】对话框,单击对话框右上角的【工具】按钮,在弹出的下拉菜单中选择【安全选项】,如图 2-27 所示。

图 2-27 【图形另存为】对话框

(2)系统弹出【安全选项】对话框,在文本框中输入打开图形密码,单击【确定】按钮,如图 2-28 所示。

(3)系统弹出【确认密码】对话框,提示用户再次确认上一步设置的密码,此时要输入与上一步完全相同的密码,如图 2-29 所示。

图 2-28 【安全选项】对话框

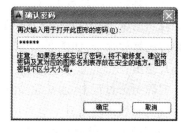

图 2-29 【确认密码】对话框

(4)密码设置完成后,系统返回【图形另存为】对话框,设置好保存路径和文件名称,单击【保存】按钮即可保存文件,如图 2-30 所示。

注意:如果保存文件时设置了密码,则打开文件时就要输入打开密码。AutoCAD 会通过【密码】对话框提示用户输入正确密码,如图 2-31 所示,输入密码不正确,将无法打开文件。

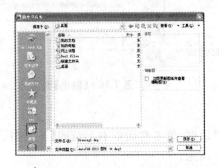

图 2-31 【密码】对话框

图 2-30 【图形另存为】对话框

注意:在设置文件加密之前需要先执行【保存】或【另存为】命令。

2.7 AutoCAD 的视图操作

在 AutoCAD 中,可以通过多种方法来观察绘图区中绘制的图形,以绘制出完整、准确的工程图形。

2.7.1 视图缩放

视图缩放类似于照相机的可变焦距镜头,既能放大也能缩小视图,但是不改变图形本身的大小。

下面介绍 5 种调整视图的方法。

☞命令行:在命令行输入 ZOOM/Z,并按回车键。

☞菜单栏:执行【视图】|【缩放】命令。

☞工具栏:在【缩放】工具栏中单击相应的缩放按钮,如图 2-32 所示。

☞功能区:单击功能区【视图】选项卡下【二维导航】面板中的【范围】的下拉按钮▾,选择相应的缩放命令,如图 2-33 所示。

1. 范围

实际制图过程中,通常模型空间的界限非常大,但是绘制的图形所占的区域又很小。缩放视图时如果使用显示全图功能,那么图形对象将会缩成很小的一部分。因此,Auto-CAD 提供了范围缩放功能,用来显示所绘制的所有图形对象的最大范围。

【课堂举例 2-8】:【范围】缩放

(1)单击【快速访问】工具栏中的【打开】按钮 ⮑,打开"02\课堂举例 2-8【范围】缩放.dwg"文件,如图 2-34 所示。

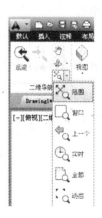

图 2-32 【缩放】工具栏   图 2-33 【二维导航】面板

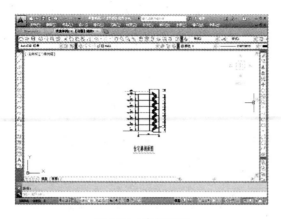

图 2-34 素材图形

(2)单击功能区【视图】选项卡下【二维导航】面板中的【范围】按钮 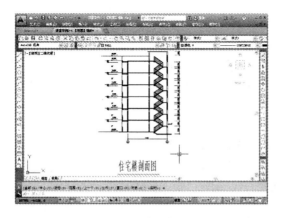，即可范围缩放图形对象，使图形最大化显示，如图 2-35 所示。

图 2-35 范围缩放

技巧：在绘图区域中的【导航栏】上同样有【范围】缩放的快键按钮。

2. 窗口

窗口缩放可以使指定的矩形窗口内的图形充满当前视窗。

【课堂举例 2-9】:【窗口】缩放

(1)单击【快速访问】工具栏中的【打开】按钮 📂 ,打开"02\课堂举例 2-9【窗口】缩放.dwg"文件,如图 2-36 所示。

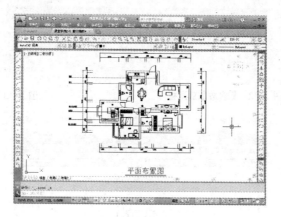

图 2-36 素材图形

(2)单击功能区【视图】选项卡下【二维导航】面板中的【窗口】按钮 🔍 ,即可窗口缩放对象,结果如图 2-37 所示,命令行操作如下所示。

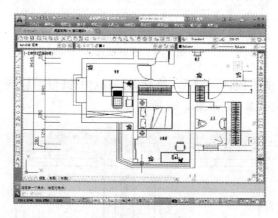

图 2-37 窗口缩放

命令:_ zoom ✓   //调用【缩放】命令
指定窗口的角点,输入比例因子(nX 或 nXP),或者[全部(A)/中心(C)/动态(D)/范围(E)/上一个(P)/比例(S)/窗口(W)/对象(O)]<实时>:_ w   //系统默认启动"窗口"缩放
指定第一个角点: //指定矩形的第一个点
指定对角点: //指定对角点

3. 上一个

恢复视图到上一个视图显示的状态,最多可以恢复此前的 10 个视图。

4. 实时

执行【实时缩放】命令后,光标将变为带有加号(＋)和减号(－)的放大镜。按住鼠标左键不放,向上或向下移动,可实现图形的放大与缩小。

在窗口的中点按住鼠标左键并垂直移动到窗口顶部则放大 100％。反之,在窗口的中点按住鼠标左键并垂直向下移动到窗口底部则缩小 100％。达到放大极限时,光标上的加号将消失,表示将无法继续放大。达到缩小极限时,光标上的减号将消失,表示将无法继续缩小。

松开鼠标左键时缩放终止。在鼠标左拾取键后将光标移动到图形的另一个位置,然后再按住拾取键便可从该位置继续缩放显示。想要退出缩放,按 Enter 键或 Esc 键即可。

技巧:在绘图区内滚动鼠标滚轮同样可以达到【实时】缩放效果。

5. 全部

【全部】缩放将最大化显示整个模型空间的所有图形对象(包括绘图界限范围内和范围外的所有对象)和视觉辅助对象(如栅格),在绘图区双击鼠标就可以实现【全部】缩放。

注意:在平面视图中,【全部】缩放是以图形界限或当前图形范围为显示边界缩放图形的。

6. 动态

动态缩放视图时,屏幕上会出现 3 个视图框,如图 2-38 所示。其中黑色细实线矩形框表示缩放后的显示范围,此框中有一个交叉符号,表示一个视图的中心点的位置;蓝色虚线矩形框表示图形界限视图框。

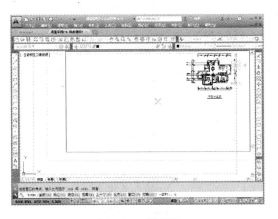

图 2-38　视图框

【动态】缩放的操作方式为:移动鼠标到所需要的位置,单击鼠标左键调整方框大小,按回车键确定后,即可在当前视图区内最大化显示图形。

【课堂举例 2-10】:【动态】缩放

(1)单击【快速访问】工具栏中的【打开】按钮，打开"02\课堂举例 2-10【动态】缩放.dwg"文件。

(2)单击【视图】选项卡下【二维导航】面板中的【动态】按钮，即可动态缩放图形，如图 2-39 所示。

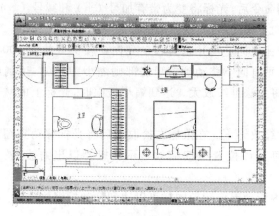

图 2-39　【动态】缩放

注意:在透视投影中,【动态】缩放命令不可用。

7. 比例

【比例】缩放命令表示按比例缩放当前图形。

在调用该命令之后,命令行提示:"输入比例因子(nX 或 nXP):",其表示的含义如下所示。

☞直接输入数值:表示相对于图形界限进行缩放。

☞数值后加 X:表示相对于当前视图进行缩放。

☞数值后加 XP:表示相对于图纸空间单位进行缩放。

【课堂举例 2-11】:【比例】缩放

(1)单击【快速访问】工具栏中的【打开】按钮，打开"02\课堂举例 2-11【比例】缩放.dwg"文件,如图 2-40 所示。

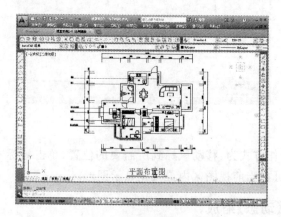

图 2-40　素材文件

（2）在【视图】选项卡中，单击【二维导航】面板中的【比例】按钮，即可按比例缩放，如图 2-41 所示，命令行操作如下所示。

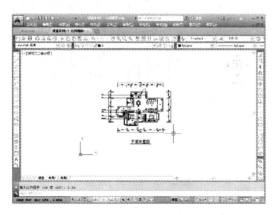

图 2-41　【比例】缩放

命令：_zoom↙　　　//调用【缩放】命令
指定窗口的角点，输入比例因子（nX 或 nXP），或者[全部（A）/中心（C）/动态（D）/范围（E）/上一个（P）/比例（S）/窗口（W）/对象（O）]＜实时＞：_s　　//系统默认选择
"比例"选项
输入比例因子（nX 或 nXP）：0.5X↙　　//输入缩放比例值

8. 居中

【居中】缩放命令表示按指定的中心点，通过缩放比例与高度缩放图形。执行该操作之后，命令行提示："输入比例或高度＜当前值＞："。此时输入的数值后加字母"X"，则输入值为缩放倍数；如果输入的数值后面未加 X，则输入值为新视图的高度。

技巧：使用【居中】缩放命令时，命令行会提示"输入比例或高度＜当前值＞："，其中的"当前值"为当前视图的纵向高度。若输入的高度值比当前值小，则视图放大；若输入的高度值比当前值大，视图则缩小。

9. 对象

【对象】缩放命令可使选择的对象最大化地显示在绘图区。

【课堂举例 2-12】：【对象】缩放

（1）单击【快速访问】工具栏中的【打开】按钮，打开"02\课堂举例 2-12【对象】缩放. dwg"文件，如图 2-42 所示。

（2）单击功能区【视图】选项卡下【二维导航】面板中的【对象】按钮，即可针对指定对象进行缩放，如图 2-43 所示，命令行操作如下所示。

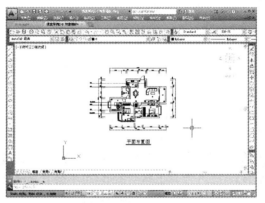

图 2-42　素材文件

图 2-43 【对象】缩放

```
命令：_zoom↙        //调用【缩放】命令
指定窗口的角点,输入比例因子（nX 或 nXP）,或者[全部(A)/中心(C)/动态(D)/范
围(E)/上一个(P)/比例(S)/窗口(W)/对象(O)]＜实时＞：_o↙        //系统默认选
   择"对象"选项
选择对象：      //选择对象
指定对角点：找到 3 个↙      //按 Enter 键确认
```

10. 放大与缩小

　　每单击一次【放大】按钮　　与【缩小】按钮　　,图元即在原有的基础上放大一倍或
缩小一半,如图 2-44 所示为使用【缩小】命令显示效果。

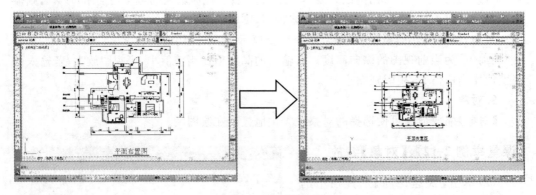

图 2-44 【缩小】命令

2.7.2 视图平移

　　【平移】命令是对图形进行平移操作,以便查看图形的不同部位。与【缩放】命令一样,
【平移】命令并非真正移动图形,也不会真正改变图形。

　　下面介绍 5 种平移视图的方法。

　　☞命令行：在命令行中输入 PAN/P 命令。

☞菜单栏:执行【视图】|【平移】命令。

☞工具栏:单击【标准】工具栏上的【实时平移】按钮🖑。

☞功能区:单击功能区【视图】选项卡下【二维导航】面板中的【平移】按钮🖑 平移 。

☞右键快捷方式:在绘图区域单击右键,选择【平移】快捷命令。

【课堂举例 2-13】:【定点】平移

(1)切换【AutoCAD 经典】为当前绘图空间。

(2)单击【快速访问】工具栏中的【打开】按钮📂,打开"02\课堂举例 2-13【定点】平移.dwg"文件。

(3)执行【视图】|【平移】|【点】命令,指定点平移图形,如图 2-45 所示,命令行操作如下所示。

```
命令:pan↙      //调用【平移】命令
指定基点或位移:     //指定任意一个点为基点
指定第二点:     //指定第二个点,如图 2-46 所示
```

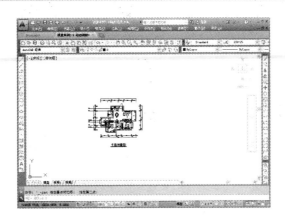

图 2-45　定点平移

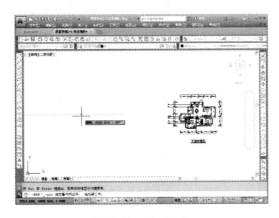

图 2-46　指定基点

技巧:除了上述的方法可以平移图形之外,按住鼠标滚轮不放以及单击【导航栏】中的

【平移】按钮都可以平移图形。

2.7.3 命名视图

使用【命名视图】命令,可以将某些视图范围命名并保存下来,供以后随时调用。

下面介绍几种命名视图的方法。

☞命令行:在命令行中输入 VIEW/V 命令。

☞菜单栏:执行【视图】|【命名视图】命令。

☞工具栏:单击【视图】工具栏中的【命名视图】按钮。

☞功能区:在【视图】选项卡中,单击【视图】面板中的【视图管理器】按钮。

【课堂举例 2-14】:命名视图

(1)单击【快速访问】工具栏中的【打开】按钮,打开"02\课堂举例 2-14 命名视图.dwg"文件,如图 2-47 所示。

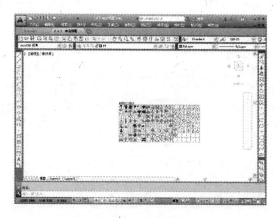

图 2-47　素材图形

(2)在【视图】选项卡中,单击【视图】面板中的【视图管理器】按钮,系统弹出【视图管理器】对话框,如图 2-48 所示。

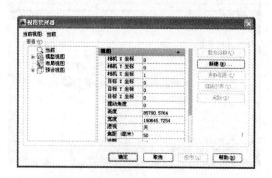

图 2-48　【视图管理器】对话框

(3)单击【新建】按钮,弹出【新建视图/快照特性】对话框,命名新视图为【园林立面图】,如图 2-49 所示。

(4)选择【定义窗口】之后,自动返回到绘图空间,在绘图空间框选视图大小,如图 2-50 所示。按回车键确定,返回【新建视图/快照特性】对话框。

图 2-49 【新建视图/快照特性】对话框

图 2-50 框选视图大小

(5)单击【确定】按钮,关闭【新建视图/快照特性】对话框并返回到【视图管理器】对话框。

(6)选择【园林立面图】,单击【置为当前】按钮,再单击【确定】按钮并关闭对话框,如图 2-51 所示。

(7)【园林立面图】新视图效果如图 2-52 所示。

图 2-51 应用新视图

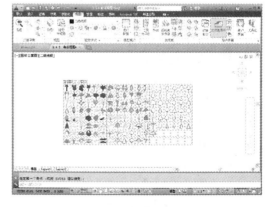

图 2-52 视图效果

2.7.4 重画视图

AutoCAD 常用数据库以浮点数据的形式储存图形对象的信息,所以用户在绘制图形的时候有时会留下点标记,为了去除这些不需要的点标记,AutoCAD 提供了【重画】与【重生】两个命令。

下面介绍 2 种【重画】视图的方法。

☞命令行:在命令行中输入 REDRAW/R/REDRAWALL 命令。

☞菜单栏:执行【视图】|【重画】命令。

2.7.5 重生成视图

【重生成】命令与【重画】命令相似,但是在操作时,该命令用的时间比较长。除了可以去除不需要的点标记之外,还包括生成图形、计算屏幕标注、创建新索引等,如图 2-53 所示。

下面介绍 2 种【重生成】视图的方法。

☞命令行:在命令行中输入 REGENALL/REGEN/RE 命令。

☞菜单栏:执行【视图】|【重生成】|【全部重生成】命令。

图 2-53 【重生成】效果

2.7.6 创建视口

通过【视口】对话框可以命名视口和新建视口。其中【新建视口】用于创建视口,【命名视口】用于给新建的视口命名。

下面介绍 4 种创建视口的方法。

☞命令行:在命令行中输入 VPORTS 命令。

☞菜单栏:执行【视图】|【视口】|【新建视口】命令。

☞工具栏:单击【视口】工具栏中的【显示"视口"对话框】按钮 。

☞功能区:在【视图】选项卡中单击【模型视口】面板中的【命名】按钮 。

2.7.7 命名视口

【命名视口】须要在【创建视口】命令执行之后才可以进行操作,所以调用【命名视口】命令的方法与【创建视口】一样。

【课堂举例 2-15】:创建并命名视口

40

(1)单击【快速访问】工具栏中的【打开】按钮 ,打开"02\课堂举例 2-15 创建并命名视口.dwg"文件,如图 2-54 所示。

(2)在【视图】选项卡中单击【模型视口】面板中的【命名】按钮 🖳,系统弹出【视口】对话框,选择【新建视口】选项卡,如图 2-55 所示。

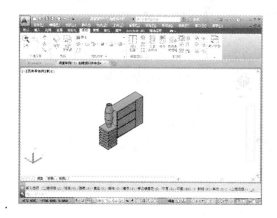

图 2-54 素材图形

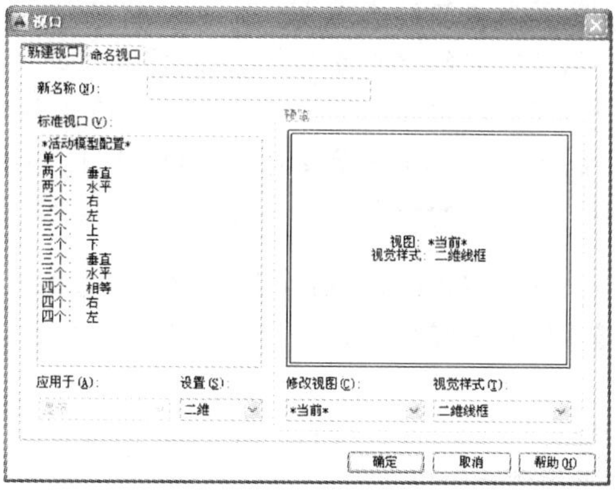

图 2-55 【视口】对话框

(3)命名新视口为【鞋柜图形】,更改【标准视口】为【两个:垂直】,【视觉样式】为【二维线框】,如图 2-56 所示。

(4)单击【确定】关闭对话框,效果如图 2-57 所示。

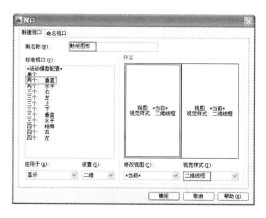

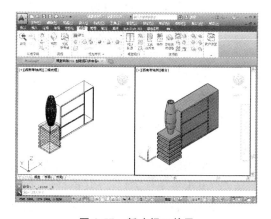

图 2-56 命名视口

图 2-57 新建视口效果

2.8 综合实例

本节通过具体的实例,巩固上面所介绍的图形绘制的基本操作,对读者以后的图形绘制或者是产品设计有很大的帮助。

2.8.1 绘制椭圆并保存文件

(1)单击【快速访问】工具栏中的【新建】按钮 📄,新建空白文件。

(2)单击【绘图】面板上的【椭圆】按钮 ⊙，绘制椭圆，如图 2-58 所示，命令行提示如下所示。

```
命令：_ellipse        //调用【椭圆】命令
指定椭圆的轴端点或 [圆弧(A)/中心点(C)]：_c↙        //默认激活"中心点(C)"选项
指定椭圆的中心点：     //任意指定中心点
指定轴的端点：@10,0↙    //输入相对直角坐标
指定另一条半轴长度或 [旋转(R)]：@4<90↙      //输入相对极坐标，按回车键完成椭圆的绘制
```

(3)单击【快速访问】工具栏上的【保存】按钮 🖫，系统弹出【图形另存为】对话框，设置【文件名】为【椭圆】，选择好保存路径之后单击【保存】按钮，保存文件，如图 2-59 所示。

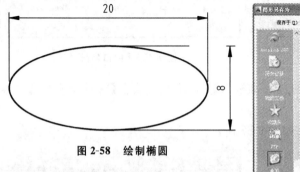

图 2-58　绘制椭圆

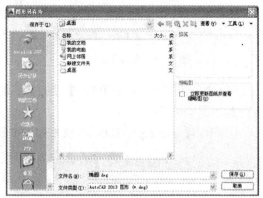

图 2-59　【图形另存为】对话框

2.8.2　创建园林样板文件

(1)单击【快速访问】工具栏中的【新建】按钮 🗋，新建空白文件。

(2)单击关闭状态栏中的【栅格】按钮，再在【对象捕捉】按钮上单击鼠标右键，在弹出的【草图设置】对话框中勾选全部复选框，如图 2-60 所示。

(3)单击【图层】面板中的【图层特性】按钮 🖾，创建图层，并设置图层名称、颜色和线型等参数，如图 2-61 所示。

(4)参数设置完成后，单击【快速访问】工具栏中的【保存】按钮 🖫，系统弹出【图形另存为】对话框，在【文件类型】下拉列表中选择【AutoCAD 图形样板（＊.dwt）】文件类型，保存文件名为【园林图形样板】，如图 2-62 所示。

(5)单击【保存】，完成样板文件的创建。

2.8.3　创建相机壳 3 个方向的视图

(1)单击【快速访问】工具栏中的【打开】按钮 📂，打开"02\2.8.3 创建相机壳 3 个方向的视图.dwg"文件，如图 2-63 所示。

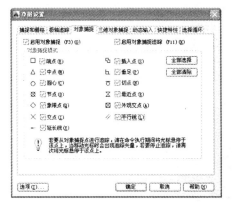

图 2-60 设置对象捕捉

图 2-61 设置图层

图 2-62 保存文件

(2)在【视图】选项卡中,单击【模型视口】面板中的【命名】按钮，系统弹出【视口】对话框。选择【新建视口】选项卡,命名新视口为【相机壳三视图】,更改【标准视口】为【三个:左】,如图 2-64 所示。

(3)在【预览】中单击右上视图之后,选择【视觉样式】下拉列表中的【二维线框】选项。用同样的方法设置右下视图的视觉样式,如图 2-65 所示。

(4)单击【确定】按钮关闭对话框,在绘图区域中更改右侧视口的视图为【前视】和【俯视】,如图 2-66 所示。

(5)单击【快速访问】工具栏中的【保存】按钮，保存图形。

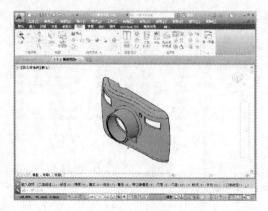

图 2-63　素材图形

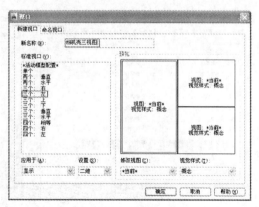

图 2-64　设置视口

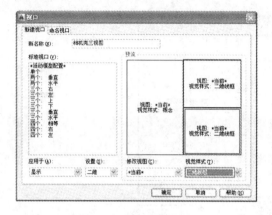

图 2-65　更改视觉样式

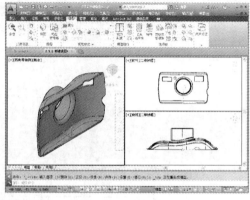

图 2-66　切换视图

第二篇
二维绘图篇

第**3**章

绘制基本二维图形

使用 AutoCAD 的绘图工具,可以创建各类对象,既包括简单的点、直线、圆、圆弧、多边形等基本二维图形,也包括多线、多段线和样条曲线等高级图形对象。二维图形的形状都很简单,容易创建,但它们是整个 AutoCAD 绘图的基础。万丈高楼平地起,复杂的图形对象都可以在基本图形对象的基础上通过编辑命令快速生成。因此,只有熟练地掌握它们的绘制方法和技巧,才能够更好地绘制复杂的图形。

3.1 使用坐标系

在绘制图形的过程中,尤其是在绘制三维图形的时候,都需要坐标系来精确定位图形。在 AutoCAD 中,坐标系分为世界坐标系(WCS)和用户坐标系(UCS)两种,用户可以通过两种坐标系的转换来精确定位点。

3.1.1 世界坐标系统

世界坐标系(world coordinate system)是 AutoCAD 默认的坐标系,该坐标系沿用了笛卡尔坐标系的习惯,由三个互相垂直并相交的坐标轴 X、Y、Z 组成。Z 轴的正方向垂直于屏幕,指向用户。区别世界坐标系与用户坐标系的方法是:世界坐标轴 X、Y、Z 的交汇处显示为矩形标记,如图 3-1 所示。

3.1.2 用户坐标系统

用户坐标系(user coordinate system)是相对世界坐标系而言的,利用该坐标系可以根据需要创建无限多的坐标系,并且可以沿着指定位置移动或旋转,以便更为有效地定位坐标点,这些被创建的坐标系即为用户坐标系,如图 3-2 所示。

3.1.3 自定义用户坐标系统

1.【UCS 图标】的显示

为了更加直观地察看图形,有时需要隐藏坐标系,下面介绍 2 种控制【UCS 图标】显示的方法。

☞命令行:在命令行中输入 UCSMAN/UC 命令。

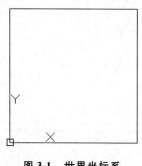

图 3-1　世界坐标系

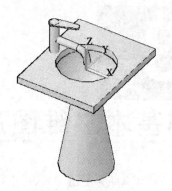

图 3-2　用户坐标系

☞菜单栏:执行【视图】|【显示】|【UCS 图标】|【开】命令。

2. 控制【UCS 图标】显示样式

在 AutoCAD 中,为了更加方便地绘图,可以单独设置【UCS 图标】的可见性、位置、外观和可选性。

下面介绍 2 种设置【UCS 图标】的方法。

☞命令行:在命令行中输入 UCSICON,并按回车键。

☞菜单栏:执行【视图】|【显示】|【UCS 图标】|【特性】命令。

执行上述任一命令后,系统将弹出【UCS 图标】对话框,如图 3-3 所示。通过该对话框,用户可以对 UCS 图标样式、大小、颜色等特性进行设置。

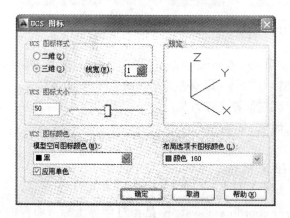

图 3-3　【UCS 图标】对话框

3. 新建用户坐标系

新建用户坐标系同样是为了方便精确定位,下面介绍 3 种新建用户坐标系的方法。

☞命令行:在命令行中输入 UCS,并按回车键。

☞菜单栏:执行【工具】|【新建 UCS】命令。

☞工具栏:单击【UCS】工具栏中的【UCS】按钮。

【课堂举例 3-1】:新建用户坐标系

(1)单击【快速访问】工具栏中的【打开】按钮,打开"03\课堂举例 3-1 新建用户坐标系.dwg"图形文件,如图 3-4 所示。

(2)在命令行中输入 UCS,并按回车键,配合【对象捕捉】功能,移动 UCS 坐标到楼梯模型的右下角,如图 3-5 所示。

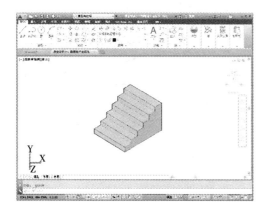

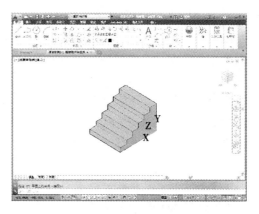

图 3-4 素材文件 　　　　　　　　　　图 3-5 新建用户坐标系

3.1.4 坐标输入方法

在调用某个命令的时候,用鼠标直接作图固然方便,但在精准度上却大打折扣,正所谓"失之毫厘,谬以千里",这个时候就需要使用准确的坐标来确定点的位置。

AutoCAD 坐标输入的方式有:绝对直角坐标、相对直角坐标、绝对极坐标、相对极坐标。

1. 绝对直角坐标

绝对直角坐标是指相对于坐标原点的坐标,可使用分数、小数或科学记数等形式表示三个坐标值。坐标之间用逗号隔开,如(10,5)与(0,10,5)等。

2. 绝对极坐标

绝对极坐标是指相对于极点的位移,给的是距离和角度,其中距离和角度用"<"隔开,如(10<180)。

3. 相对直角坐标与相对极坐标

相对直角坐标是基于上一个输入点而言的,以某点相对于另一特定点的位置来定义该点的位置。相对特定坐标点(X、Y、Z)增量为(nX、nY、nZ)的坐标点的输入格式为(@nX,nY,nZ),其中@字符表示使用相对坐标输入。

相对极坐标是以某一特定的点为参考极点,输入相对于参考极点的距离和角度来定义一个点的位置。相对极坐标的格式输入为(@A<角度),其中 A 表示指定点与特定点的距离。

注意:AutoCAD 只能识别英文标点符号,所以在输入坐标的时候,中间的逗号必须是英文标点,其他的符号也必须为英文符号。

【课堂举例 3-2】:利用坐标系绘制梯形

(1)单击【快速访问】工具栏中的【新建】按钮，新建空白文件。

（2）单击【默认】选项卡下【绘图】面板中的【直线】按钮 ✎，根据命令行的提示绘制梯形，如图 3-6 所示，命令行操作如下所示。

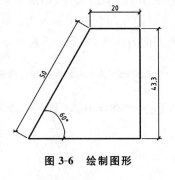

图 3-6　绘制图形

```
命令：_line　　//调用【直线】命令
指定第一个点：0,0✓　　//输入绝对直角坐标
指定下一点或［放弃(U)］：@50＜60✓　　//输入
　　相对极坐标
指定下一点或［放弃(U)］：@20,0✓　　//输入相
　　对直角坐标
指定下一点或［闭合(C)/放弃(U)］：@0,－43.3✓
　　//输入相对直角坐标
指定下一点或［闭合(C)/放弃(U)］：c✓　　//激活
"闭合(C)"选项，按回车键完成梯形的绘制
```

3.2　辅助工具绘图

在实际绘图过程中，使用坐标定位虽然能精准确定位置，但是却较难计算点坐标，尤其是在绘制大型图形时。而鼠标直接定位固然方便，但精度却不高。对此，AutoCAD 提供了一系列的辅助工具，可以在不输入坐标的情况下精确绘图。

3.2.1　对象捕捉

通过【对象捕捉】功能可以轻松找到图形的特征点，为精确绘制图形提供了有利条件。

鉴于点坐标法与直接肉眼确定法的各种弊端，AutoCAD 提供了【对象捕捉】功能。在【对象捕捉】开启的情况下，系统会自动捕捉某些特征点，如圆心、中点、端点、节点、象限点等。因此，【对象捕捉】的实质是对图形对象特征点的捕捉。

开启和关闭【对象捕捉】功能的方法如下所示。

☞快捷键：按 F3 快捷键，可切换其开、关状态。

☞状态栏：单击状态栏中的【对象捕捉】按钮 ▢。

☞菜单栏：执行【工具】|【绘图设置】命令，或者在命令行中输入 SE/DS，打开【草图设置】对话框。单击【对象捕捉】选项卡，勾选【启用对象捕捉】复选框，选择的捕捉类型如图 3-7 所示。

执行【工具】|【绘图设置】命令，系统弹出【草图设置】对话框，在【对象捕捉模式】选项区域中勾选用户需要的特征点，单击【确定】按钮，退出对话框即可，如图 3-8 所示。

对话框共列出 13 种对象捕捉点和对应的捕捉标记，含义分别如下所示。

☞端点：捕捉直线或是曲线的端点。

☞中点：捕捉直线或是弧段的中心点。

☞圆心：捕捉圆、椭圆或弧的中心点。

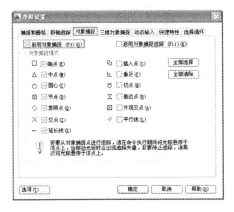

图 3-7 【对象捕捉】选项卡　　　　　图 3-8 【草图设置】对话框

☞ 节点：捕捉到点对象、标注定义点或标注文字原点。

☞ 象限点：捕捉位于圆、椭圆或是弧段上 0°、90°、180°和 270°处的点。

☞ 交点：捕捉两条直线或是弧段的交点。

☞ 延长线：捕捉直线延长线路径上的点。

☞ 插入点：捕捉图块、标注对象或外部参照的插入点。

☞ 垂足：捕捉从已知点到已知直线的垂线的垂足。

☞ 切点：捕捉圆、弧段及其他曲线的切点。

☞ 最近点：捕捉处在直线、弧段、椭圆或样条曲线上，而且距离光标最近的特征点。

☞ 外观交点：在三维视图中，从某个角度观察两个对象可能相交，但实际并不一定相交，可以使用【外观交点】功能捕捉对象在外观上相交的点。

☞ 平行线：选定路径上的一点，使通过该点的直线与已知直线平行。

【课堂举例 3-3】：通过捕捉点绘制拼花

(1)单击【快速访问】工具栏的【新建】按钮 ，新建空白文件。

(2)在【默认】选项卡中单击【绘图】面板中的【直线】按钮 ✐，绘制 50×50 的矩形，如图 3-9 所示。

(3)单击打开状态栏中的【对象捕捉】按钮 □，并在【对象捕捉】按钮上单击鼠标右键，在弹出的快捷菜单中选择【中点】选项，如图 3-10 所示。

(4)在【默认】选项卡中，单击【绘图】面板中的【直线】按钮 ✐，配合【中点捕捉】功能，捕捉各边中点绘制直线，如图 3-11 所示。

(5)按空格键重复命令，继续捕捉中点绘制其他直线，最终效果如图 3-12 所示。

3.2.2　自动捕捉和临时捕捉

AutoCAD 提供了两种捕捉模式，如下所述。

☞ 自动捕捉：需要用户在捕捉特征点之前设置需要的捕捉点，当鼠标移动到这些对象捕捉点附近时，系统就会自动捕捉特征点。

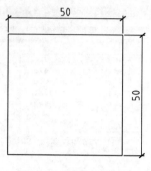

图 3-9 绘制正四边形

图 3-10 快捷菜单

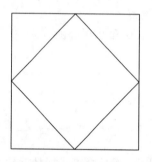

图 3-11 绘制直线

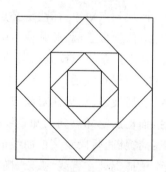

图 3-12 拼花最终效果图

☞临时捕捉：是一种一次性捕捉模式，这种模式不需要提前设置，当用户需要时临时设置即可。且这种捕捉只是一次性的，就算是在命令未结束时也不能反复使用。

在命令行提示输入点坐标时，按住 Shift＋鼠标右键，系统会弹出如图 3-13 所示快捷菜单。单击选择需要捕捉的对象点，系统就会自动捕捉该点。

3.2.3 栅格

栅格是一些按照相等间距排布的网格，用户可以通过栅格数目来确定距离，从而达到精确绘图的目的。

下面介绍 2 种开启与关闭【栅格】功能的方法。

☞快捷键：按 F7 快捷键，可在开、关状态间切换。

图 3-13 临时捕捉菜单

☞状态栏：单击状态栏上【栅格显示】按钮▦。

用户可以根据实际需要自定义栅格的间距、大小与样式。在命令行中输入 DS，并按回车键，系统自动弹出【草图设置】对话框，在【栅格间距】选项区中设置间距、大小与样式，如图 3-14 所示。或是输入 GRID，根据命令行提示同样可以控制栅格的特性。

注意：栅格不属于图形的一部分，打印时不会被打印出来。

3.2.4 捕捉

【捕捉】功能经常和【栅格】功能联用。打开【捕捉】功能，光标只能移动捕捉间距整数倍的距离。但该【捕捉】与【对象捕捉】或是【临时捕捉】无关。

下面介绍两种开启与关闭【捕捉模式】功能的方法。

☞快捷键：按 F9 快捷键，可切换其开、关状态。

☞状态栏：单击状态栏中的【捕捉模式】按钮 。

图 3-14 【捕捉和栅格】选项卡

3.2.5 正交

无论是哪一方面的绘图，或多或少都需要绘制水平或是垂直的直线。针对这种情况，AutoCAD 提供了【正交】功能，以方便绘制水平或是垂直直线。

下面介绍 2 种开启与关闭【正交】功能的方法。

☞快捷键：按 F8 快捷键，可在开、关状态间切换。

☞状态栏：单击状态栏上【正交】按钮 。

因为【正交】功能限制了直线的方向，所以绘制水平或垂直直线时，指定方向后直接输入长度即可，不必再麻烦地输入完整的坐标值。

【课堂举例 3-4】：利用【正交】绘制图形

（1）单击【快速访问】工具栏中的【新建】按钮 ，新建空白文件。

（2）单击状态栏上【正交】按钮 ，开启正交模式绘图。

（3）在【默认】选项卡中单击【绘图】面板中的【直线】按钮 ，绘制直线，如图 3-15 所示，命令行操作如下所示。

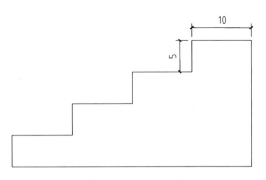

图 3-15 绘制结果

```
命令：_line      //调用【直线】命令
指定第一个点：0,0 ↙        //输入绝对直角坐标
指定下一点或 [放弃(U)]：5 ↙       //鼠标向上移动输入距离
指定下一点或 [放弃(U)]：10 ↙        //鼠标向右移动输入距离
指定下一点或 [闭合(C)/放弃(U)]：5 ↙      //鼠标向上移动输入距离
指定下一点或 [闭合(C)/放弃(U)]：10 ↙       //鼠标向右移动输入距离
指定下一点或 [闭合(C)/放弃(U)]：5 ↙       //鼠标向上移动输入距离
指定下一点或 [闭合(C)/放弃(U)]：10 ↙        //鼠标向右移动输入距离
指定下一点或 [闭合(C)/放弃(U)]：5 ↙       //鼠标向上移动输入距离
指定下一点或 [闭合(C)/放弃(U)]：10 ↙        //鼠标向右移动输入距离
指定下一点或 [闭合(C)/放弃(U)]：20 ↙        //鼠标向下移动输入距离
指定下一点或 [闭合(C)/放弃(U)]：C ↙        //激活"闭合(C)"选项，按回车键退出
```

3.2.6　三维捕捉

【三维捕捉】是建立在三维绘图的基础上的一种捕捉功能，与【对象捕捉】功能类似。下面介绍 2 种开启与关闭【三维捕捉】功能的方法。

☞快捷键：按 F4 快捷键，可在开、关状态间切换。

☞状态栏：单击状态栏中的【三维捕捉】按钮 ▱。

鼠标移动到【三维捕捉】按钮上并单击右键，在弹出的快捷菜单中选择【设置】选项，如图 3-16 所示。系统自动弹出【草图设置】对话框，勾选需要的选项即可，如图 3-17 所示。

图 3-16　快捷菜单

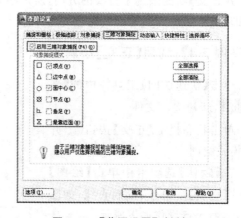

图 3-17　【草图设置】对话框

对话框中共列出 6 种三维捕捉点和对应的捕捉标记，各含义如下所示。

☞顶点：捕捉到三维对象的最近顶点。

☞边中点：捕捉到面边的中点。

☞面中心：捕捉到面的中心。

☞节点：捕捉到样条曲线上的节点。

☞垂足：捕捉到垂直于面的点。

☞最靠近面:捕捉到最靠近三维对象面的点。

3.2.7 极轴追踪

【极轴追踪】功能实际上是极坐标的一个应用。该功能可以使光标沿着指定角度移动,从而找到指定点。

下面介绍2种开启与关闭【极轴追踪】功能的方法。

☞快捷键:按F10快捷键,可切换其开、关状态。

☞状态栏:单击状态栏中的【极轴追踪】按钮 。

可以根据用户的需要,设置【极轴追踪】属性。鼠标移动到【极轴追踪】按钮上单击右键,在弹出的快捷菜单中选择【设置】选项,如图3-18所示。系统自动弹出【草图设置】对话框,勾选需要的选项即可,如图3-19所示。

图3-18 快捷菜单

图3-19 【草图设置】对话框

【课堂举例3-5】:利用【极轴追踪】绘制直线

(1)单击【快速访问】工具栏中的【打开】按钮 ,打开"03\课堂举例3-5 利用【极轴追踪】绘制直线.dwg"文件,如图3-20所示。

(2)单击状态栏中的【极轴追踪】按钮 ,并在【极轴追踪】按钮上单击右键,在弹出的快捷菜单中选择【30°】选项,如图3-21所示。

(3)在【默认】选项卡中单击【绘图】面板中的【直线】按钮 ,单击内侧矩形左上端点,移动鼠标捕捉到30°整数倍150°的角,如图3-22所示。

(4)配合【交点捕捉】功能,捕捉极轴与外轮廓的交点,并与之连接,如图3-23所示。

(5)按空格键重复命令,用同样的方法找到另一侧210°的角,如图3-24所示。

3.2.8 对象捕捉追踪

【对象捕捉追踪】是在【对象捕捉】功能的基础上发展起来的,该功能可以使光标从对象捕捉点开始,沿着对齐路径进行追踪,并找到需要的精确位置。对齐路径是指和对象捕

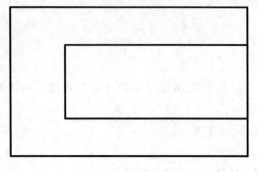

图 3-20 素材图形

图 3-21 设置追踪

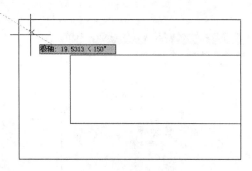

图 3-22 极轴捕捉线

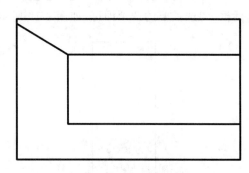

图 3-23 连接直线 1

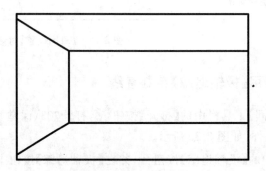

图 3-24 连接直线 2

捉点水平对齐、垂直对齐,或者按设置的极轴追踪角度对齐的方向。

【对象捕捉追踪】应与【对象捕捉】功能配合使用,且使用【对象捕捉追踪】功能之前,需要先设置好对象捕捉点。

下面介绍 2 种开启与关闭【对象捕捉追踪】功能的方法。

☞快捷键:按 F11 快捷键,可切换其开、关状态。

☞状态栏:单击状态栏中的【对象捕捉追踪】按钮∠。

【课堂举例 3-6】：绘制床头柜

(1)单击【快速访问】工具栏中的【新建】按钮，新建空白文件。

(2)在【默认】选项卡中，单击【绘图】面板上的【矩形】按钮，绘制尺寸为 500×500 的矩形，如图 3-25 所示，命令行提示如下所示。

```
命令：_rectang        //调用矩形命令
指定第一个角点或 [倒角(C)/标高(E)/圆角(F)/厚度(T)/宽度(W)]：        //在绘图
    区任意位置单击一点指定矩形的第一角点
指定另一个角点或 [面积(A)/尺寸(D)/旋转(R)]：d✓        //激活"尺寸"选项
指定矩形的长度 <10.0000>：500✓        //输入长度
指定矩形的宽度 <10.0000>：500✓        //输入宽度
指定另一个角点或 [面积(A)/尺寸(D)/旋转(R)]：        //在绘图区单击一点确定矩形
    的另一个角点
```

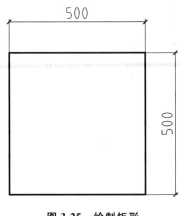

图 3-25　绘制矩形

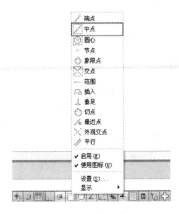

图 3-26　设置对象捕捉参数

(3)单击打开状态栏中的【对象捕捉】按钮，再在该按钮上单击鼠标右键，在弹出的右键快捷菜单中选择【中点】选项，如图 3-26 所示。

(4)在【默认】选项卡下，单击【绘图】面板中的【圆】按钮，配合【对象捕捉】功能，捕捉矩形的中点，如图 3-27 所示；绘制半径为 140 的圆，如图 3-28 所示。

(5)重复调用【圆】命令，捕捉上步骤绘制的圆的圆心，分别绘制半径为 50 和 130 的圆，如图 3-29 所示。

(6)在【默认】选项卡下，单击【绘图】面板中的【直线】按钮，配合【对象捕捉】功能，过圆心绘制直线，并将线型转换为【CENTER】，如图 3-30 所示。

(7)至此，完成床头柜的绘制。

3.3　绘制点

点是组成图形的最基本元素，通常用来作为精确位置的参考点。

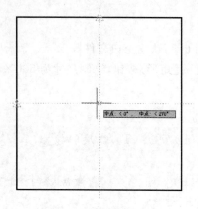

图 3-27 捕捉矩形的中点

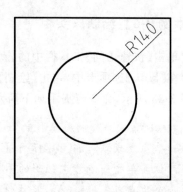

图 3-28 绘制半径为 140 的圆

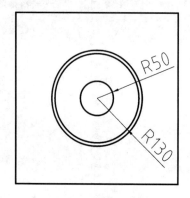

图 3-29 绘制同心圆

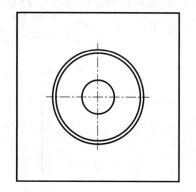

图 3-30 绘制直线

3.3.1 设置点样式

系统默认情况下,点显示为一个小黑点,用肉眼很难观察。所以,在绘制点之前需要先设置点样式。

下面介绍两种设置点样式的方法。

☞命令行:在命令行中输入 DDPTYPE,并按回车键。

☞菜单栏:执行【格式】|【点样式】命令。

【课堂举例 3-7】:设置【点样式】

(1)单击【快速访问】工具栏中的【新建】按钮，新建空白文件。

(2)单击【默认】选项卡中【实用工具】面板中的【点样式】按钮，系统自动弹出【点样式】对话框,选择其中一个【点样式】,如图 3-31 所示。

(3)单击【确定】按钮,关闭对话框即完成【点样式】的设置。

提示:【点大小】选项组中的"相对于屏幕设置大小"是参考绘图区域的比例来调整点的大小,点的大小是不确定的。另一个"按绝对单位设置大小"是固定点的大小,不会随着视图缩放而改变。

3.3.2 绘制单点与多点

单点与多点是 AutoCAD 中最简单的图形,也是最基本的图形之一。

1. 绘制单点

调用【单点】命令的方法如下所示。

☞命令行:在命令行中输入 POINT/PO,并按回车键。

☞菜单栏:执行【绘图】|【点】|【单点】命令。

图 3-31 设置点样式

【课堂举例 3-8】:完善双人沙发

① 单击【快速访问】工具栏中的【打开】按钮 📂,打开"03\课堂举例 3-8 完善双人沙发"素材文件,如图 3-32 所示。

② 在命令行中输入 DDPTYPE,并按回车键,系统弹出【点样式】对话框,选择一种点样式,如图 3-33 所示。

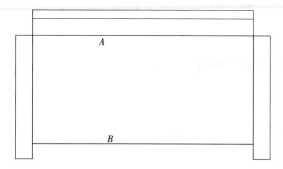

图 3-32 素材图形

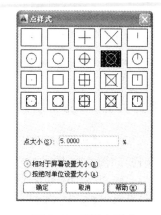

图 3-33 设置点样式

③ 在命令行中输入 PO,并按回车键,调用【单点】命令,捕捉直线 A 和 B 的中点,绘制单点,如图 3-34 所示。

④ 在【默认】选项卡中单击【绘图】面板中的【直线】按钮,配合【对象捕捉】按钮,连接两个节点,如图 3-35 所示。

⑤ 至此,双人沙发的操作就完成了。

2. 绘制多点

调用【多点】命令的方法如下所示。

☞菜单栏:执行【绘图】|【点】|【多点】命令。

☞功能区:单击【默认】面板中的【绘图】|【多点】按钮 ⠂。

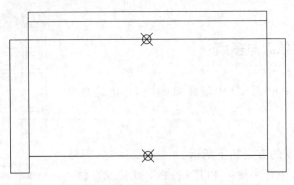

图 3-34　绘制单点

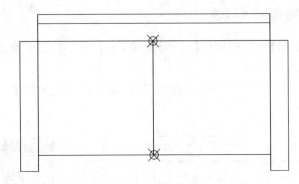

图 3-35　绘制连接直线

【课堂举例 3-9】:绘制多点

(1)单击【快速访问】工具栏中的【打开】按钮📂,打开"03\课堂举例 3-9 绘制多点"素材文件,如图 3-36 所示。

(2)在命令行中输入 DDPTYPE,并按回车键,系统弹出【点样式】对话框,选择一种点样式,并设置【点大小】为 15,如图 3-37 所示。

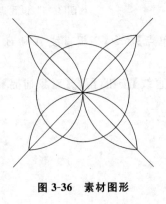

图 3-36　素材图形

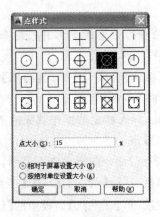

图 3-37　设置点样式

(3)单击【默认】面板中的【绘图】|【多点】按钮 ⋅，配合【对象捕捉】功能，捕捉图形中 4 个端点，绘制多点，如图 3-38 所示。

(4)至此，完成多点的绘制。

3.3.3 绘制定数等分点

绘制定数等分点是指以一定数量等分指定的对象。

下面介绍 3 种调用【定数等分】命令的方法。

☞命令行：在命令行中输入 DIVIDE/DIV，并按回车键。

☞菜单栏：执行【绘图】|【点】|【定数等分】命令。

☞功能区：在【默认】选项卡中单击【绘图】面板中的【定数等分】按钮 。

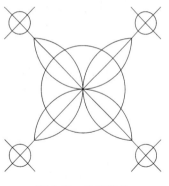

图 3-38 绘制结果

【课堂举例 3-10】：绘制轮轴

(1)单击【快速访问】工具栏中的【打开】按钮 ，打开"03\课堂举例 3-10 绘制轮轴.dwg"文件，如图 3-39 所示。

(2)在【默认】选项卡中单击【绘图】面板中的【定数等分】按钮 ，将圆等分为 20 份，如图 3-40 所示，命令行操作如下所示。

```
命令：_divide      //调用【定数等分】按钮
选择要定数等分的对象：     //选择需要等分的圆
输入线段数目或［块(B)］：20↙     //输入线段数目
```

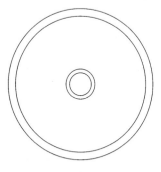

图 3-39 素材图形

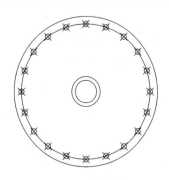

图 3-40 【定数等分】圆

(3)按空格键重复调用【定数等分】命令，以同样的方法将小圆等分为 10 份，如图 3-41 所示。

(4)在【默认】选项卡中单击【绘图】面板中的【直线】按钮 ，连接大圆与小圆之间的点，如图 3-42 所示。

(5)在【默认】选项卡中单击【实用工具】面板中的【点样式】按钮 ，系统自动弹出【点样式】对话框，选择原始的点样式，单击【确定】关闭对话框，最终效果如图 3-43 所示。

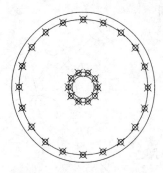

图 3-41 【定数等分】小圆

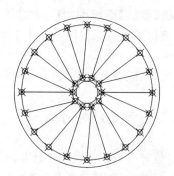

图 3-42 绘制【直线】

3.3.4 绘制定距等分点

定距等分是指在选定的对象上按照指定距离进行等分。下面介绍 3 种调用【定距等分】命令的方法。

☞命令行：在命令行中输入 MEASURE/ME，并按回车键。

☞菜单栏：执行【绘图】|【点】|【定距等分】按钮。

☞功能区：在【默认】选项卡中单击【绘图】面板中的【定距等分】按钮。

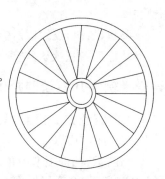

图 3-43 设置点样式效果

【课堂举例 3-11】：绘制茶几面

(1)单击【快速访问】工具栏中的【打开】按钮，打开"03\课堂举例 3-11 绘制茶几面.dwg"文件，如图 3-44 所示。

(2)在【默认】选项卡中单击【绘图】面板中的【定距等分】按钮，等分内侧矩形，如图 3-45 所示，命令行操作如下所示。

```
命令：_measure↙       //调用【定距等分】命令
选择要定距等分的对象：   //选择矩形
指定线段长度或［块(B)］：35↙    //输入线段长度
```

图 3-44 素材文件

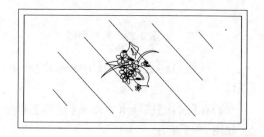

图 3-45 绘制定距等分

(3)单击【默认】面板中的【绘图】|【直线】按钮，连接点，如图 3-46 所示。

（4）通过【夹点编辑】功能，并设置【点样式】为原始状态，最终效果如图3-47所示。

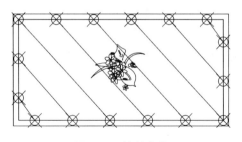

图3-46 绘制直线

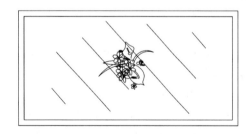

图3-47 最终效果图

注意：与定数等分不同的是，定距等分存在不确定因素，等分后可能会出现剩余线段。

3.4 绘制直线和多段线

【直线】与【多段线】命令都是在绘图过程中常用到的基本命令之一，两者的区别在于：使用【直线】命令所绘制的图形线段之间是彼此独立的，可以单独编辑；而使用【多段线】命令所绘制的图形为一个整体，不能单独编辑。

3.4.1 绘制直线

绘制一条直线需要确定起始点与终止点，且常常需要配合捕捉功能来精准绘图。

下面介绍4种调用【直线】命令的方法。

☞命令行：在命令行中输入LINE/L，并按回车键。

☞菜单栏：执行【绘图】|【直线】命令。

☞工具栏：单击【绘图】工具栏中【直线】按钮 ╱。

☞功能区：在【默认】选项卡中单击【绘图】面板中的【直线】按钮 ╱。

【课堂举例3-12】：绘制平行四边形

（1）单击【快速访问】工具栏中的【新建】按钮 □，新建空白文件。

（2）在【默认】选项卡中单击【绘图】面板中的【直线】按钮 ╱，绘制平行四边形，如图3-48所示，命令行操作如下所示。

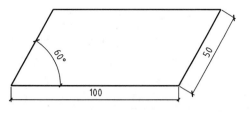

图3-48 绘制平行四边形

```
命令：_line    //调用【直线】命令
指定第一个点：0,0↙    //输入原点坐标
指定下一点或 [放弃(U)]：@100,0↙    //输入相对直角坐标
指定下一点或 [放弃(U)]：@50<60↙    //输入相对极坐标
指定下一点或 [闭合(C)/放弃(U)]：@-100,0↙    //输入相对直角坐标
指定下一点或 [闭合(C)/放弃(U)]：C↙    //激活"闭合(C)"选项
```

3.4.2　多段线

多段线又称为多义线,是 AutoCAD 中常用的一类复合图形对象。使用【多段线】命令可以生成由若干条直线和曲线首尾连接形成的复合线实体。

1.绘制多段线

多段线是由多条可以改变线宽的线段或是圆弧相连而成的复合体。

调用【多段线】命令的方式有以下几种。

☞命令行:在命令行中输入 PLINE/PL,并按回车键。

☞菜单栏:执行【绘图】|【多段线】命令。

☞工具栏:单击【绘图】工具栏中的【多段线】按钮 ⌐⊃。

☞功能区:在【默认】选项卡中单击【绘图】面板中的【多段线】按钮 ⌐⊃。

【课堂举例 3-13】:绘制跑道图例

(1)单击【快速访问】工具栏中的【新建】按钮 ▢,新建空白文件。

(2)在【默认】选项卡中单击【绘图】面板中的【多段线】按钮 ⌐⊃,绘制跑道图形,如图 3-49 所示,命令行操作如下所示。

```
命令:_pline↙      //调用【直线】命令
指定起点:0,0↙       //指定原点为起点坐标
当前线宽为 0.0000
指定下一个点或 [圆弧(A)/半宽(H)/长度(L)/放弃(U)/宽度(W)]:@100,0↙
  //输入相对直角坐标
指定下一点或 [圆弧(A)/闭合(C)/半宽(H)/长度(L)/放弃(U)/宽度(W)]:A↙
  //激活"圆弧(A)"选项
指定圆弧的端点或[角度(A)/圆心(CE)/闭合(CL)/方向(D)/半宽(H)/直线(L)/半
  径(R)/第二个点(S)/放弃(U)/宽度(W)]:@0,50↙     //输入相对直角坐标
指定圆弧的端点或[角度(A)/圆心(CE)/闭合(CL)/方向(D)/半宽(H)/直线(L)/半
  径(R)/第二个点(S)/放弃(U)/宽度(W)]:L↙     //激活"直线(L)"选项
指定下一点或 [圆弧(A)/闭合(C)/半宽(H)/长度(L)/放弃(U)/宽度(W)]:@-
  100,0↙      //输入相对直角坐标
指定下一点或 [圆弧(A)/闭合(C)/半宽(H)/长度(L)/放弃(U)/宽度(W)]:A↙
  //激活"圆弧(A)"选项
指定圆弧的端点或[角度(A)/圆心(CE)/闭合(CL)/方向(D)/半宽(H)/直线(L)/半
  径(R)/第二个点(S)/放弃(U)/宽度(W)]:CL↙     //激活"闭合(CL)"选项
```

(3)至此,跑道图例绘制完成。

2.设置多段线线宽

多段线的一大特点是,不仅可以给不同的线段设置不同的线宽,而且可以在同一线段

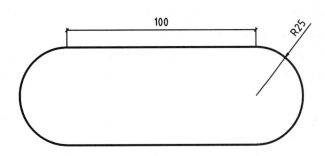

图 3-49　绘制跑道图形

的内部设置渐变的线宽。

设置多段线的线宽,需在命令行中选择【半宽】或【宽度】备选项。其中,半宽值为宽度值的一半。设置线宽时,先输入线段起点的线宽,再输入线段终点的线宽。

箭头是工程制图中的常用图件,我国的国家标准规定的箭头样式如图 3-50 所示。多段线具有在同一线段中产生宽度渐变的特点,因此可以调用【多段线】命令来绘制箭头。

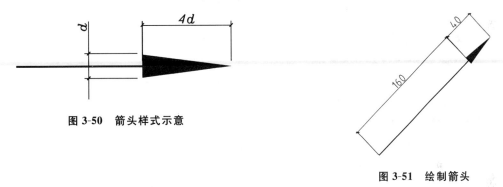

图 3-50　箭头样式示意

图 3-51　绘制箭头

【课堂举例 3-14】:绘制箭头

(1)单击【快速访问】工具栏中的【新建】按钮 ,新建空白文件。

(2)在【默认】选项卡中单击【绘图】面板中的【多段线】按钮 ,绘制长度为 200、倾斜角度为 45°的箭头,如图 3-51 所示,命令行操作如下所示。

命令:PLINE↙　　//调用【多段线】命令

指定起点:↙　　//在绘图区域合适位置拾取一点确定起点 A

当前线宽为 0.0000

指定下一个点或[圆弧(A)/半宽(H)/长度(L)

/放弃(U)/宽度(W)]:W↙　　//选择"宽度"备选项,准备设置 AB 段线宽

指定起点宽度<0.0000>:1↙　　//输入 AB 段起点宽度值 1

指定端点宽度<1.0000>:↙　　//回车选取默认值 1 为 AB 终点宽度,AB 段宽度均匀

指定下一个点或[圆弧(A)/半宽(H)/长度(L)/放弃(U)/宽度(W)]:@160<45↙

　　//输入 B 点相对极坐标,绘制 AB

指定下一点或[圆弧(A)/闭合(C)/半宽(H)/长度(L)/放弃(U)/宽度(W)]:W↙
 //选择"宽度"备选项,准备设置BC段线宽
指定起点宽度<1.0000>:10↙　　　//设置箭尾端B点宽度值为10
指定端点宽度<10.0000>:0↙　　　//设置箭头端C点宽度值为0,BC段宽度将产生
 渐变
指定下一点或[圆弧(A)/闭合(C)/半宽(H)/长度(L)/放弃(U)/宽度(W)]:@40<45
↙　　//输入C点相对极坐标
指定下一点或[圆弧(A)/闭合(C)/半宽(H)/长度(L)/放弃(U)/宽度(W)]:↙　　//
回车结束命令

3.5　绘制射线和构造线

　　射线与构造线都是用来辅助画图的参考线。射线是一条只有一个端点,另一端无限延伸的直线。而构造线是一条向两端无限延伸的直线。

3.5.1　绘制射线

　　在绘图区域内指定起点和通过点即可绘制射线,也可以绘制经过相同起点的多条射线,直到按 Esc 键或者 Enter 键结束。

　　下面介绍 3 种调用【射线】命令的方法。

　　☞命令行:在命令行中输入 RAY,并按回车键。

　　☞菜单栏:执行【绘图】|【射线】命令。

　　☞功能区:在【默认】选项卡中单击【绘图】面板中的【射线】按钮。

3.5.2　绘制构造线

　　调用【构造线】命令的方法如下所示。

　　☞命令行:在命令行中输入 XLINE/XL,并按回车键。

　　☞菜单栏:执行【绘图】|【构造线】命令。

　　☞功能区:在【默认】选项卡中单击【绘图】面板中的【构造线】按钮。

　　执行上述任意一种命令后,命令行提示如下所示。

指定点或[水平(H)/垂直(V)/角度(A)/二等分(B)/偏移(O)]:

　　命令行提示绘制构造线的命令有以下几种。

1.通过两个指定点

通过指定两点确定构造线的位置。

2.水平或垂直方式

输入或用鼠标选取绘图区域内的点,绘制通过该点且平行于当前用户坐标系 X 轴或Y 轴的构造线。

3. 角度方式

指定与选定参照线之间的夹角,创建构造线,默认状态下逆时针为正。

4. 角平分线方式

角平分线方式经常用于绘制平分角度的构造线。它经过选定的角顶点,并且将选定的两条直线之间的夹角平分。

5. 偏移方式

偏移方式用于绘制平行于直线的构造线。

3.6 绘制曲线对象

在 AutoCAD 中,圆、圆弧、圆环、椭圆、椭圆弧都是属于曲线对象,绘制方法相对复杂一些。

3.6.1 绘制圆和圆弧

1. 绘制圆

【圆】也是基础命令之一,在园林、机械、室内等绘图中都经常需要调用此命令。

下面介绍 4 种调用【圆】命令的方法。

☞命令行:在命令行中输入 CIRCLE/C,并按回车键。

☞菜单栏:执行【绘图】|【圆】命令。

☞工具栏:单击【绘图】工具栏中的【圆】按钮◎。

☞功能区:在【默认】选项卡中单击【绘图】面板中的【圆】按钮◎。

【课堂举例 3-15】:绘制拼花图案

(1)单击【快速访问】工具栏上的【新建】按钮□,新建空白文件。

(2)在【默认】选项卡中单击【绘图】面板中的【直线】按钮／,绘制长度为 50 的水平直线,如图 3-52 所示。

(3)在【默认】选项卡中单击【绘图】面板中的【圆】按钮◎,配合【端点捕捉】功能,分别以直线两端端点作为圆心绘制半径为 25 的圆,如图 3-53 所示,命令行操作如下所示。

图 3-52 绘制直线

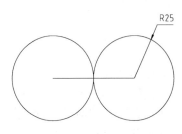

图 3-53 绘制圆

67

命令：_ circle↙ //调用【圆】命令
指定圆的圆心或［三点(3P)/两点(2P)/切点、切点、半径(T)］： //配合【端点捕捉】
功能，捕捉直线端点
指定圆的半径或［直径(D)］<25.0000>：25↙ //输入半径

(4)在【默认】选项卡中单击【绘图】面板中的【圆】按钮⊙，利用不同方法绘制相切圆，如图 3-54 所示，命令行操作如下所示。

命令：_ circle↙ //调用【圆】命令
指定圆的圆心或［三点(3P)/两点(2P)/切点、切点、半径(T)］：T↙ //激活"切点、
切点、半径(T)"选项
指定对象与圆的第一个切点： //指定第一个圆上的相切点
指定对象与圆的第二个切点： //指定第二个圆上的相切点
指定圆的半径<25.0000>：16.5↙ //输入半径

(5)在【默认】选项卡中单击【绘图】面板中的【圆】按钮⊙，配合【象限点捕捉】功能，利用不同方法绘制外轮廓圆，命令行操作如下所示。

命令：_ circle↙ //调用【圆】命令
指定圆的圆心或［三点(3P)/两点(2P)/切点、切点、半径(T)］：2P↙ //激活"两点
(2P)"选项
指定圆直径的第一个端点： //捕捉第一个圆左侧象限点
指定圆直径的第二个端点： //捕捉第二个圆右侧象限点

(6)在【默认】选项卡中单击【修改】面板中的【删除】按钮，删除辅助直线，最终效果如图 3-55 所示。

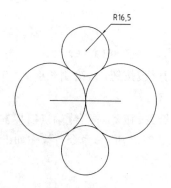

图 3-54 绘制相切圆

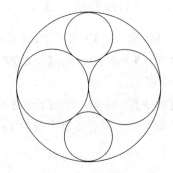

图 3-55 最终效果

2. 绘制圆弧

利用【圆弧】命令可以绘制任意半径的圆弧。

下面介绍 4 种调用【圆弧】命令的方法。

☞命令行：在命令行中输入 ARC/A，并按回车键。

☞菜单栏：执行【绘图】|【圆弧】命令。

☞工具栏：单击【绘图】工具栏中的【圆弧】按钮。

☞功能区：在【默认】选项卡中单击【绘图】面板中的【圆弧】按钮。

【课堂举例3-16】:完善餐桌图形

(1)单击【快速访问】工具栏中的【打开】按钮,打开"03\课堂举例 3-16 完善餐桌图形.dwg"文件,如图 3-56 所示。

(2)在【默认】选项卡中单击【绘图】面板中的【圆弧】按钮 ,绘制内侧圆弧,如图 3-57 所示,命令行操作如下所示。

> 命令:_arc   //调用【圆弧】命令
> 指定圆弧的起点或 [圆心(C)]:   //配合【端点捕捉】功能,捕捉右侧直线端点
> 指定圆弧的第二个点或 [圆心(C)/端点(E)]:E✓   //激活"端点(E)"选项
> 指定圆弧的端点: //配合【端点捕捉】,捕捉左侧直线端点
> 指定圆弧的圆心或 [角度(A)/方向(D)/半径(R)]:R✓   //激活"半径(R)"选项
> 指定圆弧的半径:500✓   //输入半径值,按回车键完成餐桌图形的绘制

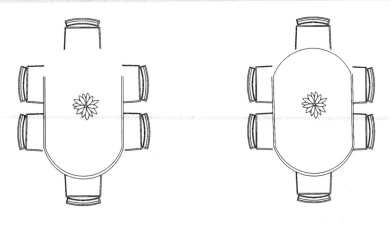

图 3-56　素材图形　　　　　　　　　　图 3-57　绘制圆弧

(3)按空格键重复【圆弧】命令,利用不同的方法绘制外侧圆弧,如图 3-58 所示,命令行操作如下所示。

> 命令:ARC✓   //调用【圆弧】命令
> 指定圆弧的起点或 [圆心(C)]:C✓   //激活"圆心(C)"选项
> 指定圆弧的圆心: //配合【圆心捕捉】功能,捕捉内侧圆弧的圆心作为外侧圆弧的
> 　　圆心
> 指定圆弧的起点: //配合【端点捕捉】功能,捕捉右侧直线端点
> 指定圆弧的端点或 [角度(A)/弦长(L)]:   //配合【端点捕捉】功能,捕捉左侧直线端点

技巧:除了直接在命令行中选择选项绘图以外,还可以直接在圆弧的下拉列表中选择绘图方法,如图 3-59 所示。

3.6.2　绘制圆环和填充圆

圆环是由同一圆心、不同直径的两个同心圆组成的。如果圆环的内直径为 0,则圆环为填充圆。

下面介绍 3 种调用【圆环】命令的方法。

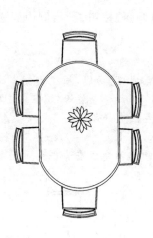

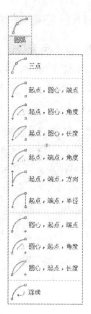

图 3-58　绘制圆弧的效果 图 3-59　下拉列表

☞命令行:在命令行中输入 DONUT/DO,并按回车键。

☞菜单栏:执行【绘图】|【圆环】命令。

☞功能区:在【默认】选项卡中单击【绘图】面板中的【圆环】按钮◎。

【课堂举例 3-17】:完善浴缸图形

(1)单击【快速访问】工具栏中的【打开】按钮,打开"03\课堂举例 3-17 完善浴缸图形.dwg"文件,如图 3-60 所示。

(2)在【默认】选项卡中单击【绘图】面板中的【圆环】按钮◎,绘制内径为 34、外径为 60 的混水阀,如图 3-61 所示,命令行操作如下所示。

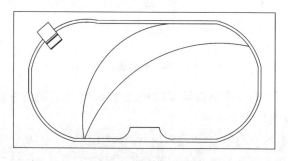

图 3-60　素材图形

```
命令:_donut            //调用【圆环】命令
指定圆环的内径 <14.0000>:34↙      //输入内径
指定圆环的外径 <25.0000>:60↙      //输入外径
指定圆环的中心点或 <退出>:        //指定圆环位置
指定圆环的中心点或 <退出>:        //指定圆环位置
指定圆环的中心点或 <退出>:↙       //按 Enter 键结束绘制
```

注意:这里所提到的内径与外径是指圆的直径大小而不是半径。

(3)按空格键重复【圆环】命令,绘制内径为 0、外径为 70 的排水孔,如图 3-62 所示,命令行操作如下所示。

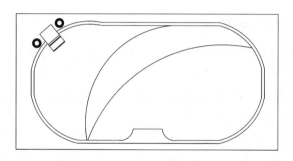

图 3-61　绘制圆环

命令：　DONUT↙　　　//调用【圆环】命令
指定圆环的内径＜34.0000＞：0↙　　　//输入内径
指定圆环的外径＜60.0000＞：70↙　　　//输入外径
指定圆环的中心点或＜退出＞：　　　//指定圆环位置
指定圆环的中心点或＜退出＞：↙　　　//按 Enter 键结束绘制

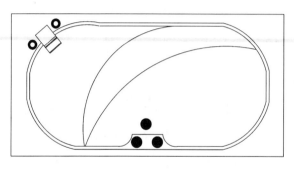

图 3-62　绘制填充图

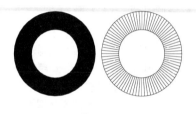

图 3-63　填充【ON】与【OFF】对比

技巧：AutoCAD 在默认情况下绘制的圆环为实心图形,可以通过【FILL】命令控制填充的可见性,如图 3-63 所示。

3.6.3　绘制椭圆和椭圆弧

1.绘制椭圆

椭圆是平面上到定点距离与到指定直线间距离之比为常数的所有点的集合。

下面介绍 4 种调用【椭圆】命令的方法。

☞命令行:在命令行中输入 ELLIPSE/EL,并按回车键。

☞菜单栏:执行【绘图】|【椭圆】命令。

☞工具栏:单击【绘图】工具栏中的【椭圆】按钮 ○ 。

☞功能区:在【默认】选项卡中单击【绘图】面板中的【圆心】按钮 或是【轴,端点】
按钮 。

【课堂举例 3-18】：绘制椭圆

(1)单击【快速访问】工具栏中的【打开】按钮 📂，打开"03\课堂举例 3-18 绘制椭圆"素材文件，如图 3-64 所示。

(2)在【默认】选项卡中单击【绘图】面板中的【圆心】按钮 ⊙ 绘圆，绘制长半轴为 600、短半轴为 400 的椭圆，如图 3-65 所示，命令行操作如下所示。

```
命令：_ellipse      //调用椭圆命令
指定椭圆的轴端点或［圆弧(A)/中心点(C)］：_c      //默认"中心点"选项
指定椭圆的中心点：      //在绘图区任意位置单击一点确定椭圆的中心点
指定轴的端点：600 ↙      //输入长半轴的值
指定另一条半轴长度或［旋转(R)］：400 ↙      //输入短轴的值，按回车键完成椭圆
  的绘制
```

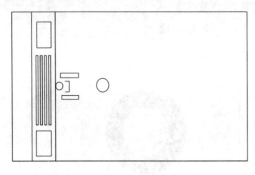

图 3-64　素材图形

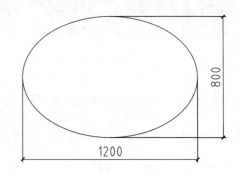

图 3-65　绘制椭圆

(3)在【默认】选项卡中单击【修改】面板上的【移动】按钮，将椭圆移动至素材图形中的合适位置，如图 3-66 所示。

(4)单击【修改】面板上的【修剪】按钮，修剪多余图元，如图 3-67 所示。

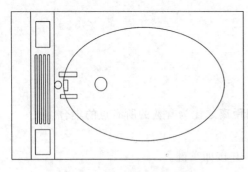

图 3-66　移动椭圆到合适位置

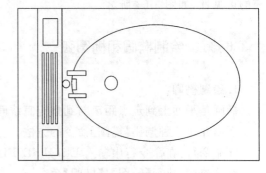

图 3-67　修剪图元

2.绘制椭圆弧

椭圆弧是椭圆的一部分，与椭圆不同的是它的起点与终点没有闭合。

下面介绍 3 种调用【椭圆弧】命令的方法。

☞菜单栏：执行【绘图】|【椭圆弧】命令。

☞工具栏：单击【绘图】工具栏中的【椭圆弧】按钮 。
☞功能区：在【默认】选项卡中单击【绘图】面板中的【椭圆弧】按钮 。

【课堂举例3-19】：完善坐便器图形

(1)单击【快速访问】工具栏中的【打开】按钮 ，打开"03\课堂举例3-19 完善坐便器图形"素材文件，如图3-68所示。

(2)在【默认】选项卡中单击【绘图】面板中的【椭圆弧】按钮 ，配合【对象捕捉】功能绘制椭圆弧，如图3-69所示，命令行操作如下所示。

```
命令：_ ellipse      //调用【椭圆弧】命令
指定椭圆的轴端点或［圆弧(A)/中心点(C)］：_ a      //系统默认"圆弧"选项
指定椭圆弧的轴端点或［中心点(C)］：c✔      //激活"中心点"选项
指定椭圆弧的中心点：      //单击捕捉图形中已有椭圆弧的中心点
指定轴的端点：250✔      //输入长半轴的长度
指定另一条半轴长度或［旋转(R)］：178✔      //输入短半轴的长度
指定起点角度或［参数(P)］：_ nod 于      //按Shift＋鼠标右键，捕捉图形左侧的节
    点，作为椭圆弧的起点
指定端点角度或［参数(P)/包含角度(I)］：_ nod 于      //鼠标沿逆时针方向移动，捕
    捉图形右侧的节点，按回车键退出
```

图3-68 素材图形

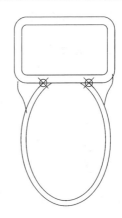

图3-69 绘制椭圆弧

(3)完成椭圆弧的绘制后，在命令行中输入DDPTYPE，并按回车键，调用【点样式】命令，设置点样式为默认点样式，如图3-70所示。

(4)至此，完成马桶图形的绘制，如图3-71所示。

注意：绘制椭圆弧时，所选起点与终点的顺序，决定着圆弧的朝向。

3.7 绘制多线

多线由多条平行线组合而成，平行线之间的距离可以随意设置，极大地提高绘图效率。【多线】命令一般用于绘制建筑墙体与电子路线图等。

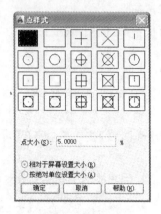

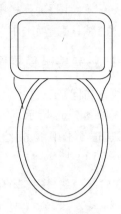

图 3-70　设置点样式　　　　　　　　图 3-71　结果图

3.7.1　设置多线样式

系统默认的多线样式为【STANDARD】样式,需要创建不同的多线样式来满足绘图的要求。

下面介绍两种调用【多线样式】的方法。

☞命令行:在命令行中输入 MLSTYLE,并按回车键。

☞菜单栏:执行【格式】|【多线样式】命令。

【课堂举例 3-20】:设置多线样式

(1)单击【快速访问】工具栏中的【新建】按钮□,新建空白文件。

(2)在命令行中输入 MLSTYLE,并按回车键,系统弹出【多线样式】对话框,单击【新建】按钮,新建【墙体】多线样式,如图 3-72 所示。

(3)单击【继续】按钮,系统弹出【新建多线样式:墙体】对话框,勾选【直线】中的【起点】与【端点】。在【图元】选项区域中设置【偏移】为 120 与-120,如图 3-73 所示。

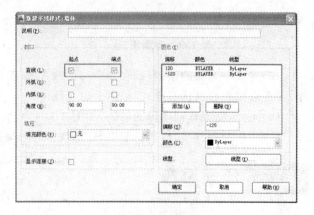

图 3-72　创建新样式名　　　　　　　图 3-73　设置样式

（4）单击【确定】按钮，关闭【新建多线样式：墙体】对话框。选择【墙体】样式之后单击【置为当前】按钮，如图 3-74 所示。单击【确定】按钮，关闭对话框，多线样式设置完成。

技巧：在设置【图元】的时候，需要先选择要设置的图元，才能激活下面的设置选项。

3.7.2 绘制多线

设置完多线样式之后就可以开始绘制多线了。

下面介绍两种调用【多线】命令的方法。

☞命令行：在命令行中输入 MLINE/ML，并按回车键。

☞工具栏：执行【绘图】|【多线】命令。

图 3-74 置为当前

【课堂举例 3-21】：绘制墙体

（1）单击【快速访问】工具栏中的【打开】按钮 🗁，打开"03\课堂举例 3-21 绘制墙体.dwg"文件，如图 3-75 所示。

（2）在命令行中输入 MLINE，并按回车键，调用【多线】命令，使用前面设置的多线样式，沿着轴线绘制承重墙，如图 3-76 所示，命令行操作如下所示。

```
命令：MLINE↙      //调用【多线】命令
当前设置：对正＝上，比例＝20.00，样式＝墙体
指定起点或 [对正(J)/比例(S)/样式(ST)]：S↙      //激活"比例(S)"选项
输入多线比例 <20.00>：1↙      //输入多线比例
当前设置：对正＝上，比例＝1.00，样式＝墙体
指定起点或 [对正(J)/比例(S)/样式(ST)]：J↙      //激活"对正(J)"选项
输入对正类型 [上(T)/无(Z)/下(B)] <上>：Z↙      //激活"无(Z)"选项
当前设置：对正＝无，比例＝1.00，样式＝墙体
指定起点或 [对正(J)/比例(S)/样式(ST)]：      //沿着轴线绘制墙体
指定下一点：
指定下一点或 [放弃(U)]：
指定下一点或 [闭合(C)/放弃(U)]：↙      //按 Enter 键结束绘制
```

（3）按空格键重复命令，绘制非承重墙，如图 3-77 所示，命令行操作如下：

图 3-75　素材文件

图 3-76　绘制墙体

命令：MLINE✓　　//调用【多线】命令
当前设置：对正＝无，比例＝1.00，样式＝墙体
指定起点或［对正(J)/比例(S)/样式(ST)］：S✓　　//激活"比例(S)"选项
输入多线比例 ＜1.00＞：0.5✓　　//输入多线比例
当前设置：对正＝无，比例＝0.50，样式＝墙体
指定起点或［对正(J)/比例(S)/样式(ST)］：J✓　　//激活"对正(J)"选项
输入对正类型［上(T)/无(Z)/下(B)］＜无＞：Z✓　　//激活"无(Z)"选项
当前设置：对正＝无，比例＝0.50，样式＝墙体
指定起点或［对正(J)/比例(S)/样式(ST)］：
指定下一点：　　//沿着轴线绘制墙体
指定下一点或［放弃(U)］：✓　　//按 Enter 键结束绘制

(4)按空格键重复命令，绘制飘窗，如图 3-78 所示，命令行操作如下所示。

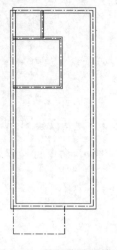

图 3-77　绘制非承重墙

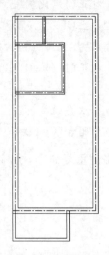

图 3-78　绘制飘窗

```
命令：MLINE↙       //调用【多线】命令
当前设置：对正＝下,比例＝0.50,样式＝墙体
指定起点或［对正(J)/比例(S)/样式(ST)］：J↙       //激活"对正(J)"选项
输入对正类型［上(T)/无(Z)/下(B)］＜下＞：T↙       //激活"上(T)"选项
当前设置：对正＝上,比例＝0.50,样式＝墙体
指定起点或［对正(J)/比例(S)/样式(ST)］：
指定下一点：    //沿着轴线绘制墙体
指定下一点或［放弃(U)］：
指定下一点或［闭合(C)/放弃(U)］：↙       //按 Enter 键结束绘制
```

3.7.3　编辑多线

　　除了可以使用【分解】等命令编辑多线以外,还可以在 AutoCAD 中自带的【多线编辑工具】对话框中编辑。

　　下面介绍两种调用【多线编辑工具】对话框的方法。

　　☞命令行:在命令行中输入 MLEDIT,并按回车键。

　　☞菜单栏:执行【修改】|【对象】|【多线】命令。

【课堂举例3-22】:编辑墙体

　　(1)单击【快速访问】工具栏中的【打开】按钮，打开如图 3-78 所示图形。

　　(2)在命令行中输入 MLEDIT,并按回车键,系统弹出【多线编辑工具】对话框,选择【角点结合】选项,如图 3-79 所示。

　　(3)系统自动返回到绘图区域,根据命令行提示对承重墙进行编辑,如图 3-80 所示,命令行操作如下所示。

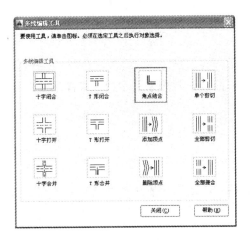

图 3-79　【多线编辑工具】对话框

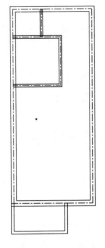

图 3-80　角点结合

77

命令：MLEDIT↙　　//调用命令

选择第一条多线：　　//选择承重墙起点的多线

选择第二条多线：　　//选择承重墙终点的多线

选择第一条多线 或 [放弃(U)]：↙　　//按 Enter 键结束编辑

（4）按空格键重复命令，在弹出的对话框中选择【T形合并】选项，编辑承重墙与非承重墙交接处以及非承重墙之间的交接处，如图 3-81 所示。

（5）在【默认】选项卡中单击【修改】面板中的【分解】按钮🗗，分解多线。

（6）在【默认】选项卡中单击【修改】面板中的【修剪】按钮✂，并利用【删除】命令以及【夹点编辑】功能编辑多线，最终效果如图 3-82 所示。

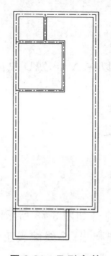

图 3-81　T形合并

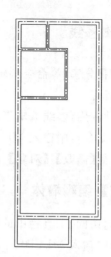

图 3-82　最终效果

技巧：【T形闭合】、【T形打开】和【T形合并】的选择对象顺序应选择 T 字的下半部分，再选择 T 字的上半部分。

3.8　绘制样条曲线

样条曲线是通过拟合数据点绘制而成的光滑曲线。常用来表示建筑等高线以及机械中剖开或是断开的部分。

3.8.1　绘制样条曲线

样条曲线既可以是二维曲线，也可以是三维曲线，适用于表达各种具有不规则变化曲率半径的曲线。

下面介绍 4 种调用【样条曲线】命令的方法。

☞命令行：在命令行中输入 SPLINE/SP，并按回车键。

☞菜单栏：执行【绘图】|【样条曲线】命令。

☞工具栏：单击【绘图】工具栏中的【样条曲线】按钮∿。

☞功能区:单击【默认】面板中的【绘图】|【样条曲线拟合】按钮 或是【样条曲线控制点】按钮 。

调用该命令,任意指定两个点后,命令行将提示如下所示。

输入下一个点或 [端点相切(T)/公差(L)/放弃(U)/闭合(C)]:

其各选项含义如下所示。

☞对象:将样条曲线拟合多段线转换为等价的样条曲线。样条曲线拟合多段线是指使用【PEDIT】命令中"样条曲线"选项,将普通多段线转换成样条曲线的对象。

☞闭合:将样条曲线的端点与起点闭合。

☞公差:定义曲线的偏差值。值越大,离控制点越远,反之则越近。

☞起点切向:定义样条曲线的起点和结束点的切线方向。

【课堂举例3-23】:完善钢琴图形

(1)单击【快速访问】工具栏中的【打开】按钮 ,打开"03\课堂举例3-23 完善钢琴图形"素材文件,如图3-83所示。

(2)在【默认】选项卡中单击【绘图】面板中的【样条曲线控制点】按钮 ,完善钢琴轮廓,如图3-84所示,命令行操作如下所示。

```
命令:_SPLINE↙     //调用【样条曲线】命令
当前设置:方式=拟合  节点=弦
指定第一个点或 [方式(M)/节点(K)/对象(O)]:     //单击捕捉左下角的端点,确定
  样条曲线的起点
输入下一个点或 [起点切向(T)/公差(L)]:     //指定下一点
输入下一个点或 [端点相切(T)/公差(L)/放弃(U)]:
输入下一个点或 [端点相切(T)/公差(L)/放弃(U)/闭合(C)]:
……
输入下一个点或 [端点相切(T)/公差(L)/放弃(U)/闭合(C)]:     //单击捕捉左下
  角的端点,确定样条曲线的起点
```

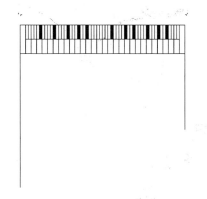

图3-83 素材图形

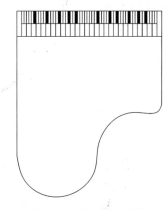

图3-84 绘制样条曲线

注意:在绘制的样条曲线不美观或者不能满足设计绘图的需要时,可以通过拖动夹

点,调整样条曲线的形状。

3.8.2　编辑样条曲线

绘制完成的样条曲线往往不能满足实际需求,此时就需要对其进行编辑。

下面介绍几种调用【编辑样条曲线】命令的方法。

☞命令行:在命令行中输入 SPLINEDIT,并按回车键。

☞菜单栏:执行【修改】|【对象】|【样条曲线】命令。

☞功能区:在【默认】选项卡中单击【修改】面板中的【编辑样条曲线】按钮 ᗐ。

【课堂举例 3-24】:编辑钢琴轮廓

(1)单击【快速访问】工具栏中的【打开】按钮 ▷,打开"03\课堂举例 3-24 编辑钢琴轮廓"素材图形,如图 3-85 所示。

(2)在【默认】选项卡中单击【修改】面板中的【编辑样条曲线】按钮 ᗐ,编辑折断线,如图 3-86 所示,命令行操作如下所示。

```
命令:_ splinedit        //调用【编辑样条曲线】命令
选择样条曲线:          //选择钢琴图形中的样条曲线轮廓
输入选项 [闭合(C)/合并(J)/拟合数据(F)/编辑顶点(E)/转换为多段线(P)/反转
  (R)/放弃(U)/退出(X)]<退出>:f↙     //激活"拟合数据"选项
输入拟合数据选项
[添加(A)/闭合(C)/删除(D)/扭折(K)/移动(M)/清理(P)/切线(T)/公差(L)/退出
  (X)]<退出>:t↙      //激活"切线"选项
指定起点切向或 [系统默认值(S)]:      //配合极轴追踪命令,鼠标向上移动确定起点
  的切向
指定端点切向或 [系统默认值(S)]:      //配合极轴追踪命令,鼠标向上移动确定端点
  的切向
输入拟合数据选项
[添加(A)/闭合(C)/删除(D)/扭折(K)/移动(M)/清理(P)/切线(T)/公差(L)/退出
  (X)]<退出>:x↙      //激活"退出"选项
输入选项 [闭合(C)/合并(J)/拟合数据(F)/编辑
顶点(E)/转换为多段线(P)/反转(R)/放弃(U)/退出(X)]<退出>:x↙     //激活
  "退出"选项,完成样条曲线的编辑
```

3.9　绘制矩形和正多边形

【矩形】命令与正【多边形】命令都是在绘图中经常需要调用的命令,它们的各边组成一个单独的对象,不能单个进行编辑。

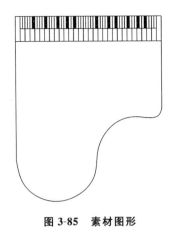

图 3-85　素材图形

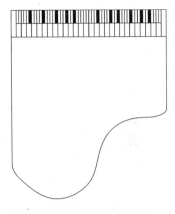

图 3-86　编辑样条曲线

3.9.1　绘制矩形

【矩形】命令不仅仅能绘制二维图形,还能为其设置倒角、高度、厚度等特性。

下面介绍 4 种调用【矩形】命令的方法。

☞命令行:在命令行中输入 RECTANG/REC,并按回车键。

☞菜单栏:执行【绘图】|【矩形】命令。

☞工具栏:单击【绘图】工具栏中的【矩形】按钮▢。

☞功能区:在【默认】选项卡中单击【绘图】面板中的【矩形】按钮▢。

【课堂举例 3-25】:绘制电视机屏幕

(1)单击【快速访问】工具栏中的【打开】按钮🗁,打开"03\课堂举例 3-25 绘制电视机屏幕.dwg"文件,如图 3-87 所示。

(2)在【默认】选项卡中单击【绘图】面板中的【矩形】按钮▢,设置圆角半径为5,绘制 80×55 圆角矩形,如图 3-88 所示,命令行操作如下所示。

```
命令:_rectang    //调用【矩形】命令
指定第一个角点或 [倒角(C)/标高(E)/圆角(F)/厚度(T)/宽度(W)]:F↙    //激
    活"圆角(F)"选项
指定矩形的圆角半径 <0.0000>:5↙    //输入圆角半径
指定第一个角点或 [倒角(C)/标高(E)/圆角(F)/厚度(T)/宽度(W)]:10,-10↙
    //输入绝对直角坐标
指定另一个角点或 [面积(A)/尺寸(D)/旋转(R)]:D↙    //激活"尺寸(D)"选项
指定矩形的长度 <0.0000>:80↙    //输入矩形长度
指定矩形的宽度 <0.0000>:55↙    //输入矩形宽度
指定另一个角点或 [面积(A)/尺寸(D)/旋转(R)]:    //向右移动鼠标随意指定一点
```

此外,利用【矩形】命令还可以创建有一定厚度的矩形及有一定高度的矩形,如图 3-89 所示。

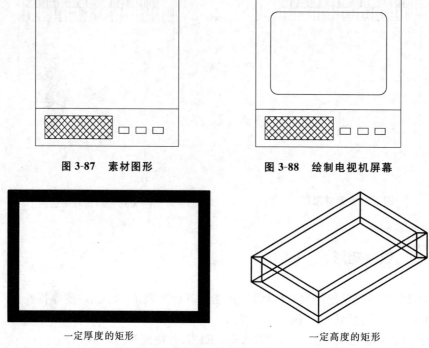

图 3-87 素材图形   图 3-88 绘制电视机屏幕

一定厚度的矩形   一定高度的矩形

图 3-89 创建其他矩形

3.9.2 绘制正多边形

正多边形是由三条或是三条以上长度相等的线段,首尾相接形成的闭合图形。其边数的范围在 3～1024 之间。

下面介绍 4 种调用【多边形】命令的方法。

☞命令行:在命令行中输入 POLYGON/POL,并按回车键。

☞菜单栏:执行【绘图】|【多边形】命令。

☞工具栏:单击【绘图】工具栏中的【多边形】按钮⬠。

☞功能区:在【默认】选项卡中单击【绘图】面板中的【多边形】按钮⬠。

【课堂举例 3-26】:绘制五边形

(1)单击【快速访问】工具栏中的【新建】按钮,新建空白文件。

(2)在【默认】选项卡中单击【绘图】面板中的【圆】按钮,绘制半径为 50 的圆,如图 3-90 所示。

(3)在【默认】选项卡中单击【绘图】面板中的【多边形】按钮⬠,配合【圆心捕捉】功能,捕捉圆的圆心作为中心点,绘制内接于圆的正五边形,如图 3-91 所示,命令行操作如下所示。

命令:_polygon　　　//调用【多边形】命令

输入侧面数 <4>:5↙　　　//输入侧面数

指定正多边形的中心点或[边(E)]:　　　//配合【圆心捕捉】功能,捕捉圆的圆心作为中心点

输入选项[内接于圆(I)/外切于圆(C)]<I>:I↙　　　//激活"内接于圆(I)"选项

指定圆的半径:50↙　　　//输入半径值,并按回车键完成正五边形的绘制

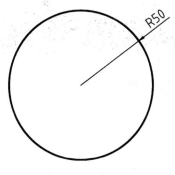

图 3-90　绘制圆

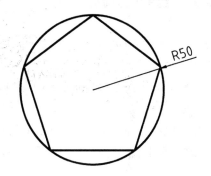

图 3-91　绘制正五边形

(4)在【默认】选项卡中单击【绘图】面板中的【直线】按钮 ，配合【圆心捕捉】功能,绘制直线,如图 3-92 所示。

(5)在【默认】选项卡中单击【修改】面板中的【删除】按钮 ，删除辅助圆,如图 3-93 所示。

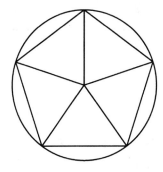

图 3-92　绘制直线

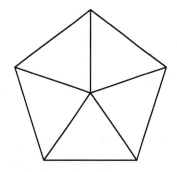

图 3-93　删除辅助圆

内接于圆的画法如图 3-94 所示,外切于圆的画法如图 3-95 所示和边长法如图 3-96 所示。

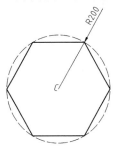

图 3-94　内接于圆法画正六边形

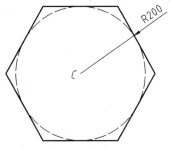

图 3-95　外切于圆法画正五边形

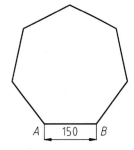

图 3-96　边长法画正七边形

3.10 综合实例

本节通过具体的实例,对前面的知识进行整合,使读者能够熟练掌握一些绘图技巧,提高自己的绘图效率。

3.10.1 绘制门立面图

(1)在【默认】选项卡中单击【图层】面板中的【图层特性】按钮，系统弹出【图层特性管理器】选项卡。

(2)单击选项卡中的【新建图层】按钮，新建【中心线】、【轮廓线】图层,并设置颜色、线型等参数,如图 3-97 所示。

(3)在命令行中输入 MLSTYLE,并按回车键,调用【多线样式】命令,系统弹出【多线样式】对话框,单击【新建】按钮,新建【线条】多线样式,如图 3-98 所示。

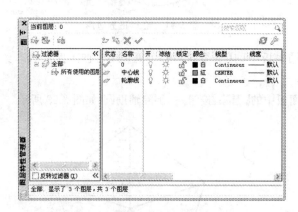

图 3-97　设置图层

图 3-98　新建多线样式

(4)单击【继续】按钮,系统弹出【新建多线样式:线条】对话框,勾选【直线】中的【起点】与【端点】。在【图元】选项区域中设置【偏移】为 1 与 -1,如图 3-99 所示。

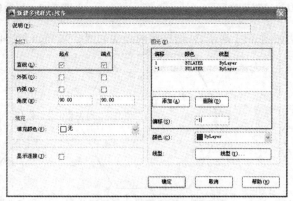

图 3-99　设置多线样式

（5）设置完毕之后，单击【确定】按钮返回【多线样式】对话框，选择【线条】样式之后单击【置为当前】按钮，然后关闭对话框。

（6）切换【中心线】为当前图层，绘制辅助线，如图 3-100 所示。

（7）切换【轮廓线】为当前图层。在命令行中输入 ML，并按回车键，调用【多线】命令，沿着辅助线绘制多线，如图 3-101 所示，命令行操作如下所示。

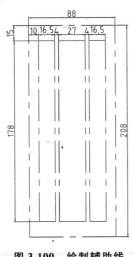

图 3-100　绘制辅助线

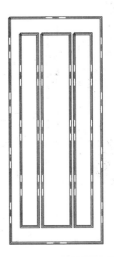

图 3-101　绘制多线

命令：ml↙　　//调用【多线】命令
当前设置：对正＝上，比例＝20.00，样式＝线条
指定起点或［对正(J)/比例(S)/样式(ST)］：S↙　　//激活"比例(S)"选项
输入多线比例 ＜20.00＞：1↙　　//输入多线比例
当前设置：对正＝上，比例＝1.00，样式＝线条
指定起点或［对正(J)/比例(S)/样式(ST)］：J↙　　//激活"对正(J)"选项
输入对正类型 ［上(T)/无(Z)/下(B)］＜上＞：Z↙　　//激活"无(Z)"选项
当前设置：对正＝无，比例＝1.00，样式＝线条
指定起点或［对正(J)/比例(S)/样式(ST)］：　　//沿着辅助线绘制图形
指定下一点：
指定下一点或［放弃(U)］：↙　　//按 Enter 键完成绘制

（8）在命令行中输入 MLEDIT，并按回车键，系统弹出【多线编辑工具】对话框，选择【角点结合】对图形进行修整，如图 3-102 所示。

（9）在【默认】选项卡中单击【绘图】面板上的【多边形】按钮⬡，利用【极轴追踪】配合【中点捕捉】，捕捉矩形中点位置绘制正八边形，如图 3-103 所示，命令行操作如下所示。

命令：_polygon↙　　//调用多边形命令
输入侧面数 ＜4＞：8↙　　//输入侧面数
指定正多边形的中心点或［边(E)］：　　//选择外侧矩形的中心点
输入选项［内接于圆(I)/外切于圆(C)］＜I＞：I↙　　//激活"内接于圆"选项
指定圆的半径：38↙　　//输入半径值，并按回车键完成正八边形的绘制

(10)单击【修改】面板中的【偏移】按钮 ⚒ ，向外侧偏移 10 个绘图单位，如图 3-104 所示。

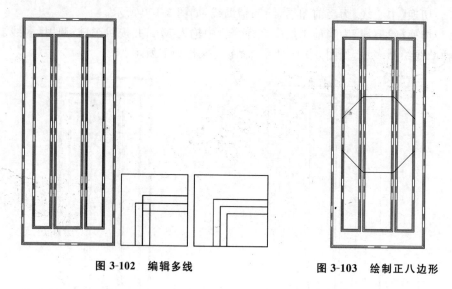

图 3-102   编辑多线   图 3-103   绘制正八边形

(11)单击【修改】面板中的【修剪】按钮 ✄ ，对图形进行修剪并删除多余线段，如图 3-105 所示。

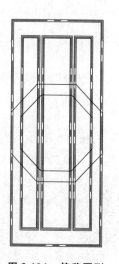   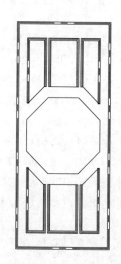

图 3-104   偏移图形   图 3-105   绘制正八边形

(12)再调用【偏移】命令，偏移线段，偏移距离为 2 个绘图单位，如图 3-106 所示。

(13)调用【分解】命令，分解多线。

(14)再次调用【修剪】命令对图形进行修剪，并删除多余辅助线，如图 3-107 所示。

(15)至此，门绘制完成。

3.10.2   绘制浴霸

(1)单击【快速访问】工具栏中的【新建】按钮 ▢ ，新建空白文件。

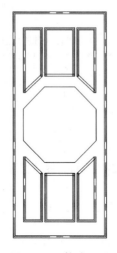

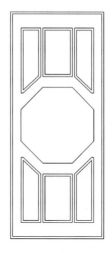

图 3-106　偏移图形　　　　　　　　　　图 3-107　修剪图形

（2）在【默认】选项卡中单击【绘图】面板中的【矩形】按钮□，以原点作为起点绘制 855 ×860 的矩形，如图 3-108 所示。

（3）按空格键再次调用【矩形】命令，绘制内侧矩形，如图 3-109 所示，命令行操作如下所示。

```
命令：_rectang✓      //调用【矩形】命令
指定第一个角点或 [倒角(C)/标高(E)/圆角(F)/厚度(T)/宽度(W)]：53,-55✓
   //输入绝对值坐标
指定另一个角点或 [面积(A)/尺寸(D)/旋转(R)]：D✓      //激活"尺寸(D)"选项
指定矩形的长度 <855.0000>：750✓      //输入矩形长
指定矩形的宽度 <860.0000>：750✓      //输入矩形宽
指定另一个角点或 [面积(A)/尺寸(D)/旋转(R)]：      //任意指定一点
```

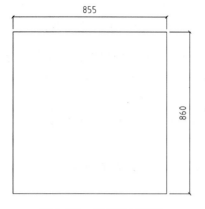

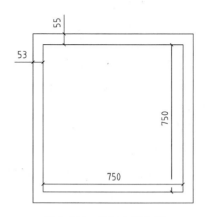

图 3-108　绘制外侧矩形　　　　　　　　图 3-109　绘制内侧矩形

（4）单击状态栏中的【对象捕捉】按钮□，同时单击鼠标右键，在弹出的快捷菜单中选择【设置】选项，如图 3-110 所示。

（5）系统弹出【草图设置】对话框，勾选【端点】、【中点】、【圆心】、【交点】四个复选框，如

图 3-111 所示。

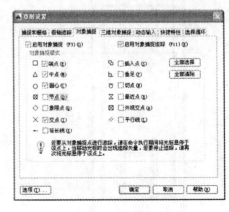

图 3-111 绘制内侧矩形

图 3-110 绘制外侧矩形

(6)调用【直线】命令,配合【中点捕捉】捕捉内侧矩形中心绘制直线,如图 3-112 所示。

(7)再次调用【直线】命令,配合【端点捕捉】绘制直线,如图 3-113 所示。

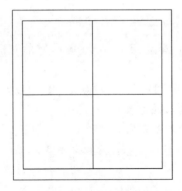

图 3-112 绘制直线 1

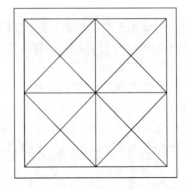

图 3-113 绘制直线 2

(8)调用【直线】命令之后同时按住 Shift+鼠标右键,在弹出的快捷菜单中选择【两点之间的中点】选项,根据命令行提示分别选择 A、B 两点,再配合【极轴追踪】以及【交点捕捉】绘制直线,用同样的方法绘制其他直线,如图 3-114 所示。

(9)单击【绘图】面板中的【圆】按钮 ⊙,配合【交点捕捉】在交点处绘制半径为 98 的圆,如图 3-115 所示。

(10)单击【修改】面板中的【修剪】按钮 ⊶,以圆为界限删除多余线段,如图 3-116 所示,命令行操作如下所示。

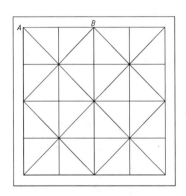

图 3-114　绘制直线 3

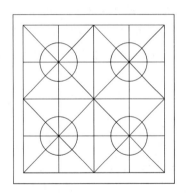

图 3-115　绘制圆

命令：_trim　　//调用【修剪】命令

当前设置：投影＝UCS,边＝无

选择剪切边...

选择对象或＜全部选择＞：

选择对象：找到 1 个,总计 4 个　　//选择 4 个圆为剪切界限

选择对象：↙

选择要修剪的对象,或按住 Shift 键选择要延伸的对象,或

[栏选(F)/窗交(C)/投影(P)/边(E)/删除(R)/放弃(U)]:指定对角点：　　//选择圆
　内的线段

选择要修剪的对象,或按住 Shift 键选择要延伸的对象,或

[栏选(F)/窗交(C)/投影(P)/边(E)/删除(R)/放弃(U)]:↙　　//按 Enter 键完成剪
切

(11)重复调用【圆】命令,利用【圆心捕捉功能】捕捉圆心绘制同心圆,半径分别为 90、56,如图 3-117 所示。至此,浴灯绘制完成。

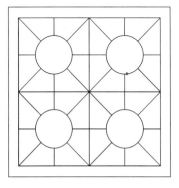

图 3-116　修剪直线

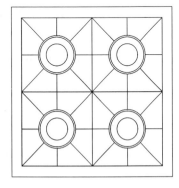

图 3-117　绘制同心圆

3.10.3　绘制坐便器

(1)在【默认】选项卡下单击【绘图】面板中的【矩形】按钮□,根据命令行的提示,绘制

圆角半径为 15、尺寸为 448×180 的矩形,如图 3-118 所示。

(2)在命令行中输入 ELLIPSE,并按回车键,调用【椭圆】命令,绘制圆心在圆角矩形中点向上的延伸线上,且长半轴为 260、短半轴为 175 的椭圆,如图 3-119 所示。命令行提示如下所示。

命令:EL ↙　　　ELLIPSE　　　//调用椭圆命令
指定椭圆的轴端点或[圆弧(A)/中心点(C)]:c↙　　　//激活"中心点"选项
指定椭圆的中心点:　　//在圆角矩形中点延长线上合适位置单击一点,确定椭圆位置
指定轴的端点:175↙　　//鼠标向右移动,输入短半轴的长度
指定另一条半轴长度或[旋转(R)]:260↙　　//鼠标向上移动,输入长半轴的长度,
完成椭圆的绘制

(3)在命令行中输入 EXPLODE,并按回车键,调用【分解】命令,分解圆角矩形。

(4)再在命令行中输入 OFFSET,调用【偏移】命令,将圆角矩形上侧边线向上偏移 80,如图 3-120 所示。

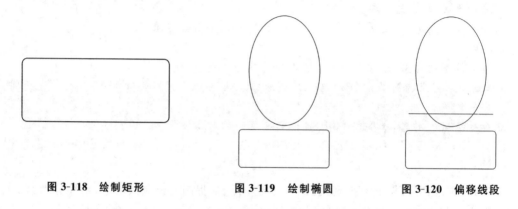

图 3-118　绘制矩形　　　　　　图 3-119　绘制椭圆　　　　　　图 3-120　偏移线段

(5)在命令行中输入 TRIM,调用【修剪】命令,修剪多余线段,如图 3-121 所示。

(6)在命令行中输入 ARC,调用【圆弧】命令,根据绘图需要,绘制圆弧,结果如图 3-122 所示。

(7)重复上述操作,绘制另一侧的圆弧。至此,完成坐便器平面图形的绘制,如图 3-123 所示。

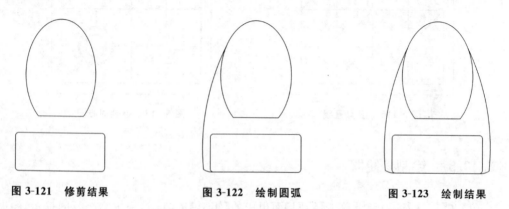

图 3-121　修剪结果　　　　　　图 3-122　绘制圆弧　　　　　　图 3-123　绘制结果

第4章 编辑二维图形

使用 AutoCAD 绘图是一个由简到繁、由粗到精的过程。使用 AutoCAD 提供的一系列修改命令，对图形进行移动、复制、阵列、修剪、删除等多种操作，可以快速生成复杂的图形。本章将重点讲述这些修改命令的用法，如复制、镜像、移动、修剪、延伸等。

4.1 选择对象

编辑图形之前应先选择需要修改的部分，这样才能针对各个部分单独进行编辑。

4.1.1 选择单个对象

选择单个对象又称为点选取。直接将光标拾取点移动到欲选取的对象上，然后单击鼠标左键即可完成选取对象的操作。

提示：根据命令行的提示选择对象时，被选择的对象显示虚线状态，如图 4-1 所示。而在没有调用任何命令选取对象时，会出现夹点编辑状态，如图 4-2 所示。

 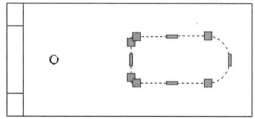

图 4-1　调用命令状态下　　　　　　图 4-2　未调用命令下

4.1.2 选择多个对象

在 AutoCAD 绘图过程中，常常需要同时选择多个编辑的对象。连续单击需要选择的对象，可同时选择多个对象，但操作会比较繁琐。

因此 AutoCAD 2014 提供了【窗口】、【窗交】等快速选择多个对象的方法。

在命令行中输入 SELECT 命令之后，在命令行中输入"?"，可以查看所有的选择模式备选项。

命令：SELECT ↙

选择对象：?

需要点或窗口（W）/上一个（L）/窗交（C）/框（BOX）/全部（ALL）/栏选（F）/圈围（WP）/圈交（CP）/编组（G）/添加（A）/删除（R）/多个（M）/前一个（P）/放弃（U）/自动（AU）/单个（SI）/子对象（SU）/对象（O）

选择对象：

常用的选择模式备选项说明如下。

窗口（W）：窗口选择对象是指按住鼠标向左上方或左下方拖动，框住需要选择的对象。此时绘图区将出现一个实线的矩形方框，释放鼠标后，被方框完全包围的对象将被选中，如图4-3所示。

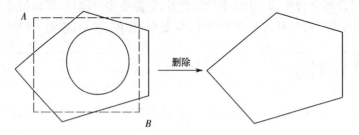

图4-3 窗口选择删除

窗交（C）：交叉选择方式与窗口选择方式相反，从右往左拉出选择框，无论是全部还是部分位于选择框中的图形对象都将被选中，如图4-4所示。

上一个：选择最近一次创建的可见对象。

全部：选择解冻的图层上的所有对象。

栏选：使用多段线选择与多段线相交的对象，如图4-5所示。

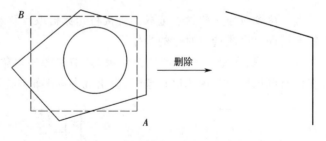

图4-4 窗交选择删除

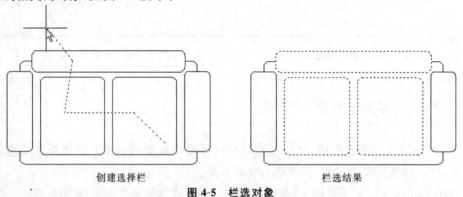

创建选择栏　　　　　栏选结果

图4-5 栏选对象

注意：【圈围】\【圈交】类似于【窗口】\【窗交】选择方式，只不过【窗口】\【窗交】选择创建的是矩形选择范围框，而【圈围】\【圈交】选择创建的是多边形选择范围框。

【课堂举例4-1】：栏选修剪对象

(1)单击【快速访问】工具栏中的【打开】按钮 🗁，打开"04\课堂举例4-1栏选修剪对象.dwg"素材文件，如图4-6所示。

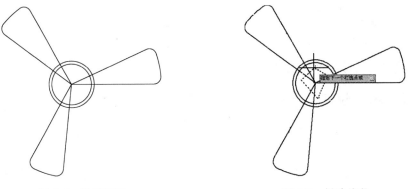

图4-6　素材图形　　　　　　　　图4-7　栏选线段

(2)在【默认】选项卡中单击【修改】面板中的【修剪】按钮 ⊹，修剪多余线段，如图4-8所示，命令行操作如下所示。

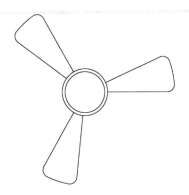

图4-8　修剪结果

```
命令：_trim↙      //调用【修剪】命令
当前设置：投影＝UCS,边＝无
选择剪切边...
选择对象或＜全部选择＞：找到1个
选择对象：↙     //选择最外侧的圆作为修剪边界
选择要修剪的对象，或按住Shift键选择要延伸的对象，或[栏选(F)/窗交(C)/投影
   (P)/边(E)/删除(R)/放弃(U)]：F↙      //激活"栏选(F)"选项
指定第一个栏选点：     //沿着如图4-7所示轨迹放置栏选点
指定下一个栏选点或[放弃(U)]：
指定下一个栏选点或[放弃(U)]：↙     //按Enter键结束栏选
选择要修剪的对象，或按住Shift键选择要延伸的对象，或[栏选(F)/窗交(C)/投影
   (P)/边(E)/删除(R)/放弃(U)]：↙     //按Enter键结束修剪
```

4.1.3 快速选择对象

通过调用【快速选择】对象命令可以指定符合条件(图层、线型、颜色、图案填充等特性)的一个或多个过滤对象。

下面介绍两种调用【快速选择】对象命令的方法。

☞命令行:在命令行中输入 QSELECT,并按回车键。

☞菜单栏:执行【工具】|【快速选择】命令。

【课堂举例 4-2】:快速选择对象并转换图层

(1)单击【快速访问】工具栏中的【打开】按钮 ,打开"04\课堂举例 4-1 栏选修剪对象.dwg"素材文件,如图 4-6 所示。

(2)在命令行中输入 QSELECT 命令,并按回车键,系统弹出【快速选择】对话框,在【特性】选项区中选择【图层】,在【值】选项区中选择【叶片】选项,如图 4-9 所示。

(3)单击【确定】按钮,系统自动筛选出需要的部分,如图 4-10 所示。

图 4-9 【快速选择】对话框

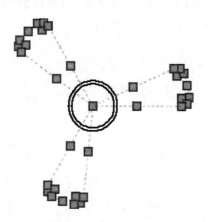

图 4-10 筛选对象

(4)在【默认】选项卡【图层】面板中的图层下拉列表框中切换图层为【电风扇】,如图 4-11 所示。

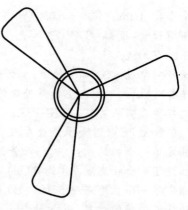

图 4-11 切换图层

4.2 　移动图形

对于已经绘制好的图形对象,有时需要移动它们的位置。这种移动包括从一个位置到另一个位置的平行移动,以及围绕着某点进行的旋转移动。

4.2.1 　移动图形

使用【移动】命令时,可以重新定位。此时,不会改变图形中对象的位置和比例。

下面介绍 4 种调用【移动】命令的方法。

☞命令行:在命令行中输入 MOVE/M,并按回车键。

☞菜单栏:执行【修改】|【移动】命令。

☞工具栏:单击【修改】工具栏中的【移动】按钮 ✛。

☞功能区:在【默认】选项卡中单击【修改】面板中的【移动】按钮 ✛。

【课堂举例 4-3】:移动对象

(1)单击【快速访问】工具栏中的【打开】按钮 ⬄,打开"04\课堂举例 4-3 移动对象.dwg"文件,如图 4-12 所示。

(2)在【默认】选项卡中单击【修改】面板中的【移动】按钮 ✛,利用【端点捕捉】功能捕捉 A 点,向左移动 400 个绘图单位,如图 4-13 所示,命令行操作如下所示。

```
命令:_move↙        //调用【移动】命令
选择对象:指定对角点:找到 48 个,总计 48 个        //选择需要移动的对象
选择对象:↙
指定基点或[位移(D)]<位移>:        //利用【端点捕捉】功能捕捉 A 点
指定第二个点或 <使用第一个点作为位移>:@-400,0↙        //输入相对直角坐
  标,按回车键完成图形的移动
```

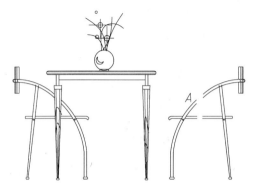

图 4-12　素材图形

图 4-13　移动对象

4.2.2 旋转图形

【旋转】命令同样也是移动图形的位置,但是与【移动】不同的是,【旋转】命令是围绕着一个固定的点将图形对象旋转一定的角度。

下面介绍 4 种调用【旋转】命令的方法。

☞命令行:在命令行中输入 ROTATE/RO,并按回车键。

☞菜单栏:执行【修改】|【旋转】命令。

☞工具栏:单击【修改】工具栏中的【旋转】按钮 ⟲。

☞功能区:在【默认】选项卡中单击【修改】面板中的【旋转】按钮 ⟲。

【课堂举例 4-4】:旋转时针

(1)单击【快速访问】工具栏中的【打开】按钮 ,打开"04\课堂举例 4-4 旋转时针.dwg"文件,如图 4-14 所示。

(2)在【默认】选项卡中单击【修改】面板中的【旋转】按钮 ⟲,旋转时针,如图 4-15 所示,命令行操作如下所示。

```
命令:_rotate↙      //调用【旋转】命令
UCS 当前的正角方向: ANGDIR=逆时针  ANGBASE=0
选择对象:指定对角点:找到 3 个,总计 3 个    //选择需要旋转的部分
选择对象:↙
指定基点:    //利用【圆心捕捉】功能捕捉圆心
指定旋转角度,或 [复制(C)/参照(R)]<0>: -70↙      //输入角度值,按回车键
  完成时针的旋转操作
```

图 4-14 素材图形

图 4-15 旋转对象

除了旋转图形以外,同时也可以留下图形源文件,如图 4-16 所示,命令行操作如下所示。

命令：_rotate↙　　　//调用【旋转】命令
UCS 当前的正角方向： ANGDIR＝逆时针　ANGBASE＝0
选择对象：指定对角点：找到 3 个,总计 3 个　　//选择需要旋转的部分
选择对象：↙
指定基点：　　//利用【圆心捕捉】功能捕捉圆心
指定旋转角度,或[复制(C)/参照(R)]＜68＞： C↙　　//激活"复制(C)"选项
旋转一组选定对象。
指定旋转角度,或[复制(C)/参照(R)]＜68＞： －70↙　　//输入角度,按回车键
完成旋转复制的操作

图 4-16　旋转复制对象

技巧:输入角度时,逆时针旋转的角度为正值,顺时针旋转的角度为负值。

4.3　复制图形

任何一份工程图纸都含有许多相同的图形对象,它们的差别只是相对位置的不同。使用 AutoCAD 提供的复制、镜像、偏移和阵列工具,可以快速创建这些相同的对象。

4.3.1　复制图形

【复制】命令与【平移】命令类似,只不过调用【复制】时,会在源图形位置处创建一个副本。

下面介绍 4 种调用【复制】命令的方法。

☞命令行:在命令行中输入 COPY/CO,并按回车键。

☞菜单栏:执行【修改】|【复制】命令。

☞工具栏:单击【修改】工具栏中【复制】按钮。

☞功能区:在【默认】选项卡中单击【修改】面板中的【复制】按钮。

【课堂举例 4-5】:复制厕所平面图

(1)单击【快速访问】工具栏中的【打开】按钮,打开"04\课堂举例 4-5 复制厕所平面

图.dwg"素材文件,如图 4-17 所示。

(2)在【默认】选项卡中单击【修改】面板中的【复制】按钮 ，复制图形,如图 4-18 所示,命令行操作如下所示。

```
命令：_copy↙        //调用【复制】命令
选择对象：指定对角点：找到 19 个,总计 19 个        //选择源图形
选择对象：↙
当前设置： 复制模式＝单个
指定基点或［位移(D)/模式(O)/多个(M)］＜位移＞：M↙        //激活"多个(M)"
选项
指定基点或［位移(D)/模式(O)/多个(M)］＜位移＞：        //利用【端点捕捉】功能捕
    捉 A 点
指定第二个点或［阵列(A)］＜使用第一个点作为位移＞：        //指定 B 点
指定第二个点或［阵列(A)］＜使用第一个点作为位移＞：        //指定 C 点
指定第二个点或［阵列(A)/退出(E)/放弃(U)］＜退出＞：↙        //按 Enter 键退出复
制
```

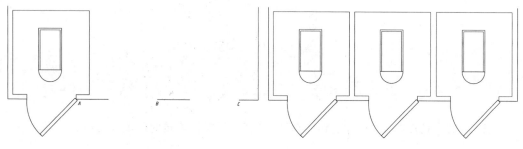

图 4-17　素材图形　　　　　　　　图 4-18　复制对象

4.3.2　镜像图形

【镜像】命令是一个特殊的复制命令。通过镜像生成的图形对象与源对象相对于对称轴呈对称的关系。

下面介绍 4 种调用【镜像】命令的方法。

☞命令行：在命令行中输入 MIRROR/MI,并按回车键。

☞菜单栏：执行【修改】|【镜像】命令。

☞工具栏：单击【修改】工具栏中的【镜像】按钮 。

☞功能区：在【默认】选项卡中单击【修改】面板中的【镜像】按钮 。

【课堂举例 4-6】:镜像餐桌

(1)单击【快速访问】工具栏中的【打开】按钮 ，打开"04\课堂举例 4-6 镜像餐桌.dwg"文件,如图 4-19 所示。

(2)在【默认】选项卡中单击【修改】面板中的【镜像】按钮 ，镜像桌脚,如图 4-20 所示,命令行操作如下所示。

命令：_mirror↙   //调用【镜像】命令

选择对象：指定对角点：找到 35 个   //选择镜像对象

选择对象： 指定镜像线的第一点：   //利用【端点捕捉】功能捕捉右侧竖直线段的
端点

指定镜像线的第二点：   //利用【端点捕捉】功能捕捉右侧竖直线段的另一端点

要删除源对象吗？[是(Y)/否(N)] <N>：N↙   //激活"否(N)"选项

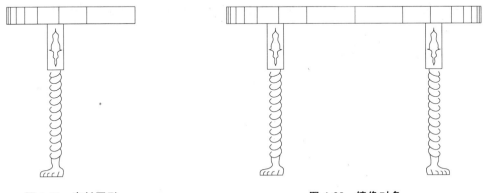

图 4-19 素材图形   图 4-20 镜像对象

技巧：对于竖直或水平的对称轴，更简便的方法是使用【正交】功能。

4.3.3 偏移图形

【偏移】命令采用复制的方法生成等距离的图形。偏移的对象包括直线、圆弧、圆、椭圆、椭圆弧等。

下面介绍 4 种调用【偏移】命令的方法。

☞命令行：在命令行中输入 OFFSET/O，并按回车键。

☞菜单栏：执行【修改】|【偏移】命令。

☞工具栏：单击【修改】工具栏中的【偏移】按钮。

☞功能区：在【默认】选项卡中单击【修改】面板中的【偏移】按钮。

【课堂举例 4-7】：完善单人沙发

(1)单击【快速访问】工具栏中的【打开】按钮，打开"04\课堂举例 4-7 完善单人沙发"文件，如图 4-21 所示。

(2)在【默认】选项卡中单击【修改】面板中的【偏移】按钮，偏移沙发外轮廓线，如图 4-22 所示，命令行操作如下所示。

命令：_offset ↙   //调用【偏移】对象
当前设置：删除源＝否   图层＝源   OFFSETGAPTYPE＝0
指定偏移距离或［通过(T)/删除(E)/图层(L)］＜0.0000＞:54 ↙   //指定偏移
距离
选择要偏移的对象,或［退出(E)/放弃(U)］＜退出＞:   //选择要偏移的对象
指定要偏移的那一侧上的点,或［退出(E)/多个(M)/放弃(U)］＜退出＞:   //向上
移动鼠标指定偏移的点
选择要偏移的对象,或［退出(E)/放弃(U)］＜退出＞:↙   //按 Enter 键结束偏移

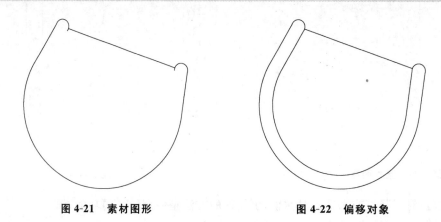

图 4-21   素材图形   图 4-22   偏移对象

4.3.4   阵列图形

【镜像】、【复制】、【偏移】命令,一次只能复制一个图形对象。如果要大量复制图形对象的话,就会变得十分麻烦。AutoCAD 提供的【阵列】命令是非常强大的复制命令,能很好地解决这一问题。根据阵列方式不同,可以分为矩形阵列、环形(极轴)阵列和路径阵列。

1. 矩形阵列

【矩形阵列】命令用于多重复制行列状排列的图形。

下面介绍 4 种调用【矩形阵列】命令的方法。

☞命令行:在命令行中输入 ARRAYRECT,并按回车键。

☞菜单栏:执行【修改】|【阵列】|【矩形阵列】命令。

☞工具栏:单击【修改】工具栏中的【矩形阵列】按钮 ▦ 。

☞功能区:在【默认】选项卡中单击【修改】面板中的【矩形阵列】按钮 ▦ 。

【课堂举例 4-8】:矩形阵列门图案

(1)单击【快速访问】工具栏中的【打开】按钮 ▧ ,打开"04\课堂举例 4-8 矩形阵列门图案.dwg"文件,如图 4-23 所示。

(2)在【默认】选项卡中单击【修改】面板中的【矩形阵列】按钮 ▦ ,矩形阵列门图案,如图 4-24 所示,命令行操作如下所示。

命令：_arrayrect↙　　//调用【阵列】命令

选择对象：指定对角点：找到40个　　//选择对象

选择对象：↙

类型＝矩形　关联＝是

选择夹点以编辑阵列或［关联(AS)/基点(B)/计数(COU)/间距(S)/列数(COL)/行数(R)/层数(L)/退出(X)]＜退出＞：COU↙　　//激活"计数(COU)"选项

输入列数数或［表达式(E)]＜4＞：2↙　　//输入列数

输入行数数或［表达式(E)]＜3＞：4↙　　//输入行数

选择夹点以编辑阵列或［关联(AS)/基点(B)/计数(COU)/间距(S)/列数(COL)/行数(R)/层数(L)/退出(X)]＜退出＞：S↙　　//激活"间距(S)"选项

指定列之间的距离或［单位单元(U)]＜322.4873＞：－360↙　　//列距

指定行之间的距离＜539.6354＞：465↙　　//行距

选择夹点以编辑阵列或［关联(AS)/基点(B)/计数(COU)/间距(S)/列数(COL)/行数(R)/层数(L)/退出(X)]＜退出＞：↙　　//按Enter键退出阵列

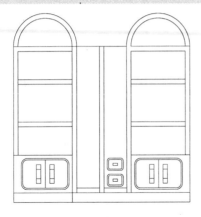

图 4-23　素材图形

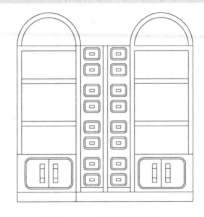

图 4-24　矩形阵列对象

技巧：想要阵列的图形往相反的方向移动时，在列数或行数前面加"－"即可。

2.环形阵列

【环形阵列】命令多用于沿中心点的四周均匀排列成环形的图形对象。

下面介绍4种调用【环形阵列】命令的方法。

☞命令行：在命令行中输入 ARRAYPOLAR，并按回车键。

☞菜单栏：执行【修改】|【阵列】|【环形阵列】命令。

☞工具栏：单击【修改】工具栏中的【环形阵列】按钮。

☞功能区：在【默认】选项卡中单击【修改】面板中的【环形阵列】按钮。

【课堂举 4-9】：环形阵列吸顶灯

(1)单击【快速访问】工具栏中的【打开】按钮，打开"04\课堂举例 4-9 环形阵列吸顶灯.dwg"文件,如图 4-25 所示。

（2）在【默认】选项卡中单击【修改】面板中的【环形阵列】按钮，阵列吸顶灯,如图 4-26 所示,命令行操作如下所示。

```
命令:_arraypolar      //调用【阵列】命令
选择对象:指定对角点:找到4个        //选择对象
选择对象:↙
类型＝极轴   关联＝是
指定阵列的中心点或[基点(B)/旋转轴(A)]:       //利用【圆心捕捉】功能,捕捉圆心
   作为中心点
选择夹点以编辑阵列或[关联(AS)/基点(B)/项目(I)/项目间角度(A)/填充角度(F)/
   行(ROW)/层(L)/旋转项目(ROT)/退出(X)]＜退出＞:I↙       //激活"项目(I)"
   选项
输入阵列中的项目数或[表达式(E)]＜6＞:8↙     //输入项目个数
选择夹点以编辑阵列或[关联(AS)/基点(B)/项目(I)/项目间角度(A)/填充角度(F)/
   行(ROW)/层(L)/旋转项目(ROT)/退出(X)]＜退出＞:↙     //按 Enter 键退出
   阵列
```

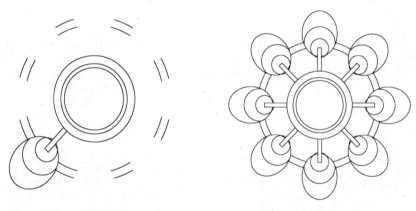

图 4-25　素材图形　　　　　　　图 4-26　环形阵列对象

3. 路径阵列

【路径阵列】命令多用于沿某曲线进行阵列。

启动【路径阵列】命令的方式有以下 4 种。

☞命令行:在命令行中输入 ARRAYPATH,并按回车键。

☞菜单栏:执行【修改】|【阵列】|【路径阵列】命令。

☞工具栏:单击【修改】工具栏中的【路径阵列】按钮。

☞功能区:在【默认】选项卡中单击【修改】面板中的【路径阵列】按钮。

【课堂举例 4-10】:路径阵列门图形

（1）单击【快速访问】工具栏中的【打开】按钮，打开"04\课堂举例 4-10 路径阵列门图形.dwg"素材文件,如图 4-27 所示。

（2）在【默认】选项卡中单击【修改】面板中的【路径阵列】按钮。根据命令行的提示阵列图案,如图 4-28 所示,命令行操作如下所示。

命令：_arraypath↙   //调用【阵列】按钮

选择对象：指定对角点：找到 5 个   //选择对象

选择对象：↙

类型＝路径 关联＝是

选择路径曲线：   //选择路径

选择夹点以编辑阵列或［关联(AS)/方法(M)/基点(B)/切向(T)/项目(I)/行(R)/层(L)/对齐项目(A)/Z 方向(Z)/退出(X)］＜退出＞：B↙   //激活"基点(B)"选项

指定基点或［关键点(K)］＜路径曲线的终点＞：19.67↙   //利用【极轴追踪】和【端点捕捉】，捕捉大矩形右下角的端点向右移动所得到的 0°直线，然后输入距离

选择夹点以编辑阵列或［关联(AS)/方法(M)/基点(B)/切向(T)/项目(I)/行(R)/层(L)/对齐项目(A)/Z 方向(Z)/退出(X)］＜退出＞：I↙   //激活"项目(I)"选项

指定沿路径的项目之间的距离或［表达式(E)］＜300.1727＞：231↙   //输入距离

最大项目数＝8

指定项目数或［填写完整路径(F)/表达式(E)］＜8＞：↙

选择夹点以编辑阵列或［关联(AS)/方法(M)/基点(B)/切向(T)/项目(I)/行(R)/层(L)/对齐项目(A)/Z 方向(Z)/退出(X)］＜退出＞：↙   //按 Enter 键退出

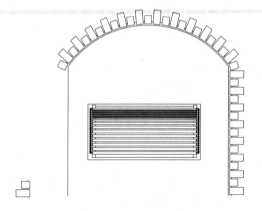
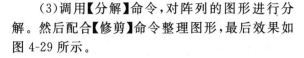

图 4-27 素材图形

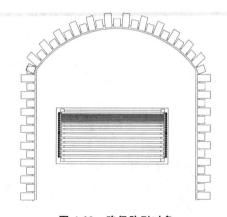

图 4-28 路径阵列对象

(3)调用【分解】命令，对阵列的图形进行分解。然后配合【修剪】命令整理图形，最后效果如图 4-29 所示。

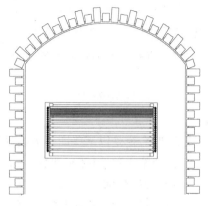

图 4-29 整理图形

103

4.4　图形修整

本节所介绍的 2 个命令都是针对局部进行修整,包括【修剪】、【延伸】命令。

4.4.1　修剪对象

使用【修剪】命令,可以准确地以某一线段为边界删除多余线段。

下面介绍 4 种调用【修剪】命令的方法。

☞命令行:在命令行中输入 TRIM/TR,并按回车键。

☞菜单栏:执行【修改】|【修剪】命令。

☞工具栏:单击【修改】工具栏中的【修剪】按钮 ⊬ 。

☞功能区:在【默认】选项卡中单击【修改】面板中的【修剪】按钮 ⊬ 。

【课堂举例 4-11】:修剪门图形

(1)单击【快速访问】工具栏中的【打开】按钮 ⊳,打开"04\课堂举例 4-11 修剪门图形"文件,如图 4-30 所示。

(2)在【默认】选项卡中单击【修改】面板中的【修剪】按钮 ⊬ ,以内侧矩形为边界修剪多余线段,如图 4-32 所示,命令行操作如下所示。

```
命令:_ trim↙       //调用【修剪】命令
当前设置:投影＝UCS,边＝无
选择剪切边...
选择对象或＜全部选择＞: 找到 1 个     //选择内侧矩形为边界
选择对象:↙
选择要修剪的对象,或按住 Shift 键选择要延伸的对象,或
[栏选(F)/窗交(C)/投影(P)/边(E)/删除(R)/放弃(U)]: F↙      //激活"栏选(F)"选项
指定第一个栏选点:    //沿着如图 4-31 所示的路径指定栏选点
指定下一个栏选点或 [放弃(U)]:↙      //按回车键结束栏选
选择要修剪的对象,或按住 Shift 键选择要延伸的对象,或
[栏选(F)/窗交(C)/投影(P)/边(E)/删除(R)/放弃(U)]:↙      //按回车键结束修剪
```

技巧:选择不同的修剪对象,会得到不同的修剪效果。

4.4.2　延伸对象

【延伸】命令是以某些图形为边界,将线段延伸至图形边界处。

下面介绍 4 种调用【延伸】命令的方法。

☞命令行:在命令行中输入 EXTEND/EX,并按回车键。

☞菜单栏:执行【修改】|【延伸】命令。

☞工具栏:单击【修改】工具栏上的【延伸】按钮 ⊸ 。

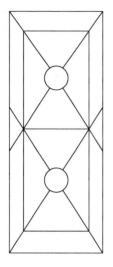

图 4-30　素材图形

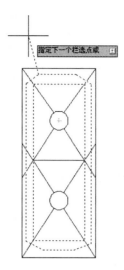

图 4-31　栏选图形

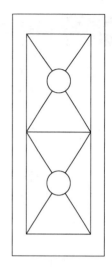

图 4-32　修剪图形

☞功能区:在【默认】选项卡中单击【修改】面板中的【延伸】按钮。

技巧:自 AutoCAD 2002 开始,【修剪】和【延伸】命令已经可以开始联用。在【修剪】命令中,选择修剪对象时按住 shift 键,可以将该对象向边界延伸。在【延伸】命令中,选择延伸对象时按住 Shift 键,可以将该对象超过边界部分修剪删除。

【课堂举例 4-12】:延伸门框线段

(1)单击【快速访问】工具栏中的【打开】按钮,打开如图 4-32 所示图形文件。

(2)在【默认】选项卡中,单击【修改】面板中的【延伸】按钮,延伸线段至矩形外轮廓,如图 4-33 所示,命令行操作如下所示。

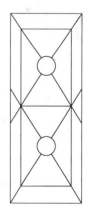

图 4-33　延伸图形

```
命令:_extend↙     //调用【延伸】命令
当前设置:投影＝UCS,边＝无
选择边界的边...
选择对象或＜全部选择＞: 找到 1 个     //选择最外侧矩形
选择对象:↙
选择要延伸的对象,或按住 Shift 键选择要修剪的对象,或[栏选
  (F)/窗交(C)/投影(P)/边(E)/放弃(U)]:     //单击需要延伸
  的线段
选择要延伸的对象,或按住 Shift 键选择要修剪的对象,或[栏选
  (F)/窗交(C)/投影(P)/边(E)/放弃(U)]:↙     //按回车键
  结束延伸
```

技巧:想往哪边延伸,则在靠近边界的那端单击。

4.5 图形变换

图形变换命令包括【缩放】、【拉伸】和【拉长】，它们可以对已有图形对象进行变形，从而改变图形的尺寸或形状。

4.5.1 拉伸对象

使用【拉伸】命令，可以拉伸和压缩图形对象。

下面介绍 4 种调用【拉伸】命令的方法。

☞命令行：在命令行中输入 STRETCH/S，并按回车键。

☞菜单栏：执行【修改】|【拉伸】命令。

☞工具栏：单击【修改】工具栏中的【拉伸】按钮。

☞功能区：在【默认】选项卡中单击【修改】面板中的【拉伸】按钮。

【课堂举例 4-13】：拉伸台灯灯杆

(1)单击【快速访问】工具栏中的【打开】按钮，打开"04\课堂举例 4-13 拉伸台灯灯杆.dwg"文件，如图 4-34 所示。

(2)在【默认】选项卡中单击【修改】面板中的【拉伸】按钮，利用【象限点捕捉】功能拉伸灯杆，如图 4-35 所示，命令行操作如下所示。

```
命令：_stretch↙      //调用【拉伸】命令
以交叉窗口或交叉多边形选择要拉伸的对象...
选择对象：指定对角点：找到 11 个      //选择需要拉伸的灯杆以及灯罩
选择对象：↙
指定基点或 [位移(D)]＜位移＞：      //利用【象限点捕捉】功能捕捉灯罩连接灯杆部
    位的象限点
指定第二个点或 ＜使用第一个点作为位移＞：      //向右移动鼠标
＞＞输入 ORTHOMODE 的新值＜0＞：
正在恢复执行 STRETCH 命令。
指定第二个点或 ＜使用第一个点作为位移＞：@600,0↙      //输入相对直角坐标
```

4.5.2 缩放对象

【缩放】命令是将已有的图形以基点为参照，进行等比例缩放。

下面介绍 4 种调用【缩放】命令的方法。

☞命令行：在命令行中输入 SCALE/SC，并按回车键。

☞菜单栏：执行【修改】|【缩放】命令。

☞工具栏：单击【修改】工具栏上的【缩放】按钮。

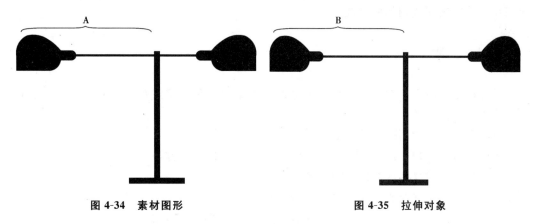

图 4-34　素材图形　　　　　　　　　　图 4-35　拉伸对象

☞功能区：在【默认】选项卡中单击【修改】面板中的【缩放】按钮 ⬚ 。

【课堂举例 4-14】：缩放自行车轮

（1）单击【快速访问】工具栏中的【打开】按钮 ⬚ ，打开"04\课堂举例 4-14 缩放自行车轮.dwg"文件，如图 4-36 所示。

（2）在【默认】选项卡中单击【修改】面板中的【缩放】按钮 ⬚ ，缩放车轮，比例因子为0.2，如图 4-37 所示，命令行操作如下所示。

命令：_scale ↙　　　//调用【缩放】命令
选择对象：找到 1 个
选择对象：找到 1 个，总计 2 个　　//选择单车车轮
选择对象：↙
指定基点：　　//利用【圆心捕捉】功能捕捉圆心
指定比例因子或 [复制(C)/参照(R)]：0.2 ↙　　//输入比例因子

图 4-36　素材图形　　　　　　　　　　图 4-37　缩放对象

技巧：比例因子大于 1 的时候为放大，小于 1 的时候为缩小。

4.6　倒角和圆角

相对来说，【圆角】与【倒角】命令是机械绘图中常用到的命令，它可以使工件相邻两表

面在相交处以斜面或圆弧面过渡。

4.6.1 倒角

通过指定距离进行倒角。倒角距离是每个对象与倒角相接或与其他对象相交,而进行修剪或延伸的长度。

下面介绍 4 种调用【倒角】命令的方法。

☞命令行:在命令行中输入 CHAMFER/CHA,并按回车键。

☞菜单栏:执行【修改】|【倒角】命令。

☞工具栏:单击【修改】工具栏中的【倒角】按钮 ◹。

☞功能区:在【默认】选项卡中单击【修改】面板中的【倒角】按钮 ◹。

【课堂举例 4-15】:完善水池图形

(1)单击【快速访问】工具栏中的【打开】按钮 🖿,打开"04\课堂举例 4-15 完善水池图形"文件,如图 4-38 所示。

(2)在【默认】选项卡中单击【修改】面板中的【倒角】按钮 ◹,对内部矩形轮廓进行倒角处理,如图 4-39 所示,命令行操作如下所示。

```
命令:_ chamfer      //调用【倒角】命令
("修剪"模式) 当前倒角距离 1=0.0000,距离 2=0.0000
选择第一条直线或 [放弃(U)/多段线(P)/距离(D)/角度(A)/修剪(T)/方式(E)/多
   个(M)]:d↙      //激活"距离"选项
指定 第一个 倒角距离 <0.000>:400↙      //输入第一个倒角距离
指定 第二个 倒角距离 <400.0000>:400↙      //输入第二个倒角距离
选择第一条直线或 [放弃(U)/多段线(P)/距离(D)/角度(A)/修剪(T)/方式(E)/多
   个(M)]:      //选择第一条要倒角的边
选择第二条直线,或按住 Shift 键选择直线以应用角点或 [距离(D)/角度(A)/方法
   (M)]:      //选择第二条要倒角的边,完成倒角操作
```

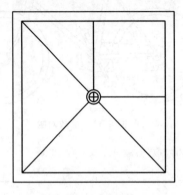

图 4-38 素材图形

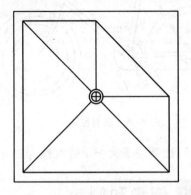

图 4-39 倒角 1

(3)重复【倒角】命令,设置倒角距离为 450,对最外层的矩形轮廓进行倒角处理,如图

4-40 所示。

技巧：不能倒角或看不出倒角差别时，说明角度过大距离过大或是角度过小距离过小。

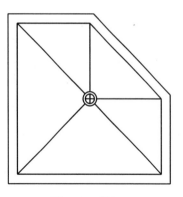

图 4-40　倒角 2

4.6.2　圆角

【圆角】命令与【倒角】命令相似，只是【圆角】命令是以圆弧过渡。

下面介绍 4 种调用【圆角】命令的方法。

☞命令行：在命令行中输入 FILLET/F，并按回车键。

☞菜单栏：执行【修改】|【圆角】命令。

☞工具栏：单击【修改】工具栏中的【圆角】按钮 ⌐。

☞功能区：在【默认】选项卡中单击【修改】面板中的【圆角】按钮 ⌐。

【课堂举例 4-16】：完善洗手池图形

(1)单击【快速访问】工具栏中的【打开】按钮 ，打开"04\课堂举例 4-16 完善洗手池图形"素材文件，如图 4-41 所示。

(2)在【默认】选项卡中单击【修改】面板中的【圆角】按钮 ⌐，对图形内侧轮廓进行圆角处理，如图 4-42 所示，命令行操作如下所示。

```
命令：_fillet     //调用【圆角】命令
当前设置：模式＝修剪，半径＝0.0000
选择第一个对象或［放弃(U)/多段线(P)/半径(R)/修剪(T)/多个(M)］：R 指定圆角
    半径 <0.0000>：15 ↙    //激活"半径"选项，输入半径值
选择第一个对象或［放弃(U)/多段线(P)/半径(R)/修剪(T)/多个(M)］：M ↙
    //激活"多个"选项
选择第一个对象或［放弃(U)/多段线(P)/半径(R)/修剪(T)/多个(M)］：    //选择
    要圆角的第一条边
选择第二个对象，或按住 Shift 键选择对象以应用角点或［半径(R)］：    //选择要圆
    角的第二条边
选择第一个对象或［放弃(U)/多段线(P)/半径(R)/修剪(T)/多个(M)］：
选择第二个对象，或按住 Shift 键选择对象以应用角点或［半径(R)］：
选择第一个对象或［放弃(U)/多段线(P)/半径(R)/修剪(T)/多个(M)］：
选择第二个对象，或按住 Shift 键选择对象以应用角点或［半径(R)］：
选择第一个对象或［放弃(U)/多段线(P)/半径(R)/修剪(T)/多个(M)］：
选择第二个对象，或按住 Shift 键选择对象以应用角点或［半径(R)］：
选择第一个对象或［放弃(U)/多段线(P)/半径(R)/修剪(T)/
多个(M)］：    //按回车键完成圆角的创建
```

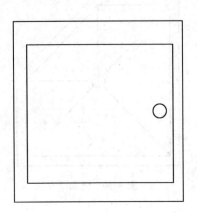

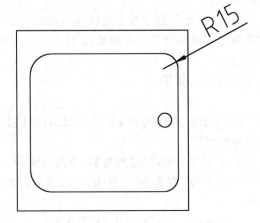

图 4-41　素材图形　　　　　　　　　　　　　图 4-42　圆角

4.7　打断、分解和合并

与之前编辑命令不同,【打断】、【分解】、【合并】命令不能对图形做较大的改变,但也是十分重要的编辑命令。

4.7.1　打断对象

【打断】命令用于将直线或弧段分解成多个部分,或者删除直线或弧段的某个部分。下面介绍 4 种调用【打断】命令的方法。

☞命令行:在命令行中输入 BREAK/BR,并按回车键。
☞菜单栏:执行【修改】|【打断】命令。
☞工具栏:单击【修改】工具栏中的【打断】按钮 ◻。
☞功能区:在【默认】选项卡中单击【修改】面板中的【打断】按钮 ◻。

【课堂举例 4-17】:打断线段

(1)单击【快速访问】工具栏中的【打开】按钮 📂,打开"04\课堂举例 4-17 打断线段.dwg"文件,如图 4-43 所示。

(2)在【默认】选项卡中单击【修改】面板中的【打断】按钮 ◻,打断线段,如图 4-44 所示,命令行操作如下所示。

```
命令:_break↙      //调用【打断】命令
选择对象:      //选择需要打断的直线
指定第二个打断点 或 [第一点(F)]:F↙      //激活"第一点(F)"选项
指定第一个打断点:      //利用【交点捕捉】功能捕捉门与线段交点
指定第二个打断点:      //利用【交点捕捉】功能捕捉门与线段交点
```

技巧:默认情况下,【打断】命令以选择打断对象时单击的位置为第一打断点。

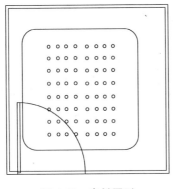

图 4-43　素材图形

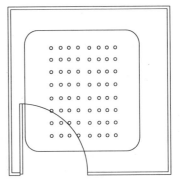

图 4-44　打断线段

4.7.2　分解对象

再次编辑从外部引用的块或者是阵列的图形对象时,需要先对其进行分解,然后才能开始编辑。

下面介绍 4 种调用【分解】命令的方法。

☞命令行:在命令行中输入 EXPLODE/X,并按回车键。

☞菜单栏:执行【修改】|【分解】命令。

☞工具栏:单击【修改】工具栏中的【分解】按钮 ⬚。

☞功能区:在【默认】选项卡中单击【修改】面板中的【分解】按钮 ⬚。

【课堂举例 4-18】:分解图块并删除多余图元

(1)单击【快速访问】工具栏中的【打开】按钮 ⬀,打开"04\课堂举例 4-18 分解图块并删除多余图元.dwg"文件,如图 4-45 所示。

(2)在【默认】选项卡中单击【修改】面板中的【分解】按钮 ⬚,分解图形,命令行操作如下所示。

```
命令:_explode↙    //调用【分解】命令
选择对象:指定对角点:找到 1 个    //选择需要分解的对象
选择对象:↙    //按回车键分解对象
```

(3)单击【默认】面板中的【修改】|【删除】按钮 ✎,删除多余部分,如图 4-46 所示。

技巧:图形分解之后,图形似乎没有什么变化,单击选中某些线段就会发现变化所在,如图 4-47 所示。

4.7.3　合并对象

使用【合并】命令可将相似的对象合并为一个对象,用户也可以用【合并】命令将圆弧、椭圆弧合并为圆和椭圆。

下面介绍 4 种调用【合并】命令的方法。

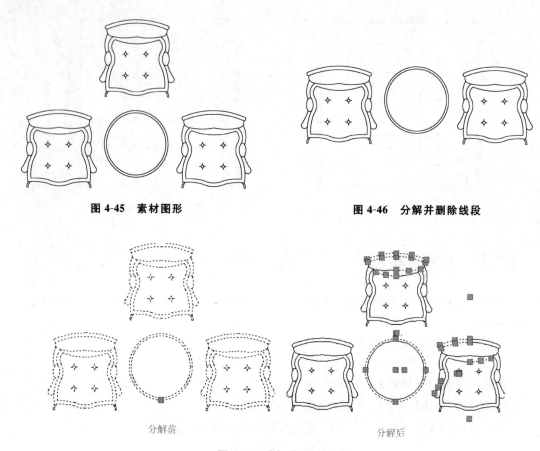

图 4-45 素材图形   图 4-46 分解并删除线段

分解前   分解后

图 4-47 分解前后对比

☞命令行：在命令行中输入 JOIN/J，并按回车键。

☞菜单栏：执行【修改】|【合并】命令。

☞工具栏：单击【修改】工具栏中的【合并】按钮 ⤙⤚。

☞功能区：在【默认】选项卡中单击【修改】面板中的【合并】按钮 ⤙⤚。

【课堂举例4-19】:合并线段

(1)单击【快速访问】工具栏中的【打开】按钮 📂，打开"04\课堂举例4-19 合并线段.dwg"文件，如图4-48 所示。

(2)在【默认】选项卡中，单击【修改】面板中的【合并】按钮 ⤙⤚，合并直线，如图4-49 所示，命令行操作如下所示。

```
命令:_join↙      //调用【合并】命令
选择源对象或要一次合并的多个对象:找到1个      //选择一条线段
选择要合并的对象:找到1个,总计2个      //选择另一条线段
选择要合并的对象:↙      //按Enter键合并对象
```

注意:要合并的对象必须位于相同的平面上,直线对象必须共线。

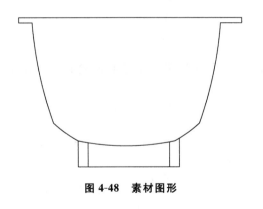

图 4-48　素材图形

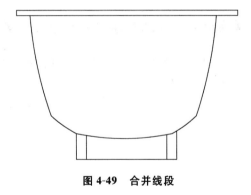

图 4-49　合并线段

4.8　利用夹点编辑图形

当选择一个对象后，即可进入夹点编辑模式。夹点编辑遵循"先选择，后操作"的执行方式。

4.8.1　夹点模式概述

在夹点模式下，图形对象以虚线显示，图形上的特征点显示为蓝色小方框，这些小方框即为夹点，如图 4-50 所示。

夹点有未激活和被激活两种状态。蓝色小方框显示的夹点处于未激活状态，单击某个未激活夹点，该夹点以红色小方框显示，处于被激活状态。被激活的夹点成为热夹点。

技巧：激活热夹点时按住 Shift 键，可以选择激活多个热夹点。

提示：选择【工具】菜单栏中的【选项】命令，在【选项集】选项卡中可以自定义夹点，如图 4-51 所示。

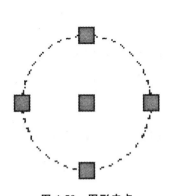

图 4-50　图形夹点

图 4-51　【选项】对话框

4.8.2　利用夹点拉伸对象

通过移动夹点，可以将图形对象拉伸至新位置。

【课堂举例 4-20】:通过夹点拉伸对象

(1)单击【快速访问】工具栏中的【打开】按钮，打开"04\课堂举例 4-20 通过夹点拉伸对象.dwg"文件,如图 4-52 所示。

(2)选择底层线段,使之呈现夹点状态,如图 4-53 所示。

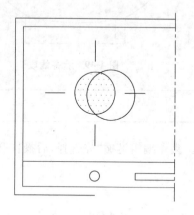

图 4-52　素材图形

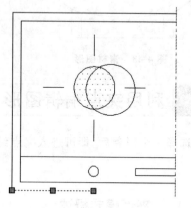

图 4-53　夹点状态

(3)选择右侧夹点,配合【端点捕捉】功能拉伸线段至中心辅助线处,如图 4-54 所示。

技巧:在夹点编辑中,可按 Enter 键切换夹点编辑模式。

4.8.3　利用夹点移动对象

使用夹点移动对象,可以将对象从当前位置移动到新位置。

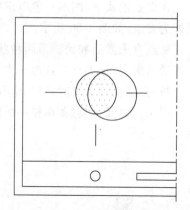

图 4-54　拉伸对象

【课堂举例 4-21】:通过夹点移动图形

(1)单击【快速访问】工具栏中的【打开】按钮，打开"04\课堂举例 4-21 通过夹点移动图形.dwg"素材文件,如图 4-54 所示。

(2)选择右侧大圆,使之呈现夹点状态,如图 4-55 所示。

(3)选择中间的夹点,按 Enter 键确认,进入【移动】模式,配合【对象捕捉】功能移动大圆至和小圆同心,如图 4-56 所示。

4.8.4　利用夹点缩放对象

使用夹点缩放对象,类似于基点缩放选定对象。

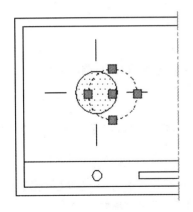

图 4-55 夹点状态

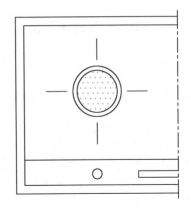

图 4-56 移动图形

【课堂举例 4-22】:利用夹点缩放对象

（1）单击【快速访问】工具栏中的【打开】按钮 📂，打开"04\课堂举例 4-22 利用夹点缩放对象.dwg"素材文件，如图 4-56 所示文件。

（2）选择中心处大圆，使之呈现夹点状态，如图 4-57 所示。

（3）选择中间的夹点，按鼠标右键，在弹出的右键快捷菜单中选择【缩放】选项，进入【缩放】模式，将圆放大，如图 4-58 所示，命令行操作如下所示。

```
＊＊ 比例缩放 ＊＊      //进入夹点缩放模式
指定比例因子或 [基点(B)/复制(C)/放弃(U)/参照(R)/退出(X)]：B↙      //激活
  "基点(B)"选项
指定基点：  //指定圆心
＊＊ 比例缩放 ＊＊
指定比例因子或 [基点(B)/复制(C)/放弃(U)/参照(R)/退出(X)]：1.5↙      //输
  入比例
```

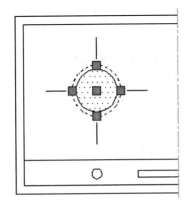

图 4-57 夹点状态

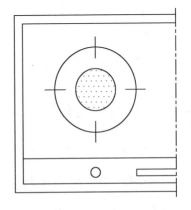

图 4-58 缩放图形

115

4.8.5 利用夹点镜像对象

利用夹点镜像对象,类似于沿着临时的镜像线为选择的对象创建镜像。

【课堂举例 4-23】:利用夹点镜像对象

(1)单击【快速访问】工具栏中的【打开】按钮![icon],打开"04\课堂举例 4-23 利用夹点镜像对象"素材文件,如图 4-58 所示。

(2)选择外侧圆弧与直线,使之呈现夹点状态,如图 4-59 所示。

(3)选择中间的夹点,按鼠标右键,在弹出的右键快捷菜单中选择【镜像】选项,进入【镜像】模式,镜像中心线左侧的图形,如图 4-60 所示,命令行操作如下所示。

```
＊＊ 镜像 ＊＊      //进入夹点镜像模式
指定第二点或［基点(B)/复制(C)/放弃(U)/退出(X)］: C↙      //激活"复制(C)"
  选项
＊＊ 镜像(多重)＊＊
指定第二点或［基点(B)/复制(C)/放弃(U)/退出(X)］:      //利用【端点捕捉】功能
  捕捉中心线上的一个端点
＊＊ 镜像(多重)＊＊
指定第二点或［基点(B)/复制(C)/放弃(U)/退出(X)］:      //利用【端点捕捉】功能
  捕捉中心线上的另一个端点
```

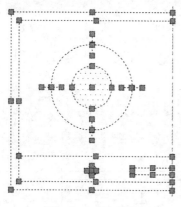

图 4-59　夹点状态

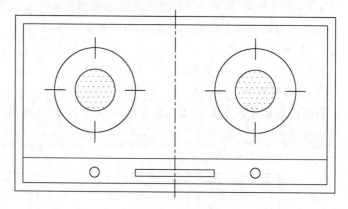

图 4-60　镜像图形

4.8.6 利用夹点旋转对象

通过夹点旋转对象,用户只需输入角度值,即可围绕着一个基点进行移动或是复制。

【课堂举例 4-24】:利用夹点旋转复制对象

(1)单击【快速访问】工具栏中的【打开】按钮![icon],打开"04\课堂举例 4-24 利用夹点旋转复制对象.dwg"素材图形,如图 4-61 所示。

(2)选择左侧座椅图形,使之呈现夹点状态,如图 4-62 所示。

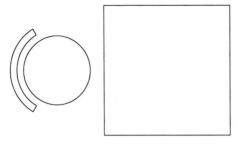

图 4-61　素材图形

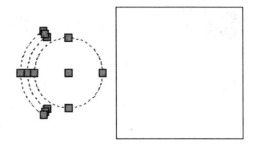

图 4-62　夹点状态

　　(3)选择圆心的夹点,单击鼠标右键,在弹出的右键快捷菜单中选择【旋转】选项,进入【旋转】模式,旋转并复制其他座椅图形,如图 4-63 所示,命令行操作如下所示。

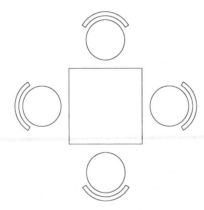

图 4-63　旋转复制座椅图形

```
＊＊ 旋转 ＊＊      //进入"旋转"选项
指定旋转角度或［基点(B)/复制(C)/放弃(U)/参照(R)/退出(X)］: c↙      //激活
   "复制"选项
＊＊ 旋转(多重)＊＊
指定旋转角度或［基点(B)/复制(C)/放弃(U)/参照(R)/退出(X)］: b↙      //激活
   "基点"选项
指定基点:      //配合"对象捕捉"功能,捕捉正方形的中心点为基点
＊＊ 旋转(多重)＊＊
指定旋转角度或［基点(B)/复制(C)/放弃(U)/参照(R)/退出(X)］:      //鼠标向上
   移动,进行第一个方向上的旋转复制
＊＊ 旋转(多重)＊＊
指定旋转角度或［基点(B)/复制(C)/放弃(U)/参照(R)/退出(X)］:      //鼠标向右
   移动,进行第二个方向上的旋转复制
＊＊ 旋转(多重)＊＊
指定旋转角度或［基点(B)/复制(C)/放弃(U)/参照(R)/退出(X)］:      //鼠标向下
   移动,进行第三个方向上的旋转复制
＊＊ 旋转(多重)＊＊
指定旋转角度或［基点(B)/复制(C)/放弃(U)/参照(R)/退出(X)］:      //按回车键
   完成图形的旋转复制操作
```

4.9　对象特征查询、编辑与匹配

绘制的每个对象都具有自己的特征，其中包括图层、线型、颜色、半径、面积等。改变了对象特性值，实际上就改变了相应的图形对象。

本节介绍修改和查询常用特性的方法。

4.9.1　【特性】选项板

通过【特性】选项板，可以查询、修改对象或对象集的所有特性。

下面介绍 4 种调取【特性】选项板的方法。

☞ 快捷键：按 Ctrl+1 快捷键。

☞ 命令行：在命令行中输入 PROPERTIES/PR/MO，并按回车键。

☞ 菜单栏：执行【工具】|【选项板】|【特性】命令。

☞ 工具栏：单击【标准】工具栏中的【特性】按钮 📋 。

【课堂举例 4-25】：通过【特性】选项板修改线宽

(1)单击【快速访问】工具栏中的【打开】按钮 📂 ，打开"04\课堂举例 4-25 通过【特性】选项板修改线宽.dwg"素材文件，如图 4-64 所示。

(2)选择整个图形后，按 Ctrl+1 组合键，系统弹出【特性】选项板。在【常规】选项卡中，修改【线宽】为 0.3 mm，如图 4-65 所示。

(3)再在状态栏中单击打开【显示线宽】按钮 ➕ ，最终效果如图 4-66 所示。

图 4-64　素材图形

图 4-65　修改线宽

图 4-66　最终效果

技巧：单击选项板右上角的各工具按钮，可以选择多个对象或创建符合条件的选择集，以便统一修改选择集的特性。

4.9.2 快捷特性

状态栏中有一个【快捷特性】按钮,单击该按钮之后,选择图形时,系统会自动弹出相应的快捷特性面板,如图 4-67 所示。使用该面板,可以快速设置图形的颜色、图层、线型、长度等特性。

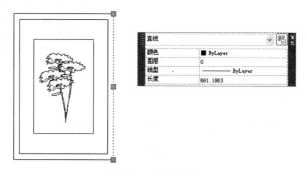

图 4-67 快捷特性

4.9.3 特性匹配

特性匹配类似于 Office 软件中的格式刷一样,把一个图形对象的属性完全复制到另一个图形属性上。可以复制的特性类型有【颜色】、【线型】、【线宽】、【图层】、【线型比例】等。

下面介绍 4 种调用【特性匹配】命令的方法。

☞命令行:在命令行中输入 MATCHPROP/MA,并按回车键。

☞菜单栏:执行【修改】|【特性匹配】命令。

☞工具栏:单击【标准】工具栏中的【特性匹配】按钮。

☞功能区:在【默认】选项卡中单击【剪切板】面板中的【特性匹配】按钮。

【课堂举例 4-26】:匹配【线宽】特性

(1)单击【快速访问】工具栏中的【打开】按钮 ，打开"04\课堂举例 4-26 匹配【线宽】特性"素材文件,如图 4-68 所示。

(2)在【默认】选项卡中单击【剪切板】面板中的【特性匹配】按钮，匹配左侧图形的线宽至右侧图形上,如图 4-69 所示,命令行操作如下所示。

```
命令:_matchprop      //调用特性匹配命令
选择源对象:      //选择图形中的粗实线
当前活动设置: 颜色 图层 线型 线型比例 线宽 透明度 厚度 打印样式 标注 文字 图案
  填充 多段线 视口 表格 材质 阴影显示 多重引线
选择目标对象或[设置(S)]:指定对角点:      //再选择图形中的其他图元
选择目标对象或[设置(S)]:      //按回车键,完成线宽匹配操作
```

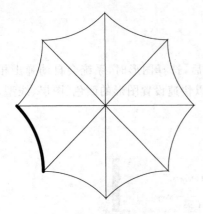

图 4-68　素材图形

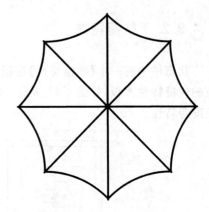

图 4-69　【特性匹配】操作

选择命令行中的【设置】选项,在系统弹出的【特性设置】对话框中,设置需要的【特性匹配】选项,如图 4-70 所示。

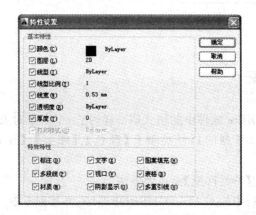

图 4-70　【特性设置】对话框

4.10　综合实例

本节通过具体的实例,练习前面介绍的简单图形的绘制及编辑操作,帮助读者快速绘图。

4.10.1　绘制吧台

(1)单击【快速访问】工具栏中的【新建】按钮，新建空白文件。

(2)在【默认】选项卡中单击【绘图】面板中的【直线】按钮，绘制水平和竖直辅助线,其中一条长为 1800,另外一条长为 600,如图 4-71 所示。

(3)在【默认】选项卡中单击【绘图】面板中的【圆】按钮，以辅助线的交点绘制半径为 272 的圆,如图 4-72 所示。

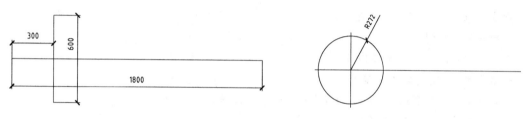

图 4-71　绘制辅助线　　　　　　　　　　　　图 4-72　绘制圆

（4）单击【修改】面板中的【偏移】按钮，偏移辅助线，如图 4-73 所示。

（5）单击【修改】面板中的【修剪】按钮，修剪辅助线与圆弧，配合【删除】命令，删除多余线段，如图 4-74 所示。

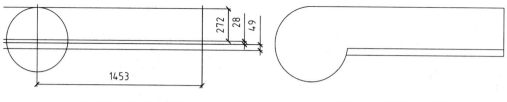

图 4-73　绘制辅助线　　　　　　　　　　　　图 4-74　删除多余线段

（6）在命令行中输入 SKETCH，并按回车键，调用【徒手绘制】命令，手绘大理石花纹，如图 4-75 所示。

（7）重复调用【圆】命令，绘制两个半径分别为 180、160 同心圆，如图 4-76 所示。

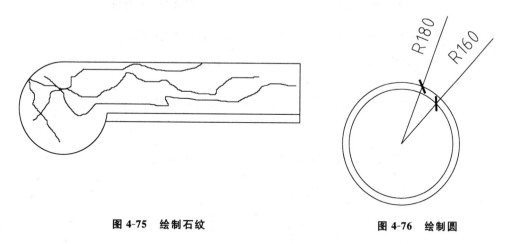

图 4-75　绘制石纹　　　　　　　　　　　　　图 4-76　绘制圆

（8）单击【修改】面板中的【复制】按钮。复制圆，如图 4-77 所示，命令行操作如下所示。

命令：_copy　　//调用【复制】命令

选择对象：找到 1 个

选择对象：↙　　　//选择内侧小圆

当前设置：　复制模式＝单个

指定基点或 [位移(D)/模式(O)/多个(M)] ＜位移＞：　　//指定圆心

指定第二个点或 [阵列(A)] ＜使用第一个点作为位移＞：@7，－12↙　　　//输入相
　对直角坐标，按回车键完成圆形的辅助操作

（9）重复调用【圆】命令，以复制得到的圆的圆心为圆心绘制半径分别为 223、253 的
圆，再单击【编辑】面板中的【删除】按钮 ✐，删除之前复制的圆，如图 4-78 所示。

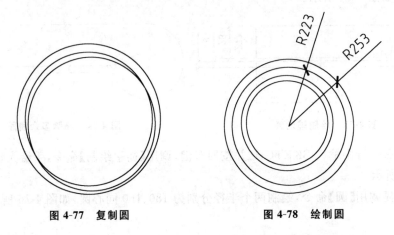

图 4-77　复制圆　　　　　　　　　图 4-78　绘制圆

（10）单击打开【极轴追踪】按钮 ⊿，并在其上单击鼠标右键，设置附加角为 50 与 130。

（11）单击【绘图】面板中的【直线】按钮 ✎，绘制角度为 50 与 130 的直线，如图 4-79
所示。

（12）单击【修改】面板中的【修剪】按钮 ⊹，修剪多余的圆弧，如图 4-80 所示。

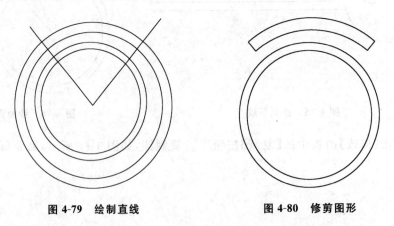

图 4-79　绘制直线　　　　　　　　图 4-80　修剪图形

（13）单击【绘图】面板中的【圆】按钮 ⊙，在椅背处绘制半径为 15 的圆，如图 4-81
所示。

（14）重复调用【修剪】和【删除】命令，对圆进行修剪、删除，如图 4-82 所示。

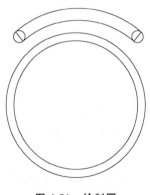

图 4-81 绘制圆

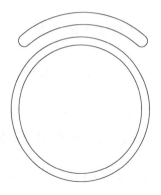

图 4-82 修剪

(15)单击【修改】面板中的【移动】命令,将椅子移动至吧台右侧位置,如图 4-83 所示。

(16)单击【修改】面板中的【矩形阵列】按钮,对椅子进行阵列,如图 4-84 所示,命令行操作如下所示。

```
命令:_ arrayrect      //调用【阵列】命令
选择对象:指定对角点:找到 6 个      //选择要阵列的对象
选择对象:
类型＝矩形  关联＝是
选择夹点以编辑阵列或 [关联(AS)/基点(B)/计数(COU)/间距(S)/列数(COL)/行
    数(R)/层数(L)/退出(X)]＜退出＞:COU      //激活"计数(COU)"选项
输入列数数或 [表达式(E)]＜4＞:3✔      //输入列数
输入行数数或 [表达式(E)]＜3＞:1✔      //输入行数
选择夹点以编辑阵列或 [关联(AS)/基点(B)/计数(COU)/间距(S)/列数(COL)/行
    数(R)/层数(L)/退出(X)]＜退出＞:S✔      //激活"间距(S)"选项
指定列之间的距离或 [单位单元(U)]＜540＞:-550✔      //输入列距
指定行之间的距离 ＜631.5＞:✔
选择夹点以编辑阵列或 [关联(AS)/基点(B)/计数(COU)/间距(S)/列数(COL)/行
    数(R)/层数(L)/退出(X)]＜退出＞:✔
```

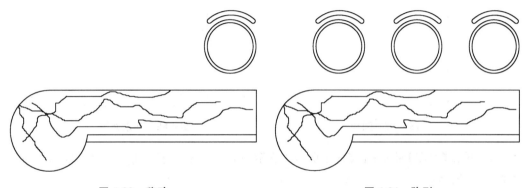

图 4-83 移动   图 4-84 阵列

4.10.2 绘制双人床图形

先绘制双人床,再绘制床头柜。

1. 绘制双人床

(1)单击【快速访问】工具栏中的【新建】按钮▢,新建空白文件。

(2)在【默认】选项卡中单击【绘图】面板中的【矩形】按钮▢,绘制尺寸为 1350×50 的矩形,如图 4-85 所示。

(3)重复调用【矩形】命令,绘制尺寸为 1350×1900 的矩形,如图 4-86 所示。

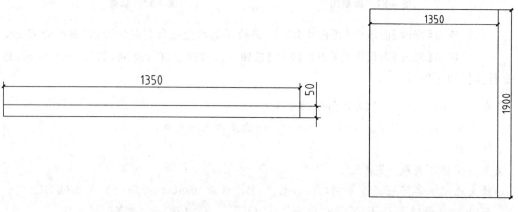

图 4-85　绘制矩形 1

图 4-86　绘制矩形 2

(4)单击【修改】面板中的【圆角】按钮◻,设置圆角半径为 50,对大矩形进行圆角处理,如图 4-87 所示。

(5)单击【修改】面板中的【移动】按钮✛,将大矩形移动至合适位置,如图 4-88 所示。

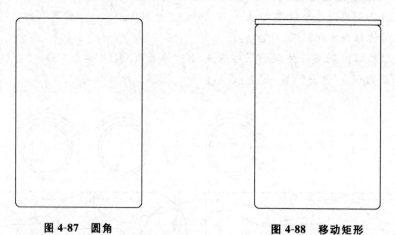

图 4-87　圆角

图 4-88　移动矩形

(6)单击【绘图】面板上的【样条曲线拟合】按钮〜,在绘图区合适位置绘制枕头图形,如图 4-89 所示。

(7)选择图形中的枕头图形,以大矩形上下两条边的中点为镜像基点,对图形进行夹点镜像复制操作,如图 4-90 所示,命令行操作如下所示。

```
＊＊拉伸＊＊
指定拉伸点或［基点(B)/复制(C)/放弃(U)/退出(X)］: _mirror      //选择其中的一个夹
   点,单击鼠标右键,选择"镜像"选项
＊＊镜像＊＊
指定第二点或［基点(B)/复制(C)/放弃(U)/退出(X)］: c↙        //激活"复制"选项
＊＊镜像（多重）＊＊
指定第二点或［基点(B)/复制(C)/放弃(U)/退出(X)］: b↙        //激活"基点"选项
指定基点:     //捕捉大矩形上侧矩形边的中点为第一个基点
＊＊镜像（多重）＊＊
指定第二点或［基点(B)/复制(C)/放弃(U)/退出(X)］:          //捕捉大矩形下侧矩形
   边的中点为第二个基点
＊＊镜像（多重）＊＊
指定第二点或［基点(B)/复制(C)/放弃(U)/退出(X)］:          //单击鼠标右键确定,再
   按回车键退出操作
```

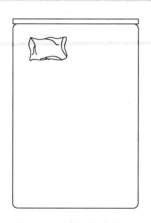

图 4-89　绘制枕头图形

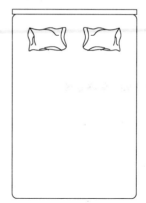

图 4-90　镜像复制枕头图形

(8)再重复调用【直线】命令和【样条曲线】命令,绘制棉被图形,如图 4-91 所示。完成床图形的绘制。

2.绘制床头柜

(1)在【默认】选项卡中单击【绘图】面板中的【矩形】按钮▢,绘制尺寸为 550×450 的矩形,如图 4-92 所示。

(2)单击【修改】面板上的【偏移】按钮,将矩形向内偏移 50,如图 4-93 所示。

(3)单击【绘图】面板上的【圆】按钮,以矩形的中心点为圆心,分别绘制半径为 60 和 120 的两个同心圆,如图 4-94 所示。

(4)单击【绘图】面板中的【直线】按钮,过圆心绘制直线,并将其线型转换为【中心线】,如图 4-95 所示。

(5)单击【修改】面板中的【圆角】按钮,设置圆角半径为 35,对床头柜进行圆角处理,如图 4-96 所示。

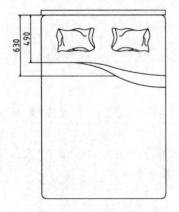

图 4-91　绘制棉被图形

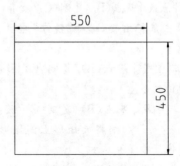

图 4-92　绘制矩形

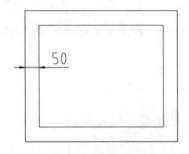

图 4-93　偏移矩形

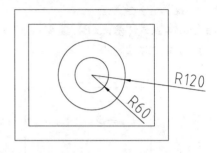

图 4-94　绘制同心圆

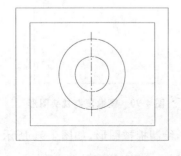

图 4-95　绘制中心线

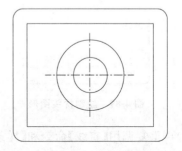

图 4-96　圆角

（6）单击【修改】面板中的【移动】按钮 ✛，将床头柜移到双人床左侧合适位置，如图 4-97 所示。

（7）单击【修改】面板中的【镜像】按钮 ▲，以双人床的上下两个中点所在的直线为镜像中心线，对床头柜进行镜像操作，如图 4-98 所示。

（8）至此，完成双人床图形的绘制。

4.10.3　绘制液晶显示器立面图

（1）在【默认】选项卡中单击【绘图】面板中的【矩形】按钮 ▭，绘制一个 460×380 的矩

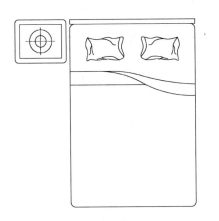

图 4-97　移动床头柜

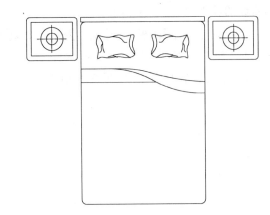

图 4-98　镜像图形

形,如图 4-99 所示。

(2)单击【修改】面板中的【偏移】按钮🖳,将上步操作绘制的矩形分别向内偏移 40 和 50,创建屏幕内侧显示屏区轮廓线,结果如图 4-100 所示。

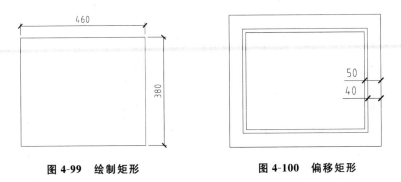

图 4-99　绘制矩形

图 4-100　偏移矩形

(3)单击【绘图】面板中的【直线】按钮✏,连接偏移得到的两个矩形的角点,如图 4-101 所示。

(4)单击【修改】面板中的【分解】按钮🔲,分解最外面矩形。

(5)单击【修改】面板中的【偏移】按钮🖳,将最下侧的矩形边分别向下偏移 40、50 和 60,结果如图 4-102 所示。

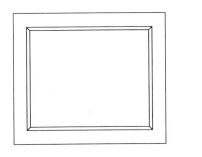

图 4-101　连接角点

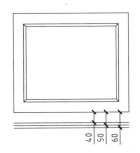

图 4-102　偏移直线

(6)单击【绘图】面板中的【直线】按钮✏,以左下角端点为起点,连接与矩形距离为 60

的直线的端点,如图 4-103 所示。

(7)单击【修改】面板中的【偏移】按钮 ⚒ ,将上步骤绘制的直线分别向右偏移 60、120、340、400 和 460,结果如图 4-104 所示。

(8)单击【绘图】面板中的【直线】按钮 ✎ ,如图 4-105 所示绘制连接直线。

图 4-103　绘制直线　　　　图 4-104　偏移直线　　　　图 4-105　绘制连接直线

(9)单击【修改】面板中的【修剪】按钮 ⊬ ,修剪掉多余的直线,结果如图 4-106 所示。

(10)单击【绘图】面板中的【圆】按钮 ⊘ ,在矩形内合适位置绘制显示屏的调节按钮,结果如图 4-107 所示。

(11)至此,整个液晶显示器的立面图绘制就完成了。

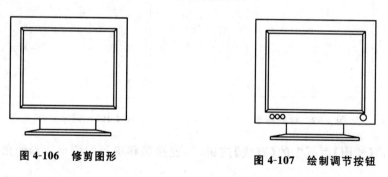

图 4-106　修剪图形　　　　　　　图 4-107　绘制调节按钮

第三篇

效率提高篇

第5章

面域与图案填充

在绘制建筑剖面图、机械剖面图和室内平面布置图时，都会使用到图案填充，它们对表达图形和辅助绘图起到了非常重要的作用。而面域，对分析特殊图形的几何属性与物理属性，则有重要的意义。

5.1 创建与编辑面域

面域属于封闭区域的二维实体对象，特殊之处在于，面域就像一张没有厚度的纸，除了包含边界外，还包含边界内的平面。组成面域的边界可以是直线、多段线、圆、圆弧、椭圆、样条曲线等。

5.1.1 创建面域

通过选择封闭的对象或是与端点相连构成封闭的对象，可以快速创建面域。

下面介绍 4 种创建【面域】的方法。

☞命令行：在命令行中输入 REGION/REG，并按回车键。

☞菜单栏：执行【绘图】|【面域】命令。

☞工具栏：单击【绘图】工具栏中的【面域】按钮◎。

☞功能区：在【默认】选项卡中单击【绘图】面板中的【面域】按钮◎。

【课堂举例 5-1】：创建面域

(1)单击【快速访问】工具栏中的【新建】按钮□，新建空白文件。

(2)在【默认】选项卡中单击【绘图】面板中的【直线】按钮✏，绘制菱形，如图 5-1 所示，命令行操作如下所示。

```
命令：_line↙      //调用【直线】命令
指定第一个点：0,0↙      //输入绝对直角坐标
指定下一点或 [放弃(U)]：@50<60↙      //输入相对极坐标
指定下一点或 [放弃(U)]：@50<120↙      //输入相对极坐标
指定下一点或 [闭合(C)/放弃(U)]：@50<240↙      //输入相对极坐标
指定下一点或 [闭合(C)/放弃(U)]：C↙      //激活"闭合(C)"选项，按回车键完成
   菱形绘制
```

(3)在【默认】选项卡中单击【修改】面板中的【复制】按钮%，配合【端点捕捉】捕捉左

侧端点向右移动 40 个绘图单位,如图 5-2 所示,命令行操作如下所示。

命令:_copy✓　　　//调用【复制】命令
选择对象:指定对角点:找到 4 个　　//选择菱形
选择对象:✓
当前设置:　复制模式=单个
指定基点或 [位移(D)/模式(O)/多个(M)] <位移>:　　　//配合【端点捕捉】功能捕
　捉左侧
指定第二个点或 [阵列(A)] <使用第一个点作为位移>:40✓　　//鼠标向右移动,输入
　距离,按回车键完成复制

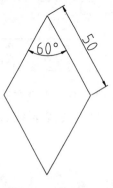

图 5-1　绘制菱形

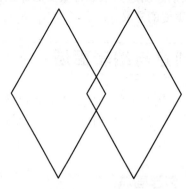

图 5-2　复制菱形

　　(4)在【默认】选项卡中单击【绘图】面板中的【面域】按钮 ◎,选择刚刚绘制的图案创建面域,如图 5-3 所示,命令行操作如下所示。

命令:_region✓　　　//调用【面域】命令
选择对象:指定对角点:找到 8 个　　//选择图形对象
选择对象:✓　　//按 Enter 键完成面域创建
已提取 2 个环。
已创建 2 个面域。　　//系统提示创建了 2 个面域

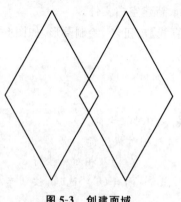

图 5-3　创建面域

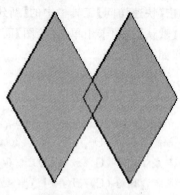

图 5-4　【概念】样式

创建面域图形与二维线框图形看起来并没有什么差别,但是在切换【视觉样式】之后

就能看出不同了,例如切换【概念】样式,如图 5-4 所示。

除了直接调用【面域】命令之外,还可以用【边界】命令创建面域。

【课堂举例 5-2】:利用【边界】命令创建面域

(1)单击【快速访问】工具栏中的【打开】按钮 🖾 ,打开"05\课堂举例 5-2 利用【边界】命令创建面域"素材文件,如图 5-2 所示。

(2)在【默认】选项卡中单击【绘图】面板中的【边界】按钮 🔲 ,系统弹出【边界创建】对话框,在【对象类型】中选择【面域】,单击【拾取点】按钮,如图 5-5 所示。

图 5-5 【边界创建】对话框

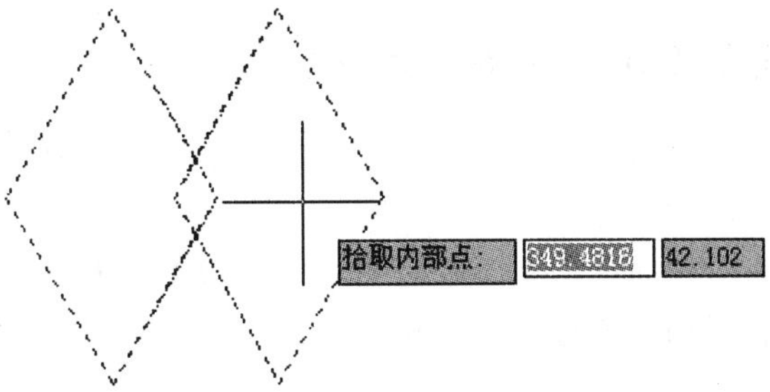

图 5-6 拾取内部点

(3)返回绘图区域,拾取内部点,如图 5-6 所示,按 Enter 键完成创建面域。

同样的,要查看面域与二维线框的区别,需要切换【视觉样式】。但是利用【边界】创建面域,与直接用【面域】命令创建面域不同,【边界】命令以拾取封闭图形的内部点作为创建面域的条件,只要二维线框形成了一个封闭图形即可成为一个面域,不管这个线框属不属于图形本身。通过图 5-7 所示,可以看出【面域】与【边界】命令的差别。

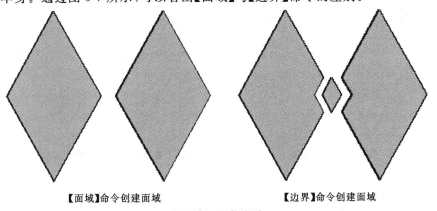

【面域】命令创建面域   【边界】命令创建面域

图 5-7 两者差别

5.1.2 面域编辑

在 AutoCAD 中,布尔运算用于对面域和三维实体模型进行求并、求差和求交的运算。一些复杂的图形对象通常可以由几个简单对象进行布尔运算得到。

1. 求和

在 AutoCAD 中,使用【并集】命令后,可以将两个或两个以上的面域或实体合并为一个整体。

下面介绍 4 种调用【并集】命令的方法。

☞命令行:在命令行中输入 UNION/UNI,并按回车键。

☞菜单栏:执行【修改】|【实体编辑】|【并集】命令。

☞工具栏:单击【建模】工具栏中的【并集】按钮⑩。

☞功能区:切换【三维基础】工作空间,在【默认】选项卡中单击【编辑】面板中的【并集】按钮⑩。

【课堂举例5-3】:面域求和

(1)单击【快速访问】工具栏中的【打开】按钮▷,打开"05\课堂举例 5-3 面域求和"素材文件,如图 5-3 所示。

(2)切换【三维基础】工作空间,在【默认】选项卡中,单击【编辑】面板中的【并集】按钮⑩。对两个面域求和,如图 5-8 所示,命令行操作如下所示。

```
命令：_ union    //调用【并集】命令
选择对象：    //选择对象
指定对角点：找到 2 个
选择对象：↙    //按 Enter 键完成并集
```

(3)切换到【概念】视觉样式,如图 5-9 所示。

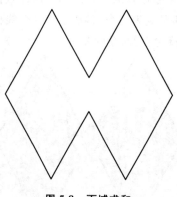

图5-8　面域求和

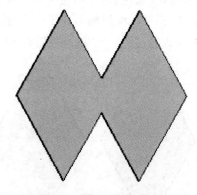

图5-9　【概念】样式效果

2. 求差

从一个面域中减去另一个面域的运算称为差集。

下面介绍 4 种调用【差集】命令的方法。

☞命令行:在命令行中输入 SUBTRACT/SU,并按回车键。

☞菜单栏:执行【修改】|【实体编辑】|【差集】命令。

☞工具栏:单击【建模】工具栏中的【差集】按钮⑩。

☞功能区:切换【三维基础】工作空间,在【默认】选项卡中单击【编辑】面板中的【差集】按钮⑩。

【课堂举例5-4】：面域求差

(1)单击【快速访问】工具栏中的【打开】按钮 ，打开"05\课堂举例5-3 面域求和"素材文件，如图5-3所示。

(2)切换【三维基础】工作空间，在【默认】选项卡中，单击【编辑】面板中的【差集】按钮 ⑩ ，对两个面域求差，如图5-10所示，命令行操作如下所示。

> 命令：_subtract↙   //调用【差集】命令
> 选择要从中减去的实体、曲面和面域...
> 选择对象：找到1个   //选择左侧菱形面域
> 选择对象：↙
> 选择要减去的实体、曲面和面域...
> 选择对象：找到1个   //选择右侧菱形面域
> 选择对象：↙   //按Enter键完成差集运算

(3)切换到【概念】视觉样式，如图5-11所示。

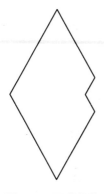

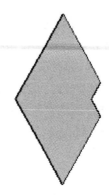

图5-10　面域求差　　　　　　　图5-11　【概念】样式

3.面域求交

通过求各个面域公共部分的面域的运算称为交集。

下面介绍4种调用【交集】命令的方法。

☞命令行：在命令行中输入INTERSECT/IN，并按回车键。

☞菜单栏：执行【修改】|【实体编辑】|【交集】命令。

☞工具栏：单击【建模】工具栏中的【交集】按钮 ⑩ 。

☞切换【三维基础】工作空间，在【默认】选项卡中单击【编辑】面板中的【交集】按钮 ⑩ 。

【课堂举例5-5】：面域求交

(1)单击【快速访问】工具栏中的【打开】按钮 ，打开"05\课堂举例5-3 面域求和"素材文件，如图5-3所示。

(2)切换【三维基础】工作空间，在【默认】选项卡中单击【编辑】面板中的【交集】按钮 ⑩ ，对两个相交的菱形面域求交集部分，如图5-12所示，命令行操作如下所示。

```
命令：_intersect ↙       //调用【交集】命令
选择对象：      //选择对象
指定对角点：找到 2 个
选择对象：↙      //按 Enter 键完成交集
```

（3）切换到【概念】视觉样式，如图 5-13 所示。

图 5-12 面域求交

图 5-13 【概念】样式

5.1.3 从面域中获取文本数据

面域是二维实体模型，它不但包含边的信息，还有边界的信息。利用这些信息可以计算工程属性，如面积、质心、惯性等。

执行【工具】|【查询】|【面域/质量特性】命令，然后选择面域对象，按 Enter 键，系统将自动切换到【AutoCAD 文本窗口】对话框，显示面域对象的数据特性，如图 5-14 所示。

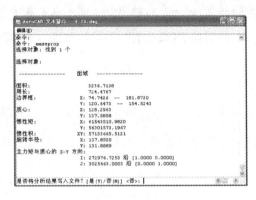

图 5-14 AutoCAD 文本窗口

此时，如果在命令行的提示下按 Enter 键可结束命令操作；如果输入 Y，可打开【创建质量与面积特性文件】对话框，将面域对象的数据特性保存为文件。

5.2 图案填充

区域填充是指用某种图案充满图形中指定的区域，如表现建筑表面的装饰纹理、颜色及地板的材质等。在地图中也常用不同的颜色与图案来区分不同的行政区域等。

5.2.1 创建图案填充

调用【图案填充】命令的方法如下所示。

☞命令行：在命令行中输入 BHATCH/BH/H，并按回车键。

☞菜单栏：执行【绘图】|【图案填充】命令。

☞工具栏：单击【绘图】工具栏中的【图案填充】按钮 。

☞功能区：在【默认】选项卡中单击【绘图】面板中的【图案填充】按钮 。

【课堂举例5-6】:填充拼花

(1)单击【快速访问】工具栏中的【打开】按钮 📂,打开"05\课堂举例 5-6 填充拼花.dwg"素材文件,结果如图 5-15 所示。

(2)在【默认】选项卡中单击【绘图】面板中的【图案填充】按钮,系统弹出【图案填充创建】选项卡,设置填充图案类型为"AR-SAND",其余参数默认,如图 5-16 所示。

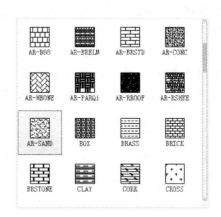

图 5-15　素材图形　　　　　图 5-16　选择填充图案类型

(3)然后在绘图区拾取填充的区域,按回车键确认,绘制完成的结果如图 5-17 所示。

(4)重复【图案填充】命令,设置填充图案类型为"IS003W100",其余参数默认,在绘图区拾取填充区域,填充拼花图案,如图 5-18 所示。

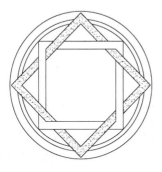
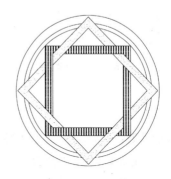

图 5-17　填充图案　　　　　图 5-18　填充图案

提示:在 2014 中新增功能,直接输入填充图形名称,即可快速填充,可以有效地提高用户的绘图速度。

5.2.2　设置填充孤岛

在填充图案时,通常将位于已定义好的填充区域内的封闭区域称为孤岛。在填充区域内有如文字、公式以及孤立的封闭图形等特殊对象时,可以利用孤岛对象断开填充或全部填充。

选中【孤岛检测】下拉菜单如图 5-19 所示,便可利用孤岛调整填充图案。在下拉菜单中有以下 4 种孤岛显示方式。

其中 3 个选项的含义如下所示。

☞普通孤岛检测:该选项是从最外面向里填充图案,遇到与之相交的内部边界时断开填充图案,遇到下一个内部边界时再继续填充。

☞外部孤岛检测:选中该单选按钮,系统将从最外边界向里填充图案,遇到与之相交的内部边界时断开填充图案,不再继续向里填充。

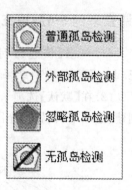

图 5-19　设置孤岛

☞忽略孤岛检测:选中该单选按钮,则系统忽略边界内的所有孤岛对象,所有内部结构都被填充图案覆盖。

【课堂举例 5-7】:设置孤岛填充

(1)单击【快速访问】工具栏中的【打开】按钮🖻,打开"05\课堂举例 5-7 设置孤岛填充"素材图形,如图 5-20 所示。

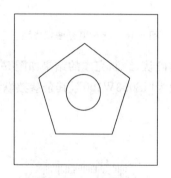

图 5-20　素材图形

图 5-21　【选项】面板

(2)在【默认】选项卡中单击【绘图】面板中的【图案填充】按钮🖾,系统弹出【图案填充创建】选项卡,在【图案】面板中选择"ANSI31"图案,设置比例为 5,在【选项】面板中选择【普通孤岛检测】,如图 5-21 所示。

(3)在绘图区拾取填充区域,最终效果如图 5-22 所示。

(4)若选择【外部孤岛检测】则如图 5-23 所示,选择【忽略孤岛检测】则如图 5-24所示。

5.2.3　渐变色填充

在绘图过程中,有些图形需要用到一种或多种颜色填充,例如,绘制装潢、美工图纸等。

下面介绍 4 种调用【渐变色】命令的方法。

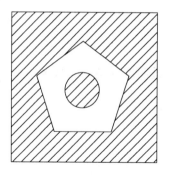

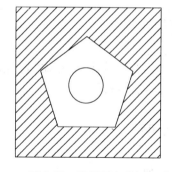

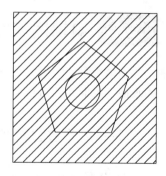

图 5-22　普通孤岛检测　　　　　图 5-23　外部孤岛检测　　　　　图 5-24　忽略孤岛检测

☞命令行：在命令行输入 GRADIENT/GD，并按回车键。

☞菜单栏：执行【绘图】菜单栏中的【渐变色】命令。

☞工具栏：单击【绘图】工具栏中的【渐变色】按钮 ▨。

☞功能区：在【默认】选项卡中单击【绘图】面板中的【渐变色】工具按钮 ▨。

【课堂举例 5-8】：填充渐变色

（1）单击【快速访问】工具栏中的【打开】按钮 ▷，打开"05\课堂举例 5-8 填充渐变色.dwg"图形，如图 5-25 所示。

（2）在【默认】选项卡中单击【绘图】面板中的【渐变色】工具按钮 ▨，系统弹出【图案填充创建】选项卡，选择填充图案为"GR _ SPHER"，【颜色 2】为"青"，如图 5-26 所示。

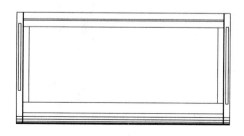

图 5-25　素材图形

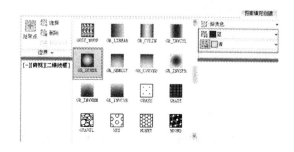

图 5-26　【图案填充创建】面板

（3）在需要填充的区域内填充图案，最终效果如图 5-27 所示。

图 5-27　【渐变色】填充

5.3 编辑图案填充

在填充过小或过大的图形时,系统默认的填充比例、角度、透明度等是不能满足用户要求的。这时用户可以根据图形需求自行设置。

5.3.1 设置图案填充比例

调用【图案填充】命令的方法如下。

☞命令行:在命令行输入 HATCHEDIT/HE,并按回车键。

☞菜单栏:执行【修改】|【对象】|【图案填充】命令。

☞功能区:在【默认】选项卡中单击【修改】面板中的【编辑图案填充】工具按钮 。

【课堂举例 5-9】:设置图案填充比例

(1)单击【快速访问】工具栏中的【打开】按钮 ,打开"05\课堂举例 5-9 设置图案填充比例.dwg"图形,如图 5-28 所示。

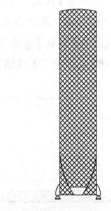

图 5-28 素材图形　　图 5-29 【图案填充编辑】对话框　　图 5-30 更改比例

(2)在【默认】选项卡中单击【修改】面板中的【编辑图案填充】工具按钮 ,根据命令行提示选择填充图案后弹出【图案填充和渐变色】对话框,设置【比例】为 5,如图 5-29 所示。

(3)单击【确定】按钮,完成比例重设置,最终效果如图 5-30 所示。

5.3.2 设置图案填充透明度

为了突出轮廓线,可根据图形需要设置填充图案的透明度。

【课堂举例 5-10】:设置填充图案透明度

(1)单击【快速访问】工具栏中的【打开】按钮 ,打开如图 5-30 所示图形。

（2）在【默认】选项卡中单击【修改】面板中的【编辑图案填充】工具按钮，根据命令行提示选择填充图案后弹出【图案填充和渐变色】对话框，设置【透明度】为50，如图5-31所示。

（3）单击【确定】按钮，完成透明度重设置，最终效果如图5-32所示。

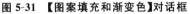

图 5-31　【图案填充和渐变色】对话框　　　　图 5-32　更改透明度

技巧：设置完图案的透明度之后，需要单击状态栏中的【显示/隐藏透明度】按钮，透明度才能体现。

5.3.3　分解图案填充

使用【分解】命令，可以将面域、多段线、标注、图案填充或块的参照分解成单一的对象，有利于用户后期编辑。

下面介绍4种调用【分解】命令的方法。

☞命令行：在命令行输入 EXPLODE/X，并按回车键。

☞菜单栏：执行【修改】|【分解】命令。

☞工具栏：单击【修改】工具栏【分解】按钮。

☞功能区：在【默认】选项卡中单击【修改】面板中的【分解】按钮。

【课堂举例5-11】：分解图案填充

（1）单击【快速访问】工具栏中的【打开】按钮，打开如图5-32所示图形。

（2）在【默认】选项卡中单击【修改】面板中的【分解】按钮，分解图案填充，命令行操作如下所示。

```
命令：_explode↙      //调用【分解】命令
选择对象：找到1个     //选择对象
选择对象：↙       //按 Enter 键完成分解
已删除图案填充边界关联。
```

（3）选择一些线段可以看出图案已分解，如图5-33所示。

（4）在【默认】选项卡中单击【修改】面板中的【修剪】按钮，修剪多余线段，如图5-34

所示。

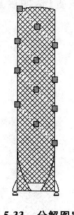

图 5-33　分解图案

图 5-34　修剪线段

5.3.4　设置图案填充原点

在施工过程中，需要根据施工图的设计进行实际操作。在填充如地板砖这样类型的材料时，为了节约成本，都需要定义填充原点。

【课堂举例 5-12】:设置图案填充原点

（1）单击【快速访问】工具栏中的【打开】按钮 ，打开"05\课堂举例 5-12 设置图案填充原点.dwg"图形，如图 5-35 所示。

（2）在【默认】选项卡中单击【修改】面板中的【编辑图案填充】按钮 ，根据命令行的提示选择左上角的填充图案，弹出【图案填充编辑】对话框，单击其中的【单击以设置新原点】按钮，如图 5-36 所示。

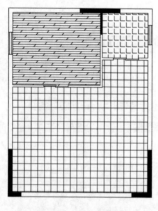

图 5-35　素材文件

图 5-36　【图案填充编辑】对话框

（3）系统返回绘图区域，利用【端点捕捉】功能捕捉所填充区域的左上角为填充原点，效果如图 5-37 所示。

（4）用同样的方法设置其他原点，最终效果如图 5-38 所示。

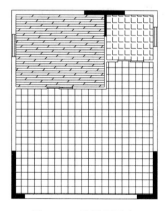

图 5-37　设置新原点

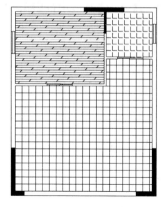

图 5-38　设置其他新原点

5.4　综合实例

　　本节通过下面具体的实例，巩固之前介绍的图案填充的知识，对绘制室内地材图有很大的帮助。

5.4.1　绘制五角星并进行渐变色填充

　　（1）单击【快速访问】工具栏中的【新建】按钮，新建空白文件。
　　（2）在【默认】选项卡中单击【绘图】面板中的【多边形】按钮，在绘图区空白处绘制外接圆半径为 100 的正五边形，如图 5-39 所示，命令行提示如下所示。

```
命令：_polygon       //调用多边形命令
输入侧面数 <4>：5↙       //输入侧面数
指定正多边形的中心点或 [边(E)]：       //在绘图区空白处单击一点确定多边形的
  位置
输入选项 [内接于圆(I)/外切于圆(C)] <I>：i↙       //激活"内接于圆"选项
指定圆的半径：100↙       //输入外接圆半径
```

　　（3）单击【绘图】面板中的【直线】按钮，绘制连接直线，如图 5-40 所示。

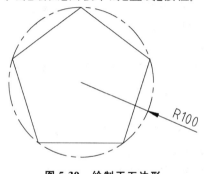

图 5-39　绘制正五边形

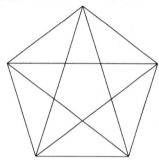

图 5-40　绘制直线

(4)单击【修改】面板中的【修剪】按钮 ，修剪多余图元，如图 5-41 所示。

(5)单击【修改】面板中的【删除】按钮 ，删除正五边形，如图 5-42 所示，完成五角星的绘制。

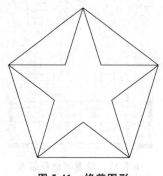

图 5-41　修剪图形

图 5-42　删除正五边形

(6)单击【绘图】面板中的【渐变色】按钮 ，根据命令行的提示，系统弹出【图案填充创建】选项卡，设置参数，如图 5-43 所示。

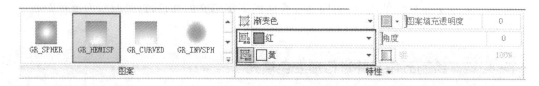

图 5-43　设置参数

(7)按回车键完成图案填充，如图 5-44 所示。

5.4.2　填充室内平面图

(1)单击【快速访问】工具栏中的【打开】按钮 ，打开"05\5.4.2 填充室内剖面图"素材文件，如图 5-45 所示。

(2)在命令行中输入 BH，并按回车键，系统新增【图案填充创建】选项卡，单击【选项】面板右下角按钮 ，系统弹出【图案填充和渐变色】对话框，设置填充图案为"ANSI37"、【比例】为 200、【角度】为 45，如图 5-46 所示。

图 5-44　填充效果

(3)选择【指定的原点】复选框，单击选择【单击以设置新原点】按钮，拾取左下角为新原点进行填充，设置完原点之后单击【添加：拾取点】按钮，对客厅进行填充，如图 5-47 所示。

(4)重复填充命令，填充阳台，图案设置为"ANSI37"，【比例】设置为 100，【角度】设置为 45，设置填充原点为左上角，填充阳台效果如图 5-48 所示。

(5)重复填充命令，利用同样的方法填充卧室，图案设置为"AR-BRSTD"，【比例】设置为 2.5，【角度】设置为 90，填充新原点为右上角，填充效果如图 5-49 所示。

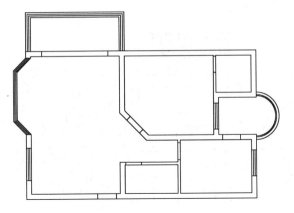

图 5-45 素材图形

图 5-46 【图案填充和渐变色】对话框

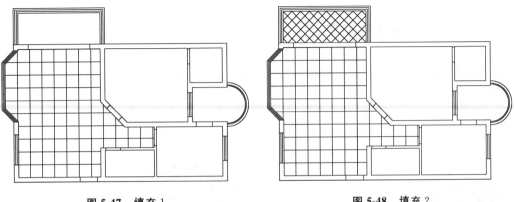

图 5-47 填充 1　　　　　　　　　　　图 5-48 填充 2

(6)重复填充命令,利用同样的方法填充衣帽间,图案设置为"AR-BRSTD",【比例】设置为 2.5,【角度】设置为 0,填充新原点为右上角,填充效果如图 5-50 所示。

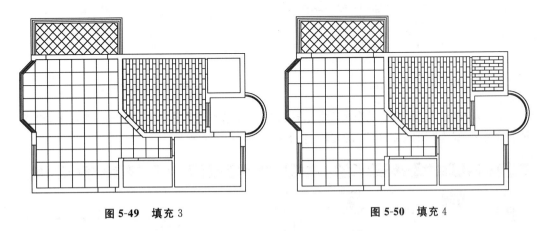

图 5-49 填充 3　　　　　　　　　　　图 5-50 填充 4

(7)重复填充命令,利用同样的方法填充厨房与厕所,图案设置为"ANGLE",【比例】设置为 30,填充效果如图 5-51 所示。

(8)重复填充命令,利用同样的方法填充露台,图案设置为"ANSI37",【比例】设置为

120,填充效果如图 5-52 所示。至此,平面图填充完成。

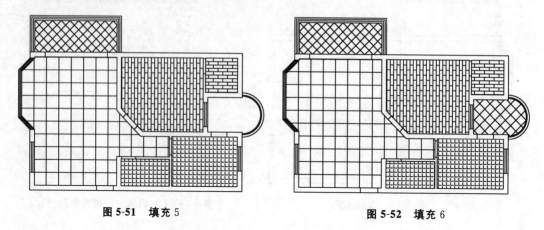

图 5-51　填充 5　　　　　　　　　图 5-52　填充 6

5.4.3　填充地被剖面图

调用【图案填充】命令,填充如图 5-53 所示的地被剖面图,利用不同的材质表现不同的地被。

(1)单击【快速访问】工具栏中的【打开】按钮，打开"05\5.4.3 填充地被剖面图"素材文件,如图 5-54 所示。

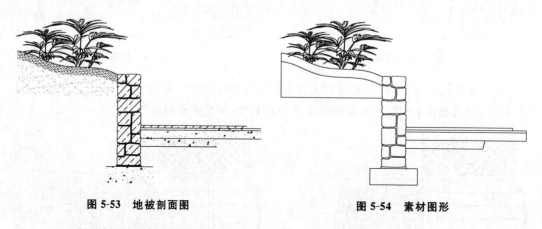

图 5-53　地被剖面图　　　　　　　　图 5-54　素材图形

(2)单击【绘图】面板中的【图案填充】按钮，系统弹出【图案填充创建】选项卡,设置填充图案类型为"AR-CONC",设置【比例】为 1,如图 5-55 所示。

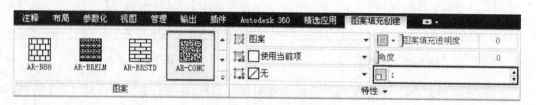

图 5-55　设置填充参数

(3)再在绘图区拾取填充区域,按回车键完成图案填充,如图5-56所示。

(4)重复【填充】命令,设置图案填充类型为"SWAMP",设置【比例】为0.25,再在绘图区拾取填充区域,按回车键完成图案填充,如图5-57所示。

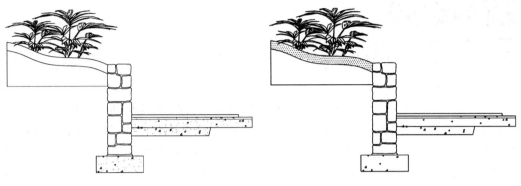

图5-56　填充图案1　　　　　　　　　　图5-57　填充图案2

(5)再次调用【图案填充】命令,设置填充图案类型为"ANSI33"、【比例】为20,其余参数默认,再在绘图区中拾取填充区域,按回车键完成图案填充,如图5-58所示。

(6)重复上述操作,填充土层,并调用E【删除】命令删除多余的线段,结果如图5-59所示。

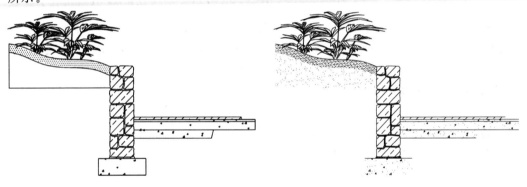

图5-58　填充图案3　　　　　　　　　　图5-59　最终效果图

第6章

图块与外部参照

在实际绘图过程中,常常需要用到同样的图,例如机械设计中的粗糙度符号,室内设计中的门、床、家居、电器等。如果每一次都重新绘制,不但浪费了大量的时间,同时也降低了工作效率。因此,AutoCAD 提供了图块的功能,使得用户可以定义一些经常使用的图形对象为图块。当需要重新利用到图形时,只需要按合适的比例插入相应的图块到指定的位置即可。灵活使用图块可以避免大量的重复性的绘图工作,提高 AutoCAD 绘图的效率。

6.1 块

块(Block)是由多个绘制在不同图层上的不同特性对象组成的集合,并具有块名。块在图形中可以被移动、复制和删除,用户还可以给块定义属性,在插入时附加上不同的信息,本小节介绍 AutoCAD 中图块的创建与编辑,包括图块的创建、插入、储存、编辑等。

6.1.1 创建内部块

使用【创建块】命令可以创建内部块。

下面介绍 4 种调用【创建块】命令的方法。

☞命令行:在命令行中输入 BLOCK/B,并按回车键。

☞菜单栏:执行【绘图】|【块】|【创建】命令。

☞工具栏:单击【绘图】工具栏中的【创建块】按钮。

☞功能区:在【默认】选项卡中单击【块】面板中的【创建块】按钮。

【课堂举例 6-1】:绘制洗脸盆并创建为块

(1)单击【快速访问】工具栏中的【新建】按钮,新建空白文件。

(2)在【默认】选项卡中单击【绘图】面板中的【矩形】按钮,绘制尺寸为 900×900 的矩形,如图 6-1 所示,命令行操作如下所示。

命令：_rectang ✓　　　//调用【矩形】命令

指定第一个角点或 [倒角(C)/标高(E)/圆角(F)/厚度(T)/宽度(W)]：0,0 ✓　　//

　　输入绝对直角坐标

指定另一个角点或 [面积(A)/尺寸(D)/旋转(R)]：D ✓　　　//激活"尺寸(D)"选项

指定矩形的长度 <10.0000>：900 ✓　　　//输入矩形长度

指定矩形的宽度 <10.0000>：900 ✓　　　//输入矩形宽度

指定另一个角点或 [面积(A)/尺寸(D)/旋转(R)]：　　　//任意在绘图区域指定一点

（3）在【默认】选项卡中单击【修改】面板中的【圆角】按钮 ⬜，设置圆角半径为 450，对矩形进行圆角，如图 6-2 所示。

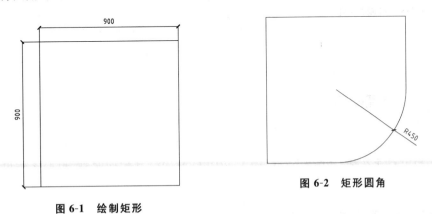

图 6-1　绘制矩形

图 6-2　矩形圆角

（4）在【默认】选项卡中单击【修改】面板中的【偏移】按钮 ⬚，将绘制的外部轮廓向内偏移 50 个绘图单位，如图 6-3 所示。

（5）在【默认】选项卡中单击【修改】面板中的【圆角】按钮 ⬜，设置圆角半径为 60，对内边角进行圆角，如图 6-4 所示。

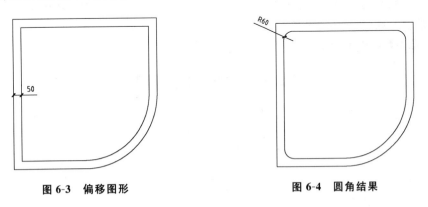

图 6-3　偏移图形

图 6-4　圆角结果

（6）在【默认】选项卡中单击【绘图】面板中的【圆】按钮 ⊙，在合适位置分别绘制半径为 29、46 的同心圆，如图 6-5 所示。

（7）在【默认】选项卡中单击【块】面板中的【创建】按钮 🖿，系统弹出【块定义】对话框。在【名称】输入框中输入块名为"洗脸盆"，单击【拾取点】按钮，配合【端点捕捉】功能拾取左上角端点为基点。单击【选择对象】按钮，拾取整个图形，单击【确定】完成块创建，如图 6-

6 所示。

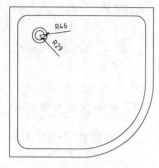

图 6-5　绘制同心圆

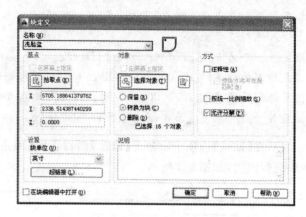

图 6-6　创建块

6.1.2　创建外部块

内部块仅限于在创建块的图形文件中使用,当其他文件中也需要使用时,则需要创建外部块,也就是永久块。在命令行中输入 WBLOCK/W,并按回车键,根据系统提示创建外部块。

【课堂举例 6-2】:创建永久块

(1)单击【快速访问】工具栏中的【打开】按钮，打开"06\课堂举例 6-2 创建永久块.dwg"图形文件,如图 6-7 所示。

(2)在命令行中输入 W,并按回车键,系统弹出【写块】对话框。单击【拾取点】按钮,利用【端点捕捉】功能捕捉左上角端点为基点。单击【选择对象】按钮,拾取整个图形,并设置正确的保存路径,如图 6-8 所示。

(3)单击【确定】按钮,完成外部块创建。

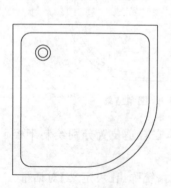

图 6-7　打开图形文件

图 6-8　创建块

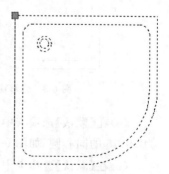

图 6-9　选择块

（4）单击选择该图形，即可看出已被创建为块，效果如图 6-9 所示。

注意：图块可以嵌套，即在一个块定义的内部还可以包含其他块定义。但不允许"循环嵌套"，也就是说在图块嵌套过程中不能包含图块自身，而只能嵌套其他图块。

6.2 插入块

创建完块之后，即可根据用户需要插入块。

下面介绍 4 种调用【插入块】命令的方法。

☞命令行：在命令行中输入 INSERT/I，并按回车键。

☞菜单栏：执行【插入】|【块】命令。

☞工具栏：单击【绘图】工具栏中的【插入块】按钮。

☞功能区：在【默认】选项卡中单击【块】面板中的【插入】按钮。

【课堂举例 6-3】：插入家具图块

（1）单击【快速访问】工具栏中的【打开】按钮，打开"06\课堂举例 6-3 插入家具图块.dwg"图形文件，如图 6-10 所示。

（2）在【默认】选项卡中单击【块】面板中的【插入】按钮，系统弹出【插入】对话框。

（3）单击【浏览】按钮，打开"06\家具图块\沙发.dwg"图形文件，系统返回【插入】对话框，在对话框中勾选【统一比例】复选框，并设置比例为2、角度为−180，如图 6-11 所示。

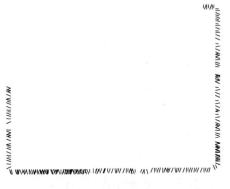

图 6-10　素材文件

图 6-11　【插入】对话框

（4）单击【确定】按钮，返回到绘图区域，在绘图区合适位置插入沙发图块，如图 6-12 所示。

（5）再次单击【块】面板中的【插入】按钮，在弹出的【插入】对话框中选择打开"06\家具图块\茶几.dwg"图形文件，勾选对话框中的【统一比例】复选框，并设置比例为 0.5，如图 6-13 所示。

（6）单击【确定】按钮，返回到绘图区域，在绘图区合适位置插入茶几图块，如图 6-14 所示。

（7）在【默认】选项卡中单击【块】面板中的【插入】按钮，在弹出的【插入】对话框中选择打开"06\家具图块\灯.dwg"图形文件，将灯图块插入到图形中合适位置，最终效果

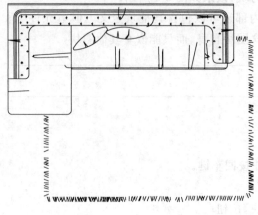

图 6-12　插入沙发图块

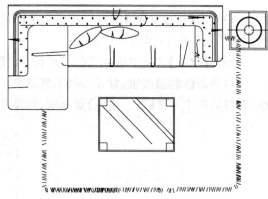

图 6-13　【插入】对话框

如图 6-15 所示。

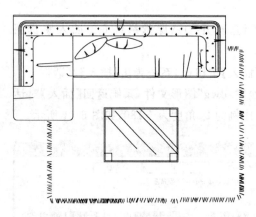

图 6-14　插入茶几图块

图 6-15　最终效果

6.3　重新定义块

同一个图块并不适用于所有文件,用户可以根据需要对块进行适当修改,并重新定义。

下面介绍 2 种调用【块定义】命令的方法。

☞命令行:在命令行中输入 BLOCK/B,并按回车键。

☞菜单栏:执行【修改】|【对象】|【块说明】命令。

【课堂举例 6-4】:重定义沙发图块

(1)单击【快速访问】工具栏中的【打开】按钮 ，打开"06\家具图块\沙发.dwg"图形文件。

(2)在命令行中输入 B,并按回车键,调用【块】命令,系统弹出【块定义】对话框。

(3)单击【拾取点】按钮,配合【中点捕捉】功能捕捉中心点 A 点作为基点,如图 6-16 所示。单击【选择对象】按钮，选择沙发为块对象，并更改名称为"新沙发块"，如图6-17所示。

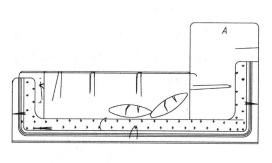

图 6-16　沙发图块

图 6-17　【块定义】对话框

（4）单击【确定】按钮，即可重定义图块。单击状态栏中的【快捷特性】按钮，在选择的图形中可以看出图块重新被定义，如图6-18所示，单击【保存】按钮，关闭文件。

（5）单击【快速访问】工具栏中的【打开】按钮，打开"06\课堂举例6-4 重定义沙发图块.dwg"图形文件，如图6-19所示。

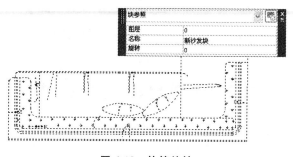

图 6-18　快捷特性

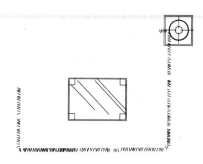

图 6-19　素材图形

（6）在【默认】选项卡中单击【块】面板中的【插入】按钮，系统弹出【插入】对话框，单击【浏览】按钮，选择新定义的"06\家具图块\沙发.dwg"图块文件，勾选对话框中的【统一比例】复选框，并设置比例为2、角度为-180，如图6-20所示。

（7）在图形中合适位置插入新沙发图块，最终效果如图6-21所示。

图 6-20　【插入】对话框

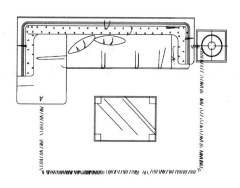

图 6-21　最终效果

153

6.4 重新编辑块

除了在源文件中更改图形，再重新定义为块外，还可以利用【块编辑器】编辑已经生成的块。在【默认】选项卡中单击【块】面板中的【编辑】按钮，通过系统弹出的【编辑块定义】对话框，定义重新需要编辑的块。通过编辑图块，可以更新所有与之关联的块实例，实现自动修改。

【课堂举例 6-5】：重新编辑块

（1）单击【快速访问】工具栏中的【打开】按钮，打开"06\课堂举例 6-5 重新编辑块.dwg"素材文件，如图 6-22 所示。

（2）在【插入】选项卡中单击【块定义】面板中的【块编辑器】按钮，在弹出的【编辑块定义】对话框中选择【8.4 编辑块】选项，如图 6-23 所示。

（3）单击【确定】按钮，系统自动新增【块编辑器】选项卡，如图 6-24 所示。

（4）在命令行中输入 MI，并按回车键，调用【镜像】命令，对图形进行镜像操作，如图 6-25 所示。

图 6-22 素材图形

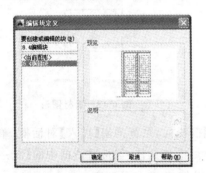

图 6-23 【编辑块定义】对话框

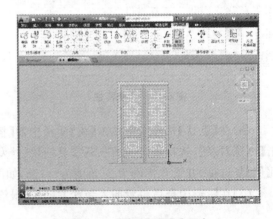

图 6-24 【块编辑器】选项卡

（5）镜像完成之后，单击【保存块】按钮，然后再单击【关闭块编辑器】按钮，返回绘图区域。单击选择图形，即可看出块被重新编辑过，如图 6-26 所示。

| 图 6-25　镜像 | 图 6-26　最终效果 |

6.5　属性块

图块包含的信息可以分为两类:图形信息和非图形信息。块属性指的是图块的非图形信息,是块的组成部分,是特定的可包含在块定义中的文字对象。

6.5.1　定义属性

定义块属性必须在定义块之前进行。调用【定义属性】命令,可以创建图块的非图形信息。

下面介绍 3 种调用【定义属性】命令的方法。

☞ 命令行:在命令行中输入 ATTDEF/ATT,并按回车键。

☞ 菜单栏:执行【绘图】|【块】|【定义属性】命令。

☞ 功能区:在【默认】选项卡中单击【块】面板中的【定义属性】按钮。

【课堂举例 6-6】:创建块属性

(1)单击【快速访问】工具栏中的【打开】按钮,打开"06\课堂举例 6-6 创建块属性.dwg"文件,如图 6-27 所示。

(2)在【默认】选项卡中单击【块】面板中的【定义属性】按钮,系统弹出【属性定义】对话框,按照如图 6-28 所示输入属性与文字高度。

(3)单击【确定】按钮,根据命令行的提示在合适的位置插入属性,如图 6-29 所示。

定义完块属性之后就需要创建带有属性的块。

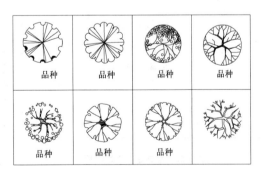

图 6-27　素材图形

图 6-28 【属性定义】对话框

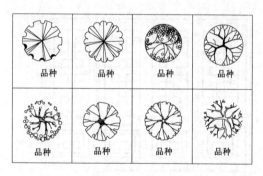

图 6-29 插入属性

【课堂举例 6-7】:创建带有属性的块

(1)单击【快速访问】工具栏中的【打开】按钮 ，打开如图 6-29 所示图形。

(2)在命令行中输入 B,并按回车键,调用【块】命令,系统弹出【块定义】对话框。单击【拾取点】按钮,拾取左下角的端点作为基点。单击【选择对象】按钮,选择整个图形,如图6-30 所示。

技巧:通常情况下,属性提示顺序与创建块时选择属性的顺序相同。但是,如果使用窗交选取或窗口选取来选择属性,则提示顺序与创建属性的顺序相反。可以使用块属性管理器来更改插入块参照时提示输入属性信息的次序。

(3)单击【确定】按钮,系统弹出【编辑属性】对话框,按照如图 6-31 所示的树名排序输入树名。

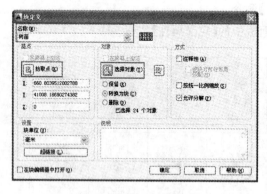

图 6-30 【块定义】对话框

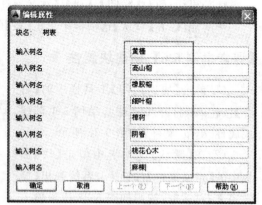

图 6-31 【编辑属性】对话框

(4)单击【确定】按钮,返回绘图区域,即创建带有属性的块,如图 6-32 所示。

6.5.2 修改属性定义

块属性与其他图形对象一样，也可以根据实际绘图需要进行编辑。

下面介绍 3 种修改属性的方法。

☞命令行：在命令行中输入 EATTEDIT，并按回车键。

☞菜单栏：执行【修改】|【对象】|【属性】|【单个】命令。

☞功能区：在【默认】选项卡中单击【块】面板中的【编辑属性】按钮 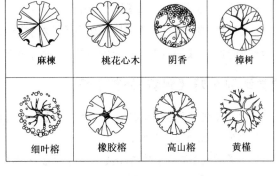。

图6-32 创建带有属性的块

【课堂举例6-8】：修改属性定义

(1)单击【快速访问】工具栏中的【打开】按钮，打开"06\课堂举例 6-8 修改属性定义.dwg"文件，如图 6-32 所示。

(2)在【默认】选项卡中单击【块】面板中的【编辑属性】按钮 。根据命令行的提示选择块，系统弹出【增强属性编辑器】对话框。选取"黄槿"与"樟树"选项之后，更改"黄槿"为"黄槿 5 棵"、"樟树"为"樟树 5 棵"，如图 6-33 所示。

(3)单击【应用】按钮应用修改，单击【确定】按钮退出对话框，最终效果如图 6-34 所示。

图6-33 【增强属性编辑器】对话框

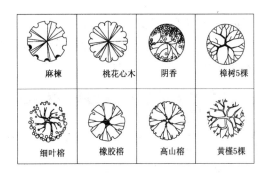

图6-34 效果图

6.6 附着外部参照

用户可以将整个图形作为参照图形附着到当前图形中，而不是将其插入。这样可以通过在图形中参照其他用户的图形来协调用户之间的工作，查看当前图形是否与其他图形相匹配。

下面介绍 4 种附着外部参照的方法。

☞命令行:在命令行中输入 XATTACH/XA,并按回车键。

☞菜单栏:执行【插入】|【DWG 参照】命令。

☞工具栏:单击【插入】工具栏中的【附着】按钮 。

☞功能区:在【插入】选项卡中单击【参照】面板中的【附着】按钮 。

【课堂举例 6-9】:【附着】外部参照

(1)单击【快速访问】工具栏中的【打开】按钮,打开"06\课堂举例 6-9【附着】外部参照.dwg"文件,如图 6-35 所示。

(2)在【插入】选项卡中单击【参照】面板中的【附着】按钮 ,系统弹出【选择参照文件】对话框。在【文件类型】下拉列表中选择"图形(＊.dwg)",并找到"06\外部参照.dwg"文件,如图 6-36 所示。

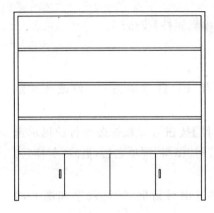

图 6-35 素材图形

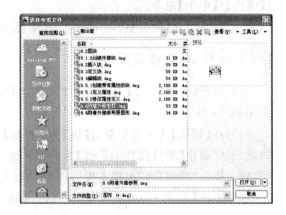

图 6-36 【选择参照文件】对话框

(3)单击【打开】按钮,系统弹出【附着外部参照】对话框,如图 6-37 所示。

(4)单击【确定】按钮,配合【端点捕捉】功能捕捉书架左下角外侧的端点作为插入点,如图 6-38 所示,至此外部参照插入完成。

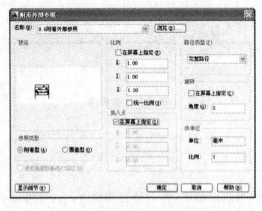

图 6-37 【附着外部参照】对话框

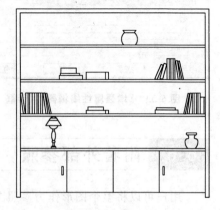

图 6-38 插入完成

6.7   编辑外部参照

外部参照与图块一样，可以根据需要进行二次编辑。

6.7.1   拆离外部参照

作为参照插入的外部图形，主图形只是记录参照的位置和名称，图形文件信息并不直接加入。若想删除插入的外部参照，可以使用命令。

拆离外部参照方法如下。

☞命令行：在命令行中输入 XREF/XR，并按回车键。

☞菜单栏：执行【插入】|【外部参照】命令。

执行上述任一命令后，系统弹出外部参照选项板。在选项板中选择需要删除的外部参照，并单击鼠标右键，在弹出的右键快捷菜单中选择【拆离】选项，即可拆离选定的外部参考，如图 6-39 所示。

图 6-39 【外部参照】选项板

6.7.2   剪裁外部参照

剪裁外部参照可以去除多余的参照部分，而无需更改原参照图形。

下面介绍 3 种剪裁外部参照的方法。

☞命令行：在命令行中输入 CLIP，并按回车键。

☞菜单栏：执行【修改】|【剪裁】|【外部参照】命令。

☞功能区：在【插入】选项板中单击【参照】面板中的【剪裁】按钮 。

【课堂举例 6-10】：剪裁外部参照

（1）单击【快速访问】工具栏中的【打开】按钮 ，打开"06\课堂举例 6-10 剪裁外部参照.dwg"文件，如图 6-40 所示。

（2）在【插入】选项卡中单击【参照】面板中的【剪裁】按钮 ，根据命令行的提示修剪参照，如图 6-41 所示，命令行提示如下所示。

命令：_clip↙　　　//调用【剪裁】命令

选择要剪裁的对象：找到1个　　　//选择外部参照

输入剪裁选项

［开(ON)/关(OFF)/剪裁深度(C)/删除(D)/生成多段线(P)/新建边界(N)］＜新建边界＞：ON↙　　　//激活"开(ON)"选项

输入剪裁选项

［开(ON)/关(OFF)/剪裁深度(C)/删除(D)/生成多段线(P)/新建边界(N)］＜新建边界＞：N↙　　　//激活"新建边界(N)"选项

外部模式 — 边界外的对象将被隐藏

指定剪裁边界或选择反向选项：

［选择多段线(S)/多边形(P)/矩形(R)/反向剪裁(I)］＜矩形＞：P↙　　　//激活"多边形(P)"选项

指定第一点：　　　//拾取 A、B、C、D 点指定剪裁边界,如图 6-40 所示

指定下一点或［放弃(U)］：

指定下一点或［放弃(U)］：

指定下一点或［放弃(U)］：

指定下一点或［放弃(U)］：↙　　　//按 Enter 键完成剪裁

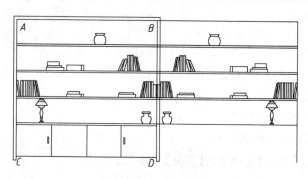

图 6-40　剪裁参照

图 6-41　剪裁效果

注意：剪裁外部参照只是控制参照的显示区域和范围,并不会修剪参照原图形。

6.7.3　插入光栅图像参照

用户除了能够在 AutoCAD 中绘制并编辑图形之外,还可以插入所有格式的光栅图像文件(如"*.jpg"),从而能够一次对作为参照的底图对象进行描绘。

调用插入光栅图像的方法有以下几种。

☞菜单栏：执行【插入】|【光栅图像参照】命令。

☞命令行：在命令行中输入 IMAGEATTACH。

【课堂举例 6-11】：插入光栅图像

(1)单击【快速访问】工具栏中的【新建】按钮 🗅,新建空白文件。

(2)执行【插入】|【光栅图像参照】命令，系统弹出【选择参照文件】对话框，选择"06\建筑立面参照图.jpg"，如图6-42所示。

(3)单击【打开】按钮，系统弹出【附着图像】对话框，如图6-43所示，单击【确定】按钮，根据提示指定插入点和缩放比例因子，完成光栅图像的插入，如图6-44所示。

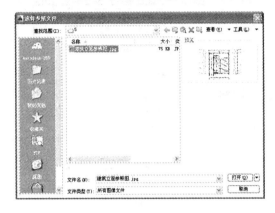

图6-42　选择".jpg"图形文件

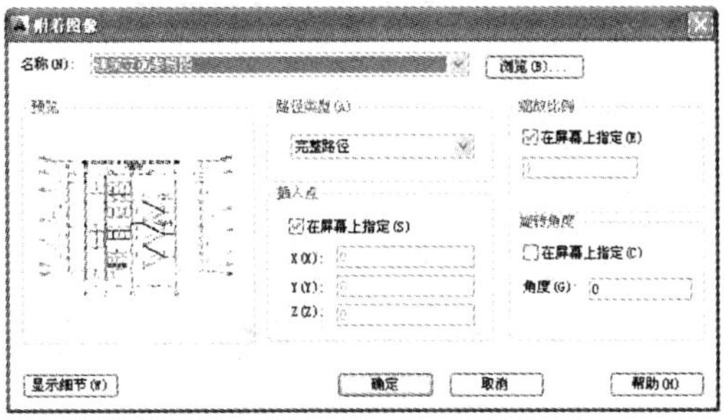

图6-43　【附着图像】话框

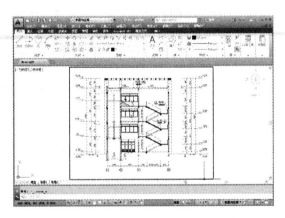

图6-44　结果图

6.8　综合实例

本节通过具体实例，练习图块的创建和插入。

6.8.1　绘制并创建标高图块

(1)单击【快速访问】工具栏中的【新建】按钮，新建空白文件。

(2)单击打开【状态栏】中的【极轴追踪】按钮，并单击鼠标右键，设置极轴追踪角为45°。

(3)在【默认】选项卡下单击【快速访问】工具栏中的【直线】按钮，配合【极轴追踪】命令,绘制标高图形,如图 6-45 所示。

（4）单击【块】面板中的【定义属性】按钮 ✎,系统弹出【属性定义】对话框,在对话框中设置参数,如图 6-46 所示。

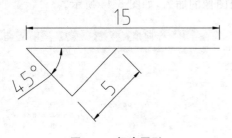

图 6-45　标高图形

图 6-46　设置参数

（5）单击【确定】按钮,返回绘图区,将定义的属性放置在合适位置,如图 6-47 所示。

（6）完成标高图形的绘制,再单击【块】面板中的【创建】按钮 ☷,系统弹出【块定义】对话框,在名称输入框中输入图块名称为"标高",并拾取图形下侧端点为基点,如图 6-48 所示。

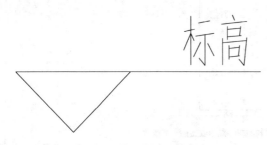

图 6-47　定义属性

图 6-48　设置参数

（7）单击【确定】按钮,系统弹出【编辑属性】对话框,可以在其中输入标高值,如图 6-49 所示,单击【确定】按钮,完成标高图块的创建。

6.8.2　创建并编辑图块属性

（1）单击【快速访问】工具栏中的【打开】按钮 ⬚,打开"6.8.2 创建并编辑图块属性.dwg"素材文件,如图 6-50 所示。

（2）在命令行中输入 ATTDEF,并按

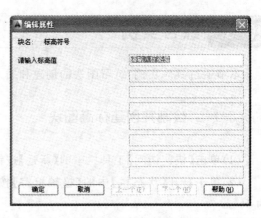

图 6-49　输入标高值

图 6-50　素材文件

回车键,调用【定义属性】命令,系统弹出【属性定义】对话框,设置参数如图 6-51 所示。

　　(3)完成参数设置后,单击【确定】按钮,将定义的属性参数置于绘图区合适位置,即可完成属性定义操作。重复上述操作,定义"比例"属性,设置文字高度为 300,如图 6-52 所示。

图名　　　　　　　　　　比例

图 6-51　设置参数 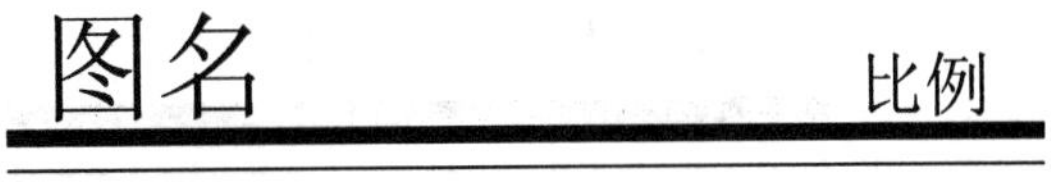　　　　　　　　　图 6-52　属性定义

　　(4)在命令行中输入 BLOCK,并按回车键,调用【块】命令,选择所有图形将其创建成块,如图 6-53 所示。

　　(5)双击块属性,弹出【增强属性编辑器】对话框,在【属性】选项卡中选择要修改的文字属性,如图 6-54 所示。

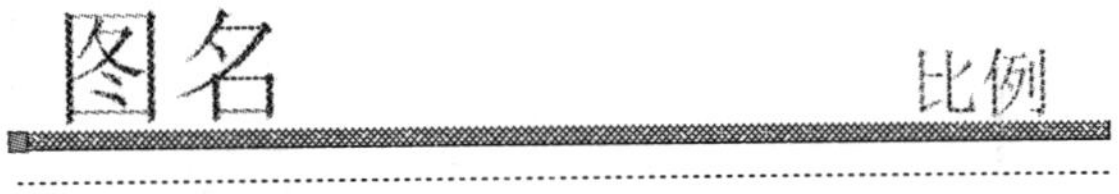

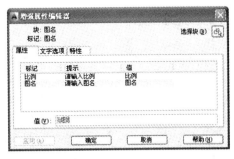

图 6-53　定义结果　　　　　　　　图 6-54　【增强属性编辑器】对话框

　　(6)更改属性图块的值,如图 6-55 所示,单击【确定】按钮,完成"图名"属性的修改编辑。

　　(7)此外,也可以切换到【文字选项】、【特性】选项卡中对图块属性进行编辑,如图 6-56 所示。

　　(8)重复上述操作,修改"比例"属性的参数,结果如图 6-57 所示。

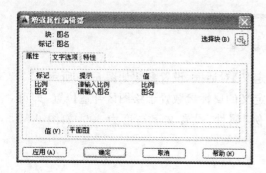

图 6-55　修改属性值

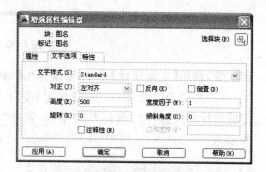

图 6-56　设置参数

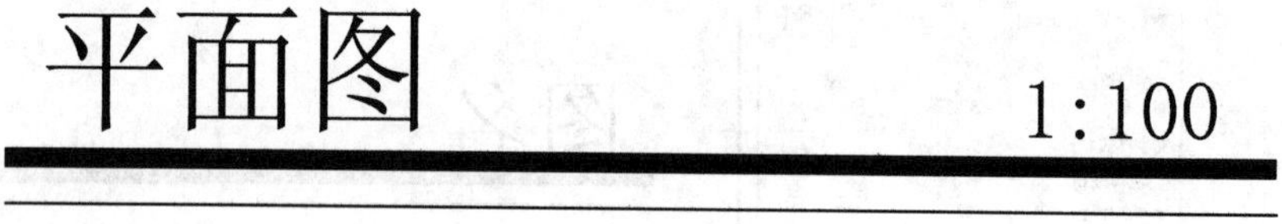

平面图

1:100

图 6-57　结果图

6.8.3　插入家具图块

（1）单击【快速访问】工具栏中的【打开】按钮，打开"06\6.8.3 插入家具图块.dwg"素材文件，如图 6-58 所示。

（2）在【插入】选项卡中单击【块】面板中的【插入】按钮，系统弹出【插入】对话框，单击【浏览】按钮，选择打开"客厅 沙发组合"图形文件，设置【角度】为 90、【比例】为 2，如图 6-59 所示。

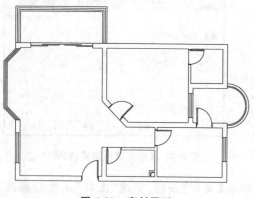

图 6-58　素材图形

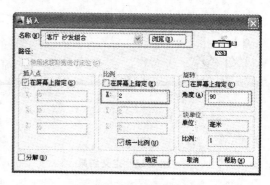

图 6-59　【插入】对话框

（3）单击【确定】按钮，在绘图区合适位置插入"客厅 沙发组合"图块，如图 6-60 所示。

（4）单击【块】面板中的【插入】按钮。系统弹出【插入】对话框，单击【浏览】按钮，找到"阳台 躺椅"图形文件。设置【比例】为 0.1，如图 6-61 所示。

（5）单击【确定】按钮，在绘图区合适位置插入"阳台 躺椅"图块，如图 6-62 所示。

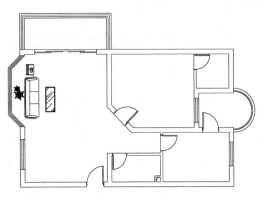

图 6-60 插入块

图 6-61 【插入】对话框

（6）单击【块】面板中的【插入】按钮 🔄 。系统弹出【插入】对话框,单击【浏览】按钮,找到"客厅 电视柜"图形文件。设置【角度】为－90,如图 6-63 所示。

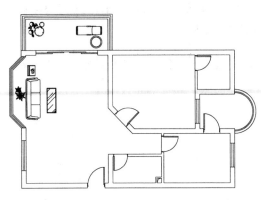

图 6-62 插入块

图 6-63 【插入】对话框

（7）单击【确定】按钮,在绘图区合适的位置插入"客厅 电视柜"图块,如图 6-64 所示。

（8）单击【块】面板中的【插入】按钮 🔄 。系统弹出【插入】对话框,单击【浏览】按钮,找到"卧室 电视柜"图形文件。设置【比例】为 0.5,如图 6-65 所示。

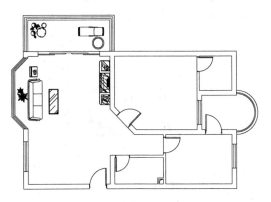

图 6-64 插入块

图 6-65 【插入】对话框

（9）单击【确定】按钮,在绘图区合适的位置插入"卧室 电视柜"图块,如图 6-66 所示。

（10）单击【块】面板中的【插入】按钮 🔄 。系统弹出【插入】对话框,单击【浏览】按钮,

165

找到"床"图形文件。不需要设置【比例】以及【角度】,如图 6-67 所示。

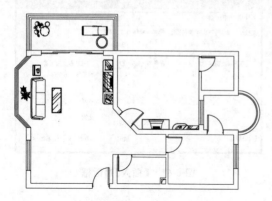

图 6-66 插入块

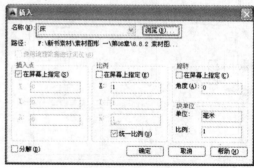

图 6-67 【插入】对话框

(11)单击【确定】按钮,在合适的位置插入"床"图块,如图 6-68 所示。

(12)单击【块】面板中的【插入】按钮 。系统弹出【插入】对话框,单击【浏览】按钮,找到"客厅 餐桌"图形文件。设置【比例】为 0.1、【角度】为-90,如图 6-69 所示。

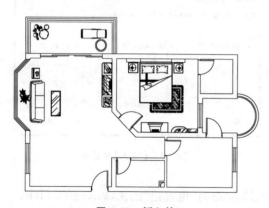

图 6-68 插入块

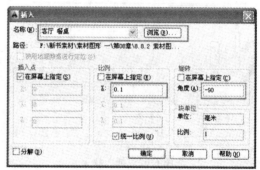

图 6-69 【插入】对话框

(13)单击【确定】按钮,在合适的位置插入"客厅 餐桌"图块,如图 6-70 所示。

(14)重复上述命令,插入其他家具图块,参数保持默认,最终效果如图 6-71 所示。

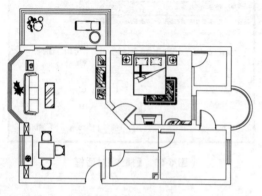

图 6-70 插入图形

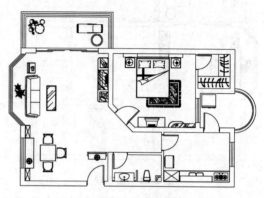

图 6-71 最终效果

第7章

使用查询与辅助工具

除了有强大的绘图功能以外，AutoCAD还提供了一系列辅助工具以及查询工具，以方便用户其他方面的使用需求。

7.1 图形查询

查询命令包含两点间距离查询、面积查询、图纸状态查询、绘图时间查询等。

7.1.1 查询时间信息

使用【TIME】命令，可以查询图形文件的日期和时间的统计信息，如当前时间、图形的创建时间等。该命令调用方法如下。

☞命令行：在命令行中输入 TIME，并按回车键。

☞菜单栏：执行【工具】|【查询】|【时间】命令。

【课堂举例7-1】：查询图纸绘制时间

（1）单击【快速访问】工具栏中的【打开】按钮 ，打开"07\课堂举例7-1查询图纸绘制时间.dwg"文件，如图7-1所示。

（2）在命令行中输入 TIME，并按回车键，系统弹出【AutoCAD 文本窗口—10.1.1 查询图纸绘制时间.dwg】对话框，如图7-2所示。在对话框中显示了当前时间以及创建时间等各种信息。

（3）根据命令行的提示，可以重置文本信息。

7.1.2 查询状态统计信息

使用【STATUS】命令可以查询当前图形的基本状态信息，包括图形对象、非图形对象和块定义等。除全局图形统计信息和设置外，还将列出系统中安装的可用内存量、可用磁盘空间量以及交换文件中的可用空间量等。

该命令调用方法如下。

☞命令行：在命令行中输入 STATUS，并按回车键。

☞菜单栏：执行【工具】|【查询】|【状态】命令。

在命令行中输入命令之后，系统会根据图纸弹出对话框，其中包括图纸各种时间信息

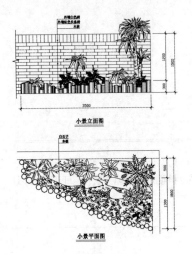

图 7-1　素材文件

```
AutoCAD 文本窗口 - 10.1.1查询图纸绘制时间.dwg
编辑(E)

命令:
命令:
命令: list
选择对象: 找到 1 个

选择对象:
                  直线        图层: "LAYER5"
                            空间: 模型空间
                     句柄 = d125
                  自 点,  X=43914.8917  Y=3852.9563  Z=   0.0000
                  到 点,  X=45033.2923  Y=3852.9563  Z=   0.0000
          长度 =1118.4007, 在 XY 平面中的角度 =      0
                  增量 X =1118.4007, 增量 Y =    0.0000, 增量 Z =   0.0000

命令: 指定对角点或 [栏选(F)/圈围(WP)/圈交(CP)]:
命令: *取消*

命令: ' time
当前时间:                     2012年5月28日 星期一   18:53:13:890
此图形的各项时间统计:
  创建时间:                   2002年4月11日 星期四   9:32:16:010
  上次更新时间:                 2012年5月28日 星期一   18:47:07:890
  累计编辑时间:               0 days 07:59:20:525
  消耗时间计时器 (开):         0 days 07:59:20:541
  下次自动保存时间:           0 days 00:03:55:235

输入选项 [显示(D)/开(ON)/关(OFF)/重置(R)]:
```

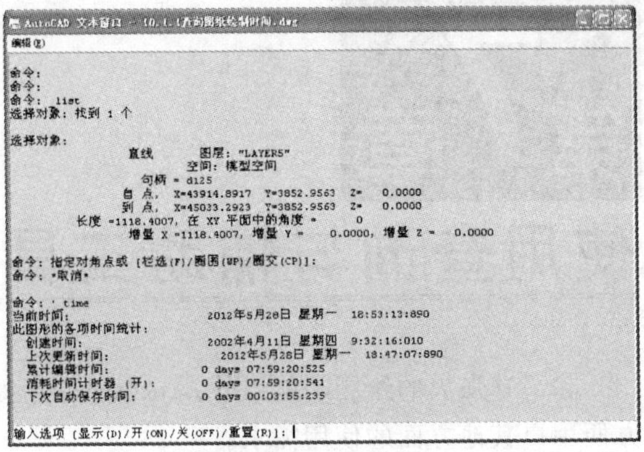

图 7-2　时间查询结果

量，如图 7-3 所示。

```
AutoCAD 文本窗口 - Drawing4.dwg
编辑(E)
命令: ' status 135 个对象在Drawing4.dwg中
放弃文件大小:          5560 个字节
模型空间图形界限          X:     0.0000    Y:     0.0000  (关)
                          X:   297.0000    Y:   210.0000
模型空间使用                     *无*
显示范围                  X:  -198.3234    Y:   -58.4052
                          X:   510.3224    Y:   268.7131
插入基点                  X:     0.0000    Y:     0.0000    Z:     0.0000
捕捉分辨率                X:    10.0000    Y:    10.0000
栅格间距                  X:    10.0000    Y:    10.0000

当前空间:                 模型空间
当前布局:                 Model
当前图层:                 0
当前颜色:                 BYLAYER -- 7 (白)
当前线型:                 BYLAYER -- "Continuous"
当前材质:                 BYLAYER -- "Global"
当前线宽:                 BYLAYER
当前标高:                 0.0000  厚度:    0.0000
填充 开  栅格 关  正交 关  快速文字 关  捕捉 关  数字化仪 关
对象捕捉模式:     圆心, 交点, 切点
可用图形磁盘 (D:) 空间: 161218.6 MB
可用临时磁盘 (C:) 空间: 8546.6 MB
可用物理内存: 887.6 MB (物理内存总量 2047.1 MB)。
可用交换文件空间: 2425.1 MB (共 3940.5 MB)。
按 ENTER 键继续:
```

图 7-3　状态查询结果

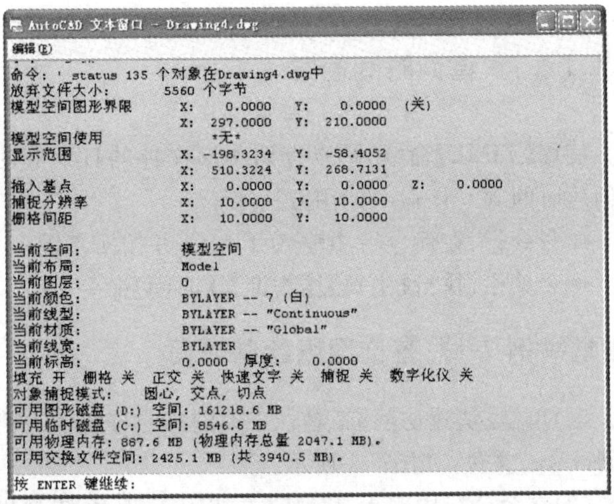

7.1.3　查询半径

该命令可以查询圆或者圆弧的半径和直径，调用方法如下。

☞命令行：在命令行中输入 MEASUREGEOM，并按回车键。

☞菜单栏：执行【工具】|【查询】|【半径】命令。

☞工具栏：单击【查询】工具栏中的【半径】按钮。

☞功能区：在【默认】选项卡中单击【实用工具】中的【半径】按钮。

【课堂举例 7-2】：查询半径

(1)单击【快速访问】工具栏中的【打开】按钮，打开“07\课堂举例 7-2 查询半径.dwg”文件，如图 7-4 所示。

(2)在【默认】选项卡中单击【实用工具】中的【半径】按钮，查询外侧大圆，命令行显示圆半径和直径大小。

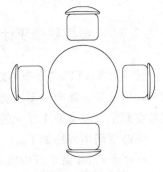

图 7-4　素材文件

命令：_MEASUREGEOM ↙　　//调用命令

输入选项 [距离(D)/半径(R)/角度(A)/面积(AR)/体积(V)] <距离>：_radius

选择圆弧或圆：　　//选择圆

半径＝500

直径＝1000

输入选项 [距离(D)/半径(R)/角度(A)/面积(AR)/体积(V)/退出(X)] <半径>：X

　　//激活"退出(X)"选项

7.1.4　查询角度

利用下面4种方法查询角度。

☞命令行：在命令行中输入MEASUREGEOM，并按回车键。

☞菜单栏：执行【工具】|【查询】|【角度】命令。

☞工具栏：单击【查询】工具栏中的【角度】按钮 。

☞功能区：在【默认】选项卡中单击【实用工具】中的【角度】按钮 。

【课堂举例7-3】：查询角度

(1)单击【快速访问】工具栏中的【打开】按钮 ，打开"07\课堂举例7-3 查询角度"文件，如图7-5所示。

(2)在【默认】选项卡中单击【实用工具】中的【角度】按钮 ，查询风扇叶片 A、B 间的角度，命令行操作如下所示。

命令：_MEASUREGEOM ↙　　//调用命令

输入选项 [距离(D)/半径(R)/角度(A)/面积(AR)/体积(V)] <距离>：_angle

选择圆弧、圆、直线或 <指定顶点>：　　//选择直线 A

选择第二条直线：　　//选择直线 B

角度＝125°

输入选项 [距离(D)/半径(R)/角度(A)/面积(AR)/体积(V)/退出(X)] <角度>：X　　//激活"退出(X)"选项

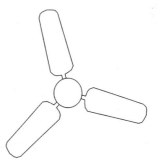

图7-5　查询角度

7.1.5　查询对象列表

使用【LIST】命令，可以查询包括图形、文字、标注等在内的所有 AutoCAD 对象的对象类型和其他特性参数，并可将查询结果输出保存。命令调用方法如下。

☞命令行：在命令行中输入 LIST，并按回车键。

☞菜单栏：执行【工具】|【查询】|【列表】命令。

☞工具栏:单击【查询】工具栏中的【列表】按钮 📋。

【课堂举例7-4】:查询对象列表

(1)单击【快速访问】工具栏中的【打开】按钮 📂,打开"07\课堂举例7-4 查询对象列表"文件,如图7-6所示。

(2)在命令行中输入LIST,并按回车键,根据命令行提示选择图形,系统弹出查询结果窗口,如图7-7所示。

(3)按Enter键继续查看信息,单击【关闭】按钮关闭对话框。

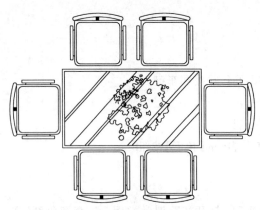

图7-6 查询对象列表

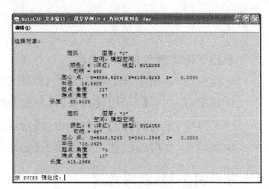

图7-7 查询对象列表

7.1.6 查询距离

使用【DIST】命令可以计算空间中任意两点间的距离和角度,该命令调用方法如下。

☞命令行:在命令行中输入DIST,并按回车键。

☞菜单栏:执行【工具】|【查询】|【距离】命令。

☞工具栏:单击【查询】工具栏中的【距离】按钮 📋。

☞功能区:在【默认】选项卡中单击【实用工具】中的【距离】按钮 📋。

【课堂举例7-5】:查询距离

(1)单击【快速访问】工具栏中的【打开】按钮 📂,打开"07\课堂举例7-5 查询距离.dwg"文件,如图7-8所示。

(2)在【默认】选项卡中单击【实用工具】中的【距离】按钮 📋。查询对角线的距离,命令行操作如下所示。

图7-8 查询距离

命令：_MEASUREGEOM
输入选项［距离(D)/半径(R)/角度(A)/面积(AR)/体积(V)］＜距离＞：_distance
    //调用距离查询命令
指定第一点：   //单击选择矩形的左上角点作为第一点
指定第二个点或［多个点(M)］：   //单击选择矩形的右下角点作为第二点
距离＝972.5642,XY 平面中的倾角＝331,与 XY 平面的夹角＝0
X 增量＝847.5593,Y 增量＝－476.9952,Z 增量＝0.0000   //查询结果
输入选项［距离(D)/半径(R)/角度(A)/面积(AR)/体积(V)/退出(X)］＜距离＞：x
    //激活"退出"选项,结束操作

7.1.7 查询面积

面积查询命令【AREA】可以计算具有封闭边界的图形对象的面积和周长,并可进行相关的代数运算。该命令调用方法如下。

☞命令行：在命令行中输入 AREA,并按回车键。
☞菜单栏：执行【工具】|【查询】|【面积】命令。
☞工具栏：单击【查询】工具栏中的【面积】按钮。
☞功能区：在【默认】选项卡中单击【实用工具】中的【面积】按钮。

【课堂举例7-6】:查询面积

(1)单击【快速访问】工具栏中的【新建】按钮，新建空白文件。

(2)在【默认】选项卡中单击【绘图】面板中的【矩形】按钮，在绘图区空白处绘制任意矩形,如图 7-9 所示。

(3)在【默认】选项卡中单击【实用工具】中的【面积】按钮，查询矩形面积,命令行操作如下所示。

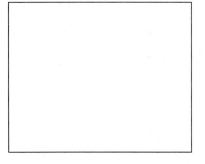

图 7-9 绘制矩形

命令：_MEASUREGEOM   //调用命令
输入选项［距离(D)/半径(R)/角度(A)/面积(AR)/体积(V)］＜距离＞：_area
指定第一个角点或［对象(O)/增加面积(A)/减少面积(S)/退出(X)］＜对象(O)＞：
    //依次单击矩形的四个角点
指定下一个点或［圆弧(A)/长度(L)/放弃(U)］：
指定下一个点或［圆弧(A)/长度(L)/放弃(U)］：
指定下一个点或［圆弧(A)/长度(L)/放弃(U)/总计(T)］＜总计＞：
区域＝749911.2548,周长＝3490.6248   //查询结果
输入选项［距离(D)/半径(R)/角度(A)/面积(AR)/体积(V)/退出(X)］＜面积＞：X
    //激活"退出(X)"选项

7.1.8　查询质量特征

利用下面 3 种方法查询面域、质量特征。

☞命令行：在命令行中输入 MASSPROP，并按回车键。

☞菜单栏：执行【工具】|【查询】|【面域\质量特征】命令。

☞工具栏：单击【查询】工具栏中的【面域\质量特征】按钮。

调用命令后，根据命令行提示选择对象，系统弹出对话框，如图 7-10 所示。根据提示可以导入分析结果至文件中。

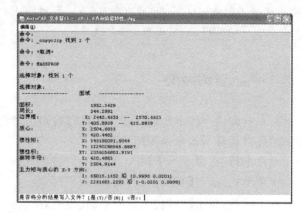

图 7-10　查询质量特征

7.1.9　查询体积

利用下面 4 种方法查询体积。

☞命令行：在命令行中输入 MEASUREGEOM，并按回车键。

☞菜单栏：执行【工具】|【查询】|【体积】命令。

☞工具栏：单击【查询】工具栏中的【体积】按钮。

☞功能区：在【默认】选项卡中单击【实用工具】中的【体积】按钮。

【课堂举例 7-7】：查询体积

（1）单击【快速访问】工具栏中的【打开】按钮，打开"07\课堂举例 7-7 查询体积. dwg"文件，如图 7-11 所示。

（2）在【默认】选项卡中单击【实用工具】中的【体积】按钮，沿着字母顺序查询一半长方体的体积，命令行操作如下所示。

```
命令：_ MEASUREGEOM ↙    //调用命令
输入选项 [距离(D)/半径(R)/角度(A)/面积(AR)/体积(V)]＜距离＞：_ volume
指定第一个角点或 [对象(O)/增加体积(A)/减去体积(S)/退出(X)]＜对象(O)＞：
      //沿着 A、B、C 字母顺序指定边界
指定下一个点或 [圆弧(A)/长度(L)/放弃(U)]：
指定下一个点或 [圆弧(A)/长度(L)/放弃(U)]：
指定下一个点或 [圆弧(A)/长度(L)/放弃(U)/总计(T)]＜总计＞：↙    //按 En-
   ter 键确定边界
指定高度：   //捕捉 D 点
体积 = 1104.0251
输入选项[距离(D)/半径(R)/角度(A)/面积(AR)/体积(V)/退出(X)]＜体积＞：X
   ↙   //激活"退出(X)"选项
```

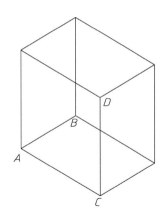

图 7-11　查询体积

7.2　辅助功能

AutoCAD 提供了一系列其他辅助功能,如计算器、重命名、修复、核查等。

7.2.1　计算器

使用计算器可以执行数字、科学、几何计算,操作对象的特性和计算表达方式等。

下面介绍 4 种调出【快速计算器】的方法。

☞命令行:在命令行中输入 QUICKCALC,并按回车键。

☞菜单栏:执行【工具】|【选项板】|【快速计算器】命令。

☞功能区:在【默认】选项卡中单击【实用工具】中的【快速计算器】按钮。

☞右键快捷菜单:单击鼠标右键,在快捷菜单中选择【快速计算器】选项。

执行命令之后,系统弹出【快速计算器】选项板,如图 7-12 所示。单击【更多】按钮,可以展开更多选项面板,如图 7-13 所示。

7.2.2　重命名

通过【重命名】命令可以对视图、视口、线型、块等重新命名。

下面介绍 2 种调用【重命名】命令的方法。

☞命令行:在命令行中输入 RENAME,并按回车键。

☞菜单栏:执行【格式】|【重命名】命令。

【课堂举例 7-8】:重命名图层

(1)单击【快速访问】工具栏中的【新建】按钮,新建空白文件。

(2)在【默认】选项卡中单击【图层】面板中的【图层特性】按钮。系统弹出【图层特性管理器】选项板,新建 3 个图层,如图 7-14 所示。

图7-12 【快速计算器】选项板1

图7-13 【快速计算器】选项板2

(3)在命令行中输入【RENAME】命令,系统弹出【重命名】对话框。选择【命名对象】为【图层】,并重命名【图层1】图层为【粗实线】图层,如图7-15所示。

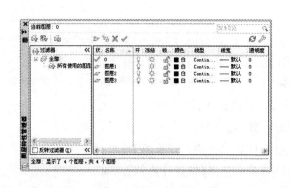

图7-14 【图层特性管理器】选项板

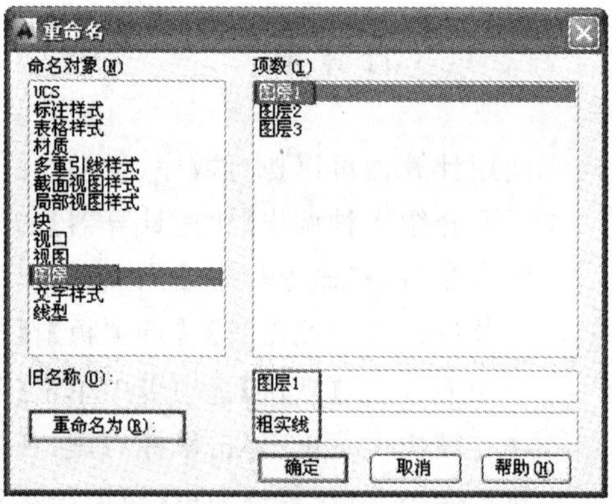

图7-15 【重命名】对话框

(4)单击【重命名】按钮,图层名被更新为粗实线。按照同样的方式依次更改图层为中心线、标注,如图7-16所示。

(5)再次在【默认】选项卡中单击【图层】面板中的【图层特性】按钮。系统弹出【图层特性管理器】选项板,即可看出图层被更改,如图7-17所示。

7.2.3 核查

【核查】命令可以检查图形的完整性并更正某些错误。

下面介绍2种调用【核查】命令的方法。

☞ 命令行:在命令行中输入AUDIT,并按回车键。

☞ 菜单栏:执行【文件】|【图形实用工具】|【核查】命令。

在命令行中输入【AUDIT】命令,根据命令行提示输入"Y",系统自动核查文件并修

图 7-16 【重命名】对话框

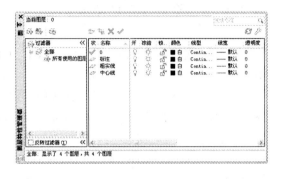

图 7-17 查看图层重命名结果

复文件。

7.2.4 修复

文件被损坏之后可以用【修复】命令对文件进行修复。

下面介绍 2 种调出【修复】命令的方法。

☞命令行：在命令行中输入 RECOVER，并按回车键。

☞菜单栏：执行【文件】|【图形实用工具】|【修复】命令。

在命令行中输入【RECOVER】命令，系统弹出【选择文件】对话框，选择需要修复的文件。单击【打开】按钮，从系统弹出的对话框中可以看到被修复的信息，如图 7-18 所示。

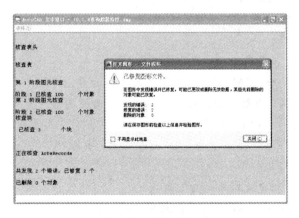

图 7-18 修复信息

7.3 综合实例

本节通过具体的实例，练习各类尺寸和参数的查询，使读者熟练使用查询工具，计算面积、体积等。

7.3.1　查询足球场参数

（1）单击【快速访问】工具栏中的【打开】按钮 📂，打开"07\7.3.1 查询足球场参数.dwg"素材文件，如图 7-19 所示。

（2）在命令行中输入 TIME，并按回车键，系统弹出【AutoCAD 文本窗口】对话框，如图 7-20 所示。在对话框中显示了当前时间、创建时间及修改时间等各种信息。

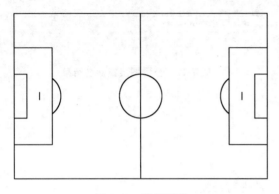

图 7-19　素材图形

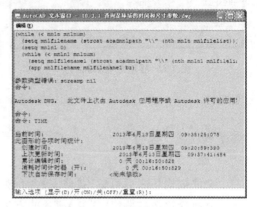

图 7-20　【AutoCAD 文本窗口】对话框

（3）在【默认】选项卡中单击【实用工具】中的【距离】按钮 📏，测量足球场的长度和宽度，命令行提示如下所示。

命令：_ MEASUREGEOM
输入选项［距离(D)/半径(R)/角度(A)/面积(AR)/体积(V)］＜距离＞：_ distance
　　//调用距离命令
指定第一点：　　//指定足球场的左上角点
指定第二个点或［多个点(M)］：　　//指定足球场的右上角点
距离＝5486.4000，XY 平面中的倾角＝0，与 XY 平面的夹角＝0
X 增量＝5486.4000，Y 增量＝0.0000，Z 增量＝0.0000　　//足球场长度参数
输入选项［距离(D)/半径(R)/角度(A)/面积(AR)/体积(V)/退出(X)］＜距离＞：
　　//按回车键继续操作
指定第一点：　　//指定足球场的右上角点
指定第二个点或［多个点(M)］：　　//指定足球场的右下角点
距离＝3429.0000，XY 平面中的倾角＝270，与 XY 平面的夹角＝0
X 增量＝0.0000，Y 增量＝－3429.0000，Z 增量＝0.0000　　//足球场的宽度参数
输入选项［距离(D)/半径(R)/角度(A)/面积(AR)/体积(V)/退出(X)］＜距离＞：X
　　//激活"退出"选项，完成长度和宽度的查询

7.3.2 查询室内平面图数据

（1）单击【快速访问】工具栏中的【打开】按钮，打开"07\7.3.2 查询室内平面图数据.dwg"文件，如图 7-21 所示。

（2）测量客厅长度和宽度。在【默认】选项卡中单击【实用工具】中的【距离】按钮，分别拾取点 1 和点 2，测得客厅长度为 8 m，拾取点 2 和点 3，测得客厅宽度为 6.2 m，如图 7-22 所示。

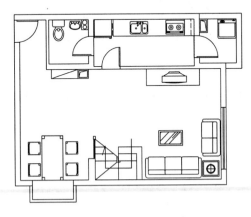

图 7-21　打开平面图

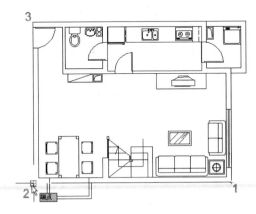

图 7-22　测量长度

（3）测量主厅面积。在【默认】选项卡中单击【实用工具】中的【面积】按钮，分别拾取客厅、餐厅与阳台的角点，进行面积测量，可得到面积为 33 m² ，周长为 28 m。

（4）重复上述操作，分别测量厨房、卫生间与阳台面积。

（5）输入面积。在命令行中输入 DT，并按回车键，调用【单行文字】命令，根据命令行的提示，分别在卧室、客厅、厨房、卫生间标注各空间面积，结果如图 7-23 所示。

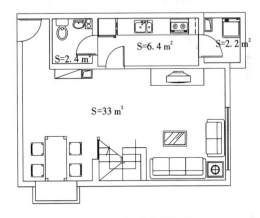

图 7-23　标注空间面积

7.3.3 查询面积

（1）单击【快速访问】工具栏中的【打开】按钮，打开"7.3.3 查询面积.dwg"素材文件，如图 7-24 所示。

（2）在【默认】选项卡中单击【实用工具】中的【面积】按钮。根据命令行提示测量左侧卫生间加右侧阳台面积之和，命令行操作如下所示。

命令：_MEASUREGEOM↙　　　//调用【查询】命令

输入选项 [距离(D)/半径(R)/角度(A)/面积(AR)/体积(V)] <距离>：_ area

指定第一个角点或 [对象(O)/增加面积(A)/减少面积(S)/退出(X)] <对象(O)>：

　A↙　　//激活"增加面积(A)"选项

指定第一个角点或 [对象(O)/减少面积(S)/退出(X)]：　　//指定实用面积的各个点

("加"模式)指定下一个点或 [圆弧(A)/长度(L)/放弃(U)]：

("加"模式)指定下一个点或 [圆弧(A)/长度(L)/放弃(U)]：

("加"模式)指定下一个点或 [圆弧(A)/长度(L)/放弃(U)/总计(T)] <总计>：

("加"模式)指定下一个点或 [圆弧(A)/长度(L)/放弃(U)/总计(T)] <总计>：↙

　　//按回车键完成

区域=3649400.0000,周长=7980.0000

总面积=3649400.0000

指定第一个角点或 [对象(O)/减少面积(S)/退出(X)]：　　//指定阳台实用面积的各

　个点

("加"模式)指定下一个点或 [圆弧(A)/长度(L)/放弃(U)]：

("加"模式)指定下一个点或 [圆弧(A)/长度(L)/放弃(U)]：

("加"模式)指定下一个点或 [圆弧(A)/长度(L)/放弃(U)/总计(T)] <总计>：

("加"模式)指定下一个点或 [圆弧(A)/长度(L)/放弃(U)/总计(T)] <总计>：T↙

　　//激活"总计(T)"选项

区域=1072185.0720,周长=4569.0457

总面积=4721585.0720

指定第一个角点或 [对象(O)/减少面积(S)/退出(X)]：↙　　//激活"退出(X)"选项

总面积=4721585.0720

输入选项 [距离(D)/半径(R)/角度(A)/面积(AR)/体积(V)/退出(X)] <面积>：X

↙　　//激活"退出(X)"选项

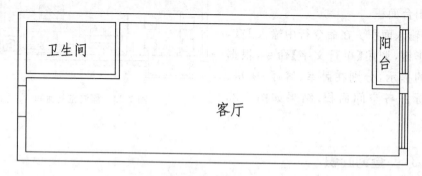

图 7-24　素材图形

(3)再次调用查询面积命令,查询客厅面积,命令行操作如下所示。

命令：_MEASUREGEOM↙　　　//调用【查询】命令

输入选项 [距离(D)/半径(R)/角度(A)/面积(AR)/体积(V)]<距离>：_area

指定第一个角点或 [对象(O)/增加面积(A)/减少面积(S)/退出(X)]<对象(O)>：
　　A↙　　//激活"增加面积(A)"选项

指定第一个角点或 [对象(O)/减少面积(S)/退出(X)]：　　//捕捉整个内部矩形全部
　　面积

("加"模式)指定下一个点或 [圆弧(A)/长度(L)/放弃(U)]：

("加"模式)指定下一个点或 [圆弧(A)/长度(L)/放弃(U)]：

("加"模式)指定下一个点或 [圆弧(A)/长度(L)/放弃(U)/总计(T)]<总计>：

("加"模式)指定下一个点或 [圆弧(A)/长度(L)/放弃(U)/总计(T)]<总计>：↙
　　//按回车键完成面积查询

区域=37949600.0000,周长=28440.0000

总面积=37949600.0000

指定第一个角点或 [对象(O)/减少面积(S)/退出(X)]：S↙　　//激活"减少面积
　　(S)"选项

指定第一个角点或 [对象(O)/增加面积(A)/退出(X)]：　　//沿着卫生间加墙体面积
　　查询

("减"模式)指定下一个点或 [圆弧(A)/长度(L)/放弃(U)]：

("减"模式)指定下一个点或 [圆弧(A)/长度(L)/放弃(U)]：

("减"模式)指定下一个点或 [圆弧(A)/长度(L)/放弃(U)/总计(T)]<总计>：

("减"模式)指定下一个点或 [圆弧(A)/长度(L)/放弃(U)/总计(T)]<总计>：↙
　　//按回车键完成面积查询

区域=3649400.0000,周长=7980.0000

总面积=34300200.0000

指定第一个角点或 [对象(O)/增加面积(A)/退出(X)]：　　//沿着阳台加墙体面积查
　　询

("减"模式)指定下一个点或 [圆弧(A)/长度(L)/放弃(U)]：

("减"模式)指定下一个点或 [圆弧(A)/长度(L)/放弃(U)]：

("减"模式)指定下一个点或 [圆弧(A)/长度(L)/放弃(U)/总计(T)]<总计>：

("减"模式)指定下一个点或 [圆弧(A)/长度(L)/放弃(U)/总计(T)]<总计>：↙
　　//按回车键完成面积查询

区域=1355436.0938,周长=5035.4903

总面积=32944763.9062

指定第一个角点或 [对象(O)/增加面积(A)/退出(X)]：X↙　　//激活"退出(X)"选项

总面积=32944763.9062

输入选项 [距离(D)/半径(R)/角度(A)/面积(AR)/体积(V)/退出(X)]<面积>：X
↙　　//激活"退出(X)"选项

第8章

使用图层管理图形

图层是 AutoCAD 提供给用户的组织图形的强有力工具。利用图层的特性,如颜色、线型、线宽等,可以非常方便地区分不同的对象。此外,AutoCAD 还提供了大量的图层管理功能(打开/关闭、冻结/解冻、加锁/解锁等),这些功能使用户在组织图层时非常方便。尤其是在绘制较大的图形时,合理地使用图层能避免出错的概率同时提高绘图效率。

8.1　创建及设置图层

AutoCAD 图层相当于传统图纸绘图中使用的重叠图纸。它就如同一张张透明的图纸,整个 AutoCAD 文档就是由若干透明图纸上下叠加的结果。用户可以根据不同的特征、类别或用途,将图形对象分类组织到不同的图层中。同一个图层中的图形对象具有许多相同的外观属性,如线型、颜色、线宽和透明度等。

下面介绍 4 种创建图层的方法。

☞命令行:在命令行中输入 LAYER/LA,并按回车键。

☞菜单栏:执行【格式】|【图层】命令。

☞工具栏:单击【图层】工具栏中的【图层特性管理器】按钮 圖。

☞功能区:在【默认】选项卡中单击【图层】面板中的【图层管理器】按钮 圖。

新建图层之后,就需要针对每个图层所设定的含义而设置【线型】、【颜色】、【线宽】等。

注意:图层名称不能包含通配符("＊"和"?")和空格,也不能与其他图层重名。

【课堂举例 8-1】:新建图层并设置图层

(1)单击【快速访问】工具栏中的【新建】按钮 ▢,新建空白文件。

(2)在【默认】选项卡中单击【图层】面板中的【图层管理器】按钮 圖。系统弹出【图层特性管理器】选项板,单击【新建】按钮 ,新建图层,如图 8-1 所示。

(3)双击"图层 1"的【名称】属性项,更改名称为"中心线",如图 8-2 所示。

(4)单击【颜色】属性项,弹出【选择颜色】对话框,选择【索引颜色:1】,如图 8-3 所示。

(5)单击【确定】按钮,返回【图层特性管理器】选项板,如图 8-4 所示。

(6)单击【线型】属性项,弹出【选择线型】对话框。单击【加载】按钮,在弹出的【加载或重载线型】对话框中选择"CENTER"线型,如图 8-5 所示。

(7)单击【确定】按钮返回【选择线型】对话框,选择"CENTER"线型之后,单击【确定】按钮,如图 8-6 所示。

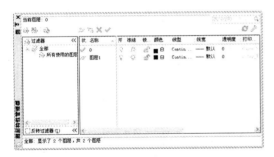

图 8-1　【图层特性管理器】选项板 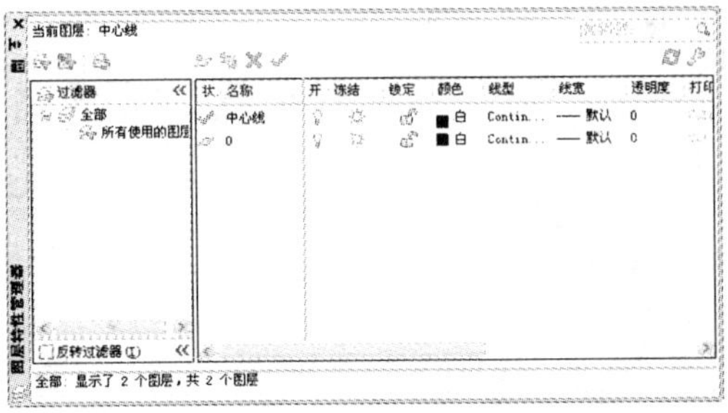　　　　　　　图 8-2　重命名图层

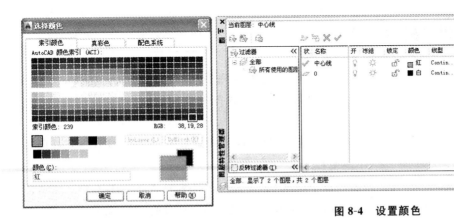

图 8-3　【选择颜色】对话框

图 8-4　设置颜色

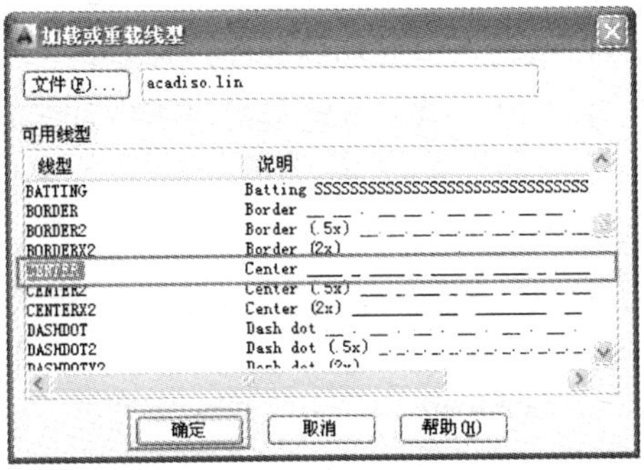

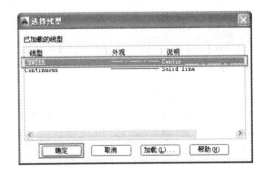

图 8-5　【加载或重载线型】对话框

图 8-6　【选择线型】对话框

（8）单击【确定】按钮，返回【图层特性管理器】选项板查看效果，如图 8-7 所示。

（9）按照同样的方法，新建"剖面线"图层，设置"颜色"为"索引颜色：9"；新建"粗实线"图层，设置"线宽"为"0.30 毫米"，其余参数默认，最终效果如图 8-8 所示。

技巧：若先选择一个图层再新建另一个图层，则新图层与被选择的图层具有相同的颜色、线型、线宽等设置。

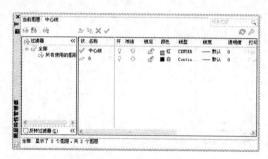

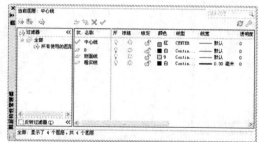

图 8-7　设置线型结果　　　　　　　　　图 8-8　新建并设置其他图层

8.2 控制图层状态

图层状态是用户对图层整体特性的开、关设置，包括隐藏或显示、冻结或解冻、锁定或解锁、打印或不打印等，用户可以根据绘图的需要控制各图层的相应状态。

AutoCAD 2014 各图层状态功能如下所示。

☞打开与关闭：单击【开/关图层】图标♀，打开或关闭某图层。打开的图层可见，可被打印。关闭的图层为不可见，不能被打印。

☞冻结与解冻：单击【在所有视口中冻结/解冻】图标☼，冻结或解冻某图层。冻结长期不需要显示的图层，可以提高系统运行速度，减少图形刷新时间。与关闭图层一样，冻结图层不能被打印。

☞锁定与解锁：单击【锁定/解锁图层】图标🔓，锁定或解锁某图层。被锁定的图层不能被编辑、选择和删除，但该图层仍然可见，而且可以在该图层上添加新的图形对象。

☞打印与不打印：单击【打印】图标🖨，设置图层是否被打印。指定某图层不被打印，该图层上的图形对象仍然可见。

注意：图层的不打印设置只针对打开且没有被冻结的图层。

通过【图层控制】下拉列表以及【图层特性管理器】可以控制图层状态。如图 8-9 所示中，通过隐藏【轴线】图层，以达到简化图形显示的目的。

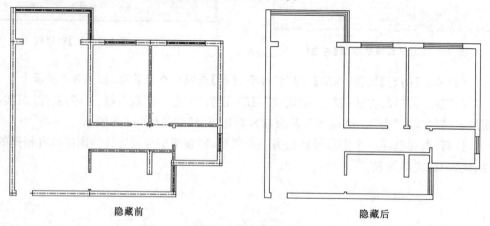

隐藏前　　　　　　　　　　　　　隐藏后

图 8-9　隐藏图层

8.3 图层基本操作

通过【图层特性管理器】对话框、【图层控制】下拉列表以及【图层】面板上各种功能按钮能有效且快捷地控制和使用图层。

8.3.1 设置当前图层

当前层是当前工作状态下所处的图层。当设定某一图层为当前层后,接下来所绘制的全部图形对象都将位于该图层中。如果以后想在其他图层中绘图,就需要更改当前层的设置。

在【图层特性管理器】选项板中在某图层的"状态"属性上双击,或在选定某图层后单击上方的【置为当前】按钮 ✔,可以设置该层为当前层。在【状态】列上,当前层显示"√"符号。

当前层也会显示在【图层】工具栏中,在下拉列表框中选择某图层,可以将该图层设为当前层。

【课堂举例 8-2】:设置当前图层

(1)单击【快速访问】工具栏中的【打开】按钮 📂,打开"08\课堂举例 8-2 设置当前图层.dwg"文件。

(2)在【默认】选项卡中单击【绘图】面板中的【圆】按钮 ⊙,任意绘制一个圆,如图 8-10 所示。

(3)选择【图层】面板中的【图层控制】下拉列表中的"粗实线"图层,如图 8-11 所示。

(4)再次在【默认】选项卡中单击【绘图】面板中的【圆】按钮 ⊙,任意绘制一个圆,如图 8-12 所示,至此可以看出图层被切换。

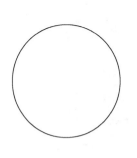
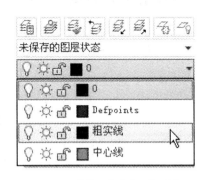
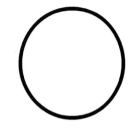

图 8-10　绘制圆　　　　图 8-11　【图层控制】下拉列表　　　　图 8-12　切换图层绘制圆

8.3.2 切换图形所在图层

转换图形图层,是指将一个图层中的图形转移到另一个图层。首先选择需要转换图层的图形,然后单击【图层】工具栏中的下拉列表,在其中选择要转换的图层即可。

此外,通过【快捷特性】选项板也能快速切换图形所在图层。选择需要切换图层的图形,系统自动弹出【快捷特性】选项板,选择【图层】下拉列表中所需的图层,即可切换图形所在图层,如图 8-13 所示。

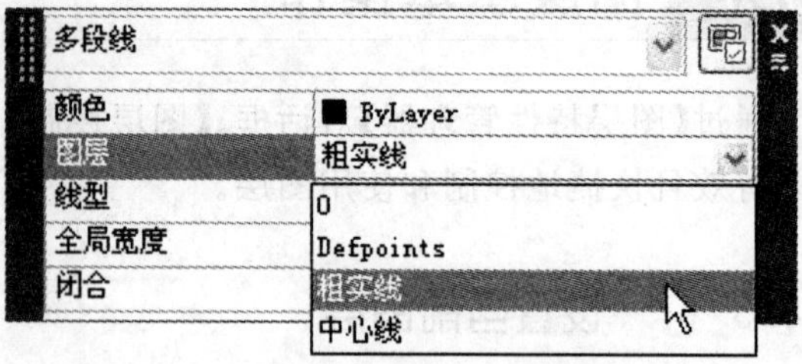

图 8-13 切换【粗实线】图层

【课堂举例 8-3】:切换图层

(1)单击【快速访问】工具栏中的【打开】按钮 ⤴,打开"08\课堂举例 8-3 切换图层.dwg"文件,如图 8-14 所示。

(2)用鼠标拾取微波炉外侧轮廓线之后,选择【图层控制】下拉列表中的"粗实线"图层,将轮廓线图层转换为【粗实线】,并继承该图层所有图层特性,效果如图 8-15 所示。

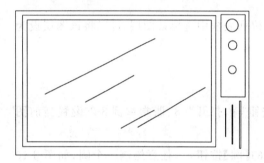

图 8-14 素材图形

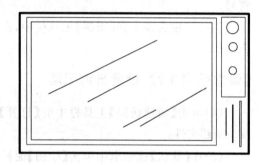

图 8-15 切换图层效果

技巧:通过【特性】选项板也可以切换图形所在图层。选择图形之后,在命令行中输入【PR】命令,系统弹出【特性】选项板。在【图层】下拉列表中选择所需图层即可,如图 8-16 所示。

图 8-16 【特性】选项板

8.4 设置图层特性

图层特性是属于该图层的图形对象所共有的外观特性,包括层名、颜色、线型、线宽和打印样式等。设置图层特性时,在【图层特性管理器】中选中某图层,然后双击需要设置的特性项进行设置。

8.4.1 设置图层颜色

使用颜色可以非常方便地区分各图层上的对象,利用【图形特性管理器】和【图层控制】下拉列表,可以轻松修改图层的颜色。

【课堂举例8-4】:修改图层颜色

(1)单击【快速访问】工具栏中的【打开】按钮📂,打开"08\课堂举例8-4 修改图层颜色.dwg"文件,如图8-17所示。

(2)在【默认】选项卡中单击【图层】面板中的【图层特性】按钮,系统弹出【图形特性管理器】对话框,单击【填充】图层中的【颜

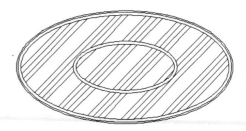

图8-17 素材图形

色】属性项,弹出【选择颜色】对话框,选择【索引颜色:蓝】,如图8-18所示。

(3)单击【确定】按钮,返回【图层特性管理器】对话框,即可看到【颜色】属性项已被更改,如图8-19所示。

图8-18 【选择颜色】对话框

图8-19 【图层特性管理器】对话框

(4)关闭对话框,剖面线颜色已经被修改,效果如图8-20所示。

AutoCAD系统默认图层所有图形具有统一的颜色、线型等外观,但在一些特殊情况下,某些图层中的图形需要不同的外观属性,此时可通过【特性】选项板、【快捷特性】选项板及【对象颜色】下拉列表进行设置。

【课堂举例 8-5】：修改图形对象颜色

（1）单击【快速访问】工具栏中的【打开】按钮 ，打开"08\课堂举例 8-5 修改图形对象颜色.dwg"文件，如图 8-21 所示。

（2）选择图形中的植物图形，单击【默认】选项卡【特性】面板【对象颜色】下拉列表中的【索引颜色：绿】选项，如图 8-22 所示。

（3）对象颜色即被修改，效果如图 8-23 所示。

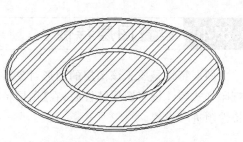

图 8-20　修改图层颜色效果

图 8-21　素材图形

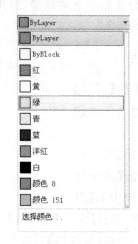

图 8-22　选择颜色

图 8-23　效果图

8.4.2　设置图层线宽

与修改颜色一样，可针对两种情况进行修改，即单一对象与图层。

1. 修改图层线宽

修改图层线宽只能通过【图层特性管理器】进行，如图 8-24 所示为修改前后效果对比。

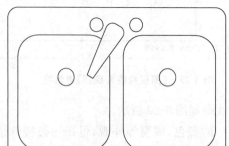

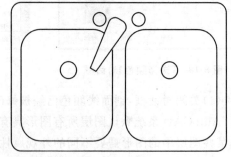

图 8-24　修改线宽效果对比

2. 修改对象线宽

修改对象线宽,一般可通过【特性】选项板和【线宽】下拉列表进行。

【课堂举例 8-6】:修改对象线宽

(1)单击【快速访问】工具栏中的【打开】按钮 ，打开"08\课堂举例 8-6 修改对象线宽.dwg"文件,如图 8-25 所示。

(2)框选整个洗手池图形,在【默认】选项卡中单击展开【特性】面板的【线宽】下拉列表,选择【0.30 毫米】选项,如图 8-26 所示。

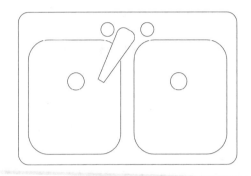

图 8-25 选择对象

图 8-26 修改线宽

(3)选择完之后,单击打开状态栏中的【线宽显示】按钮 ，即可看出图形对象的线宽被修改,如图 8-27 所示。

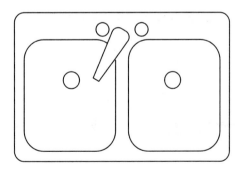

图 8-27 修改线宽效果图

8.4.3 设置图层线型

修改线型也可以针对图层修改与单一对象修改。

【课堂举例 8-7】:修改图层线型

(1)单击【快速访问】工具栏中的【打开】按钮 📂,打开"08\课堂举例 8-7 修改图层线型.dwg"文件,如图 8-28 所示。

(2)在【默认】选项卡中单击【图层】面板中的【图层特性】按钮 🗂,系统弹出【图形特性管理器】选项板,单击"中心线"图层中的【线型】属性项,弹出【选择线型】对话框。

(3)单击【加载】按钮,弹出【加载或重载线型】对话框,选择"CENTER"线型,如图 8-29 所示。

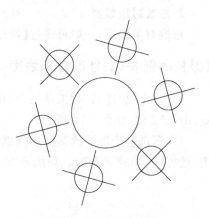

图 8-28　素材图形

(4)单击【确定】按钮,返回【选择线型】对话框,选择"CENTER"线型,如图 8-30 所示。

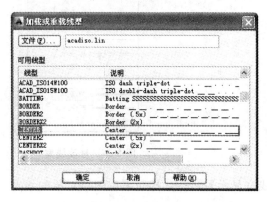

图 8-29　选择线型

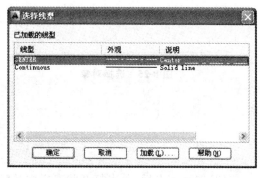

图 8-30　选择"CENTER"线型

(5)单击【确定】按钮,返回【图层特性管理器】对话框,即可看出【线型】属性项被修改,如图 8-31 所示。

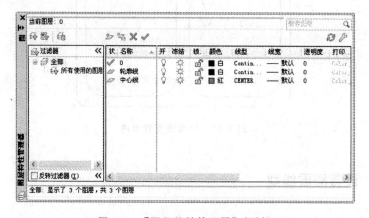

图 8-31　【图层特性管理器】对话框

(6)关闭对话框,效果如图 8-32 所示。

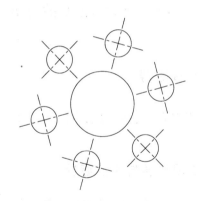

图 8-32　修改线型效果

8.5　管理图层

使用图层管理图形,为图形的标准和规范化提供了便利。本节介绍图层管理的常用操作,包括删除不必要的图层、排序图层、显示所需的图层、重命名图层等。

8.5.1　搜索及排序图层

1. 排序图层

图层的排序可以在【图层特性管理器】中进行,单击列表框顶部的标题,即可根据图层的打开状态、颜色、名称、线型等进行排序。

2. 使用名称搜索图层

像建筑工程这类大型图纸,包含非常多的图层,逐一找寻某个图层是非常费时费工的事情。使用【图层特性管理器】中的【搜索图层】功能,可以快速找到需要的图层。

在【默认】选项卡中单击【图层】面板中的【图层特性】按钮 ,系统弹出【图形特性管理器】选项板。在右上角的【搜索图层】文本框中输入搜索关键字,系统将自动搜索相关图层,如图 8-33 所示。

图 8-33　搜索【文字】图层

技巧:搜索名称中可含"*"和"?"。"*"可以表示任意数目字符,而"?"可以替代任意一个字符。

8.5.2 使用图层特性过滤器

图层特性过滤器可以根据名称、线型、颜色、打开与关闭、冻结与解冻等状态来搜索图层。

【课堂举例 8-8】:创建及使用图层特性过滤器

(1)单击【快速访问】工具栏中的【打开】按钮，打开"08\课堂举例 8-8 创建及使用图层特性过滤器.dwg"文件。

(2)在【默认】选项卡中单击【图层】面板中的【图层特性】按钮，系统弹出【图层特性管理器】选项板,如图 8-34 所示。

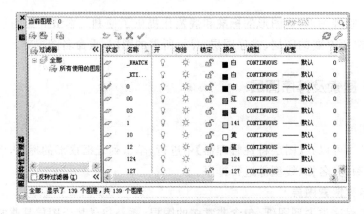

图 8-34 【图层特性管理器】选项板

(3)单击【图层特性管理器】左上角的【新建特性过滤器】按钮，系统弹出【图层过滤器特性】对话框,如图 8-35 所示。

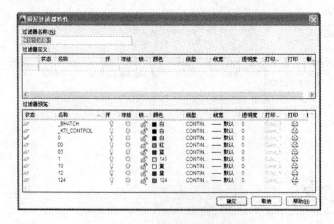

图 8-35 【图层过滤器特性】对话框

（4）更改【过滤器名称】为【名称和颜色过滤器】，在【名称】属性项中输入【BL】，设置【颜色】属性项为【白（索引颜色：7）】，如图 8-36 所示，在【过滤器预览】中可以看到过滤出的图层。

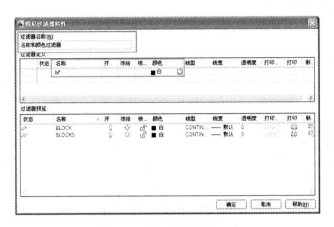

图 8-36 创建并设置过滤器

（5）单击【确定】按钮，返回【图层特性管理器】对话框，即可看到新建的过滤器与过滤之后的图层，如图 8-37 所示。

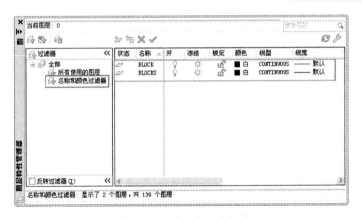

图 8-37 过滤效果

8.5.3 使用图层组过滤器

使用图层组过滤器将常用的图层定义为图层组，可以方便找寻图层。

【课堂举例 8-9】：创建并设置图层组过滤器

（1）单击【快速访问】工具栏中的【打开】按钮，打开"08\课堂举例 8-9 创建并设置图层组过滤器.dwg"文件。

（2）在【默认】选项卡中单击【图层】面板中的【图层特性】按钮，系统弹出【图层特性管理器】对话框，如图 8-34 所示。

(3)单击【图层特性管理器】对话框左上角的【新建组过滤器】按钮🖼,系统自动建立一个【组过滤器1】,更改【组过滤器1】为【图层组】,如图8-38所示。

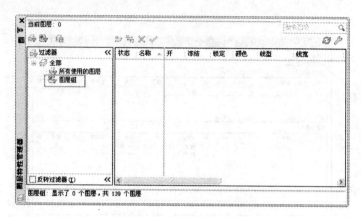

图8-38 新建图层组过滤器

(4)在树状图中,单击节点【全部】,显示图层中所有的图层。

(5)在列表框中,按住Ctrl键同时选中【03】、【1】、【10】图层,拖至【图层组】。此时,【图层组】的列表框中列出【03】、【1】、【10】图层,如图8-39所示。

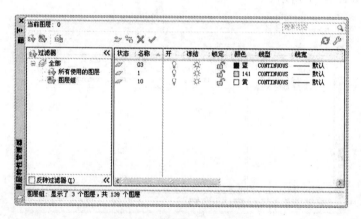

图8-39 设置图层组过滤器

技巧:如果想删除图层组,只需选中图层组然后单击鼠标右键,在弹出的快捷菜单中选择【删除】选项即可。

8.5.4 保存及恢复图层设置

图层设置包括图层特性以及状态,用户可以将当前图层设置命名保存起来,在需要用到的时候快速导入。

【课堂举例8-10】:保存及恢复图层设置

(1)单击【快速访问】工具栏中的【打开】按钮📂,打开"08\课堂举例8-10 保存及恢复图层设置.dwg"文件。

（2）在【默认】选项卡中单击【图层】中的【图层特性】按钮 ，系统弹出【图层特性管理器】对话框，如图 8-40 所示。

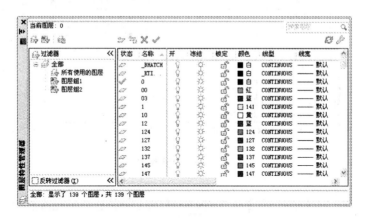

图 8-40 【图层特性管理器】对话框

（3）选择树状图中的【图层组 1】，更改所有【颜色】属性项的颜色为【索引颜色：7】，如图 8-41 所示。

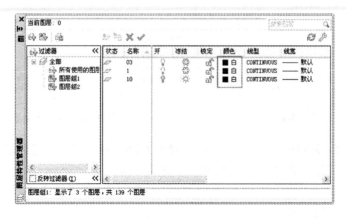

图 8-41 设置颜色

（4）选择树状图中的【图层组 1】，更改所有【线型】属性项的线型为【CENTER】，如图 8-42 所示。

（5）单击【图层特性管理器】对话框左上角的【图层状态管理器】按钮 ，系统弹出【图层状态管理器】对话框，单击【新建】按钮，新建【颜色与线型图层组】，如图 8-43 所示。

（6）单击【保存】按钮之后单击【关闭】按钮，关闭【图层状态管理器】对话框。

（7）返回【图层特性管理器】对话框，任意更改【图层组 1】中的颜色和更改【图层组 2】中的线型。

（8）单击【图层特性管理器】对话框左上角的【图层状态管理器】按钮 ，系统弹出【图层状态管理器】对话框，单击右下角的【更多恢复选项】按钮 ，勾选【颜色】、【线型】选项，如图 8-44 所示。

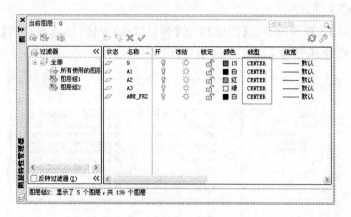

图 8-42　设置线型

图 8-43　【图层状态管理器】对话框

图 8-44　设置恢复选项

（9）单击【恢复】按钮，然后关闭对话框，即可在【图层特性管理器】对话框中看出【图层组 1】中的颜色和【图层组 2】中的线型恢复至修改之前。

8.5.5　删除图层

不需要的图层应及时将其删除，以简化图形文件。在【图层特性管理器】选项板中选择图层，然后单击【删除图层】按钮 ✗，即可删除选择的图层。

但 AutoCAD 规定以下 5 类图层不能被删除。

☞0 层。

☞Defpoints 图层。

☞当前层。要删除当前层，可以先改变当前层到其他图层。

☞插入了外部参照的图层。要删除该层，必须先删除外部参照。

☞包含了可见图形对象的图层。要删除该层，必须先删除该图层中所有的图形对象。

8.5.6 重新命名图层

在【图层特性管理器】对话框中选择需要重命名的图层,双击其【名称】属性项,在显示的文本框中输入新的名称即可。还有一种方法就是选中图层之后单击鼠标右键,在弹出的快捷菜单中选择【重命名图层】选项。

8.6 修改非连续线型外观

非连续线型是由短横线、空格、点等构成的重复图案,图案中的短线长度、空格大小是由线型比例来控制的。有时会因为设置比例过大或过小,导致看起来非连续线型与连续线型一样,此时需要重新设置线型比例。

8.6.1 改变全局线型比例因子

LTSCALE 变量用于控制线型的全局比例因子,它影响图形中所有非连续线型的外观。LTSCALE 比例因子越小,非连续线型越密。LTSCALE 比例因子越大,非连续线型越疏。

【课堂举例 8-11】:修改线型全局比例因子

(1)单击【快速访问】工具栏中的【打开】按钮，打开"08\课堂举例 8-11 修改线型全局比例因子.dwg"文件,如图 8-45 所示。

(2)在【默认】选项卡中单击【特性】面板的【线型】下拉列表中的【其他】选项,如图 8-46 所示。

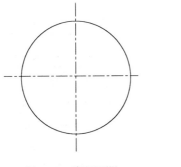

图 8-45 素材图形

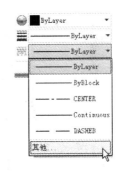

图 8-46 【线型】下拉列表

(3)系统弹出【线型管理器】对话框,设置【全局比例因子】为 2,如图 8-47 所示。

(4)单击【确定】按钮,图形中的所有非连续线型被修改,效果如图 8-48 所示。

图 8-47 【线型管理器】对话框

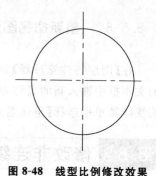

图 8-48 线型比例修改效果

8.7 综合实例

本节通过列举实例,使读者对图形有更深刻的认识,对图形绘制和室内、建筑等的实际操作有很大的帮助。

8.7.1 切换图层并修改全局比例因子

(1)单击【快速访问】工具栏中的【打开】按钮，打开"8.7.1 切换图层并修改全局比例因子.dwg"素材文件,如图 8-49 所示。

(2)在【默认】选项卡中单击【特性】面板的【线型】下拉列表中的【其他】选项,如图 8-50 所示。

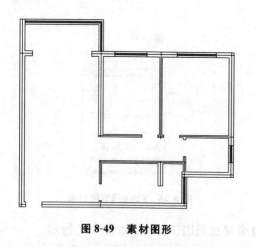

图 8-49 素材图形

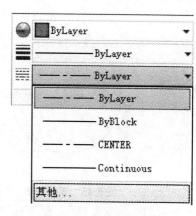

图 8-50 【线型】下拉菜单

(3)系统弹出【线型管理器】对话框,在【全局比例因子】输入框中输入比例值为 10,如图 8-51 所示。

(4)单击对话框中的【确定】按钮,完成全局比例因子的设置,如图 8-52 所示。

图8-51 【线型管理器】对话框

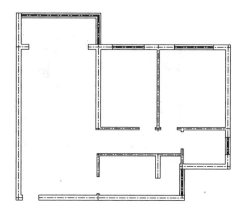

图8-52 效果图

(5)再依次选择其中的窗户图形,在【图层控制】下拉列表中选择【窗】图层,将窗户图形的图层转换至【窗】图层,如图8-53所示。

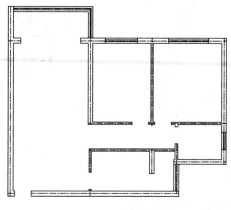

图8-53 效果图

8.7.2 使用图层整理图形

(1)单击【快速访问】工具栏中的【打开】按钮 ⬚,打开"08\8.7.2 使用图层整理图形.dwg"素材文件,如图8-54所示。

(2)单击【图层】面板上的【图层特性】按钮 ⬚,新建图层,如图8-55所示。

(3)选中图纸中的标注和文字之后,单击【图层控制】下拉列表中的【文字】图层,切换标注和文字至【文字】图层,如图8-56所示。

(4)选中图纸中的门之后,单击【图层控制】下拉列表中的【门】图层,切换门至【门】图层,如图8-57所示。

(5)选中图纸中的家具之后,单击【图层控制】下拉列表中的【家具】图层,切换家具至【家具】图层,如图8-58所示。

(6)选中图纸中的阳台的玻璃门之后,单击【图层控制】下拉列表中的【清玻璃】图层,

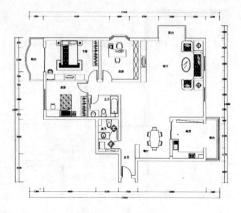

图 8-54 素材图形

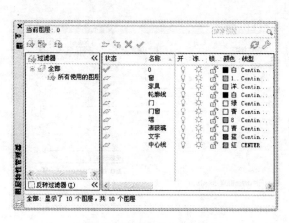

图 8-55 新建并设置图层

图 8-56 切换图层 1

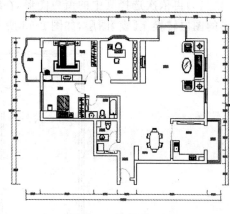

图 8-57 切换图层 2

切换玻璃门至【清玻璃】图层，如图 8-59 所示。

图 8-58 切换图层 3

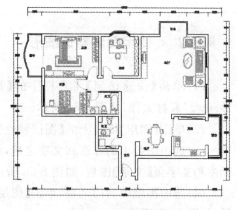

图 8-59 切换图层 4

(7)选中图纸中的窗户之后，单击【图层控制】下拉列表中的【窗户】图层，切换窗户至【窗户】图层，如图 8-60 所示。

(8)选中图纸中的墙体之后，单击【图层控制】下拉列表中的【墙体】图层，切换墙体至

【墙体】图层,如图 8-61 所示。至此,图层规划完成。此时标注、家具、窗户和墙体图形因分别位于不同的图层中而具有不同的颜色,使整个图形严整有序,一目了然。

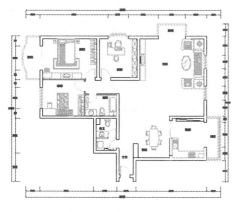

图 8-60 切换图层 5

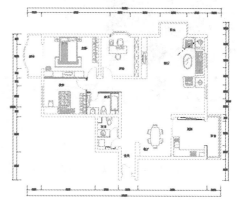

图 8-61 切换图层 6

第9章

使用资源管理工具

AutoCAD 设计资源包括图形文件、样式、图块、标注、线型等内容，在设计过程中，我们会反复调用这些资源，从而产生错综复杂的关系，AutoCAD 提供了一系列资源管理工具，可以对这些资源进行分门别类的管理，以提高 AutoCAD 系统的效率。

9.1 AutoCAD 设计中心

AutoCAD 设计中心（AutoCAD design center，简称 ADC）是 AutoCAD 一个非常有用的工具。它的作用就像 Windows 操作系统中的资源管理器，用于管理众多的图形资源。

利用设计中心，可以对图形设计资源实现以下管理功能。

☞浏览、查找和打开指定的图形资源。

☞能够将图形文件、图块、外部参照、命名样式迅速地插入到当前文件中。

☞为经常访问本地机或网络上的设计资源创建快捷方式，并添加到收藏夹中。

9.1.1 设计中心窗体

可以用以下方式打开【设计中心】窗体。

☞快捷键：按 Ctrl＋2 组合键。

☞命令行：在命令行中输入 AD-CENTER/ADC，并按回车键。

☞功能区：在【视图】选项卡中单击【选项板】面板【设计中心】工具按钮。

设计中心的外观与 Windows 资源管理器相似，如图 9-1 所示。位于窗体上部的是用于导航定位和设置外观的工具按钮，左侧的路径窗口以树状图的形式显示了图形资源的保存路径，右侧的内容窗口显示了各图形资源的缩略图和说明信息。

图 9-1 【设计中心】窗体

9.1.2 使用图形资源

利用设计中心可以快捷地打开文件、查找内容和向图形中添加内容。

1. 打开图形文件

【课堂举例9-1】：通过设计中心打开图形文件

(1) 在【视图】选项卡中单击【选项板】面板中的【设计中心】按钮 ⊞，打开设计中心。

(2) 单击【文件夹】标签，在左侧的树状图目录中定位"家装平面图.dwg"文件所在的文件夹，右击内容窗口中的该图形文件。

(3) 在弹出的快捷菜单中选择【在应用程序窗口中打开】命令，即可在 AutoCAD 中打开该图形文件，如图 9-3 所示。

图 9-2 预览文件内容

图 9-3 选择快捷菜单命令

2. 插入图形文件

直接插入图形资源，是设计中心最实用的功能。可以直接将某个 AutoCAD 图形文件作为外部块或者外部参照插入到当前文件中；也可以直接将某个图形文件中已经存在的图层、线型、样式、图块等命令对象直接插入到当前文件，而不需要在当前文件中对样式进行重复定义。

【课堂举例9-2】：利用设计中心插入地毯图块

(1) 打开设计中心，单击【文件夹】标签，在左侧的树状图目录中定位到"家装平面图.dwg"图形文件所在文件夹，右击内容窗口"家装平面图.dwg"图形文件，弹出快捷菜单，选择【在应用程序窗口中打开】菜单项，打开该图形文件。

(2) 在文件夹列表中选中"家装平面图.dwg"图形文件，则设计中心在右边的窗口中列出图层、图块和文字样式等项目图标，如图 9-4 所示。

(3) 单击选中【块】类型，找到"地毯4"图块，如图 9-5 所示，将其直接拖放到当前图形的工作区中。

(4) 将"地毯4"图块布置到次卧室适当位置，如图 9-6 所示。

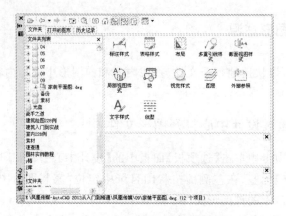

图 9-4 查看文件项目列表

图 9-5 查找图块

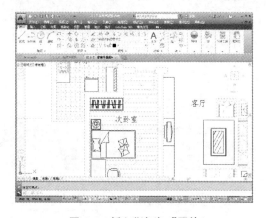

图 9-6 插入"地毯 4"图块

联机设计中心是 AutoCAD 为了方便所有用户共享图形资源而提供的一个基于网络的图形资源库,包含了许多通用的预绘制内容,如图块、符号库、制造商内容和联机目录等。

计算机必须与 Internet 连接后,才能访问这些图形资源。单击【联机设计中心】选项卡,可以在其中浏览、搜索并下载可以在图形中使用的内容。需要在当前图形中使用这些资源时,将相应的资源对象拖放到当前工作区即可。

9.2 工具选项板

工具选项板是 AutoCAD 的一个强大的自定义工具,能够让用户根据自己的工作需要将各种 AutoCAD 图形资源和常用的操作命令整合到工具选项板中,以方便随时调用。

【工具选项板】窗体默认由【填充图案】、【命令菜单】等若干个工具选项板组成。每个选项板整合包含图块、填充图案、光栅图像、实体模型的多个图形资源,还有各种命令工具的集合。工具选项板中的图形资源和命令工具都称为【工具】。

打开【工具选项板】窗体的方法如下。

☞快捷键：按 Ctrl＋3 组合键。

☞命令行：在命令行中输入 TOOLPALETTES，并按回车键。

☞功能区：在【视图】选项卡中单击【选项板】面板中的【工具选项板】按钮。

由于显示区域的限制，不能显示所有的工具选项板标签。此时可以用鼠标单击选项板标签的端部位置，在弹出的快捷菜单中选择需要显示的工具选项板名称，如图 9-7 所示。

在使用工具选项板中的工具时，单击需要的工具按钮，即可在工作区中创建相应的图形对象。

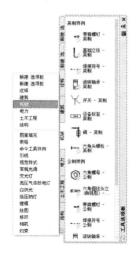

图 9-7 【工具选项板】窗体

9.2.1 自定义工具选项板

工具选项板的优点在于可以完全按照用户的工作需要进行自定义。用鼠标右击工具选项板标题栏，弹出如图 9-8 所示的【工具选项板】快捷菜单。选择【新建选项板】命令，并为新的选项板命名，就创建好一个新的工具选项板了。不过此时的选项板还是空的，需要按照用户的不同需求添加工具。

1. 从现有图形对象创建工具

对于当前图形已经存在的图形、文字、标注等对象，可以直接以这些对象为基础创建工具。

【课堂举例 9-3】：创建"NPN 三极管"工具

（1）调用【直线】、【多段线】命令，配合极轴追踪功能，绘制一个三极管，如图 9-9 所示。

（2）按下组合键 Ctrl＋3，打开工具选项板，将绘制好的三极管拖放到【电力】工具选项板中，如图 9-10 所示，即完成"NPN 三极管"工具创建。

图 9-8 【工具选项板】快捷菜单

2. 从工具栏创建工具

除了上面一种创建工具的方法，还可以将 AutoCAD 工具栏中的工具按钮拖放到自定义的工具选项板中。

【课堂举例 9-4】：创建"光度控制光源"工具选项板

（1）拖放工具栏按钮时，必须先通过图 9-8 所示【工具选项板】快捷菜单，选择【自定义命令】命令，打开如图 9-11 所示的【自定义】对话框。

（2）在保持【自定义】对话框的情况下，可以将任意工具栏中的任意工具按钮拖放到工

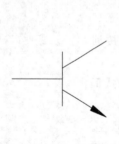

图 9-9　NPN 三极管　　　　　　图 9-10　添加三极管图形到工具选项板中

具选项板中,创建新的工具。如图 9-12 所示,用鼠标拖放【高压气体放电灯】、【荧光灯】、【白炽灯】、【低压钠灯】选项板到选项板组中,命名选项板组为【光度控制光源】。

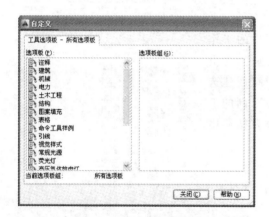

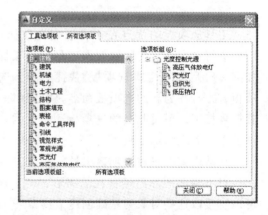

图 9-11　【自定义】对话框　　　　　　图 9-12　添加自定义选项板组

9.2.2　设置选项板组

当工具选项板数量很多时,可以通过建立选项板组,对工具选项板进行分组管理。建立选项板组在【自定义】对话框中进行。

新建选项板组后,在【工具选项板】快捷菜单中,可以看到所有已定义的选项板组。选中需要的选项板组,在【工具选项板】窗体中将只显示该组包含的工具选项板。

【课堂举例 9-5】:新建"相机"选项板组

(1)在命令行输入 TOOLPALETTES,并按回车键,打开工具选项板。

(2)右击工具选项板标题栏,弹出【工具选项板】快捷菜单,选择【自定义选项板】命令,打开【自定义】对话框,如图 9-13 所示。

(3)如图 9-14 所示,用鼠标右击选项板组区域,新建【相机】选项板组。将【相机】选项板拖放到选项板组中。

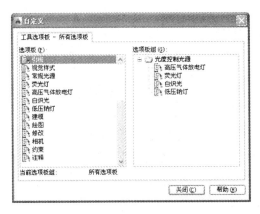

图 9-13 【自定义】对话框

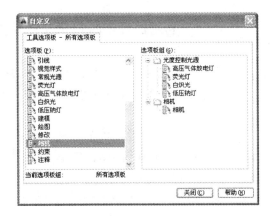

图 9-14 新建选项板组

9.3 清理命令

绘制复杂的大型工程图纸时,AutoCAD 文档中的信息会非常巨大,这样就难免会产生无用的信息。久而久之,这样的信息会越来越多,每次打开文档的时候,这些信息都会被调入内存,占用了大量的系统资源,降低了计算机的处理效率。因此,应及时删除这些信息。

AutoCAD 提供了一个非常实用的工具——清理命令(PURGE)。通过执行该命令,可以将图形数据库中已经定义,但没有使用的命名对象删除。命名对象包括已经创建的样式、图块、图层、线型等对象。

启动清理命令的方式如下。

☞命令行:在命令行输入中 PURGE,并按回车键。

启动清理命令后,弹出【清理】对话框,如图 9-15 所示。

该对话框按类别显示所有能清理(或不能清理)的命名对象。单击前面带有【＋】的项目,可以打开下一级结构,看到具体的命名(对象名称)。选中某个需要清理的命名对象,然后单击【确定】按钮,该命名对象将被删除。单击【全部清理】按钮,将删除列表中所有可以清理的命名对象。

图 9-15 【清理】对话框

9.4 综合实例

本节通过具体的实例,巩固前面介绍的设计中心管理图形信息,使图形的绘制更加方便快捷。

9.4.1 利用设计中心打开文件及插入图块

（1）单击【快速访问】工具栏中的【新建】按钮 ▢，新建空白文件。

（2）在【视图】选项卡中单击【选项板】面板中的【设计中心】按钮 ▦，打开设计中心，如图 9-16 所示。

（3）单击【文件夹】标签，在左侧的树状图目录中定位到文件夹"09"，右击内容窗口中的"9.4.1 电视柜前视图.dwg"图形文件，弹出快捷菜单，选择【在应用程序窗口中打开】选项，如图 9-17 所示。

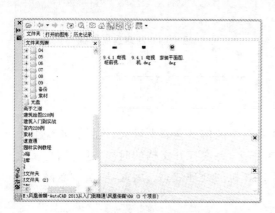

图 9-16　预览文件内容

图 9-17　打开快捷菜单

（4）在绘图空间即可看到文件被打开，如图 9-18 所示。

（5）继续调用【设计中心】，单击【文件夹】标签，在左侧的树状图目录中定位到文件夹"09"，选中"电视机.dwg"图块文件，如图 9-19 所示。

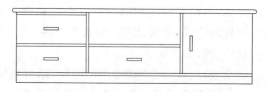

图 9-18　打开图形

（6）单击选中【块】项目，选中"9.4.1 电视机"图块，用鼠标拖放至绘图区，再将其移动到电视柜上方，如图 9-20 所示。

9.4.2 创建"碟形弹簧"工具

（1）单击【快速访问】工具栏中的【新建】按钮 ▢，新建空白文件。

（2）在【视图】选项卡中单击【选项板】面板中的【设计中心】按钮 ▦，打开设计中心，如图 9-21 所示。

（3）单击【文件夹】标签，在左侧的树状图目录中定位到文件夹"09"，右击内容窗口中的"9.4.2 蝶形弹簧.dwg"图形文件，弹出快捷菜单，选择【插入为块】选项，如图 9-22 所示。

（4）在绘图空间即可看到文件被打开，如图 9-23 所示。

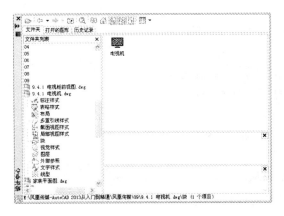

图 9-19 "电视机"图形文件

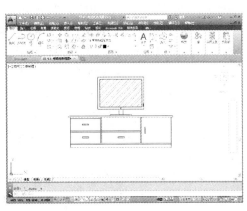

图 9-20 插入电视机图块

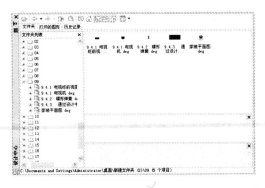

图 9-21 预览文件内容

图 9-22 插入为块

(5)按下组合键 Ctrl+3，打开工具选项板，将插入的"碟形弹簧"拖放到【机械】工具选项板中，如图 9-24 所示。

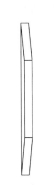

图 9-23 插入图形

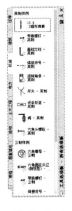

图 9-24 拖放到工具选项板

9.4.3 通过设计中心添加图层和样式

(1)单击【快速访问】工具栏中的【打开】按钮 🗁，打开"9.4.3 通过设计中心添加图层和样式.dwg"素材文件,如图 9-25 所示。

(2)再单击【快速访问】工具栏中的【新建】按钮□,新建空白文件。

(3)在命令行中输入 ADCENTER,并按回车键,系统弹出【设计中心】面板,如图 9-26 所示。在【打开的图形】选项卡中选择"9.4.3 通过设计中心添加图层和样式"文件,可以看出当前已经打开的图形文件的已有图层对象和标注样式,如图 9-27 所示。

(4)使用鼠标依次将已有的图层对象全部拖拽到新建文件的空白位置,重复上述操作,再将标注样式拖拽到新建文件的空白位置。

(5)此时,在【设计中心】面板的【打开的图形】选项卡中

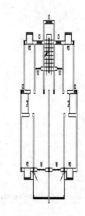

图 9-25 拖放到工具选项板

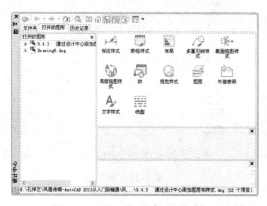

图 9-26 【设计中心】面板

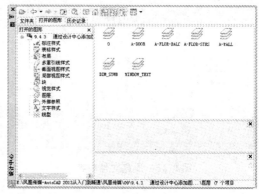

图 9-27 素材文件图层

选择"Drawing6.dwg"文件,并分别选择"图层"和"标注样式",可以看到新的图形文件中已经存在和素材文件相同的图层和标注样式,如图 9-28 和图 9-29 所示。

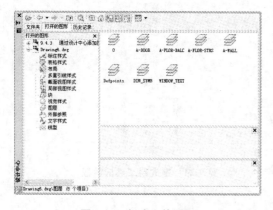

图 9-28 新建文件图层

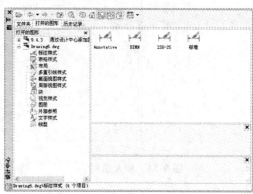

图 9-29 新建文件标注样式

第四篇
打印和注释篇

第10章

AutoCAD 图形输出和打印

按照前面的讲述,逐步完成所有的设计和制图工作之后,就需要将图形文件通过绘图仪或打印机输出为图纸。本章主要讲述 AutoCAD 出图过程之后涉及的一些问题,包括模型空间与图纸空间的转换、打印样式、打印比例尺设置等。

10.1 模型空间和图纸空间

与其他应用程序相比,AutoCAD 出图比普通文档的打印要复杂一些,因为在 AutoCAD 中打印的是有精确尺寸和比例关系的图形。AutoCAD 出图涉及模型空间和图纸空间这两个工作空间的转化。

模型空间用于建模。在 AutoCAD 中,绘制的过程实际上是建模的过程。模型空间是一个没有界限的三维空间,因此建模过程中也没有比例尺的概念。用 AutoCAD 制图的一个重要原则是永远按照 1:1 的比例以实际尺寸绘图。

图纸空间主要用于出图。模型建立后,需要将模型打印在纸面上形成图纸。为了让用户方便地设置打印设备、纸张、比例尺、图纸布局,并预览实际出图的效果,AutoCAD 提供了这样一个用于进行出图设置的图纸空间。图纸空间是纸张的模拟,因此是二维的。图纸空间也是有界限的,要受到所选输出图纸大小的限制,因此图纸空间中有了比例尺的概念,需要通过比例尺实现图形尺寸从模型空间到图纸空间的转化。

10.2 模型窗口和布局窗口

AutoCAD 的工作区可以用两种窗口显示,即模型窗口和布局窗口。

模型窗口是 AutoCAD 的默认显示方式。打开新的 AutoCAD 文档,显示的是模型窗口。模型窗口中只存在模型空间,因此该窗口只能用于建模。在该窗口中,永远按照 1:1 实际尺寸绘图。

在模型窗口中绘制好所有图形后,建模过程完成。在正式出图之前,需要对图纸进行布置,并预览实际出图的效果。布置和预览的工作在布局窗口中进行。可以在同一个 AutoCAD 文档中创建多个不同的布局图,单击工作区左下角的各个布局按钮,可以从模型窗口切换到各个布局窗口。

在布局窗口中,单击右下角的【图纸】/【模型】切换开关,可以将当前工作区在模型空间和图纸空间之间切换。

【课堂举例 10-1】：楼梯平面图的模型窗口和布局窗口

(1)单击【快速访问】工具栏中的【打开】按钮 ⬚，打开"10\楼梯平面图.dwg"文件，此时系统以模型窗口显示工作区界面，如图 10-1 所示。

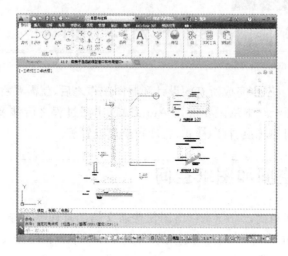

图 10-1 模型窗口

(2)单击工作区左下角的【布局】标签，从模型窗口切换到布局窗口，如图 10-2 所示。

(3)单击状态栏的【图纸】/【模型】切换开关，切换到在模型空间状态下的布局窗口，如图 10-3 所示。

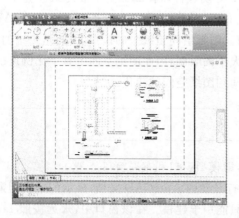

图 10-2 图纸空间状态下的布局窗口

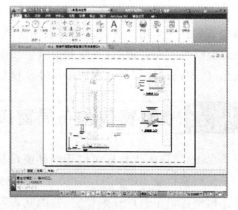

图 10-3 模型空间状态下的布局窗口

(4)单击【绘图】面板中的【矩形】按钮 ⬚，在模型空间状态下布局窗口中绘制一个矩形，然后切换到模型窗口，会发现在相同的位置也会出现一个矩形，如图 10-4 所示。

(5)单击【图纸】按钮切换至图纸状态，调用【MTEXT】(多行文字)命令，在图纸空间状态下的布局窗口中输入一些文字，然后切换到模型窗口，会发现说明文字没有添加到模型当中，如图 10-5 所示。

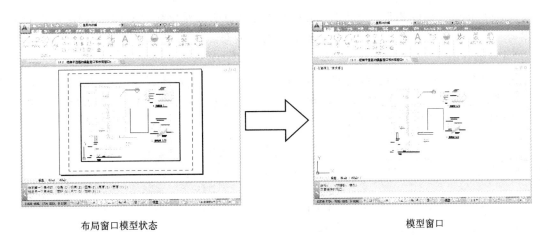

布局窗口模型状态　　　　　　　　　　　　　　模型窗口

图 10-4　绘制矩形

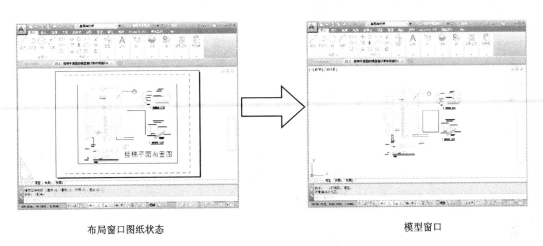

布局窗口图纸状态　　　　　　　　　　　　　　模型窗口

图 10-5　输入文字

10.3　打印样式

在建模过程中,AutoCAD 可以为图层或单个的图形对象设置颜色、线型、线宽等属性,这些样式可以在屏幕上直接显示出来。在出图时,有时用户希望打印出的图纸和绘图时图形所显示的属性有所不同。例如在绘图时一般会使用各种颜色的线型,但打印时仅以灰度打印。

打印样式的作用就是在打印时修改图形的外观。为某图层或布局图设置打印样式以后,能在打印时用该样式替代图形对象原有的属性。

10.3.1　打印样式类型

在使用打印样式之前,必须先指定 AutoCAD 文档使用的打印样式类型,AutoCAD 中有两种类型的打印样式:颜色相关样式(CTB)和命名相关样式(STB)。

CTB样式类型以225种颜色为基础,通过设置与图形对象颜色对应的打印样式,使得所有具有该颜色的图形对象都具有相同的打印效果。CTB打印样式表文件的后缀名为"＊.ctb"。

STB样式和线型、颜色、线宽等一样,是图形对象的一个普通属性,可以在【图层特性管理器】中为某个图层指定打印样式,也可以在【特性】选项板中为单独的图形对象设置打印样式属性。STB打印样式表文件的后缀名为"＊.stb"。

10.3.2 设置打印样式

在同一个AutoCAD图形文件中,不允许同时使用两种不同的打印样式类型,但允许使用同一类型的多个打印样式。例如,若当前文档使用CTB打印样式时,【图层特性管理器】中的【打印样式】属性项是不可用的,因为该属性只能用于设置STB打印样式。

图10-6 【打印样式管理器】文件夹

单击【菜单浏览器】按钮，执行【打印】|【管理打印样式】命令,打开如图10-6所示的【打印样式管理器】文件夹。

在该文件夹中,列出了当前正在使用的所有打印样式文件,其中大部分是AutoCAD本身自带的打印样式文件。如果用户要设置新的打印样式,可以在AutoCAD已有的打印样式文件中进行修改,也可以新建打印样式。

10.3.3 添加颜色打印样式

使用颜色打印样式可以通过图形的颜色设置不同的打印宽度、颜色、线型等打印外观。

【课堂举例10-2】:新建颜色打印样式表

(1)单击【菜单浏览器】按钮，执行【打印】|【管理打印样式】命令,打开如图10-6所示的【打印样式管理器】文件夹。

(2)在其中双击【添加打印样式表向导】图标,打开【添加打印样式表】对话框,如图10-7所示,新建一个名为"打印线宽.ctb"的颜色打印样式表文件。

(3)单击【下一步】按钮,将弹出【添

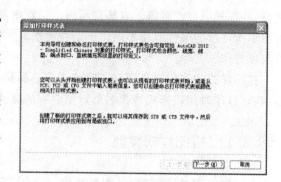

图10-7 【添加打印样式表】对话框

加打印样式表—开始】对话框,如图 10-8 所示。

(4)选中【创建新打印样式表】单选按钮,单击【下一步】按钮,打开【添加打印样式表—选择打印样式表】对话框,选择【颜色相关打印样式表】单选按钮,如图 10-9 所示。

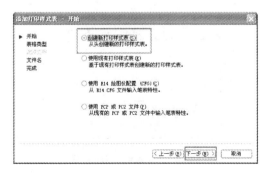
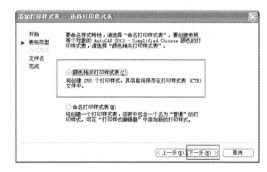

图 10-8 【添加打印样式表—开始】对话框　　　图 10-9 【选择打印样式表】对话框

(5)单击【下一步】按钮,打开【添加打印样式表—文件名】对话框,输入样式文件的名称,如图 10-10 所示。

(6)单击【下一步】按钮,打开【添加打印样式表—完成】对话框,如图 10-11 所示。单击【完成】按钮,完成打印样式表的创建。

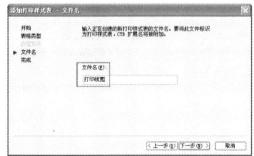

图 10-10 【添加打印样式表—文件名】对话框　　　图 10-11 【添加打印样式表—完成】对话框

(7)再在【打印样式管理器】文件夹中双击已经创建好的"打印线宽.ctb"文件图标,打开如图 10-12 所示的【打印样式表编辑器】对话框。

(8)首先在【打印样式】列表框中分别选择各图形指定的颜色,然后在右侧的【特性】选项组中设置该颜色图形打印输出的外观,单击【编辑线宽】按钮,可以设置特殊的打印线宽,如图 10-13 所示。

(9)设置完毕后,单击【保存并关闭】按钮退出对话框。

技巧:在出图时,依次单击【输出】|【打印】命令,在【打印】对话框中的【打印样式表(画笔指定)】下拉列表框中选择"打印线宽.ctb"文件,这样,不同的颜色将被赋予不同的笔宽,在图纸上体现出相应的粗细效果。

图 10-12 打印样式表编辑器

图 10-13 【编辑线宽】对话框

10.3.4 添加命名打印样式

采用 STB 打印样式类型,可以为不同的图层设置不同的命名打印样式。

【课堂举例 10-3】:创建命名打印样式表文件

(1)单击【快速访问】工具栏中的打开按钮 ，打开"10\平面布置图.dwg"素材文件,如图 10-14 所示。

(2)在命令行中输入 CONVERTP-STYLES,并按回车键,将打印样式类型转换为 STB 类型。

(3)单击【菜单浏览器】按钮 ，执行【打印】|【管理打印样式】命令,打开【打印样式管理器】文件夹。

(4)在【打印样式管理器】文件夹中双击【添加打印样式表向导】图标,新建一个名为"平面布置图命名样式.stb"的打印样式表文件,如图 10-15 所示。

图 10-14 平面布置图

(5)在【打印样式管理器】文件夹中双击新建的"平面布置图命名样式.stb"文件,打开如图 10-16 所示的【打印样式表编辑器】对话框。

(6)在【表格视图】选项卡中,单击【添加样式】按钮,添加一个名为"粗黑实线"的打印样式。设置【颜色】为"黑色"、【线宽】为"0.35 毫米"。用同样的方法添加另一个命名打印样式"细黑实线",设置【颜色】为"黑色"、【线宽】为"0.1 毫米"、【淡显】为"35",设置完毕后,单击【保存并关闭】按钮退出对话框。

(7)在命令行中输入 LA,并按回车键,打开如图 10-17 所示的【图层特性管理器】对话框,为图层设置相应的命名打印样式。

图 10-15　新建"平面布置图命名样式"　　　图 10-16　打印样式表编辑器（STB 类型）

（8）选中【标注】图层，单击【打印样式】属性项，弹出如图 10-18 所示的【选择打印样式】对话框。在【活动打印样式表】下拉列表框中选择"平面布置图命名样式.stb"打印样式表文件，并设置打印样式为"粗黑实线"，如图 10-18 所示。单击【确定】按钮返回【图层特性管理器】对话框，此时【标注】图层的打印样式被设置为"粗黑实线"。用同样的方法，根据设置需要，将其他图层的打印样式设置为"细黑实线"。

图 10-17　设置【打印样式】属性　　　　　图 10-18　【选择打印样式】对话框

10.4　布局图

在正式出图之前，需要在布局窗口中创建好布局图，并对绘图设备、打印样式、纸张、比例尺和视口等进行设置。布局图显示的效果，就是图纸打印的实际效果，出图时直接打印需要的布局图即可。

10.4.1　布局图操作

打开一个新的 AutoCAD 文档时，就已经存在了两个【布局 1】和【布局 2】。在布局图标签上右击，弹出如图 10-19 所示的快捷菜单。通过该菜单，可以新建更多的布局图，也可以对已经创建的布局图进行重命名、删除、复制等操作。

10.4.2 布局调整

创建好一个新的布局图后,接下来的工作就是对布局图中的图形位置和大小进行调整和布置。

【课堂举例 10-4】:调整布局

(1)单击【快速访问】工具栏中的打开按钮 📂 ,打开"10\住宅楼剖面图"文件,如图 10-20 所示。

(2)在布局图标签上右击,在弹出的右键快捷菜单中选择【新建布局】选项,新建布局 3,如图 10-21 所示。

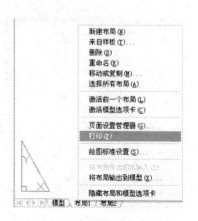

图 10-19 布局图操作快捷菜单

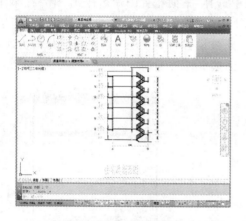

图 10-20 住宅楼剖面图

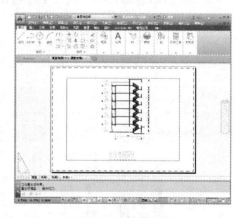

图 10-21 新建布局

布局图中存在着三个边界。最外层的是纸张边界,它是由"纸张设置"中的纸张类型和打印方向确定的。靠内侧的一个虚线线框是打印边界,其作用就如同 word 文档中的页边距一样,只有位于打印边界内部的图形才会被打印出来。位于图形对象四周的实线线框为视口边界。

(3)单击视口边界,四个角点上出现夹点,拖动夹点,调整视口边界到充满整个打印边界,如图 10-22 所示。

(4)单击工作区右下角【图纸/模型】切换开关,将视口切换到模型空间状态。

(5)在命令行输入【ZOOM】命令,选择【范围(E)】备选项,使所有的图形对象充满整个视口。在命令行中输入【PAN】命令,调整图形到合适位置,如图 10-23 所示。

(6)单击工作区右下角【图纸/模型】切换开关,切换至图纸空间状态,完成图形布局的调整。

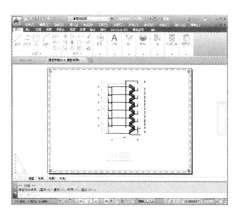 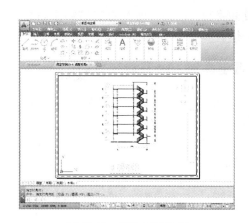

图 10-22 调整视口充满打印边界　　　　图 10-23 调整图形位置

10.4.3 多视口布局

无论在模型窗口，还是在布局窗口，都可以将当前的工作区由一个视口分成多个视口。在各个视口中，可以用不同的比例、角度和位置来显示同一个模型。

在已经打开的图形中同样是可以创建多个视口。单击绘图区下方的【布局 1】选项卡，进入新的图纸空间。在【视图】菜单栏中，选择【视口】命令中的任意子命令，创建新的视口。然后再单击状态栏中的【图纸】按钮，激活视口，当前视口被激活时其轮廓线为粗实线状态，如图 10-24 所示，通过实时平移调整视口再单击状态栏中的【模型】按钮即可，如图 10-25 所示。

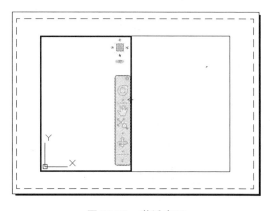 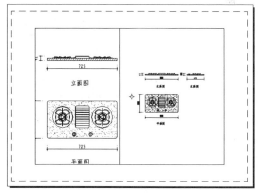

图 10-24 激活窗口　　　　图 10-25 调整视口

10.5 页面设置

页面设置是出图准备过程中的最后一个步骤。页面设置是包括打印设备、打印纸张、打印区域、打印方向等影响最终打印外观和格式的所有的集合。页面设置可以命名保存，可以将同一个命名页面设置应用到多个布局图中，也可以从其他图形中输入命名页面设置并将其应用到当前图形的布局中,这样就避免了每次打印前都反复进行打印设置的麻烦。

【课堂举例 10-5】:新建页面设置

(1)在命令行中输入 PAGESETUP,并按回车键,打开【页面设置管理器】对话框,如图 10-26 所示。

(2)单击对话框右侧的【新建】按钮,新建一个页面设置,并命名为"用户页面设置",如图 10-27 所示。

图 10-26 【页面设置管理器】对话框

图 10-27 新建页面设置

(3)单击【确定】按钮,系统弹出【页面设置】对话框,在【打印机/绘图仪】选项组中选择"Default Windows System Printer.pc3"的打印设备,如图 10-28 所示。

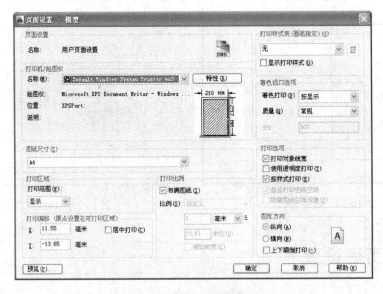

图 10-28 【页面设置】对话框

(4)单击【打印机/绘图仪】选项组右边的【特性】按钮,系统弹出如图 10-29 所示【绘图仪配置编辑器】对话框。在该对话框中,可以对" * . pc3"文件进行修改、输入和输出等操作。

(5)在【图纸尺寸】下拉列表框中选择"A4"纸张。在【图形方向】选项组中选择横向打印。选中【上下颠倒打印】选框,可以允许在图纸中上下颠倒打印图纸,效果如图 10-30 所示。

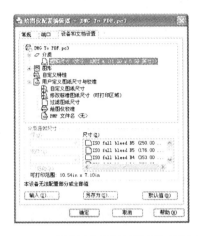

图 10-29 【绘图仪配置编辑器】对话框   图 10-30 纸张设置

(6)在【打印范围】下拉列表框中选择"图形界限",如图 10-31 所示。

图 10-31 打印区域

(7)取消勾选【打印比例】选项组中的【布满图纸】复选框,单击【比例】下拉列表框,选择"1:1",如图 10-32 所示。

(8)在【打印偏移】选项卡中设置 X 和 Y 偏移值均为 0,单击【打印样式表】下拉列表框,选择"acad. ctb"打印样式。单击【确定】按钮保存并退出,效果如图 10-33 所示。

【打印样式表】下拉列表框用于选择已存在的打印样式,从而非常方便地使用设置好的打印样式替代图形对象原有的属性,并体现到图格式中。

图 10-32　打印比例

图 10-33　页面设置完成

10.6　出图

在完成上述的设置工作以后，就可以开始打印出图了。启动出图命令的方式如下。

☞快捷键：按 Ctrl＋P 组合键。

☞命令行：在命令行中输入 PLOT，并按回车键。

☞菜单栏：执行【文件】|【打印】命令。

☞【快速访问】工具栏：单击【快速访问】工具栏中的【打印】按钮 。

【课堂举例 10-6】：打印图形文件

（1）单击【快速访问】工具栏中的【打开】按钮 ，打开"10\楼梯平面图.dwg"文件。

（2）按下 Ctrl＋P 组合键，弹出【打印】对话框，设置参数，如图 10-34 所示。

（3）单击【预览】按钮，观看实际的出图效果，如图 10-35 所示。如果合适，单击工具按钮或【确定】按钮，开始打印。

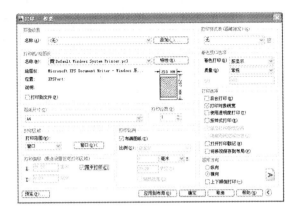

图 10-34　打印设置

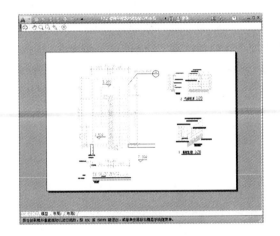

图 10-35　打印预览

10.7　综合实例

本节通过具体的实例,巩固之前学习的布局、模型以及打印等内容的具体操作过程,方便以后出图。

10.7.1　单比例打印

(1)单击【快速访问】工具栏中的【打开】按钮，打开"10\10.7.1 单比例打印.dwg"素材文件,如图 10-36 所示。

(2)执行【文件】|【页面设置管理器】命令,在打开的对话框中单击 新建(N)... 按钮,为新页面设置命名"单比例打印",如图 10-37 所示。

(3)单击【确定】按钮,打开【页面设置－模型】对话框,设置打印机的名称、图纸尺寸、打印偏移、打印比例和图形方向等页面参数,如图 10-38 所示。

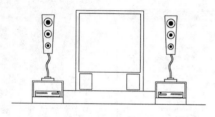

图 10-36　素材文件

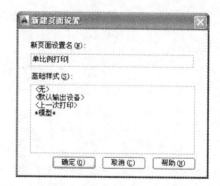

图 10-37　设置新页面名称

（4）单击【打印范围】下拉列表框，在展开的下拉列表内选择【窗口】选项，系统自动返回绘图区，在"指定第一个角点、对角点等"操作提示下，框选要打印的图形，作为打印区域。

（5）指定打印区域后，系统自动返回【页面设置—模型】对话框，单击【确定】按钮，返回【新建页面设置】对话框，将刚创建的新页面"单比例打印"置为当前页面，如图 10-39所示。

图 10-38　设置页面参数

图 10-39　设置当前页面

（6）执行【文件】|【打印预览】命令，对当前图形进行打印预览，预览结果如图 10-40所示。

（7）单击鼠标右键，在弹出的快捷菜单中选择【打印】选项，此时系统打开如图 10-41所示的【浏览打印文件】对话框，在此对话框内设置打印文件的保存路径及文件名。

（8）单击【保存】按钮，系统弹出【打印作业进度】对话框，等此对话框关闭后，打印过程结束。

10.7.2　多比例打印

（1）单击【快速访问】工具栏中的【打开】按钮，打开"10\\10.7.2 楼梯平面图.dwg"素材文件，如图 10-42所示。

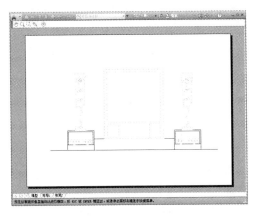

图 10-40 打印预览

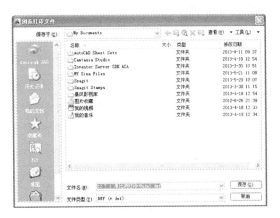

图 10-41 保存打印

(2)单击绘图区下方的【布局 1】标签,进入布局 1 操作空间。

(3)单击【修改】工具栏中的【删除】按钮 ，删除系统自动创建的视口,如图 10-43 所示。

(4)单击【绘图】工具栏中的【插入块】按钮 ，插入已有的"A3 图签"图块,并调整图框位置,如图 10-44 所示。

(5)单击【绘图】工具栏中的【矩形】按钮 ，配合"对象捕捉"功能,在合适位置绘制 3 个大小合适的矩形;执行【视图】|【视口】|【对象】命令,分别将绘制的 3 个矩形转化为

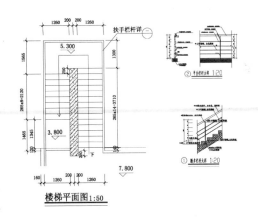

图 10-42 打开文件

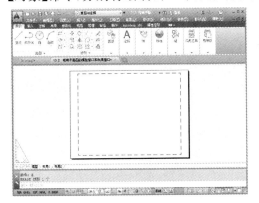

图 10-43 删除初始视口

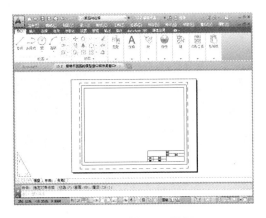

图 10-44 插入 A3 图框

3 个视口,如图 10-45 所示。

(6)打开【视口】工具栏,在其中一个视口区域内双击,激活视口,调整相应的出图比例;单击工具栏中的【实时平移】按钮 ，调整图形的显示位置,如图 10-46 所示。

(7)单击【打印】按钮,在弹出的【打印－布局 1】对话框中设置打印机及其他参数后,

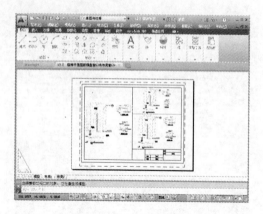

图 10-45　转化为视口

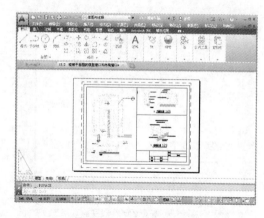

图 10-46　调整出图比例

单击【预览】按钮，效果如图 10-47 所示，如果不满意，可以返回继续调整参数，直到满意为止，单击【确定】按钮，即可进行打印输出。

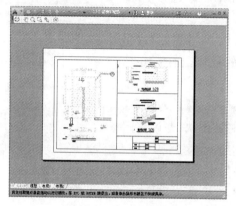

图 10-47　打印预览效果

第11章
文字和表格

文字是图纸中不可缺少的重要组成部分，例如，技术条件、备注、标题栏内容以及对图形的说明等，可以对其中不便于表达的内容加以说明，使图纸的含义更加清晰，使施工或加工人员对图纸一目了然。

11.1 创建文字样式

文字样式定义了文字的外观，除了可以使用系统默认的文字样式以外，还可以根据用户自身绘图需求设置新的文字样式。

11.1.1 新建文字样式

设置文字样式需要在【文字样式】对话框中进行，在该对话框中可以新建并设置文字样式，还可以修改或删除已有的文字样式，打开该对话框的方法如下所示。

☞命令行：在命令行中输入 STYLE/ST，并按回车键。

☞菜单栏：执行【格式】|【文字样式】命令。

☞功能区：在【默认】选项卡中单击【注释】面板中【文字样式】按钮 A。

调用以上任意一种操作后，将打开如图 11-1 所示的【文字样式】对话框，可以在其中新建或修改文字样式，以指定字体、高度等参数，然后用定义好的文字样式进行标注。

在【字体名】下拉列表中可以选择不同的字体，比如宋体、黑体和楷体等，如图 11-2 所示。

图 11-1 【文字样式】对话框

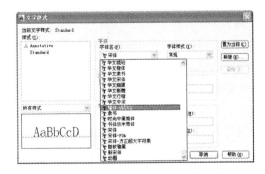

图 11-2 选择字体

提示：如果将字高设置为 0，那么每次标注单行文字时都会提示用户输入字高。如果设置的字高不为 0,则在标注单行文字时命令行将不提示输入字高。因此,0 字高用于使用相同的文字样式来标注不同字高的文字对象。

【使用大字体】用于指定亚洲语言的大字体文件,只有"＊.shx"文件可以创建大字体。在【字体样式】下拉列表中可以选择其他字体样式。勾选【颠倒】复选框之后,文字方向将翻转,如图 11-3 所示。勾选【反向】复选框,文字的阅读顺序将与开始时相反,如图 11-4 所示。

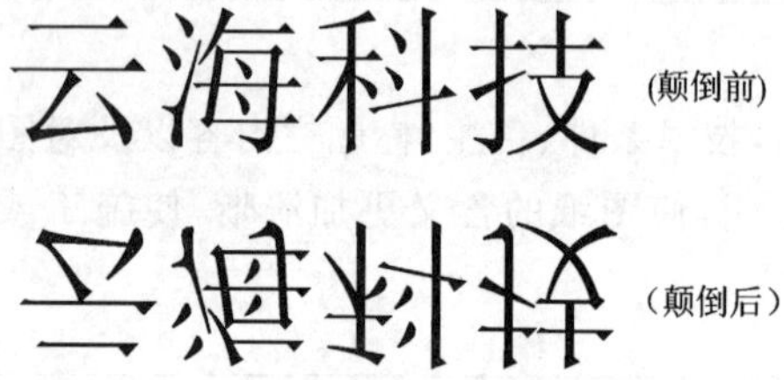

云海科技 (颠倒前)　　云海科技 (反向前)

上越は科 (颠倒后)　　共科函云 (反向后)

图 11-3　颠倒 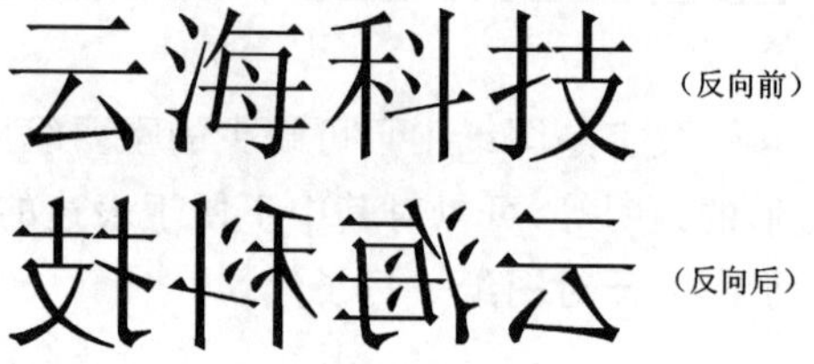　　　　　　　　　　图 11-4　反向

【宽度因子】参数控制文字的宽度,正常情况下宽度比例为 1。如果增大比例,那么文字将会变宽,如图 11-5 所示。【倾斜角度】参数调整文字的倾斜角度,如图 11-6 所示。

云海科技 (宽度因子=0.5)　　云海科技 (倾斜角度=0)

云海科技 (宽度因子=1)　　云海科技 (倾斜角度=45)

图 11-5　调整宽度因子 　　　　图 11-6　调整倾斜角度

提示:在调整文字的倾斜角度时,用户只能输入 −85°～85° 之间的角度值,超过这个区间角度值将无效。

【课堂举例 11-1】:创建文字样式

(1)在【默认】选项卡中单击【注释】面板中【文字样式】按钮 ,打开【文字样式】对话框。单击其中的【新建】按钮,打开【新建文字样式】对话框,在【样式名】文本框中输入【文字样式】,然后单击【确认】按钮,如图 11-7 所示。

(2)系统自动返回到【文字样式】对话框,新建的【文字样式】将出现在【样式】列表中,如图 11-8 所示。现在就可以开始设置文字的字体、大小和效果了,设置完毕后单击【置为当前】按钮,这样就把【文字样式】设置为当前文字样式了。

11.1.2　应用文字样式

要应用文字样式,首先应将其设置为当前文字样式。设置当前文字样式的方法有以下两种。

☞在【文字样式】对话框的【样式名】列表框中选择要置为当前的文字样式,单击【置为

图 11-7　新建文字样式

图 11-8　设置文字样式

当前】按钮,如图 11-9 所示,单击【关闭】按钮即可。

☞在【注释】面板【文字样式】下拉列表框中选择要置为当前的文字样式,如图 11-10 所示。

图 11-9　单击【置为当前】按钮

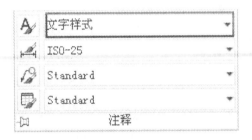

图 11-10　通过【注释】面板设置当前文字样式

11.1.3　重命名文字样式

当需要更改文字样式名称时,可以对其进行重命名。下面以将【课堂举例 11-2】中新建的文字样式重命名为【室内标注】样式为例,讲解重命名文字样式的方法。

【课堂举例 11-2】:重命名文字样式

(1)在命令行中输入 RENAME,并按回车键,系统弹出【重命名】对话框。在【命名对象】列表框中选择【文字样式】,然后在【项数】列表框中选中【文字样式】,如图 11-11 所示。

(2)在【重命名为】文本框中输入新的名称【室内标注】,然后单击【重命名为】按钮,最后单击【确定】按钮关闭该对话框,如图 11-12 所示。

(3)执行【格式】|【文字样式】命令,打开【文字样式】对话框,在其中可以看到重命名之后的文字样式"室内标注",如图 11-13 所示。

提示:还有另一种重命名文字样式的方法,即在【文字样式】对话框中,使用鼠标右键单击需要重命名的文字样式,在弹出的菜单中选择【重命名】命令,这样就可以给文字样式重命名了,如图 11-14 所示。但采用这种方式不能重命名【Standard】文字样式。

229

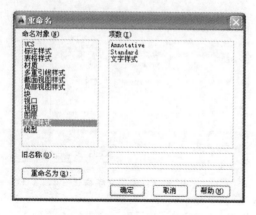

图 11-11 【重命名】对话框

图 11-12 重命名文字样式

图 11-13 【文字样式】对话框

图 11-14 重命名文字样式

11.1.4 删除文字样式

文字样式会占用一定系统存储空间，可以删除一些不需要的文字样式，以节约存储空间。

【课堂举例 11-3】：删除文字样式

（1）在命令行中输入 STYLE，并按回车键，打开【文字样式】对话框，选择之前创建的"室内标注"文字样式，单击【删除】按钮，如图 11-15 所示。

（2）在弹出的【acad 警告】对话框中单击【确定】按钮，即可将"室内标注"文字样式在样式列表框中删除，如图 11-16 所示。

（3）返回【文字样式】对话框，单击【关闭】按钮即可。

提示：当前文字样式不能被删除。如果要删除当前文字样式，可以先将别的文字样式置为当前，然后再进行删除。

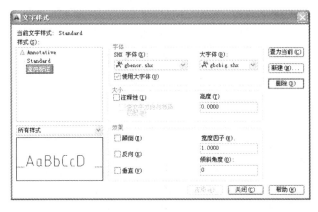

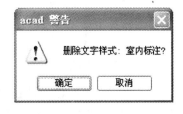

图 11-15　删除文字样式　　　　　　　图 11-16　【acad 警告】对话框

11.2　输入与编辑单行文字

根据输入形式的不同,可以分为单行文字输入和多行文字输入两种,一般简短的注释文字使用单行文字。

11.2.1　输入单行文字

单行文字的每一行都是一个文字对象,因此,可以用来创建内容比较简短的文字对象(如标签等),并且单独进行编辑。

创建【单行文字】的方法如下。

☞命令行:在命令行输入 DT/TETX/DTEXT,并按回车键。

☞菜单栏:执行【绘图】|【文字】|【单行文字】命令。

☞功能区:在【默认】选项卡中单击【注释】面板中的【单行文字】按钮 A。

调用该命令后,就可以根据命令行的提示输入单行文字。在调用命令的过程中,需要输入的参数有文字起点、文字高度(此提示只有在当前文字样式中的字高为 0 时才显示)、文字旋转角度和文字内容。文字起点用于指定文字的插入位置,是文字对象的左下角点。文字旋转角度指文字相对于水平位置的倾斜角度。

【课堂举例 11-4】:创建单行文字

(1)单击【快速访问】工具栏中的【新建】按钮 □,新建空白文件。

(2)执行【绘图】|【文字】|【单行文字】命令,然后根据命令行提示输入文字,命令行提示如下。

命令：_dtext   //调用单行文字命令
当前文字样式："Standard" 文字高度：2.5000 注释性：否
指定文字的起点或［对正(J)/样式(S)］：   //在绘图区域合适位置任意拾取一点，确
　　定单行文字位置
指定高度＜2.5000＞：3.5✓   //指定文字高度
指定文字的旋转角度＜0＞：✓   //指定文字旋转角度

（3）根据命令行提示设置文字样式后，绘图区域将出现一个带光标的矩形框，在其中输入相关文字即可，如图 11-17 所示。

（4）完成文字输入后，按快捷键 Ctrl＋Enter 或 Esc 键结束文字的输入。

创建单行文字练习

图 11-17　单行文字

提示：在输入单行文字时，按回车键不会结束文字的输入，而是表示换行。

文字输入完成后，可以不退出命令，而直接在另一个要输入文字的地方单击鼠标，同样会出现文字输入框。在需要进行多次单行文字标注的图形中使用此方法，可以大大节省时间。

11.2.2　设置单行文字的对齐方式

AutoCAD 为单行文字的水平文本行规定了 4 条定位线：顶线（Top Line）、中线（Middle Line）、基线（Base Line）、底线（Bottom Line），如图 11-18 所示。顶线为大写字母顶部所对齐的线，基线为大写字母底部所对齐的线，中线处于顶线与基线的正中间，底线为长尾小字字母底部所

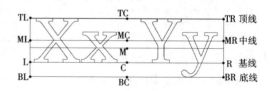

图 11-18　对齐方位示意

在的线，汉字在顶线和基线之间。系统提供了 13 个对齐点以及 15 种对齐方式。其中，各对齐点即为文本行的插入点。

提示：可以使用【JUSTIFYTEXT】命令来修改已有文字对象的对正点位置。

11.2.3　编辑单行文字

在 AutoCAD 中，可以对单行文字的文字特性和内容进行编辑。

1. 修改文字内容

修改文字内容的方法如下。

☞命令行：在命令行输入 DDEDIT/ED，并按回车键。

☞菜单栏：执行【修改】|【对象】|【文字】|【编辑】命令。

☞工具栏：单击【文字】工具栏上的【编辑】按钮 🅰。

☞双击鼠标：直接在要修改的文字上双击鼠标。

调用以上任意一种操作后，文字将变成可输入状态，如图 11-19 所示。此时可以重新

输入需要的文字内容,然后按 Enter 键退出即可,如图 11-20 所示。

平面图

图 11-19　可输入状态

楼梯平面图

图 11-20　编辑文字内容

2. 修改文字特性

在标注的文字出现错输、漏输及多输入的状态下,可以运用上面的方法修改文字的内容。但是它只能修改文字的内容,而很多时候我们还需要修改文字的高度、大小、旋转角度、对正样式等特性。

修改单行文字特性的方法有以下 3 种。

☞菜单栏:执行【修改】|【对象】|【文字】|【对正】命令。

☞功能区:在【注释】选项卡中单击【文字】面板中的【缩放】按钮 和【对正】按钮 。

☞【文字样式】对话框:在【文字样式】对话框中修改文字的颠倒、反向和垂直效果。

提示:输入一行文字后,按下 Enter 键,可以继续输入其他文字。看上去是输入了多行文字,但实际上行与行之间是相互独立的,可以进行独立的编辑。

3. 输入特殊符号

在创建单行文字时,有些特殊符号是不能直接输入的,如指数、在文字上方或下方添加画线、标注度(°)、正负公差(±)等。这些特殊字符不能从键盘上直接输入,因此 AutoCAD 提供了相应的命令操作,以实现这些标注要求。

AutoCAD 的特殊符号由"两个百分号(％％)＋一个字符"构成,常用的特殊符号输入方法如表 11-1 所示。

表 11-1　AutoCAD 文字控制符

特殊符号	功　能
％％O	打开或关闭文字上画线
％％U	打开或关闭文字下画线
％％D	标注度(°)符号
％％P	标注正负公差(±)符号
％％C	标注直径(Φ)符号

在 AutoCAD 的控制符中,"％％O"和"％％U"分别是上画线与下画线的开关。第一次出现此符号时,可打开上画线或下画线;第二次出现此符号时,则会关掉上画线或下画线。

在提示下输入控制符时,这些控制符也临时显示在屏幕上。当结束创建文本的操作时,这些控制符将从屏幕上消失,转换成相应的特殊符号。

11.3　输入与编辑多行文字

多行文字常用于创建字数较多、字体变化较为复杂,甚至字号不一的文字标注。它可以对文字进行更为复杂的编辑,如为文字添加下画线,设置文字段落对齐方式,为段落添加编号和项目符号等。

11.3.1　输入多行文字

多行文字常用于标注图形的技术要求和说明等,与单行文字不同的是,多行文字整体是一个文字对象,每一单行不再是单独的文字对象,也不能单独编辑。

创建【多行文字】的方法如下。

☞命令行:在命令行输入 MTEXT/T,并按回车键。

☞菜单栏:执行【绘图】|【文字】|【多行文字】命令。

☞功能区:在【默认】选项卡中单击【注释】面板中的【多行文字】按钮 A 。

执行上述任一命令后,命令行操作如下。

> 命令: MTEXT ↙　　　//调用多行文字命令
> 当前文字样式: "景观设计文字样式"　文字高度:600　注释性:　否
> 指定第一角点:　　//指定多行文字框的第一个角点
> 指定对角点或 [高度(H)/对正(J)/行距(L)/旋转(R)/样式(S)/宽度(W)/栏(C)]:
> 　　//指定多行文字框的对角点

提示:在指定对角点时,也可以选择命令行中的其他备选项来确定将要标注的文字的字高、对正方式、行距、旋转角度、样式和字宽等属性。

调用以上操作可以确定段落的宽度,之后将打开【文字格式】编辑器。可以在下面的文本框中输入文字内容,还可以使用工具栏设置样式、字体、颜色、字高、对齐等文字格式。完成输入后,单击【文字格式】工具栏中的【确定】按钮,或单击编辑器之外任何区域,都可以退出编辑器窗口。此时,多行文字对象就添加到当前图形中了。

11.3.2　编辑多行文字

若要在创建完毕后再次编辑文字,只要双击已经存在的多行文字对象,就可以重新打开在位文字编辑器,并编辑文字对象。其编辑方式与单行文字的相同,在这里不再重复介绍。

11.3.3　通过【特性】选项板修改文字

利用【特性】选项板不仅可以修改很多图形的属性,而且它也能修改文字的属性。以下将介绍如何使用【特性】管理器修改文字的属性。

【课堂举例 11-5】:修改文字高度

(1)单击【快速访问】工具栏中的【打开】按钮 🗁,打开"11\课堂举例 11-5 修改文字高度.dwg"文件,如图 11-21 所示。

(2)用鼠标拾取图形中所有的文字,按快捷键 Ctrl＋1,打开【特性】选项板,在其中修改文字高度为 50,如图 11-22 所示。

(3)单击【关闭】按钮,关闭【特性】选项板,修改效果如图 11-23 所示。

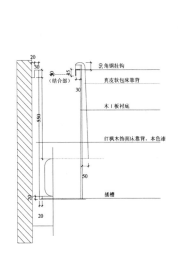

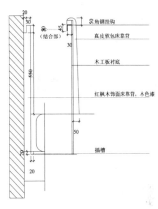

| 图 11-21 素材图形 | 图 11-22 【特性】选项板 | 图 11-23 最终效果 |

11.3.4 使用快捷菜单插入特殊符号

在创建多行文字时,可以使用鼠标右键快捷菜单来输入特殊字符。其方法为:在【文字格式】编辑器下面的文本框中右击鼠标,在弹出的快捷菜单中选择【符号】命令,如图 11-24 所示。其下的子命令中包括了常用的各种特殊符号。

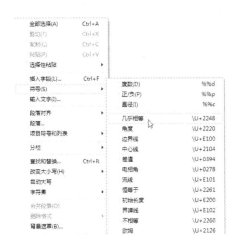

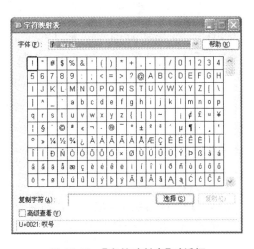

| 图 11-24 使用快捷菜单输入特殊符号 | 图 11-25 【字符映射表】对话框 |

提示:在图 11-24 所示的快捷菜单中,选择【符号】|【其他】命令,将打开如图 11-25 所示的【字符映射表】对话框,在【字体】下拉列表中选择【楷体_GB2312】,在对应的列表框中还有许多常用的符号可供选择。

11.3.5 查找与替换

当文字标注完成后,如果发现某个字或词输入有误,而它在标注中出现的次数较多,一个一个地修改比较麻烦,此时,就可以用【查找】与【替换】命令进行修改。

调用【查找】与【替换】标注文字命令的方法如下。

☞ 命令行:在命令行输入 FIND,并按回车键。

☞ 菜单栏:执行【编辑】|【查找】命令。

11.3.6 拼写检查

利用【拼写检查】功能可以检查当前图形文件中的文本内容是否存在拼写错误,从而提高输入文本的正确性。调用文字【拼写检查】命令的方法如下。

☞ 命令行:在命令行输入 SPELL,并按回车键。

☞ 菜单栏:执行【工具】|【拼写检查】命令。

执行上述任一命令后,系统弹出如图 11-26 所示的【拼写检查】对话框,单击【开始】按钮就开始自动进行检查。检查完毕后,可能会出现如下两种情况。

☞ 所选的文字对象拼写都正确。系统将打开【AutoCAD 信息】提示对话框,提示拼写检查已完成,单击【确定】按钮即可。

☞ 所选文字有拼写错误的地方。此时系统将打开如图 11-27 所示的【拼写检查】对话框,该对话框显示了当前错误以及系统建议修改成的内容和该词语的上下文。可以单击【修改】、【忽略】等按钮进行相应的修改。

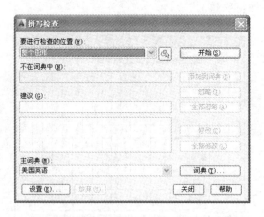

图 11-26 【拼写检查】对话框 1

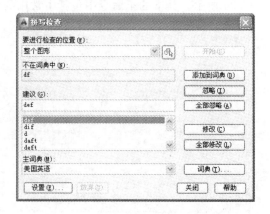

图 11-27 【拼写检查】对话框 2

11.3.7 添加多行文字背景

为了使文字清晰地显示在复杂的图形中,用户可以为文字添加不透明的背景。

【课堂举例 11-6】:添加多行文字背景

(1)单击【快速访问】工具栏中的【打开】按钮 ,打开"11\课堂举例 11-6 添加多行文字背景.dwg"文件,如图 11-28 所示。

(2)双击文字弹出【文字格式】编辑器,在【文字格式】编辑器的文本区单击鼠标右键,在弹出的快捷菜单中选择【背景遮罩】命令。

(3)系统弹出【背景遮罩】对话框,在其中选择【使用背景遮罩】复选框,然后在【填充颜色】下拉列表中选择绿色,如图 11-29 所示。

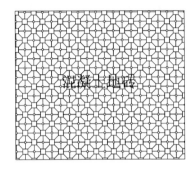

图 11-28 素材图形

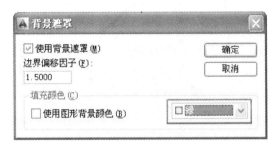

图 11-29 【背景遮罩】对话框

(4)单击【确定】按钮关闭对话框,添加文字背景效果如图 11-30 所示。

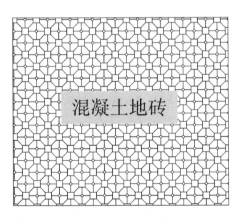

图 11-30 最终效果

11.4 创建表格

使用 AutoCAD 的表格功能,能够自动地创建和编辑表格,其操作方法与 Word、Excel 相似。

11.4.1 创建表格样式

在 AutoCAD 2014 中,可以使用【表格样式】命令创建表格,在创建表格前,先要设置表格的样式,包括表格内文字的字体、颜色、高度以及表格的行高、行距等。

表格样式有以下 3 种创建方式。

☞菜单栏:执行【格式】|【表格样式】命令。

☞工具栏:单击【样式】工具栏上的【表格样式】按钮🖩。

☞命令行:在命令行输入 TABLESTYLE/TS,并按回车键。

执行上述任一命令后,将打开如图 11-31 所示的【表格样式】对话框,其中显示了已创建的表格样式列表,可以通过右边的按钮新建、修改、删除和设置表格样式。

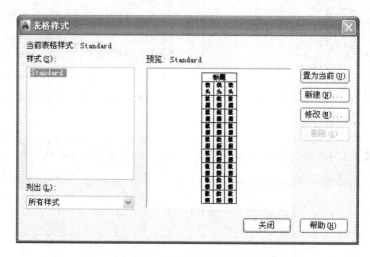

图 11-31　【表格样式】对话框

【课堂举例 11-7】:新建表格样式

(1)在命令行中输入 TS,并按回车键,系统弹出【表格样式】对话框,在对话框中单击【新建】按钮,打开如图 11-32 所示的【创建新的表格样式】对话框。

(2)在【新样式名】文本框中输入新样式名【材料详细表】,在【基础样式】下拉列表中选择作为新表格样式的基础样式,系统默认选择【Standard】样式。

(3)单击【继续】按钮,打开如图 11-33 所示的【新建表格样式:材料详细表】对话框,在【常规】选项区域的下拉列表中选择表格方向为【向下】,在【单元样式】区域的下拉列表中选择【数据】选项。

(4)在【单元样式】区域【常规】选项卡中设置对齐方式为【正中】,如图 11-34 所示,在【文字】选项卡中设置文字高度为【100】。单击【文字样式】右侧的按钮⋯,在弹出的【文字样式】对话框中设置文字字体为【gbenor.shx】,如图 11-35 所示,其余参数保持默认设置。

(5)单击【确定】按钮返回【表格样式】对话框,选择【材料详细表】样式,单击【置为当前】按钮,将此样式设为当前样式。单击【关闭】按钮完成操作。

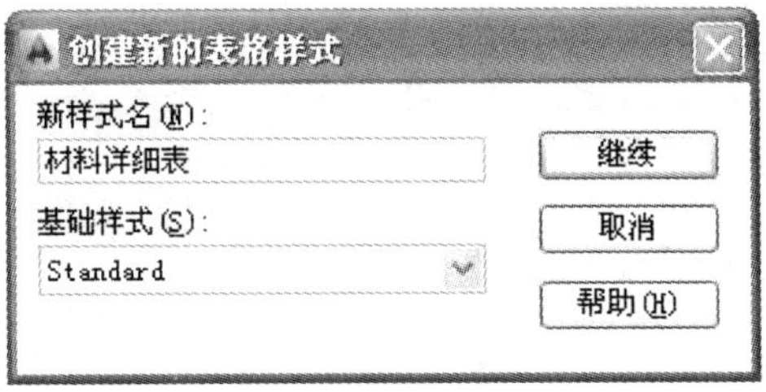

图 11-32 【创建新的表格样式】对话框

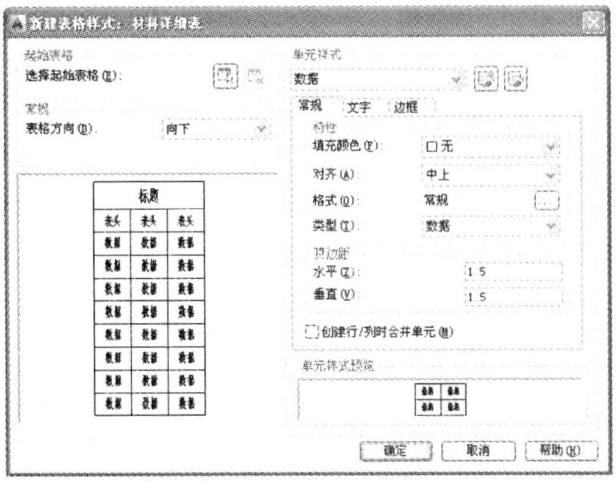

图 11-33 【新建表格样式:材料详细表】对话框

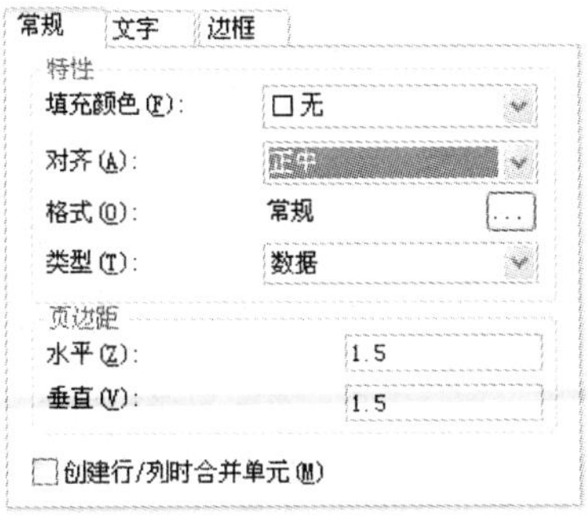

图 11-34 【常规】选项卡设置

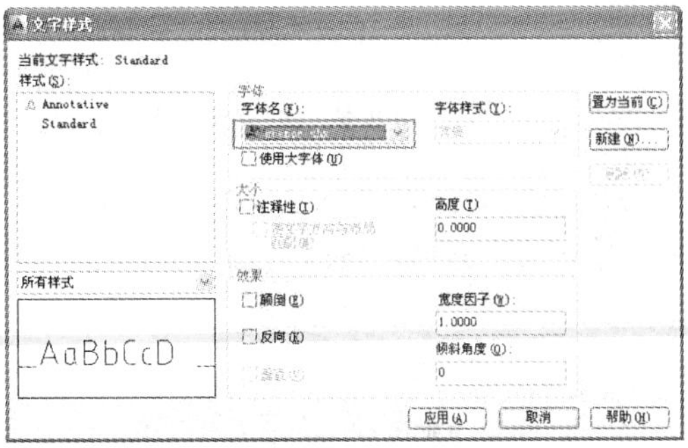

图 11-35 【文字样式】对话框

11.4.2 修改表格

使用【插入表格】命令直接创建的表格一般都不能满足实际绘图的要求,尤其是当绘制的表格比较复杂时。这时就需要通过编辑命令编辑表格,使其符合绘图的要求。

1.编辑表格

选择整个表格,单击鼠标右键,系统将弹出如图 11-36 所示的快捷菜单,可以在其中对表格进行剪切、复制、删除、移动、缩放和旋转等简单操作,也可以均匀调整表格的行、列大小,删除所有特性替代。当选择【输出】命令时,还可以打开【输出数据】对话框,以"csv"格式输出表格中的数据。

2.编辑单元格

选择表格中的某个单元格后,在其上右击鼠标,将弹出如图 11-37 所示的快捷菜单,可以在其中编辑单元格。

图 11-36 选中整个表格时的快捷菜单

该快捷菜单中的【插入点】命令用于插入块、字段或公式等外部参数。如选择【块】命令,将打开如图 11-38 所示的【在表格单元中插入块】对话框,在其中可以设置插入块在表

239

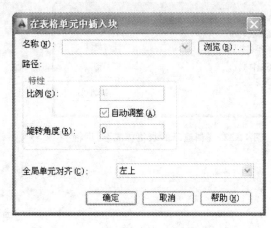

图 11-38 【在表格单元中插入块】对话框

图 11-37 选中单元格时的快捷菜单

格单元中的对齐方式、比例和旋转角度等特性。

技巧：单击单元格时，按住 Shift 键，可以选择多个连续的单元格。通过【特性】选项板也可以修改单元格的属性。

11.4.3 向表格中添加内容

表格创建完成之后，用户可以在标题行、表头行和数据行中输入文字。在使用表格时，可能会发现原来的表格不够用了，需要添加行或列。

【课堂举例 11-8】：在表格中输入文字

(1)执行【绘图】|【表格】命令，系统弹出【插入表格】对话框，设置参数，如图 11-39所示。

(2)单击【确定】按钮，在绘图区合适位置插入表格，如图 11-40 所示。

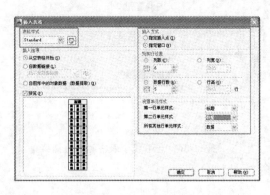

图 11-40 绘制表格

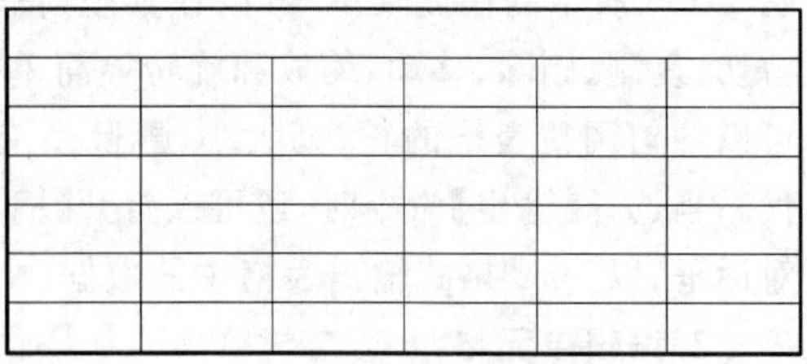

图 11-39 输入文字

(3)使用鼠标左键双击表格的标题行，打开【文字格式】编辑器。在其中设置文字的相关属性,在标题行输入文字"材料明细",如图 11-41 所示。

(4)按方向键【↓】,移动光标到表头行的第一个单元格,然后输入文字。使用方向键【→】,移动光标至下一个单元格,然后输入文字,如图 11-42 所示。

图 11-41 输入文字 1 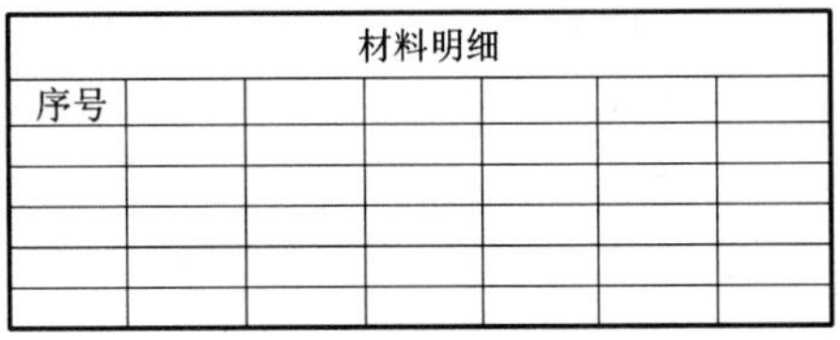   图 11-42 输入文字 2

(5)在表格的某单元内单击鼠标左键选中它,然后单击鼠标右键,在弹出的快捷菜单中选择【行】,在【行】的子菜单中选择【在下方插入】选项,这样即可在选中单元的下方插入一行,效果如图 11-43 所示。

(6)如果要在表格中添加列,其方法与上述是一致的。

图 11-43 插入行

11.5 综合实例

本节通过具体的实例,练习前面介绍的单行、多行文字的输入及编辑,还有表格的插入等。

11.5.1 绘制植物名录表

(1)单击【快速访问】工具栏中【新建】按钮，新建空白文件。

(2)在【默认】选项卡中单击【注释】面板中的【表格】按钮，系统弹出【插入表格】对话框,设置参数,如图 11-44 所示。

(3)单击【确定】按钮,在绘图区任意位置单击一点,插入表格,如图 11-45 所示。

(4)鼠标双击标题栏,此时表格处于编辑状态,根据行高设置文字高度,设置文字样式为"仿宋_GB2312",如图 11-46 所示。

(5)再在文字编辑器中输入"植物名录表",并且居中显示,如图 11-47 所示。

(6)按向下的方向键,将光标移动至第二行第一列的表格中,根据行高设置字体的高度,设置文字样式为"仿宋_GB2312",在文字编辑器中输入"序号",如图 11-48 所示。

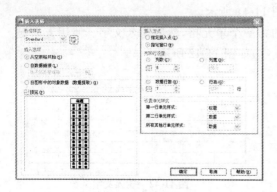

图 11-44　设置参数

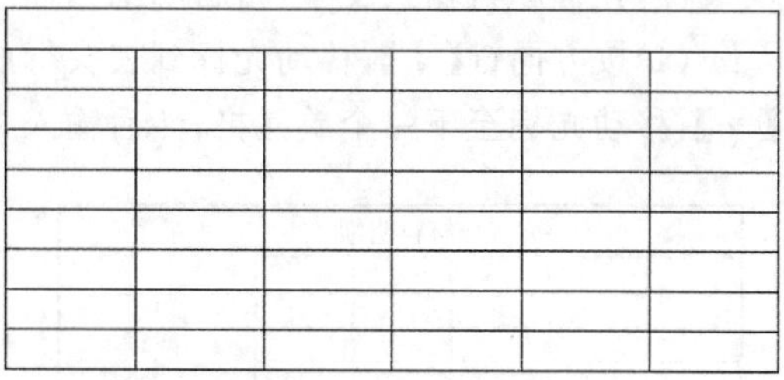

图 11-45　插入表格

图 11-46　设置文字参数

图 11-47　输入文字

（7）重复上述操作，输入文字，并拖动表格中的夹点，调整表格的行高和列宽，如图 11-49 所示。

（8）至此，植物名录表绘制完成。

图 11-48　输入文字

植物名录表					
序号	名称	规格	单位	数量	备注
1	红叶石楠	H30-40, P30-40	m^2	19	30株/m^2
2	杜鹃	H30-40, P30-40	m^2	26	30株/m^2
3	金边黄杨	H30-40, P30-40	m^2	8	30株/m^2
4	洒金珊瑚	H30-40, P30-40	m^2	12	30株/m^2
5	水腊	H30-40, P30-40	m^2	50	30株/m^2
6	旱园竹	H30-40, P30-40	m^2	44	16株/m^2
7	矮生高羊茅草	H30-40, P30-40	m^2	690	9株/m^2

图 11-49　植物名录表

11.5.2　绘制建筑图纸的标题栏

（1）单击【快速访问】工具栏中的【新建】按钮，新建空白文件。

（2）执行【绘图】|【表格】命令▦，系统弹出【插入表格】对话框，如图 11-50 所示。单击其中的【表格样式】按钮▱，系统弹出【表格样式】对话框，如图 11-51 所示。

（3）单击其中的【修改】按钮，系统弹出【修改表格样式：Standard】对话框，设置参数，

图 11-50 【插入表格】对话框

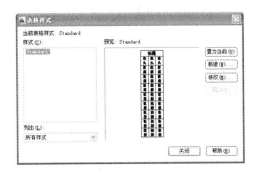

图 11-51 【表格样式】对话框

如图 11-52 所示。完成参数设置后,单击【确定】按钮,返回【表格样式】对话框。

(4)单击其中的【关闭】按钮,系统返回【插入表格】对话框,设置参数,如图 11-53 所示。单击【确定】按钮,关闭对话框。

图 11-52 修改表格样式

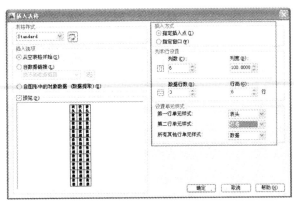

图 11-53 设置表格

(5)返回绘图区域,此时要插入的表格将随十字光标出现在绘图区域。在绘图区合适位置单击一点插入表格,系统随即弹出【文字编辑器】,在绘图空白处单击,退出编辑状态,完成表格的插入,如图 11-54 所示。

(6)再合并单元格。按住鼠标左键拖动鼠标,选中要合并的单元格。单击鼠标右键,在弹出的右键快捷菜单中执行【合并】|【按行】命令,如图 11-55 所示。

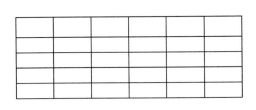

图 11-54 插入表格

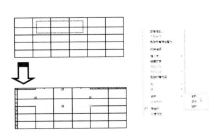

图 11-55 合并单元格

(7)合并效果如图 11-56 所示。

（8）用鼠标左键双击任意单元格，进入文字输入状态，然后如图 11-57 所示输入文字。

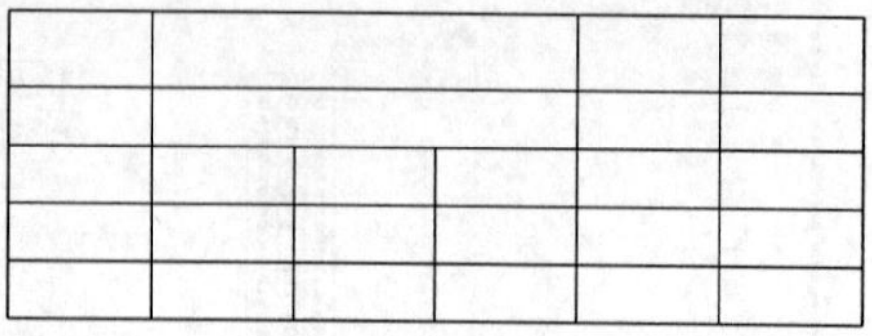

图 11-56　合并效果

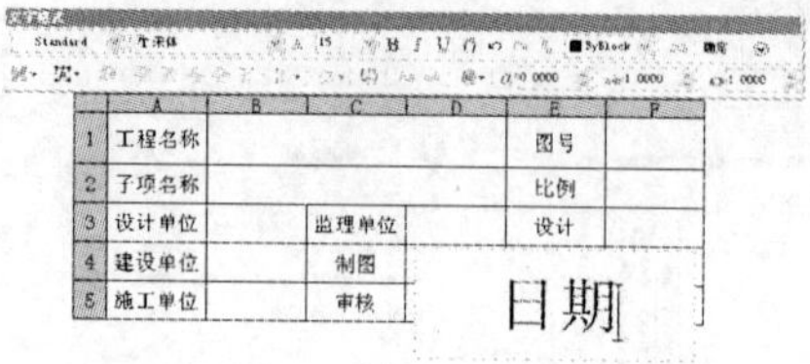

图 11-57　输入文字

（9）单击【文字编辑器】选项卡中的【关闭文字编辑器】按钮，完成文字的输入，结果如图 11-58 所示。

工程名称			图号	
子项名称			比例	
设计单位	监理单位		设计	
建设单位	制图		负责人	
施工单位	审核		日期	

图 11-58　最终效果

第12章
尺寸标注

尺寸标注是对图形对象形状和位置的定量化说明,也是工件加工或工程施工的重要依据,因而标注图形尺寸是一般绘图不可缺少的步骤。

AutoCAD 包含了一套完整的尺寸标注的命令和实用程序,可以标注直径、半径、角度、直线及圆心位置等对象,轻松完成图纸中要求的尺寸标注。

12.1 尺寸标注的组成与规定

尺寸标注是一个复合体,以块的形式存储在图形中。标注尺寸需要遵循国家尺寸标注的规定,不能盲目随意地标注。

12.1.1 尺寸标注的组成

如图 12-1 所示,一个完整的尺寸标注对象由尺寸界线、尺寸线、尺寸箭头和尺寸文字四个要素构成。AutoCAD 的尺寸标注命令和样式设置,都是围绕着这四个要素进行的。

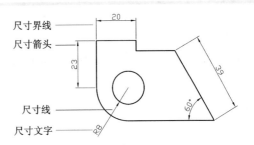

图 12-1 尺寸标注的组成要素

12.1.2 尺寸标注的规定

尺寸标注要求对标注对象进行完整、准确、清晰的标注,标注的尺寸数值要真实地反应标注对象的大小。国家标准对尺寸标注做了详细的规定,要求尺寸标注必须遵守以下基本原则。

☞物体的真实大小应以图形上所标注的尺寸数值为依据,与图形的显示大小和绘图的精确度无关。

☞图形中的尺寸为图形所表示的物体的最终尺寸,如果是绘制过程中的尺寸(如在涂镀前的尺寸等),则必须另加说明。

☞物体的每一尺寸,一般只标注一次,并应标注在最能清晰反映该结构的视图上。

12.2　创建标注样式

【标注样式】用来控制标注的外观,如箭头样式、文字位置和尺寸公差等。在同一个 AutoCAD 文档中,可以同时定义多个不同的标注样式。

12.2.1　新建标注样式

创建【标注样式】可以通过【标注样式管理器】来完成。

打开【标注样式管理器】有如下几种方式。

☞命令行:在命令行输入 DIMSTYLE/D,并按回车键。

☞菜单栏:执行【格式】|【标注样式】命令。

☞工具栏:单击【标注】工具栏中的【标注样式】按钮 。

☞功能区:在【注释】选项卡中单击【标注】面板右下角 按钮。

【课堂举例 12-1】:创建【室内标注】标注样式

(1)单击【快速访问】工具栏中的【新建】按钮 ,新建空白文件。

(2)在【注释】选项卡中单击【标注】面板右下角 按钮,系统将弹出【标注样式管理器】对话框,如图 12-2 所示。

(3)单击【新建】按钮,系统将弹出【创建新标注样式】对话框,在【新样式名】文本框中输入【室内标注】,如图 12-3 所示。

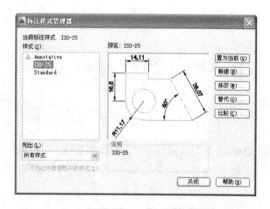

图 12-2　【标注样式管理器】对话框

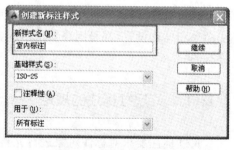

图 12-3　输入新样式名

(4)单击【继续】按钮,根据绘图需要在打开的对话框中设置参数,如图 12-4 所示。

(5)完成参数设置后,单击【确定】按钮,返回【标注样式管理器】对话框,新建的【室内标注】样式即出现在样式选项框中,单击【关闭】按钮,关闭对话框。

此外,可在【用于】下拉列表框中指定新建标注样式的适用范围,包括"所有标注"、"线性标注"、"角度标注"、"半径标注"、"直线标注"、"坐标标注"和"引线与公差"等选项。选中【注释性】复选框,可将标注定义成可注释对象。

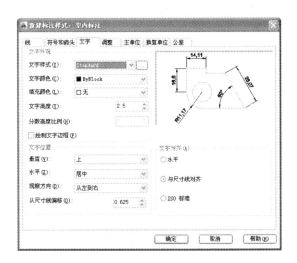

图 12-4　设置尺寸样式

技巧:在【基础样式】下拉列表框中选择一种基础样式,新样式将在该基础样式的基础上进行修改。单击【继续】按钮,系统弹出【新建标注样式】对话框,可以设置标注中的直线、符号和箭头、文字、单位等内容。

12.2.2　设置线样式

在 AutoCAD 中,可以针对【线】、【符号和箭头】、【文字】、【主单位】、【公差】等进行设置,来满足不同使用者的标注需要。

在图 12-4 所示的对话框中单击【线】选项卡,可以在其面板中设置线样式,其中主要包括尺寸线和延伸线的设置。

1.尺寸线

在【尺寸线】选项区域中,可以设置尺寸线的颜色、线宽、超出标记以及基线间距等属性。

2.尺寸界限

在【尺寸界限】选项区域中,可以设置延伸线的颜色、线宽、超出尺寸线的长度和起点偏移量、隐藏控制等属性。

【课堂举例 12-2】:设置【室内标注】标注样式

(1)启动 AutoCAD 2014,在命令行中输入 DIMSTYLE,并按回车键,系统弹出【标注样式管理器】对话框,单击对话框中的【新建】按钮,新建【室内标注】标注样式。

(2)单击【继续】按钮,弹出【新建标注样式】对话框,如图 12-5 所示。

(3)在【线】选项卡的【尺寸线】选项组中,设置【颜色】为蓝色。在【尺寸界限】选项组中,设置【颜色】为蓝色,如图 12-6 所示。

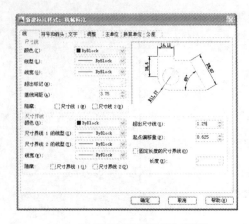

图 12-5 【新建标注样式】对话框

图 12-6 设置线样式

12.2.3 设置符号箭头样式

在【符号和箭头】选项卡中,可以设置箭头、圆心标记、弧长符号和半径标注折弯的格式与位置。

1. 箭头

在【箭头】选项组中可以设置尺寸线和引线箭头的类型及尺寸大小等。通常情况下,尺寸线的两个箭头应一致。

2. 圆心标记

在【圆心标记】选项组中可以设置圆或圆心标记的类型,如【标记】、【直线】和【无】。其中,选中【标记】单选按钮可对圆或圆弧绘制圆心标记,如图12-7 所示;选中【直线】单选按钮,可对圆或圆弧绘制中心线;选中【无】单选按钮,则没有任何标记。

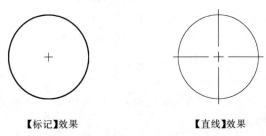

【标记】效果　　　　　　　　【直线】效果

图 12-7 圆心标记类型

3. 弧长符号

在【弧长符号】选项组中可以设置符号显示的位置,包括【标注文字的前缀】、【标注文字的上方】和【无】3 种方式。

4. 半径折弯

在【半径折弯标注】选项组的【折弯角度】文本框中,可以设置标注圆弧半径时标注线的折弯角度的大小。

5. 折断标注

在【折断标注】选项组的【折断大小】文本框中,可以设置标注折断时标注线的长度大小。

6. 线性折弯标注

在【线性折弯标注】选项组的【折弯高度因子】文本框中,可以设置折弯标注打断时折弯线的高度大小。

【课堂举例 12-3】：设置【室内标注】箭头样式

（1）接着【课堂举例 12-2】继续设置标注样式。

（2）切换至【符号和箭头】选项卡，设置箭头样式为【建筑标记】，设置【箭头大小】为 50，如图 12-8 所示。

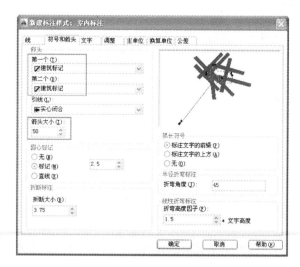

图 12-8　设置箭头样式

12.2.4　设置文字样式

1. 文字外观

在【文字外观】选项组中可以设置文字的样式、颜色、高度和分数高度比例，以及控制是否绘制文字边框等。

2. 文字位置

在【文字位置】选项区域中可以设置文字的垂直、水平位置以及从尺寸线的偏移量。

3. 文字对齐

在【文字对齐】选项组中可以设置标注文字是保持水平还是与尺寸线平行。

【课堂举例 12-4】：设置【室内标注】文字样式

（1）接着【课堂举例 12-3】继续设置标注样式。

（2）切换至【文字】选项卡，设置【文字高度】为 100，【文字颜色】为蓝色，【从尺寸线偏移】设置为 30，如图 12-9 所示。

12.2.5　设置调整样式

在【新建标注样式】对话框中，可以使用【调整】选项卡设置标注文字的位置、尺寸线、

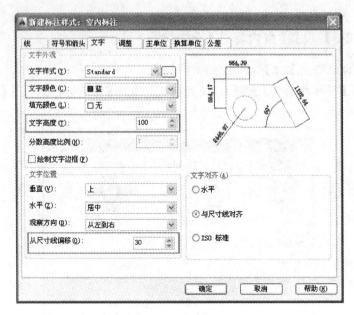

图 12-9　设置文字样式

尺寸箭头的位置。

1. 调整选项

在【调整选项】选项区域中，可以确定当延伸线之间没有足够的空间同时放置标注文字和箭头时，从延伸线之间移出的对象。

2. 文字位置

在【文字位置】选项组中，可以设置当文字不在默认位置时的位置，如图 12-10 所示。

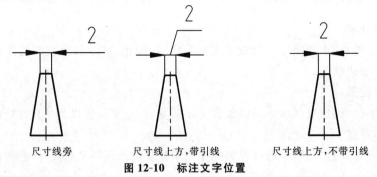

尺寸线旁　　　　　尺寸线上方，带引线　　　　尺寸线上方，不带引线

图 12-10　标注文字位置

3. 标注特征比例

在【标注特征比例】选项区域中，可以设置标注尺寸的特征比例，以便通过设置全局的比例来增加或减少各标注的大小。

4. 优化

在【优化】选项区域中，可以对标注文字和尺寸线进行细微调整。

12.2.6　设置标注单位样式

在【新建标注样式】对话框中，可以通过【主单位】选项卡设置主单位的格式与精度等属性。

1. 线性标注

在【线性标注】选项区域中,可以设置线性标注的单位格式与精度。

2. 角度标注

在【角度标注】选项区域中,可以使用【单位格式】下拉列表框设置标注角度时的单位;使用【精度】下拉列表框设置标注角度的尺寸精度;使用【消零】选项区域设置是否消除角度尺寸的"前导"和"后续"零。

12.2.7 设置换算单位样式

在【新建标注样式】对话框中,可以使用【换算单位】选项卡设置单位格式,如图 12-11 所示。

在 AutoCAD 2014 中,通过换算标注单位,可以转换不同测量单位制的标注,通常是显示英制标注的等效公制标注,或公制标注的等效英制标注。在标注文字中,换算标注的单位显示在主单位旁边的括号"[ ]"中,如图 12-12 所示。

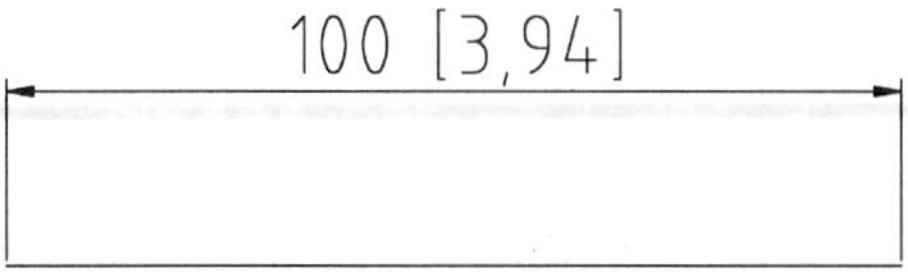

图 12-12　换算标注单位

图 12-11　【换算单位】选项卡

12.2.8 设置公差样式

在【新建标注样式】对话框中,可以使用【公差】选项卡设置是否标注公差,以及以何种方式进行标注,如图 12-13 所示。

图 12-13　【公差】选项卡

12.3 修改标注样式

在绘图的过程中,可以根据绘图的实际需要修改标注样式。

12.3.1 修改尺寸标注样式

针对实际需要修改了尺寸标注样式后,图样中使用此标注样式的标注都会发生对应的改变。

在【注释】选项卡中单击【标注】面板右下角 □ 按钮,系统弹出【标注样式管理器】对话框。单击【修改】按钮,在弹出的对话框中进行修改设置。关闭对话框之后,相对应的标注都将发生改变。

12.3.2 替代标注样式

修改了标注样式之后,AutoCAD 将对整幅图中使用此样式的标注进行更改,但有时某些标注需要使用单独的样式。对于此类情况,可再创建新样式,采用当前样式的覆盖方式进行标注即可。

在【注释】选项卡中单击【标注】面板右下角 □ 按钮,系统弹出【标注样式管理器】对话框。单击【替代】按钮,再对弹出对话框进行相对应的设置。

提示:创建标注时,AutoCAD 会暂时使用新的标注样式进行标注。如果想要恢复原来的标注样式,需要再次进入【标注样式管理器】对话框选择该样式。单击【置为当前】按钮,系统会弹出一个提示对话框,如图 12-14 所示,单击【确定】按钮即可。

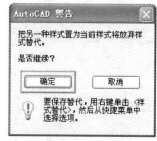

图 12-14 提示对话框

12.3.3 删除与重命名标注样式

对于不需要的标注样式以及需要重新命名的标注样式,可以在【标注样式管理器】对话框中进行修改。选择需要删除或者重命名的标注样式之后,单击鼠标右键,在弹出的快捷菜单中选择【删除】或【重命名】即可,如图 12-15 所示。

注意:当前样式或正在被使用的标注样式和列表中唯一的标注样式都是不能被删除的。

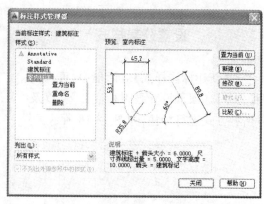

图 12-15 【删除】或【重命名】标注样式

12.4 创建基本尺寸标注

为了更方便快捷地标注图纸中的各个方向和形式的尺寸,AutoCAD 提供了线性标注、径向标注、角度标注和指引标注等多种标注类型。掌握这些标注方法可以为各种图形灵活地添加尺寸标注,使其成为生产制造或施工的依据。

12.4.1 对齐标注

在对直线进行标注时,如果该直线的倾斜角度未知,那么使用【线性标注】的方法将无法得到准确的测量结果,这时可以调用【对齐】命令进行标注。

启用【对齐】标注命令有如下几种常用方法。

☞命令行:在命令行中输入 DIMALIGNED/DAL,并按回车键。

☞菜单栏:执行【标注】|【对齐】命令。

☞工具栏:单击【标注】工具栏中的【对齐标注】按钮 ⬚。

☞功能区:在【注释】选项卡中单击【标注】面板中的【对齐】按钮 ⬚。

【课堂举例 12-5】:对齐标注

(1)单击【快速访问】工具栏中的【打开】按钮 🗁,打开"12\课堂举例 12-5 对齐标注.dwg"素材文件,如图 12-16 所示。

(2)在【注释】选项卡中单击【标注】面板中的【对齐】按钮 ⬚,标注两斜边的长度,如图 12-17 所示。命令行提示如下。

```
命令:_dimaligned    //调用对齐标注命令
指定第一个尺寸界线原点或 <选择对象>:    //指定 A 边的上端点
指定第二条尺寸界线原点:    //指定 A 边下侧的端点
指定尺寸线位置或
[多行文字(M)/文字(T)/角度(A)]:
标注文字=118.81    //在绘图区单击一点指定尺寸线的位置
命令: DIMALIGNED↙    //重复调用对齐标注命令
指定第一个尺寸界线原点或 <选择对象>:    //指定 B 边的上端点
指定第二条尺寸界线原点:    //指定 B 边的下侧端点
指定尺寸线位置或
[多行文字(M)/文字(T)/角度(A)]:
标注文字=106    //在绘图区单击一点指定尺寸线的位置
```

(3)至此,完成三角形斜边的标注。

12.4.2 线性标注

线性标注包括水平标注和垂直标注两种类型,用于标注任意两点之间的水平或者垂

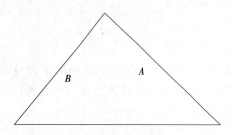

图 12-16　素材图形

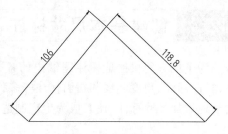

图 12-17　对齐标注

直距离。启动【线性】标注命令有如下几种常用方法。

☞命令行:在命令行中输入 DIMLINEAR/DLI,并按回车键。

☞菜单栏:执行【标注】|【线性】命令。

☞工具栏:单击【标注】工具栏中的【线性】标注按钮┡。

☞功能区:在【注释】选项卡中单击【标注】面板中的【线性】按钮┡。

1. 指定起点

默认情况下,在命令行的提示下指定第一条延伸线的原点,并在"指定第二条延伸线原点:"的提示下指定了第二条延伸线的原点,命令行提示如下。

> 指定尺寸线位置或[多行文字(M)/文字(T)/角度(A)/水平(H)/垂直(V)/旋转(R)]:

默认情况下,指定尺寸线的位置后,系统将自动测量出两条延伸线起始点之间的距离,然后标注出尺寸。

2. 选择对象

如果在【线性标注】命令行的提示下直接按 Enter 键,则要求选择要标注尺寸的对象。当选择了对象以后,AutoCAD 将自动以对象的两个端点作为两条延伸线的起点。

【课堂举例 12-6】:线性标注

(1)单击【快速访问】工具栏中的【打开】按钮🖾,打开"12\课堂举例 12-6 线性标注.dwg"素材文件,如图 12-18 所示。

(2)在【注释】选项卡中单击【标注】面板中的【线性】按钮┡,标注矩形的长和宽,如图 12-19 所示。命令行提示如下。

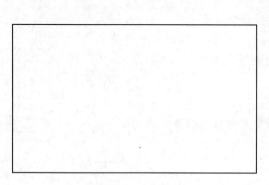

图 12-18　素材图形

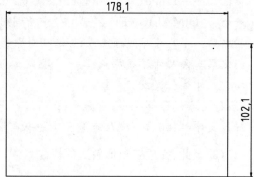

图 12-19　线性标注

命令：_dimlinear　　//调用线性标注命令
指定第一个尺寸界线原点或 ＜选择对象＞：　　//指定矩形上边的左端点
指定第二条尺寸界线原点：　　//指定矩形上边的右端点
指定尺寸线位置或
[多行文字(M)/文字(T)/角度(A)/水平(H)/垂直(V)/旋转(R)]：
标注文字 ＝ 178.1　　//在绘图区合适位置单击一点放置尺寸
命令：DIMLINEAR↙　　//重复调用线型标注命令
指定第一个尺寸界线原点或 ＜选择对象＞：　　//指定矩形右侧边的上端点
指定第二条尺寸界线原点：　　//指定矩形右侧边的下端点
指定尺寸线位置或
[多行文字(M)/文字(T)/角度(A)/水平(H)/垂直(V)/旋转(R)]：
标注文字＝102.1　　//在绘图区单击一点放置尺寸

12.4.3　连续标注

连续标注是以指定的尺寸界线(必须以线性、坐标或角度标注界线)为基线进行标注，它所指定的基线仅作为与该尺寸标注相邻的连续标注尺寸的基线。

启动【连续】标注命令有如下几种常用方法。

☞命令行：在命令行中输入 DIMCONTINUE/DCO，并按回车键。

☞菜单栏：执行【标注】|【连续】命令。

☞工具栏：单击【标注】工具栏中的【连续】标注按钮⊢⊢。

☞功能区：在【注释】选项卡中单击【标注】面板中的【连续】标注按钮⊢⊢。

【课堂举例12-7】：连续标注

(1)单击【快速访问】工具栏中的【打开】按钮，打开"12\课堂举例12-7 连续标注.dwg"素材文件，如图12-20所示。

(2)在【注释】选项卡中单击【标注】面板中的【线性】按钮⊢⊢，首先单击左侧的端点，再单击右侧的端点，标注图形最上侧线段的长度，如图12-21所示。

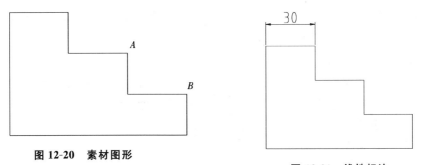

图12-20　素材图形

图12-21　线性标注

(3)在【注释】选项卡中单击【标注】面板中的【连续】标注按钮⊢⊢，系统自动以上一步骤中标注尺寸的右端点为标注起点，对图形进行连续标注，如图12-22所示。命令行提示如下。

```
命令：_dimcontinue      //调用连续标注命令
指定第二条尺寸界线原点或［放弃(U)/选择(S)］＜选择＞：      //指定 A 点作为第
    二条尺寸界线的原点
标注文字＝30      //在绘图区单击一点放置尺寸
指定第二条尺寸界线原点或［放弃(U)/选择(S)］＜选择＞：      //指定 A 点作为第
    二条尺寸界线的原点
标注文字＝30      //在绘图区单击一点放置尺寸
指定第二条尺寸界线原点或［放弃(U)/选择(S)］＜选择＞：      //按回车键退出
选择连续标注：      //再按回车键结束操作
```

（4）至此，完成图形的连续标注。

12.4.4　基线标注

【基线】标注用于标注以同一尺寸界线为基准的一系列尺寸，即从某一点引出的尺寸界线作为第一条尺寸界线，依次进行多个对象的尺寸标注。

调用【基线】标注有如下几种常用方法。

☞命令行：在命令行中输入 DIMBASE-LINE/DBA，并按回车键。

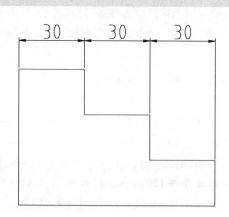

图 12-22　连续标注

☞菜单栏：执行【标注】|【基线】命令。

☞工具栏：单击【标注】工具栏中的【基线】标注按钮。

☞功能区：在【注释】选项卡中单击【标注】面板中的【基线】标注按钮。

【课堂举例 12-8】：基线标注

（1）单击【快速访问】工具栏中的【打开】按钮，打开"12\课堂举例 12-8 基线标注.dwg"素材文件，如图 12-23 所示。

（2）在【注释】选项卡中单击【标注】面板中的【线性】按钮，对直线 A 进行线性标注，如图 12-24 所示。命令行提示如下。

```
命令：_dimlinear      //调用线性标注命令
指定第一个尺寸界线原点或＜选择对象＞：      //指定直线 A 的左端点为尺寸界线原点
指定第二条尺寸界线原点：      //指定直线 A 的右端点为另一个尺寸界线原点
指定尺寸线位置或
［多行文字(M)/文字(T)/角度(A)/水平(H)/
垂直(V)/旋转(R)］：
标注文字＝50      //在绘图区空白处单击一点，放置尺寸标注
```

（3）在【注释】选项卡中单击【标注】面板中的【基线】按钮，对图形进行基线标注，如

尺寸标注 第12章

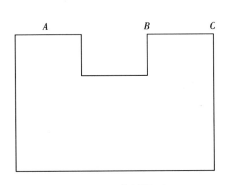

图 12-23　素材图形

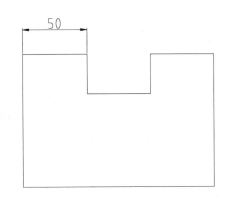

图 12-24　线性标注

图 12-25 所示。命令行提示如下。

命令：_dimbaseline　　//调用基线标注命令
指定第二条尺寸界线原点或［放弃(U)/选择(S)］＜选择＞：　　//选择 B 点为尺寸界线
　的原点
标注文字＝100
指定第二条尺寸界线原点或［放弃(U)/选择(S)］＜选择＞：　　//选择 C 点为尺寸界线
　的原点
标注文字＝150
指定第二条尺寸界线原点或［放弃(U)/选择(S)］＜选择＞：　　//按回车键完成基线标
注

（4）单击选择标注的尺寸，拖动其夹点，调整尺寸线的位置，如图 12-26 所示。
（5）至此，完成图形的基线标注。

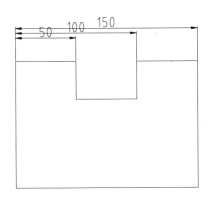

图 12-25　基线标注

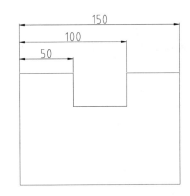

图 12-26　调整尺寸

　技巧：在进行基线标注之前，图形中必须存在直线标注。调用【基线】命令后，系统默认以上一个标注的第一条尺寸界线为基准，进行基线标注。

257

12.4.5　直径和半径标注

1. 直径标注

利用【直径】标注可以快速标注圆或圆弧的直径大小。

启用【直径】标注命令有如下几种常用方法。

☞命令行：在命令行中输入 DIMDIAMETER/DDI，并按回车键。

☞菜单栏：执行【标注】|【直径】命令。

☞工具栏：单击【标注】工具栏中的【直径】标注按钮◎。

☞功能区：在【注释】选项卡中单击【标注】面板中的【直径】标注按钮◎。

2. 半径标注

利用【半径】标注可以快速标注圆或圆弧的半径大小。

启用【半径】标注命令有如下几种常用方法。

☞命令行：在命令行中输入 DIMRADIUS/DRA，并按回车键。

☞菜单栏：执行【标注】|【半径】命令。

☞工具栏：单击【标注】工具栏中的【半径】标注按钮◎。

☞功能区：在【注释】选项卡中单击【标注】面板中的【半径】标注按钮◎。

标注半径的方法与标注直径的方法一样，在这里就不再详细讲解了。

【课堂举例 12-9】直径、半径标注

（1）单击【快速访问】工具栏中的【打开】按钮✉，打开"12\课堂举例 12-9 直径、半径标注"素材文件，如图 12-27 所示。

（2）在【注释】选项卡中单击【标注】面板中的【直径】标注按钮◎，标注小圆的直径，如图 12-28 所示。命令行提示如下。

```
命令：_ dimdiameter      //调用直径标注命令
选择圆弧或圆：      //选择小圆轮廓
标注文字＝20
指定尺寸线位置或 [多行文字(M)/文字(T)/角度(A)]：      //在绘图区合适位置单
    击一点放置尺寸
```

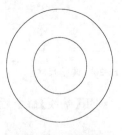

图 12-27　素材图形

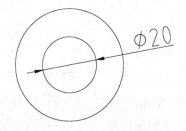

图 12-28　直径标注

（3）在【注释】选项卡中单击【标注】面板中的【半径】标注按钮◎，标注大圆的半径，如

图 12-29 所示。命令行提示如下。

```
命令：_dimradius        //调用半径标注命令
选择圆弧或圆：         //选择大圆
标注文字＝20
指定尺寸线位置或［多行文字(M)/文字(T)/角度
  (A)］：      //在绘图区单击一点,确定尺寸线位置
```

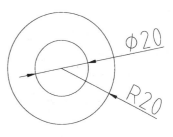

图 12-29　结果图

(4)至此,图形的直径和半径尺寸标注完成。

12.5　创建其他尺寸标注

除了基本的尺寸标注以外,AutoCAD 还提供了【角度】标注、【弧长】标注、【弯折】标注、【公差】标注等特殊标注。

12.5.1　角度标注

利用【角度】标注工具不仅可以标注两条呈一定角度的直线或 3 个点之间的夹角,还可以标注圆弧的圆心角。

启用【角度】标注有如下几种常用方法。

☞命令行:在命令行中输入 DIMANGULAR/DAN,并按回车键。

☞菜单栏:执行【标注】|【角度】命令。

☞工具栏:单击【标注】工具栏中的【角度】标注按钮 △。

☞功能区:在【注释】选项卡中单击【标注】面板中的【角度】标注按钮 △。

【课堂举例 12-10】:角度标注

(1)单击【快速访问】工具栏中的【打开】按钮 ,打开"12\课堂举例 12-10 角度标注"素材文件,如图 12-30 所示。

(2)在【注释】选项卡中单击【标注】面板中的【角度】标注按钮 △,标注三角形下侧两个角的大小,如图 12-31 所示。命令行提示如下。

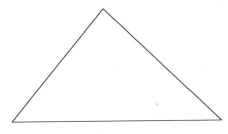

图 12-30　素材图形

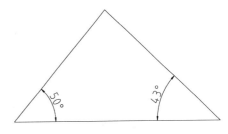

图 12-31　角度标注

命令：_dimangular   //调用角度命令
选择圆弧、圆、直线或＜指定顶点＞：   //单击选择三角形左侧的斜边
选择第二条直线：   //单击选择三角形的底边
指定标注弧线位置或［多行文字(M)/文字(T)/角度(A)/象限点(Q)］：   //在两边
    之间合适位置单击放置尺寸
标注文字＝50
命令：DIMANGULAR
选择圆弧、圆、直线或＜指定顶点＞：   //单击选择三角形右侧的斜边
选择第二条直线：   //单击选择三角形的底边
指定标注弧线位置或［多行文字(M)/文字(T)/角度(A)/象限点(Q)］：   //在两边
    之间单击一点放置标注
标注文字＝43

（3）至此，完成图形的角度标注。

12.5.2 弧长标注

使用【弧长】标注工具可以标注圆弧、多段线圆弧或者其他弧线的长度。
启用【弧长】标注有如下几种常用方法。

☞命令行：在命令行中输入 DIMARC，并按回车键。

☞菜单栏：执行【标注】|【弧长】命令。

☞工具栏：单击【标注】工具栏中的【弧长】标注按钮 。

☞功能区：在【注释】选项卡中单击【标注】面板中的【弧长】标注按钮 。

【课堂举例 12-11】弧长标注

（1）单击【快速访问】工具栏中的【新建】按钮 ，新建空白文件。

（2）在命令行中输入 A，并按回车键，在绘图区空白处绘制任意一段圆弧，如图 12-32 所示。

（3）在【注释】选项卡中单击【标注】面板中的【弧长】按钮 ，标注该圆弧的弧长，如图 12-33 所示。

图 12-32 绘制圆弧

图 12-33 弧长标注

12.5.3　快速标注

AutoCAD 将常用的标注综合成了一个方便的【快速标注】命令 QDIM。执行该命令时,只需要选择标注的图形对象,AutoCAD 就将针对不同的标注对象自动选择合适的标注类型,并快速标注。

启用【快速标注】命令有如下几种常用方法。

☞命令行:在命令行中输入 QDIM,并按回车键。

☞菜单栏:执行【标注】|【快速标注】命令。

☞工具栏:单击【标注】工具栏中的【快速标注】按钮。

☞功能区:在【注释】选项卡中单击【注释】面板中的【快速标注】按钮。

【课堂举例 12-12】:创建快速标注

(1)单击【快速访问】工具栏中的【打开】按钮,打开"12\课堂举例 12-12 创建快速标注 "素材文件,如图 12-34 所示。

(2)单击【标注】工具栏中的【快速标注】按钮,根据命令行提示对原始文件进行快速标注,结果如图 12-35 所示,命令行提示如下。

```
命令:_qdim        //调用【快速标注】命令
关联标注优先级=端点
选择要标注的几何图形:指定对角点:找到 8 个        //框选所有图形
选择要标注的几何图形:↙        //回车确认选中的图形
指定尺寸线位置或 [连续(C)/并列(S)/基线(B)/
坐标(O)/半径(R)/直径(D)/基准点(P)/编辑(E)/设置(T)] <连续>:        //在绘图
    区合适位置单击放置尺寸
```

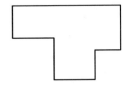

图 12-34　素材文件

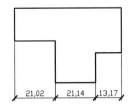

图 12-35　创建快速标注

12.5.4　折弯标注

在标注大直径的圆或圆弧的半径尺寸时,可以使用折弯标注,如图 12-36 所示。

启用【折弯】命令有如下几种常用方法。

☞命令行:在命令行中输入 DIMJOGGED,并按回车键。

☞菜单栏:执行【标注】|【折弯】命令。

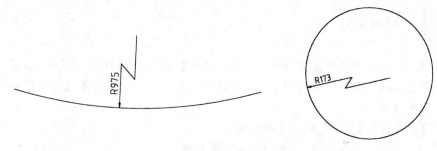

图 12-36 折弯标注

☞工具栏:单击【标注】工具栏中的【折弯】标注按钮。

☞功能区:在【注释】选项卡中单击【标注】面板中的【折弯】标注按钮。

12.5.5 快速引线标注与多重引线标注

利用【引线】标注可以创建一个或多个引线、多种格式的注释文字以及多行旁注和说明等。

1. 快速引线标注

【快速引线】标注命令是 AutoCAD 常用的引线标注命令。

启用【快速引线】命令的方式如下。

☞命令行:在命令行中输入 QLEADER/LE,并按回车键。

2. 多重引线标注

启用【多重引线】标注有如下几种常用方法。

☞命令行:在命令行中输入 MLEADER,并按回车键。

☞菜单栏:执行【标注】|【多重引线】命令。

☞工具栏:单击【多重引线】工具栏中的【多重引线】按钮。

☞功能区:在【注释】选项卡中单击【引线】面板中的【多重引线】按钮。

3. 管理多重引线样式

通过【多重引线样式管理器】可以设置【多重引线】的箭头、引线以及文字等特征,在 AutoCAD 2014 中打开【多重引线样式管理器】有如下几种常用方法。

☞命令行:在命令行中输入 MLEADERSTYLE/MLS,并按回车键。

☞菜单栏:执行【格式】|【多重引线样式】命令。

☞工具栏:单击【多重引线】工具栏中的【多重引线样式】按钮。

☞功能区:在【注释】选项卡中单击【引线】面板右下角按钮。

【课堂举例 12-13】:利用【多重引线】标注倒角

(1)单击【快速访问】工具栏中的【打开】按钮,打开"12\课堂举例 12-13 标注倒角"素材文件,如图 12-37 所示。

(2)在【注释】选项卡中单击【引线】面板右下角按钮,系统弹出【多重引线样式管理器】对话框,如图 12-38 所示。

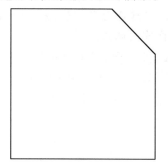

图 12-37　素材图形

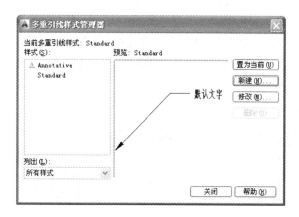

图 12-38　【多重引线样式管理器】对话框

　　(3)单击对话框中的【新建】按钮,新建【倒角标注】多线样式,如图 12-39 所示。

　　(4)单击【继续】按钮,系统弹出【修改多重引线样式:倒角标注】对话框,并设置参数。【引线格式】选项卡参数设置如图 12-40 所示,【引线结构】选项卡参数设置如图 12-41 所示,【内容】选项卡参数设置如图 12-42 所示。其余参数默认。

图 12-39　素材图形

图 12-40　【引线格式】选项卡

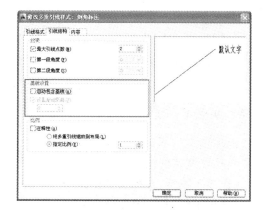

图 12-41　【引线结构】选项卡

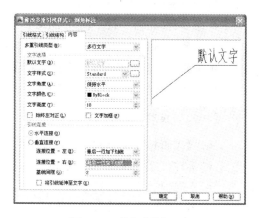

图 12-42　【内容】选项卡

（5）单击【确定】按钮，返回【多重引线样式管理器】对话框，新建的【倒角标注】多线样式即显示在样式列表框中，选择新建的多重引线标注样式，单击【置为当前】按钮，将其置为当前，如图 12-43 所示。单击【关闭】按钮，完成多重引线样式的创建。

（6）在【注释】选项卡中单击【引线】面板中的【多重引线】按钮，捕捉倒角的右下端点为引线箭头的位置，配合极轴追踪功能，在 45°极轴线上单击一点确定引线基线的位置，在弹出的【文字编辑器】中输入"C30"，按回车键完成倒角标注，如图 12-44 所示。

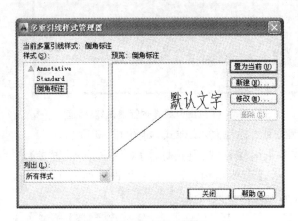

图 12-43　置为当前

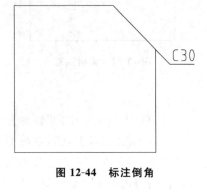

图 12-44　标注倒角

12.6　尺寸标注编辑

在 AutoCAD 2014 中，可以对已标注对象的文字、位置及样式等内容进行修改，而不必删除所标注的尺寸对象再重新进行标注。

12.6.1　编辑标注文字

【DIMTEDIT】命令用于移动和旋转标注文字并重新定位尺寸线。

启用该命令有如下几种常用方法。

☞命令行：在命令行中输入 DIMTEDIT，并按回车键。

☞菜单栏：执行【标注】|【对齐文字】命令。

☞工具栏：单击【标注】工具栏中的【编辑标注文字】按钮 。

执行上述任一命令，选择标注后，命令行提示如下。

为标注文字指定新位置或 [左对齐(L)/右对齐(R)/居中(C)/默认(H)/角度(A)]：

调用【编辑标注文字】命令编辑标注文字时，各选项含义如下。

☞"标注文字的位置"选项：用于拖动时动态更新标注文字的位置。

☞"左"选项：表示沿尺寸线左对正标注文字，只适用于线型、直径和半径标注。

☞"右"选项：表示沿尺寸线右对正标注文字，只适用于线型、直径和半径标注。

☞"中心"选项：表示将标注文字放置在尺寸线的中间。

☞"默认"选项：表示将标注文字移回默认位置。

☞"角度"选项：用于修改标注文字的角度。

12.6.2 编辑标注

【DIMEDIT】命令用于编辑标注文字和尺寸界线。

启用该命令有如下 2 种常用方法。

☞命令行：在命令行中输入 DIMEDIT/DED，并按回车键。

☞工具栏：单击【标注】工具栏中的【编辑标注】按钮。

执行上述任一命令，选择要编辑的标注后，命令行提示如下。

输入标注编辑类型［默认(H)/新建(N)/旋转(R)/倾斜(O)］＜默认＞：

编辑标注尺寸时，根据命令行提示输入标注编辑类型，其中各选项含义如下。

☞"默认"选项：表示将旋转标注文字移回默认位置。

☞"新建"选项：表示使用在位文字编辑器更改标注文字。

☞"旋转"选项：表示旋转标注文字。

☞"倾斜"选项：表示调整线性标注尺寸界线的倾斜角度。

【课堂举例 12-14】创建并编辑标注

(1)单击【快速访问】工具栏中的【打开】按钮，打开"12\课堂举例 12-14 创建并编辑标注"素材文件，如图 12-45 所示。

(2)在【注释】选项卡中单击【标注】面板中的【线性】按钮，标注床的宽度，如图 12-46 所示。

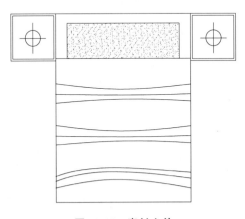

图 12-45 素材文件

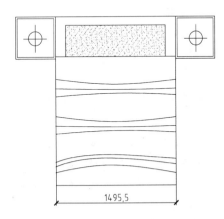

图 12-46 标注床宽

(3)在命令行中输入 DIMEDIT，并按回车键，修改数值为 1500，如图 12-47 所示。命令行的提示如下。

命令：DED↙　　　　DIMEDIT　　　//调用【编辑标注】命令

输入标注编辑类型［默认(H)/新建(N)/旋转(R)/倾斜(O)］＜默认＞：n↙　　　//激

　活"新建"选项，在弹出的文字编辑其中选中默认数值，输入新数值1500

选择对象：找到1个　　　//选择上一步骤中标注的尺寸，按回车键结束操作

　　（4）在命令行中输入 DIMTEDIT，并按回车键，编辑标注的文字，使标注的数值在左侧显示，如图 12-48 所示。命令行提示如下。

命令：DIMTEDIT↙　　　//调用【编辑标注】命令

选择标注：　　//选择数值为1500的尺寸标注

为标注文字指定新位置或［左对齐(L)/右对齐(R)/居中(C)/默认(H)/角度(A)］：l

　↙　　//激活"左对齐"命令，按回车键结束操作

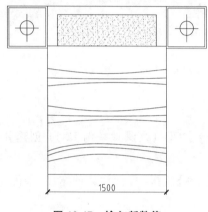

图 12-47　输入新数值

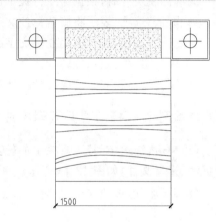

图 12-48　左对齐数值

12.6.3　使用【特性】选项板编辑标注

　　除了用【编辑标注】更改文字以外，还有其他多种方法。现在来介绍其中一种，利用【特性】选项板来编辑标注。

　　启用【特性】命令有如下 2 种常用方法。

　　☞命令行：在命令行中输入 PROPERTIES/PR，并按回车键。

　　☞菜单栏：执行【工具】|【选项板】|【特性】命令。

　　在命令行中输入命令之后，系统弹出【特性】选项面板，在【文字】选项区域中更改【文字替代】的参数，即可重新编辑标注。

　　注意：【特性】选项面板除了可以对标注进行编辑以外，对颜色、线型、箭头等也都可以编辑。

12.6.4　打断尺寸标注

　　打断尺寸标注可以使标注、尺寸延伸线或引线不显示，可以自动或手动将折断线标注

添加到标注或引线对象,如线性标注、角度标注、半径标注、弧长标注、坐标标注、多重引线等。

　　启用【打断标注】命令有如下几种常用方法。

　　☞命令行:在命令行中输入 DIMBREAK,并按回车键。

　　☞菜单栏:执行【标注】|【标注打断】命令。

　　☞工具栏:单击【标注】工具栏中的【打断标注】按钮⊡。

　　☞功能区:在【注释】选项卡中单击【标注】面板中的【打断】按钮⊡。

12.6.5　标注间距

　　在 AutoCAD 中使用【标注间距】功能,可根据指定的间距数值,调整尺寸线互相平行的线性尺寸或角度尺寸之间的距离,使其处于平行等距或对齐状态。

　　启用【标注间距】调整命令有如下几种常用方法。

　　☞命令行:在命令行中输入 DIMSPACE,并按回车键。

　　☞菜单栏:执行【标注】|【标注间距】命令。

　　☞工具栏:单击【标注】工具栏中的【等距标注】按钮⊡。

　　☞功能区:在【注释】选项卡中单击【标注】面板中的【调整间距】按钮⊡。

12.6.6　更新标注

　　调用【标注更新】命令可以实现两个尺寸样式之间的互换,将已标注的尺寸以新的样式显示出来,来满足使用者各种尺寸标注的需要,无需对尺寸进行反复修改。

　　启用【标注更新】调整命令有如下几种常用方法。

　　☞命令行:在命令行中输入 DIMSTYLE,并按回车键。

　　☞菜单栏:执行【标注】|【更新】命令。

　　☞工具栏:单击【标注】工具栏中的【标注更新】按钮⊡。

　　☞功能区:在【注释】选项卡中单击【注释】面板中的【更新】按钮⊡。

12.7　综合实例

　　本节通过具体的实例,巩固之前介绍的尺寸标注的方式方法。

12.7.1　标注室内平面图尺寸

　　标注如图 12-49 所示室内平面尺寸。

　　(1)单击【快速访问】工具栏中的【打开】按钮⊡,打开"12\12.7.1 室内平面图.dwg"素材文件,如图 12-50 所示。

　　(2)在【注释】选项卡中单击【标注】面板右下角⊡按钮,在系统弹出的【标注样式管理

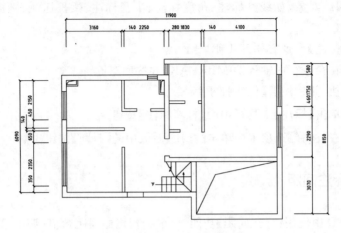

图 12-49　室内平面图

器】对话框中单击【新建】按钮，新建名为【室内标注】的标注样式，如图 12-51 所示。

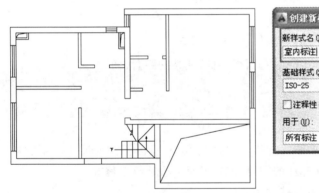

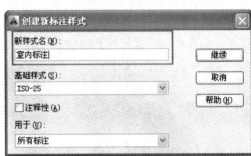

图 12-51　新建样式

图 12-50　素材图形

　　(3)单击【继续】按钮，在【文字】选项卡中更改【文字高度】为 240、【从尺寸线偏移】距离为 100，如图 12-52 所示。

　　(4)在【符号和箭头】选项卡中更改【箭头】为【建筑标记】、【箭头大小】为 100，如图 12-53 所示。

　　(5)在【主单位】选项卡中更改【精度】为 0。

　　(6)在【注释】选项卡中单击【标注】面板中的【线性】按钮，对室内平面图进行线性标注，如图 12-54 所示。

　　(7)最后修整尺寸标注，如图 12-55 所示。至此，室内平面图标注完成。

12.7.2　多重引线标注

　　多重引线标注命令一般用于绘制图形的解释说明，比如使用材料明细、施工工艺等。本小节为读者介绍设置多重引线标注样式以及绘制多重引线标注的方法。

图 12-52　更改【文字】选项卡设置

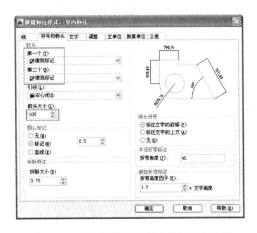

图 12-53　更改【符号和箭头】选项卡设置

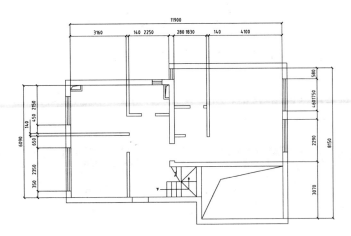

图 12-54　线性标注

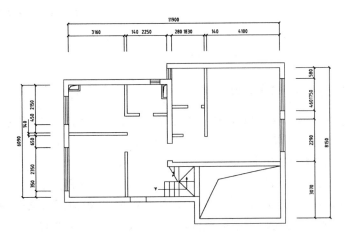

图 12-55　修整尺寸标注

1.设置多重引线样式

(1)单击【快速访问】工具栏中的【打开】按钮,打开"12\12.7.2 多重引线标注"素材文件,如图 12-56 所示。

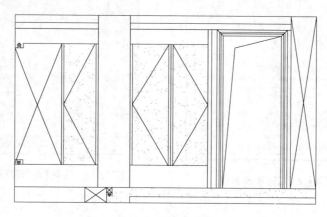

图 12-56 素材图形

(2)执行【格式】|【多重引线样式】命令,系统弹出【多重引线样式管理器】对话框,如图 12-57 所示。

(3)单击【新建】按钮,弹出【创建新多重引线样式】对话框,在对话框中输入新样式名称为"室内引线标注",如图 12-58 所示。

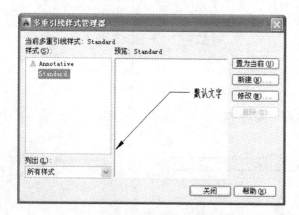

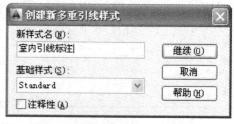

图 12-58 【创建新多重引线样式】对话框

图 12-57 【多重引线样式管理器】对话框

(4)单击【继续】按钮,在弹出的【修改多重引线样式:室内引线标注】对话框中选择【引线格式】选项卡,设置箭头符号的样式和大小,结果如图 12-59 所示。

(5)选择【引线结构】选项卡,设置参数如图 12-60 所示。

(6)选择【内容】选项卡,选择文字样式为仿宋,如图 12-61 所示。

(7)单击【确定】按钮关闭【修改多重引线样式:室内引线标注】对话框,系统返回【多重引线样式管理器】对话框,将已设置完成的【室内引线标注】置为当前,单击【关闭】按钮关闭对话框,设置多重引线的结果如图 12-62 所示。

2.多重引线标注

(1)在命令行中输入 MLEADERSTYLE,并按回车键,根据命令行的提示,分别指定

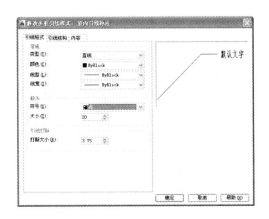

图 12-59 【引线格式】选项卡

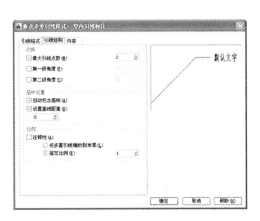

图 12-60 【引线结构】选项卡

图 12-61 【内容】选项卡

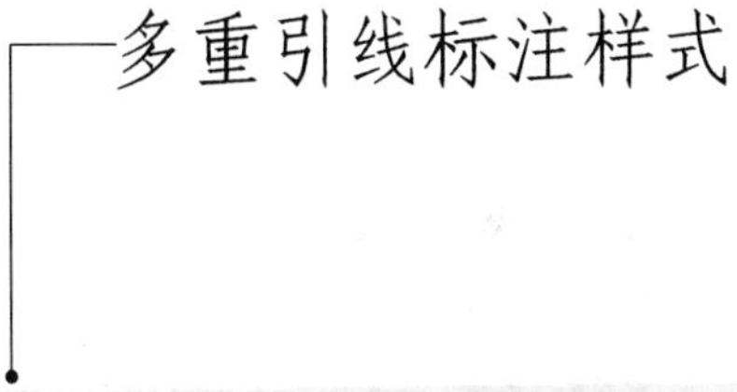

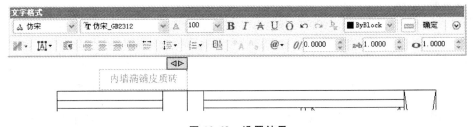

图 12-62 设置结果

引线箭头的位置、引线基线的位置,在弹出的文字在位编辑框中输入材料标注文字,如图 12-63 所示。

图 12-63 设置结果

(2)单击【文字格式】对话框中的【确定】按钮,再选中刚创建的多重引线标注,拖动其夹点调整水平引线的长度,如图 12-64 所示。

(3)重复调用【多重引线】命令,为立面图绘制其他材料标注,如图 12-65 所示。

(4)至此,完成图形的多重引线标注。

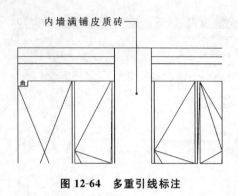

图 12-64　多重引线标注

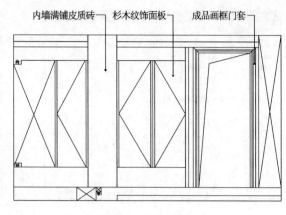

图 12-65　绘制结果

12.7.3　标注欧式亭

（1）单击【快速访问】工具栏中的【打开】按钮 🗁，打开"12\12.7.3 欧式亭"素材文件，如图 12-66 所示。

（2）在【注释】选项卡中单击【标注】面板中的【线性】按钮 🖰，从下到上标注台阶的高度，如图 12-67 所示。

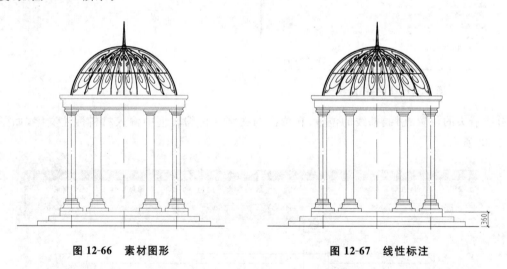

图 12-66　素材图形　　　　　　　　图 12-67　线性标注

（3）在【注释】选项卡中单击【标注】面板中的【连续】按钮 🖰，对图形进行连续标注，如图 12-68 所示。

（4）重复上述操作，标注外面一层尺寸，如图 12-69 所示。

（5）重复调用【线性标注】命令，标注最外侧两根柱子间的距离、扁铁锥的长度，以及亭子的全局尺寸，如图 12-70 所示。

（6）在【注释】选项卡中单击【标注】面板上的【半径】按钮 ⊘，标注球形亭顶的半径，如图 12-71 所示。

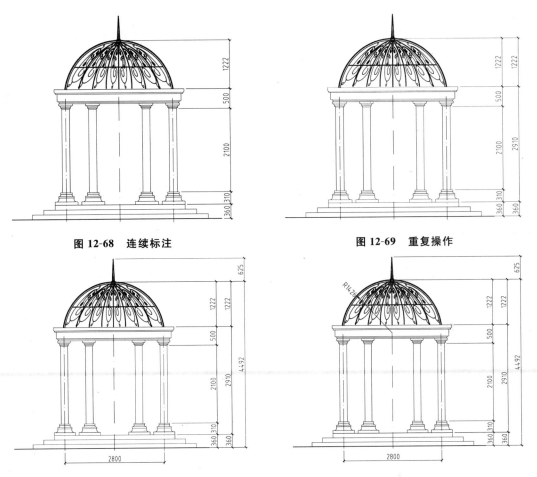

图 12-68　连续标注　　　　　　　　　　　图 12-69　重复操作

图 12-70　线性标注　　　　　　　　　　　图 12-71　半径标注

（7）在命令行中输入 MLD，并按回车键，调用【多重引线】命令，对亭顶参数进行引出说明，如图 12-72 所示。

（8）至此，完成欧式亭的标注。

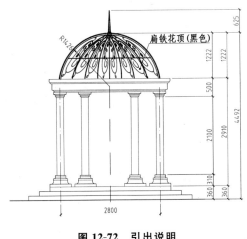

图 12-72　引出说明

第五篇

三维绘图篇

第13章

三维绘图基础

AutoCAD 不仅具有强大的二维绘图功能,而且还具备同样强大的三维绘图功能。利用三维绘图功能可以绘制各种三维的线、平面以及曲面等,而且可以直接创建三维实体模型,并对实体模型进行抽壳、布尔等编辑。

本章主要介绍 AutoCAD 2014 三维建模的基本知识,包括三维建模空间、视觉样式、视点等,使读者对在 AutoCAD 中绘制三维对象有初步的了解。

13.1 三维建模工作空间

【三维建模】空间界面与【草图与注释】空间界面相似。其功能区的选项板中集中了三维建模、视觉样式、光源、材质、渲染和导航等面板,为绘制和观察三维图形、附加材质、创建动画、设置光源等操作提供了非常便利的环境,如图 13-1 所示。

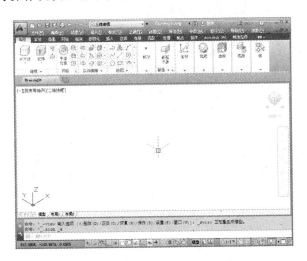

图 13-1 【三维建模】工作空间

【课堂举例 13-1】:切换工作空间

(1)双击桌面 AutoCAD 2014 图标,开启 AutoCAD 2014 软件。

(2)单击打开默认工作界面上的【切换工作空间】列表框,在其下拉列表中选择【三维建模】(工作空间)选项,如图 13-2 所示。

(3)切换工作空间至【三维建模】,如图 13-3 所示。

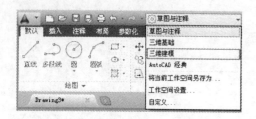

图 13-2 【切换工作空间】列表框

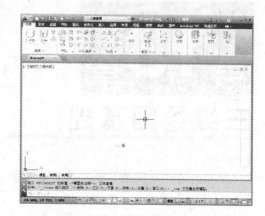

图 13-3 【三维建模】工作空间

13.2 视觉样式

视觉样式用于控制视口中的三维模型边缘和着色的显示。一旦对三维模型应用了视觉样式或更改了其他设置，就可以在视口中查看视觉效果。

使用视觉样式的方法有以下几种。

☞命令行：在命令行中输入 SHADEMODE/SHA，并按回车键。

☞菜单栏：执行【视图】|【视觉样式】命令。

☞功能区：在【视图】选项卡中单击【视觉样式】面板中的【视觉样式】列表框。

AutoCAD 2014 有以下几种视觉样式。

☞二维线框：通过使用直线和曲线表示边界的方式显示对象。不使用【三维平行投影】的【统一背景】，而使用【二维建模空间】的【统一背景】。如果不消隐，所有的边、线都将可见。在此种显示方式下，复杂的三维模型难以分清结构。此时，当系统变量【COMPASS】为 1 时，三维指南针也不会出现在二维线框图中，如图 13-4 所示。

☞线框：即三维线框，通过使用直线和曲线表示边界的方式显示对象，所有的边和线都可见。在此种显示方式下，复杂的三维模型难以分清结构。此时，坐标系变为一个着色的三维 UCS 图标。如果系统变量【COMPASS】为 1，三维指南针将出现，如图 13-5 所示。

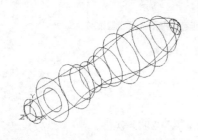

图 13-4 UCS 坐标和手柄二维线框图

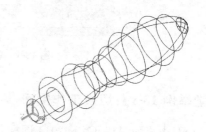

图 13-5 UCS 坐标和手柄三维线框图

☞隐藏：即三维模型隐藏，用三维线框表示法显示对象，并隐藏背面的线。此种显示方式可以较为容易和清晰地观察模型，此时显示效果如图 13-6 所示。

☞概念:使用平滑着色和古氏面样式显示对象,同时对三维模型消隐。古氏面样式在冷暖颜色而不是明暗效果之间转换。效果缺乏真实感,但是可以更方便地查看模型的细节,如图13-7所示。

图13-6　UCS坐标和手柄隐藏图

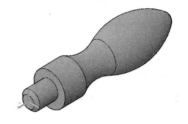

图13-7　UCS坐标和手柄概念图

☞真实:使用平滑着色来显示对象,并显示已附着到对象的材质。此种显示是三维模型的真实感表达,如图13-8所示。

☞着色:使用平滑着色显示对象。

☞带边缘着色:使用平滑着色显示对象并显示可见边。

☞灰度:使用平滑着色和单色灰度显示对象并显示可见边。

图13-8　UCS坐标和手柄真实图

☞勾画:使用线延伸和抖动边修改显示手绘效果的对象,仅显示可见边。

☞X射线:以局部透视方式显示对象,因而不可见边也会褪色显示。

【课堂举例13-2】:切换视觉样式

(1)单击【快速访问】工具栏中的【打开】按钮▣,打开"13\课堂举例13-2 切换视觉样式.dwg"文件,如图13-9所示。

(2)在【视图】选项卡中单击【视觉样式】面板中的【视觉样式】列表框,选择【概念】视觉样式,将视图切换至【概念】模式,效果如图13-10所示。

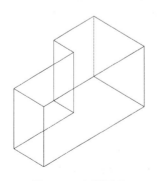

图13-9　素材图形

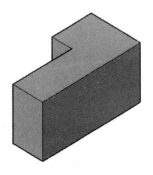

图13-10　【概念】视觉样式

13.3　用户坐标系

在 AutoCAD 中,坐标系分为世界坐标系(world coordinate system,简称 WCS)和用户坐标系(user coordinate system,简称 USC)两种,用户可以根据两种坐标系的转换来精确定位点。

为了更好地辅助绘图,经常需要修改坐标系的原点位置和坐标方向,这就需要使用可变的用户坐标系。在默认情况下,用户坐标系统和世界坐标系统重合,用户可以在绘图过程中根据具体需要来定义 UCS。

13.3.1　基本概念

用户坐标系(user coordinate system)是相对世界坐标系而言的,利用该坐标系可以根据需要创建无限多的坐标系,并且可以沿着指定位置移动或旋转,以便更为有效地进行坐标点的定位,这些被创建的坐标系即为用户坐标系(UCS),如图 13-11 所示。

用户坐标系(UCS)的坐标轴符合右手定则,即将右手手背靠近计算机屏幕放置,大拇指指向 X 轴的正方向,伸出食指和中指,食指指向 Y 轴的正方向,中指指向 Z 轴的正方向。

还可以使用右手定则确定三维模型中绕坐标轴旋转的默认正方向。将右手拇指指向轴的正方向,卷曲其余四指,四指所指示的方向即轴的正旋转方向。

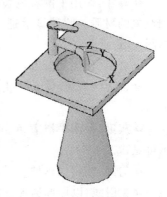

图 13-11　用户坐标系

13.3.2　定义 UCS

UCS 坐标系表示了当前坐标系的坐标轴方向和坐标原点的位置,也表示了相对于当前 UCS 的 XY 平面的视图方向。在三维建模环境中,它可以根据用户指定的不同的方位来创建模型特征。

调用建立用户坐标系命令的方法如下。

☞命令行:在命令行中输入 UCS,并按回车键。

☞菜单栏:执行【工具】|【新建 UCS】命令。

☞工具栏:单击【UCS】工具栏中的【UCS】按钮╰。

执行上述任一命令后,命令行提示如下。

> 指定 UCS 的原点或［面(F)/命名(NA)/对象(OB)/上一个(P)/视图(V)/世界(W)/
> X/Y/Z/Z 轴(ZA)］＜世界＞:

该命令行各个选项的含义如下。

(1)指定 UCS 的原点。

使用一点、两点或三点定义一个新的 UCS。

指定 X 轴上的点或＜接受＞：

如果直接回车，将指定单点建立一个新的坐标系，当前 UCS 的原点移动，X、Y 和 Z 轴的方向不会更改。

指定 XY 平面上的点或＜接受＞：

如果直接回车，将指定单点建立一个新的坐标系，UCS 将绕指定点旋转，以使 UCS 的 X 轴正半轴通过该点。如果在屏幕上指定一个点或输入一点的坐标回车，将指定三点建立一个新的坐标系，UCS 将绕 X 轴旋转，以使 UCS 的 XY 平面的 Y 轴正半轴包含该点。这三点可以指定原点、正 X 轴上的点以及正 XY 平面上的点。

（2）面（F）。

通过选定一个三维实体的面来定义一个新的 UCS。通过单击面的边界内部或面的边来选择面，被选中的面将亮显，新 UCS 的原点为距离拾取点最近的线的端点。选中该选项，命令行操作与提示如下。

选择实体面、曲面或网格：✓ // 在实体对象面的边界内或面的边上单击
输入选项 ［下一个(N)/X 轴反向(X)/Y 轴反向(Y)］＜接受＞：✓ //输入"N"、
"X"、"Y"之一回车或直接回车选择接受

（3）命名（NA）。

按名称保存、恢复、删除或列出已定义的 UCS。

（4）对象（OB）。

该选项的作用是通过选择一个对象来定义新的坐标系。将新的 UCS 与选定的对象对齐，新的 UCS 的 Z 轴与所选对象的 Z 轴具有相同的正方向。对于平面对象，UCS 的 XY 平面与该对象所在平面对齐。对于复杂对象，将重新定位原点，但是轴的当前方向保持不变。

（5）上一个（P）。

完成 UCS 命令的调用后，在命令行中输入 P，激活"上一个"选项，将恢复上一个 UCS。AutoCAD 保留最后 10 个在模型空间中创建的用户坐标系以及最后 10 个在图纸空间布局中创建的用户坐标系。重复该选项将恢复到想要的 UCS。

（6）视图（V）。

以垂直于观察方向的平面为 XY 平面，创建新的坐标系。UCS 原点保持不变，但 X 轴和 Y 轴分别变为水平和垂直。

（7）世界（W）。

将由当前用户坐标系返回世界坐标系。

（8）X/Y/Z。

将 UCS 分别绕 X、Y、Z 轴旋转来定义新的 UCS。

（9）Z 轴（ZA）。

将定义 UCS 新原点和新 Z 轴的方向。输入一点作为新原点，再指定新 Z 轴的正半轴上的一点，这样，新原点和 Z 轴正方向上的一点就确定了新坐标系的原点和新 Z 轴。新坐标系的 X 轴和 Y 轴方向随新的 Z 轴的方向而定。

13.4 视点

为了方便绘制三维模型,用户需要从不同的位置观察图形,即需设置不同的视点。

13.4.1 设置视点

设置视点有【VPOINT】命令和【视点预设】对话框 2 种方法。

1. 用【VPOINT】命令设置视点

【VPOINT】命令用来设置窗口的三维视图的观察方向,该命令的调用方式如下。

☞命令行:在命令行中输入 VPOINT,并按回车键。

☞菜单栏:执行【视图】|【三维视图】|【视点】命令。

执行上述任一命令后,命令行提示如下。

命令:VPOINT↙   //调用视点命令
当前视图方向: VIEWDIR=0.0000,0.0000,1.0000
指定视点或 [旋转(R)] <显示指南针和三轴架>:

命令行选项说明如下。

☞指定视点:表示使用输入的 X、Y 和 Z 坐标,创建定义观察视图的方向的矢量。坐标值就是视点的位置,方向是观察者在该点向原点(0,0,0)的投影方向,如图 13-12 所示。

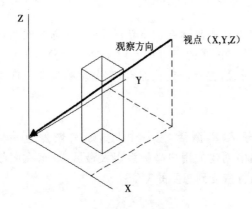

图 13-12 视点和观察方向

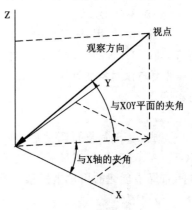

图 13-13 旋转视点

☞旋转:用于指定视点与原点的连线在 XY 平面的投影与 X 轴正向的夹角,以及视点与原点的连线与 XY 平面的夹角,如图 13-13 所示。

☞显示指南针和三轴架:如果不输入任何坐标值而直接回车,系统将出现坐标球和三轴架,如图 13-14 所示。位于屏幕右上方的罗盘是球体的二维表示。中心点代表(0,0,Z),相当于视点在 Z 轴。内圆上的坐标是(0,0,−Z)。小十字(+)显示在罗

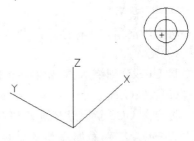

图 13-14 坐标球和三轴架

盘上。移动鼠标即移动小十字。如果小十字是在内圆里,从 XY 平面上方向下观察模型;如果小十字是在外圆里,则从 XY 平面下方观察。移动小十字光标时,三轴架根据坐标球指示的观察方向旋转。要选择观察方向,将鼠标移动到球体的某个位置单击即可。

2.利用【视点预设】命令设置视点

调用【视点预设】命令,可以使用对话框来设置观察方向。

该命令调用方式如下。

☞命令行:在命令行中输入 DDVPOINT,并按回车键。

☞菜单栏:执行【视图】|【三维视图】|【视点预设】命令。

调用命令后,弹出【视点预设】对话框,如图 13-15 所示。

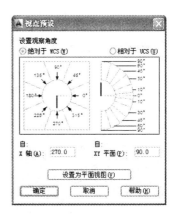

图 13-15 【视点预设】对话框

确定观察方向时,需要确定观察方向相对于当前的 UCS 还是 WCS,AutoCAD 默认参照 WCS 而不是当前的 UCS。实际绘图时,如果需要也可以参照当前的 UCS,只需要选中"相对于 UCS"即可。

其各选项含义如下。

☞自 X 轴:设置视点和相应坐标系原点连线在 XY 平面内与 X 轴的夹角。

☞自 XY 平面:设置视点和相应坐标系原点连线与 XY 平面的夹角。

☞设置为平面视图:设置查看角度以相对于选定坐标系显示的平面视图(XY 平面)为准。

【课堂举例 13-3】:设置新视点

(1)单击【快速访问】工具栏中的【打开】按钮🖙,打开"13\课堂举例 13-3 设置新视点.dwg"文件,如图 13-16 所示。

(2)在命令行中输入 VPOINT,并按回车键,根据提示输入视点回车,效果如图 13-17 所示。命令行提示如下。

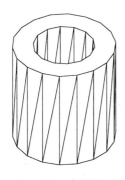

图 13-16 素材图形

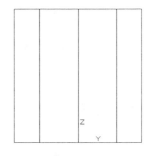

图 13-17 新视点观察效果

```
命令：VPOINT↙      //调用视点命令
当前视图方向： VIEWDIR＝－1.0000,－1.0000,1.0000↙
指定视点或［旋转(R)］＜显示指南针和三轴架＞：100,0,0↙      //输入视点坐标
正在重生成模型。↙      //回车确定
```

13.4.2　设置 UCS 平面视图

【PLAN】命令用于显示指定用户坐标系的 XY 平面的正交视图。

该命令调用方式如下。

☞命令行：在命令行中输入 PLAN，并按回车键。

☞菜单栏：执行【视图】|【三维视图】|【平面视图】命令。

调用该命令后，命令行提示如下。

```
命令：PLAN↙      //调用 PLAN 命令
输入选项［当前 UCS(C)/UCS(U)/世界(W)］＜当前 UCS＞：
```

命令行各选项说明如下。

☞当前 UCS(C)：默认选项，它设置当前 UCS 的 XY 平面为观察面，生成平面视图。

☞UCS(U)：设置已命名的 UCS 的 XY 平面为观察面，生成平面视图。选择该项时，系统会给出提示项。

☞世界(W)：设置 WCS 的 XY 平面为观察面，它不受当前 UCS 的影响。

【课堂举例 13-4】：切换平面

(1)单击【快速访问】工具栏中的【打开】按钮📂，打开"13\课堂举例 13-4 切换平面.dwg"文件，如图 13-18 所示。

(2)在命令行中输入【UCS】命令，绕 X 轴将坐标图标旋转 90°，效果如图 13-19 所示。命令行提示如下。

```
命令：UCS↙      //调用【UCS】命令
命令：UCS 当前 UCS 名称：＊世界＊
指定 UCS 的原点或［面(F)/命名(NA)/对象(OB)/上一个
(P)/视图(V)/世界(W)/X/Y/Z/Z 轴(ZA)］＜世界＞：X↙      //激活"X"选项
指定绕 X 轴的旋转角度＜90＞：↙      //按回车键默认旋转角度
```

(3)在命令行中输入【PLAN】命令，回车确定，设置当前 UCS 的 XY 平面为观察面，效果如图 13-20 所示。

13.4.3　快捷设置特殊视点

在进行三维绘图时，经常要用到一些特殊的视点（俯视、仰视等），若使用【视点】命令进行相应坐标值的输入进行查看，操作会非常繁琐。AutoCAD 2014 将这些常用的特殊视点罗列出来，用户可以在使用时对这些视点进行快速设置。

设置特殊视点方式如下。

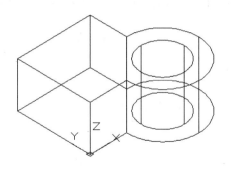

图 13-18　素材图形

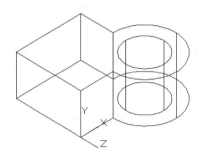

图 13-19　旋转坐标

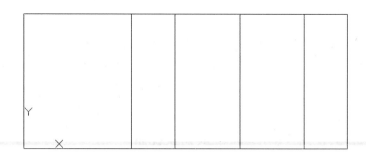

图 13-20　当前 UCS 的 XY 观察面

☞利用【视图】工具栏。

☞利用【三维导航】工具栏。

☞选择【视图】菜单栏中的【三维视图】下级子菜单命令。

各个视点含义如下。

☞俯视▣:从上往下观察视图的视点。

☞仰视▣:从下往上观察视图的视点。

☞左视▣:从左往右观察视图的视点。

☞右视▣:从右往左观察视图的视点。

☞前视▣:从前往后观察视图的视点。

☞后视▣:从后往前观察视图的视点。

☞西南等轴测▣:遵循"上北下南,左西右东"的原则,从西南方向以等轴测方式观察视图。

☞东南等轴测▣:从东南方向以等轴测方式观察视图。

☞东北等轴测▣:从东北方向以等轴测方式观察视图。

☞西北等轴测▣:从西北方向以等轴测方式观察视图。

13.4.4　ViewCube

ViewCube(视角立方)工具是在二维模型空间或三维视觉样式中处理图形时显示的

导航工具。使用 ViewCube 工具,可以在标准视图和等轴测视图间快速切换,如图 13-21 所示。

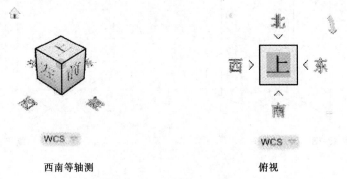

西南等轴测   俯视

图 13-21   ViewCube 工具

ViewCube(视角立方)工具打开以后,以不活动状态和活动状态显示在窗口一角。

单击【ViewCube】工具的预定义区域或拖动工具,界面图形就会自动转换到相应的方向视图。单击【ViewCube】工具旁边的两个弯箭头按钮,可以绕视图中心将当前视图顺时针或逆时针旋转 90°。

【课堂举例 13-5】:使用 ViewCube 工具切换视图

(1)单击【快速访问】工具栏中的【打开】按钮📂,打开"第 13 章\课堂举例 13-5 使用 View Cube 工具切换视图.dwg"文件,如图 13-22 所示。

(2)单击【ViewCube】工具的预定义区域,选择俯视面区域,转换至俯视图,效果如图 13-23 所示。

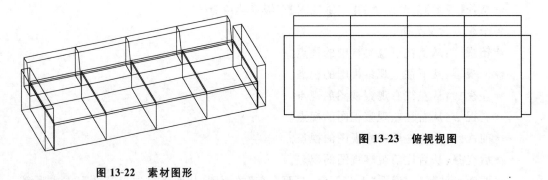

图 13-23   俯视视图

图 13-22   素材图形

13.5   绘制简单三维空间对象

在创建点、直线、射线、构造线等对象时,如果指定的是三维空间中的点,则可以创建得到简单的三维空间对象。

13.5.1 绘制三维点和线

1. 三维点

三维点是最简单的三维对象。创建三维点的过程与创建二维点一样,都是使用【POINT】命令,但是创建三维点需要指定点的三维坐标。

定义三维点的方式主要有以下几种。

☞在命令行中输入三维点的三维坐标值,精确地定义一个三维点。

☞使用光标在绘图窗口中单击,确定一个三维点。该点的 X、Y 坐标为单击鼠标时光标位置处的 X、Y 坐标,该点的 Z 坐标为当前的标高值。

☞利用点过滤器提取不同点的坐标分量构成新的三维点。

2. 三维线段

三维直线可以是 AutoCAD 三维空间中任意两点的连线,因此,二维直线也可以看做是限制在构造平面上的三维直线。

创建三维线段的过程与创建二维线段一样,但三维线段的端点是三维点,如图 13-24 所示。

与创建三维直线类似,在绘制射线、构造线对象时,都可以直接通过指定三维点的方法创建三维射线和三维构造线。

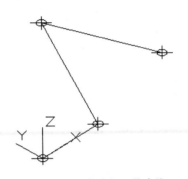

图 13-24　三维点与三维直线

13.5.2 绘制三维多段线

三维多段线如图 13-25 所示,是作为单个对象创建的直线段相互连接而成的序列。三维多段线可以不共面,但是不能包括圆弧段。

使用【三维多段线】命令可以绘制三维多段线,调用该命令的方法如下。

☞命令行:在命令行输入 3DPOLY,并按回车键。

☞菜单栏:执行【绘图】|【三维多段线】命令。

☞功能区:在【常用】选项卡中,单击【绘图】面板中的【三维多段线】按钮。

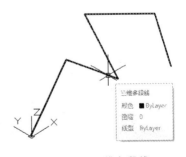

图 13-25　三维多段线

执行上述任一命令后,命令行提示如下。

```
命令：_3dpoly    //调用【三维多段线】命令
指定多段线的起点：    //指定多段线的起点
指定直线的端点或［放弃(U)］：    //指定直线的端点
……    //分别指定其他端点
```

13.5.3 绘制三维螺旋线

螺旋就是开口的二维或三维螺旋线。如果指定同一个值作为底面半径或顶面半径,将创建圆柱形螺旋;如果指定不同值作为顶面半径和底面半径,将创建圆锥形螺旋;如果指定高度为0,将创建扁平的二维螺旋。图13-26所示为圆柱形的螺旋线。

使用【螺旋】命令可以绘制螺旋线,调用该命令的方法如下。

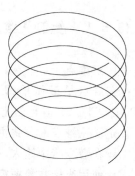

图 13-26 三维螺旋线

☞命令行:在命令行输入 HELIX,并按回车键。

☞菜单栏:执行【绘图】|【建模】|【螺旋】命令。

☞功能区:在【常用】选项卡中,单击【绘图】面板中的【螺旋】按钮🌀。

【课堂举例 13-6】:绘制两个不同的螺旋

(1)在命令行输入【HELIX】命令,绘制一个底面半径为100、顶面半径为30、高度为0的扁平二维螺旋,效果如图13-27所示,命令行提示如下。

命令:HELIX✓   //调用螺旋命令
圈数=3.0000   扭曲=CCW
指定底面的中心点:0,0,0✓   //指定原点为中心点
指定底面半径或[直径(D)]<1.0000>:100✓   //指定底面半径
指定顶面半径或[直径(D)]<100.0000>:30✓   //指定顶面半径
指定螺旋高度或[轴端点(A)/圈数(T)/圈高(H)/扭曲(W)]<1.0000>:0✓   //指定螺旋高度

(2)重复调用【HELIX】命令,在绘图区空白处绘制一条底面半径为100、顶面半径为50、高度为400,圈数为5的螺旋线,效果如图13-28所示,命令行提示如下。

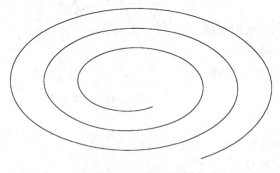

图 13-27 扁平二维螺旋

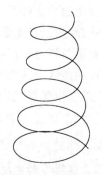

图 13-28 圆锥螺旋

命令：HELIX ↙　　　//调用螺旋命令
圈数＝3.0000　　扭曲＝CCW
指定底面的中心点：0,0,0 ↙　　　//指定原点为底面中心点
指定底面半径或［直径(D)］＜100.0000＞：↙　　　//按回车键默认半径为100
指定顶面半径或［直径(D)］＜100.0000＞：50 ↙　　　//输入顶面半径值
指定螺旋高度或［轴端点(A)/圈数(T)/圈高(H)/扭曲(W)］
＜0.0000＞：T ↙　　　//激活"圈数"选项
输入圈数＜3.0000＞：5 ↙　　　//输入圈数值
指定螺旋高度或［轴端点(A)/圈数(T)/圈高(H)/扭曲(W)］＜0.0000＞：400 ↙
　　　//指定螺旋高度为400,按回车键完成螺旋线的绘制

13.6　综合实例

本节通过具体的实例,巩固之前学过的视觉样式和视点的转换,并熟练掌握螺旋线的绘制。

13.6.1　设置视觉样式并切换视点

(1)单击【快速访问】工具栏中的【打开】按钮，打开"13\13.6.1 设置视觉样式并切换视点.dwg"文件,如图 13-29 所示。

(2)单击【ViewCube】工具的预定义区域,选择西南角点,切换视图至西南等轴测模式,结果如图 13-30 所示。

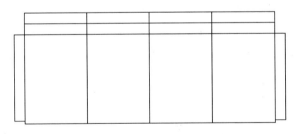

图 13-29　素材图形

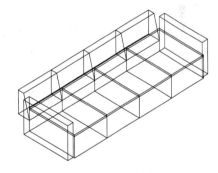

图 13-30　西南等轴测

(3)在【视图】选项卡中选择【视觉样式】中的【视觉样式】下拉列表,如图 13-31 所示,在其下拉列表中选择【概念】视觉样式,将视图切换至概念模式,结果如图 13-32 所示。

13.6.2　绘制三维螺旋

(1)单击【快速访问】工具栏中的【新建】按钮，新建空白文件。
(2)单击【ViewCube】工具的预定义区域,选择西南角点,将视图切换至西南等轴测

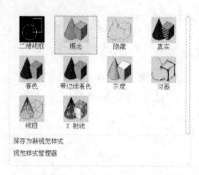

图 13-31　选择视觉样式

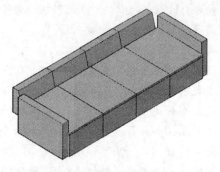

图 13-32　【概念】视觉样式

模式。

　　(3)在【常用】选项卡中单击【绘图】面板中的【螺旋】按钮，绘制如图 13-33 所示的图形,命令行提示如下。

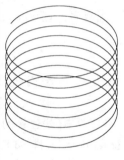

图 13-33　螺旋

```
命令：_Helix        //调用螺旋命令
圈数＝3.0000        扭曲＝CCW
指定底面的中心点：0,0,0↙      //指定螺旋中心
指定底面半径或［直径(D)］<1.0000>：30↙        //设置底
    面圆半径
指定顶面半径或［直径(D)］<30.0000>：↙        //设置顶面
    圆半径
指定螺旋高度或［轴端点(A)/圈数(T)/圈高(H)/扭曲(W)］
    <1.0000>：t↙     //选择圈数
输入圈数 <3.0000>：8↙      //设置圈数
指定螺旋高度或［轴端点(A)/圈数(T)/圈高(H)/扭曲(W)］
    <1.0000>：50↙      //输入高度值并按回车键
```

　　(4)至此,完成螺旋线的绘制。

第14章

绘制三维图形

在 AutoCAD 2014 中,除了可以创建三维点、三维线等简单线框模型外,还可以创建曲面、网格和实体等多种模型,以满足用户灵活多变的三维建模要求。本章将详细讲解三维网格、三维曲面和三维实体模型的创建方法。

14.1 绘制三维网格

三维模型除了规则的几何体之外,还有许多不规则的形体,如曲面等,使用【三维网格】命令可以绘制这些非规则的曲面。三维网格模型包括对象的边界和表面,可以创建的网格模型有【三维面】、【三维网格】、【旋转网格】、【平移网格】和【直纹网格】等类型。

14.1.1 设置网格特性

用户可以在创建网格对象之前和之后设定用于控制各种网格特性的默认设置。

在【网格】选项卡中单击【图元】面板右下角按钮,打开如图 14-1 所示的【网格图元选项】对话框,在此可以为创建的每种类型的网格对象设定每个网格图元的镶嵌密度(细分数)。

在【常用】选项卡中单击【网格】面板右下角按钮,打开如图 14-2 所示的【网格镶嵌选项】对话框,在此可以为转换为网格的三维实体或曲面对象设定默认特性。

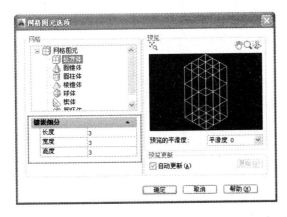

图 14-1 【网格图元选项】对话框

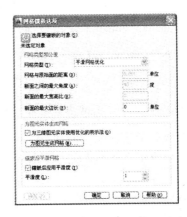

图 14-2 【网格镶嵌选项】对话框

在创建网格对象及其子对象之后,如果要修改其特性,可以在要修改的对象上双击,打开【特性】选项板,如图 14-3 所示。对于选定的网格对象,可以修改其平滑度;对于面和边,可以应用或删除锐化,也可以修改锐化保留级别。

默认情况下,创建的网格图元对象平滑度为 0,可以使用【MESH】命令的"设置"选项更改此默认设置。调用该命令后,命令行提示如下。

```
命令:MESH ↙
当前平滑度设置为:0
输入选项[长方体(B)/圆锥体(C)/圆柱体(CY)/棱锥体
  (P)/球体(S)/楔体(W)/圆环体(T)/设置(SE)]:SE ↙
    //激活"设置"选项
指定平滑度或[镶嵌(T)]<0>:      //输入 0 到 4 之间
  的平滑度
输入选项[长方体(B)/圆锥体(C)/圆柱体(CY)/棱锥体
  (P)/球体(S)/楔体(W)/圆环体(T)/设置(SE)]:
……
```

图 14-3 【特性】选项板

14.1.2 绘制图元网格

AutoCAD 2014 提供了 7 种三维网格,例如长方体、圆锥体、球体以及圆环体等。绘制三维网格的方法如下。

☞命令行:在命令行中输入 MESH,并按回车键。

☞菜单栏:执行【绘图】|【建模】|【网格】|【图元】下面的子菜单命令。

☞功能区:选择【网格】选项板【图元】面板中的下拉列表。

1.绘制网格长方体

绘制网格长方体时,其底面将与当前 UCS 的 XY 平面平行,并且其初始位置的长、宽、高分别与当前 UCS 的 X、Y、Z 轴平行。

在指定长方体的长、宽、高时,正值表示向相应的坐标值正方向延伸,负值表示向相应的坐标值的负方向延伸。最后,需要指定长方体表面绕 Z 轴的旋转角度,以确定其最终位置。

【课堂举例 14-1】:创建网格立方体

(1)在【网格】选项卡中单击【网格】面板中的【网格长方体】按钮,创建一个尺寸为 100×100×100 的网格立方体,命令行提示如下。

```
命令:_MESh ↙
当前平滑度设置为:0
输入选项[长方体(B)/圆锥体(C)/圆柱体(CY)/
棱锥体(P)/球体(S)/楔体(W)/圆环体(T)/设置(SE)]
<长方体>:B ↙      //调用网格长方体命令
指定第一个角点或[中心(C)]:    //在绘图区任意位置单击一点,确定长方体的位置
指定其他角点或[立方体(C)/长度(L)]:c↙      //激活"立方体"按钮
指定长度<87.0473>:100 ↙      //指定立方体的边长,按回车键结束操作
```

（2）至此，网格立方体创建完成，效果如图 14-4 所示。

2.绘制网格圆锥体

如果选择绘制圆锥体，可以创建底面为圆形或椭圆的网格圆锥或网格圆台，如图 14-5 所示。默认情况下，网格圆锥体的底面位于当前 UCS 的 XY 平面上，圆锥体的轴线与 Z 轴平行。使用"椭圆"选项，可以创建底面为椭圆的圆锥体；使用"顶面半径"选项，可以创建倾斜至椭圆面或平面的圆台；选择"切点、切点、半径（T）"选项可以创建底面与两个对象相切的网格圆锥或圆台，创建的新圆锥体位于尽可能接近指定的切点的位置，这取决于半径距离。

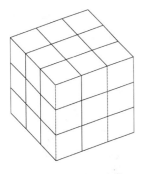

图 14-4　网格立方体

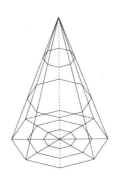

网格圆锥

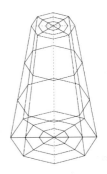

网格圆台

图 14-5　网格圆锥体

【课堂举例 14-2】：创建网格圆锥体

（1）单击【网格】面板中的【网格圆锥体】按钮 △，创建一个底面长半轴为 100、短半轴为 50、高为 100 的椭圆网格圆锥体，命令行提示如下。

```
命令：_MESh↙
当前平滑度设置为：0
输入选项 [长方体(B)/圆锥体(C)/圆柱体(CY)/棱锥体(P)/球体(S)/楔体(W)/圆环
    体(T)/设置(SE)] <圆锥体>：_CONE        //调用网格圆锥体命令
指定底面的中心点或 [三点(3P)/两点(2P)/切点、切点、半径(T)/椭圆(E)]：E↙
    //激活"椭圆"选项
指定第一个轴的端点或 [中心(C)]：C↙        //激活"中心"选项
指定中心点：0,0,0↙        //指定中心点
指定到第一个轴的距离 <200>：100↙        //指定第一个半轴的长度
指定第二个轴的端点：0,50,0↙        //指定第二个轴端点
指定高度或 [两点(2P)/轴端点(A)/顶面半径(T)] <50>：100↙        //输入高度值，
    按回车键结束操作
```

（2）创建的网格圆锥体效果如图 14-6 所示。

3.绘制网格圆柱体

如果选择绘制网格圆柱体，可以创建底面为圆形或椭圆的网格圆柱体，如图 14-7 所示。

根据命令行提示可以指定网格圆柱的底面中心创建圆柱；通过指定三点设置网格圆

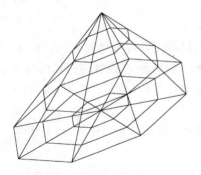

图 14-6 椭圆网格圆锥体

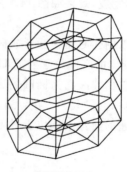

椭圆网格圆柱

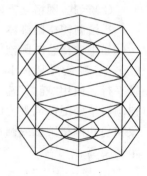

网格圆柱

图 14-7 网格圆柱体

柱底面创建网格圆柱；根据两点定义网格圆柱底面直径等。绘制网格圆柱过程与绘制网格圆锥过程几乎一致，读者可以参照创建网格圆锥的方法理解。

4. 绘制网格棱锥体

默认情况下，可以创建最多具有 32 个侧面的网格棱锥体，如图 14-8 所示。

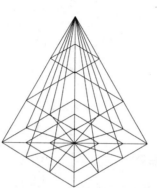

图 14-8 网格棱锥体

【课堂举例 14-3】：创建网格棱台

（1）单击【网格】面板中的【网格棱锥体】按钮△，创建一个网格棱台，命令行提示如下。

命令：_MESh↙
当前平滑度设置为：0
输入选项 [长方体(B)/圆锥体(C)/圆柱体(CY)/棱锥体(P)/球体(S)/楔体(W)/圆环体(T)/设置(SE)] <棱锥体>：_PYRAMID↙   //调用网格棱锥体命令
4 个侧面 外切
指定底面的中心点或 [边(E)/侧面(S)]：   //在绘图区任意位置单击一点，确定棱锥体的位置
指定底面半径或 [内接(I)] <100.0000>：100↙   //输入底面半径
指定高度或 [两点(2P)/轴端点(A)/顶面半径(T)] <150.0000>：T↙   //激活"顶面半径"选项
指定顶面半径 <0.0000>：30↙   //输入顶面半径
指定高度或 [两点(2P)/轴端点(A)] <150.0000>：   150↙   //指定棱锥体的高度，按回车键结束操作

（2）创建的网格棱锥体效果如图14-9所示。

5.绘制网格楔体

可创建如图14-10所示面为矩形或正方形的网格楔体。默认情况下楔体的底面绘制为与当前UCS的XY平面平行，斜面正对第一个角点，楔体的高度与Z轴平行。可以选择指定第一角点或中心来创建网格楔体，如果选择"立方体（C）"选项，将创建长、宽、高相等的网格楔体。

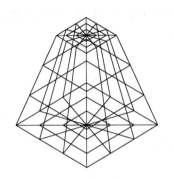

图14-9　网格棱锥体

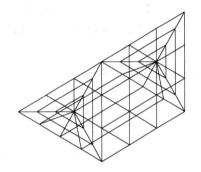

图14-10　网格楔体

6.绘制网格球体

可以使用多种方法来创建如图14-11所示的网格球体。如果从圆心开始创建，网格球体的中心轴将与当前UCS的Z轴平行。可以过指定中心点、三点、两点或相切、相切、半径来创建球体。

7.绘制网格圆环体

网格圆环体如图14-12所示，其具有两个半径值：一个是圆管半径，另一个是路径半径，路径半径是圆环体的圆心到圆管的圆心之间的距离。默认情况下，圆环体将被绘制为与当前UCS的XY平面平行，且被该平面平分。

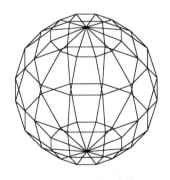

图14-11　网格球体

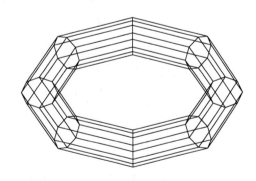

图14-12　网格圆环体

> **14.1.3　绘制三维面**

三维空间的表面称为三维面，它没有厚度，也没有质量属性。使用【三维面】命令创建的面的各顶点可以有不同的Z坐标，构成各个面的顶点最多不能超过4个。如果构成面的 4 个顶点共面,则【消隐】命令认为该面是不透明的,可以将其【消隐】。反之,【消隐】命令对其无效。

调用【3DFACE】三维面命令可以绘制具有 3 边或 4 边的平面网格,调用该命令的方法如下。

☞命令行:在命令行输入 3DFACE,并按回车键。

☞菜单栏:执行【绘图】|【建模】|【网格】|【三维面】菜单命令。

提示:使用【三维面】命令只能生成 3 条或 4 条边的三维面,若要生成多边曲面,则可使用 PFACE 命令,在该命令提示下可以输入多个点。

14.1.4　绘制三维网格

三维网格是由若干个按行(M 方向)、列(N 方向)排列的微小四边形拟合而成的网格状曲面。在绘制时可以根据指定的 M 行 N 列个顶点和每一顶点的位置生成三维空间多边形网格。M 和 N 的最小值为 2,最大值为 256。

调用【3DMESH】命令可以创建三维网格,调用该命令的方法如下。

☞命令行:在命令行输入 3DMESH,并按回车键。

提示:使用【三维网格】命令依次输入各个三维网格顶点的坐标,就可以创建任意形状的不规则三维曲面。但在创建复杂曲面时,需要输入大量的坐标数据。

14.1.5　绘制直纹网格

如果在三维空间中存在两条曲线,则这两条曲线可以作为边界,创建由多边形网格构成的曲面。直纹网格的边界可以是直线、圆、圆弧、椭圆、椭圆弧、二维多段线、三维多段线和样条曲线中的任意两条曲线,如图 14-13 所示。

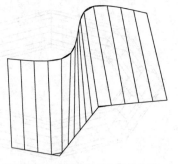

定义曲线为三维多段线和样条曲线　　　　定义曲线为点和圆

图 14-13　定义对象不同所形成的直纹网格

【RULESURF】命令用于两条曲线之间创建一个三维网格,调用该命令的方法如下。

☞命令行:在命令行输入 RULESURF,并按回车键。

☞菜单栏:执行【绘图】|【建模】|【网格】|【直纹网格】菜单命令。

☞在【网格】选项卡中单击【图元】面板中的【直纹网格】按钮 。

绘制直纹网格的过程中,除了点及其他对象,作为直纹网格轨迹的两个对象必须同时开放或关闭。且在调用命令时,因选择曲线的点不一样,绘制的直线会出现交叉和平行两种情况,如图 14-14 所示。

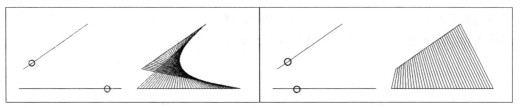

图 14-14 拾取点位置不同所形成的直纹网格

14.1.6 绘制平移网格

使用【TABSURF】命令可以将路径曲线沿指定方向进行平移,从而绘制出平移网格。其中,路径曲线可以是直线、圆、圆弧、椭圆、椭圆弧、二维多段线、三维多段线和样条曲线等。调用该命令的方法如下。

☞命令行:在命令行输入 TABSURF,并按回车键。

☞菜单栏:执行【绘图】|【建模】|【网格】|【平移网格】菜单命令。

☞功能区:在【网格】选项卡中单击【图元】面板中的【平移网格】按钮 。

【课堂举例 14-4】:绘制平移网格模型

(1)单击【快速访问】工具栏中的打开按钮 ,打开"14\课堂举例 14-4 绘制平移网络模型"文件,如图 14-15 所示。

(2)首先,调整网格密度,命令行提示如下。

```
命令:surftab1 ↙      //调用【调整网格密度】命令
输入 SURFTAB1 的新值 <6>:36 ↙      //输入新值并回车
命令:surftab2 ↙      //调用命令
输入 SURFTAB2 的新值 <6>:36 ↙      //输入新值并回车
```

(3)调用【绘图】|【建模】|【网格】|【平移网格】菜单命令,绘制如图 14-16 所示图形,命令行提示如下。

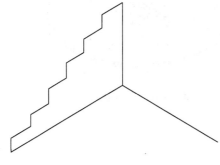

图 14-15 原始文件

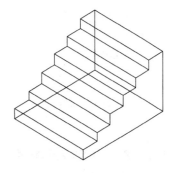

图 14-16 最终结果

命令：_tabsurf↙　　//调用【平移网格】命令
当前线框密度：SURFTAB1＝36
选择用做轮廓曲线的对象：　　//选择要移动的线
选择用做方向矢量的对象：　　//选择方向矢量

14.1.7　绘制旋转网格

使用【REVSURF】命令可以将曲线或轮廓绕指定的旋转轴旋转一定的角度，从而创建旋转网格。旋转轴可以是直线，也可以是开放的二维或三维多段线。调用该命令的方法如下。

☞命令行：在命令行输入 REVSURF，并按回车键。

☞菜单栏：执行【绘图】|【建模】|【网格】|【旋转网格】菜单命令。

☞功能区：在【网格】选项卡中单击【图元】面板中的【旋转网格】按钮🔘。

【课堂举例 14-5】：旋转网格模型

(1)调用【文件】打开命令，打开"14\课堂举例 14-5 旋转网格模型.dwg"文件，如图 14-17 所示。

(2)调用【绘图】|【建模】|【网格】|【旋转网格】命令，绘制如图 14-18 所示图形，命令行提示如下。

命令：_revsurf↙　　//调用【旋转网格】命令
当前线框密度：SURFTAB1＝36　SURFTAB2＝36
选择要旋转的对象：　　//选择皮带轮轮廓线
选择定义旋转轴的对象：　　//选择直线
指定起点角度＜0＞：↙　　//指定起点角度并回车
指定包含角（＋＝逆时针，－＝顺时针）＜360＞：↙　　//按回车键，完成旋转操作

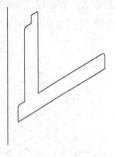

图 14-17　原始文件

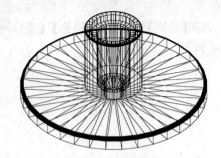

图 14-18　最终效果

14.1.8　绘制边界网格

使用【EDGESURF】命令可以由一个 4 条首尾相连的边创建一个三维多边形网格。

创建边界曲面时,需要依次选择 4 条边界。边界可以是圆弧、直线、多段线、样条曲线和椭圆弧,并且必须形成闭合环和共享端点,边界网格的效果如图 14-19 所示。

调用【边界网格】命令的方法如下。

☞命令行:在命令行输入 EDGESURF,并按回车键。

☞菜单栏:执行【绘图】|【建模】|【网格】|【边界网格】命令。

☞功能区:在【网格】选项卡中单击【图元】面板中的【边界网格】按钮 ◢ 。

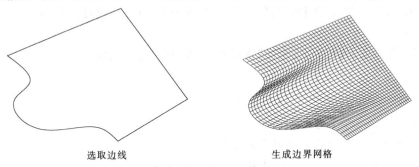

选取边线　　　　　　　　生成边界网格

图 14-19　绘制边界网格

14.2　绘制基本三维曲面

曲面模型是三维建模中的常用模型。AutoCAD 中提供了许多命令,可以直接创建基本形状的曲面模型。对于非基本形状的曲面模型,可以通过拉伸、旋转等方法生成。

14.2.1　绘制平面曲面

调用【PLANESURF】命令可以创建平面曲面。平面曲面可以在【特性】选项板中设置 U 素线和 V 素线来控制,如图 14-20 所示。

在 AutoCAD 中,调用【PLANE-SURF】命令的方法如下。

☞命令行:在命令行输入 PLANE-SURF,并按回车键。

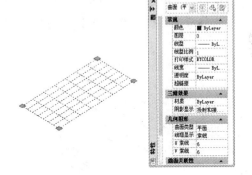

图 14-20　通过【特性】选项板中控制平面曲面

☞菜单栏:执行【绘图】|【建模】|【曲面】|【平面】菜单命令。

☞功能区:在【曲面】选项卡中单击【创建】面板中的【平面】按钮 ◇ 平面 。

14.2.2　创建过渡曲面

在两个现有曲面之间创建连续的曲面称为过渡曲面。将两个曲面融合在一起时,需要指定曲面连续性和凸度幅值,创建过渡曲面的方法如下。

☞命令行:在命令行输入【SURFBLEND】并回车。

☞菜单栏:执行【绘图】|【建模】|【曲面】|【过渡】菜单命令。

☞工具栏:单击【曲面创建】工具栏中的【曲面过渡】按钮⟳。

☞功能区:在【曲面】选项卡中单击【创建】面板中的【过渡】按钮。

【课堂举例 14-6】:创建过渡曲面

(1)调用【文件】|【打开】命令,打开"14\ 课堂举例 14-6 创建过渡曲面.dwg"文件,如图 14-21 所示。

(2)调用【绘图】|【建模】|【曲面】|【过渡】命令,创建过渡曲面如图 14-22 所示,命令行提示如下。

```
命令:_ SURFBLEND      //调用过渡曲面
连续性＝G1－相切,凸度幅值＝0.5
选择要过渡的第一个曲面的边或 [链(CH)]:
指定对角点:找到 4 个      //选择要过渡的第一个曲面的边
选择要过渡的第一个曲面的边或 [链(CH)]:✓      //回车结束选择
选择要过渡的第二个曲面的边或 [链(CH)]:
指定对角点:找到 4 个      //选择要过渡的第二个曲面的边
选择要过渡的第二个曲面的边或 [链(CH)]:✓      //回车结束选择
按Enter 键接受过渡曲面或 [连续性(CON)/凸度幅值(B)]:B✓      //激活"凸度幅值(B)"
  选项
第一条边的凸度幅值 <0.5000>:0✓      //输入凸度幅值
第二条边的凸度幅值 <0.5000>:0✓      //回车接受创建的过渡曲面
```

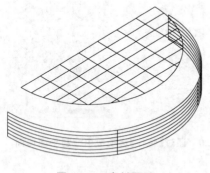

图 14-21 素材图形

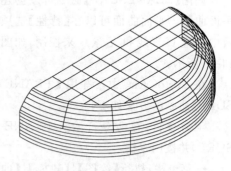

图 14-22 过渡曲面

14.2.3 创建修补曲面

曲面【修补】即在创建新的曲面或封口时,闭合现有曲面的开放边,也可以通过闭环添加其他曲线,以约束和引导修补曲面。创建修补曲面的方法如下。

☞命令行:在命令行输入 SURFPATCH,并按回车键。

☞菜单栏:执行【绘图】|【建模】|【曲面】|【修补】命令。

☞功能区:在【曲面】选项卡中单击【创建】面板中的【修补】按钮🖳。

【课堂举例14-7】:修补曲面

(1)调用【文件】|【打开】命令,打开"14\课堂举例14-7 修补曲面.dwg"文件,如图14-23所示。

(2)调用【绘图】|【建模】|【曲面】|【修补】命令,创建修补曲面如图14-24所示,命令行提示如下。

```
命令:_SURFPATCH↙      //调用【修补】命令
连续性=G0—位置,凸度幅值=0.5
选择要修补的曲面边或［链(CH)/曲线(CU)]＜曲线＞:      //选择要修补的曲面边
指定对角点:找到2个↙      //回车结束曲面边选择
选择要修补的曲面边或［链(CH)/曲线(CU)]＜曲线＞:      //选择要修补的曲面边
按 Enter 键接受修补曲面或［连续性(CON)/凸度幅值(B)/导向(G)]:↙      //回车
  完成修补曲面操作
```

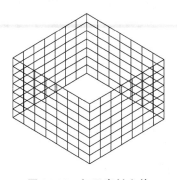

图 14-23　打开素材文件

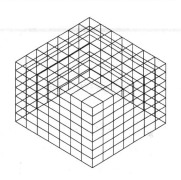

图 14-24　修补曲面

14.2.4　创建偏移曲面

【偏移】曲面可以创建与原始曲面平行的曲面,在创建过程中需要指定距离。创建【偏移】曲面的方法如下。

☞命令行:在命令行输入 SURFOFFSET,并按回车键。

☞菜单栏:执行【绘图】|【建模】|【曲面】|【偏移】菜单命令。

☞功能区:在【曲面】选项卡中单击【创建】面板中的【偏移】按钮🖳。

【课堂举例14-8】:创建偏移曲面

(1)调用【文件】|【打开】命令,打开"14\课堂举例14-8 创建偏移曲面.dwg"文件。

(2)调用【绘图】|【建模】|【曲面】|【偏移】命令,创建偏移曲面如图14-25所示,命令行提示如下。

命令：_SURFOFFSET ↙　　　//调用【偏移】命令
连接相邻边＝否
选择要偏移的曲面或面域：找到 1 个　　　//选择要偏移的曲面
选择要偏移的曲面或面域：找到 1 个,总计 2 个　　　//选择要偏移的曲面
选择要偏移的曲面或面域：↙　　　//回车结束选择
指定偏移距离或［翻转方向(F)/两侧(B)/实体(S)/连接(C)/表达式(E)］＜20.0000
　＞：20 ↙　　　//指定偏移距离 2 个对象将偏移。
2 个偏移操作成功完成。

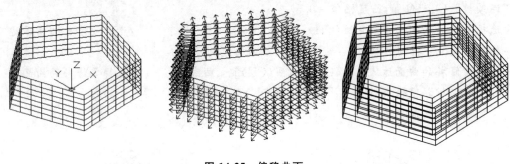

图 14-25　偏移曲面

14.2.5　创建圆角曲面

使用曲面【圆角】命令可以在现有曲面之间的空间中创建新的圆角曲面。圆角曲面具有固定半径轮廓且与原始曲面相切。创建圆角曲面的方法如下。

☞命令行：在命令行输入 SURFFILLET，并按回车键。

☞菜单栏：执行【绘图】|【建模】|【曲面】|【圆角】命令。

☞功能区：在【曲面】选项卡中单击【创建】面板中的【圆角】按钮 ⤶。

【课堂举例 14-9】：创建圆角曲面

(1)调用【文件】|【打开】命令，打开"14\课堂举例 14-9 创建圆角曲面.dwg"文件。

(2)调用【绘图】|【建模】|【曲面】|【圆角】菜单命令，创建圆角曲面如图 14-26 所示，命令行提示如下。

命令：_SURFFILLET
半径＝1.0000,修剪曲面＝是
选择要圆角化的第一个曲面或面域或者［半径(R)/修剪曲面(T)］：R↙　　　//选择"半径"
　备选项
指定半径或［表达式(E)］<1.0000>：3↙　　　//指定圆角半径
选择要圆角化的第一个曲面或面域或者［半径(R)/修剪曲面(T)］：　　//选择要圆角的第
　一个曲面
选择要圆角化的第二个曲面或面域或者［半径(R)/修剪曲面(T)］：　　//选择要圆角的第
　二个曲面
按 Enter 键接受圆角曲面或［半径(R)/修剪曲面(T)］：↙　　　//回车结束圆角操作

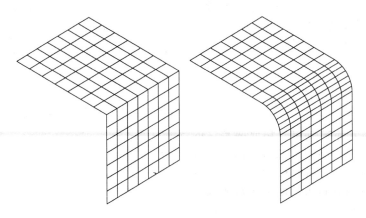

图 14-26　圆角曲面

14.3　绘制基本实体对象

实体模型是三维建模中最重要的一部分,是最符合真实情况的模型。实体模型不再像曲面模型那样只是一个"空壳",而是具有厚度和体积的实体。AutoCAD 也提供了直接创建基本形状的实体模型的命令。对于非基本形状的实体模型,可以通过曲面模型的旋转、拉伸等操作创建。

14.3.1　绘制长方体

【长方体】命令可以创建具有规则实体模型形状的长方体或正方体等实体,如零件的底座、支撑板、家具以及建筑墙体等。
调用【长方体】命令的方法如下。
☞命令行:在命令行输入 BOX,并按回车键。
☞菜单栏:执行【绘图】|【建模】|【长方体】菜单命令。
☞功能区:单击【建模】面板中的【长方体】按钮 。

【课堂举例 14-10】: 绘制长方体

(1)调用【视图】|【三维视图】|【西南等轴测】命令,将视图切换为【西南等轴测】模式。

(2)在【常用】选项卡中单击【建模】面板中的【长方体】
按钮⬜,绘制一个尺寸为 50×40×100 的长方体,结果如图
14-27 所示,命令行操作如下。

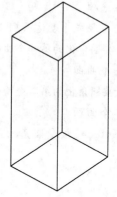

```
命令:_box↙      //调用【长方体】命令
指定第一个角点或 [中心(C)]:      //指定第一个角点
指定其他角点或 [立方体(C)/长度(L)]:l↙      //选择
    "长度"备选项
指定长度:50↙      //指定第二个角点
指定宽度:40↙      //指定第三个角点
指定高度或 [两点(2P)]<15.0000>:100↙      //指
    定长方体高度
```

图 14-27　创建的长方体

14.3.2　绘制楔体

楔体是长方体沿对角线切成两半后的
结果,因此创建楔体和创建长方体的方法是
相同的。只要确定底面的长、宽和高,以及
底面围绕 Z 轴的旋转角度即创建需要的楔
体,如图 14-28 所示。

调用【楔体】命令可以绘制楔体,调用该
命令的方法如下。

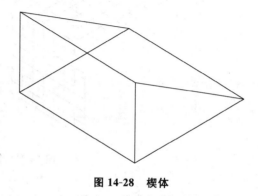

图 14-28　楔体

☞命令行:在命令行输入 WEDGE,并
按回车键。

☞菜单栏:执行【绘图】|【建模】|【楔体】命令。

☞功能区:在【实体】选项卡中单击【图元】面板中的【楔体】按钮◻。

调用该命令后,命令行操作如下。

```
命令:_wedge↙      //调用【楔体】命令
指定第一个角点或 [中心(C)]:      //指定楔体底面第一个角点
指定其他角点或 [立方体(C)/长度(L)]:      //指定楔体底面另一个角点
指定高度或 [两点(2P)]:      //指定楔体高度并完成绘制
```

14.3.3　绘制球体

球体是三维空间中到一个点(即球心)距离相等的所有点集合形成的实体,它广泛应
用于机械、建筑等制图中,如创建档位控制杆、建筑物的球形屋顶等。球体是最简单的三
维实体,使用【SPHERE】命令可以按指定的球心、半径或直径绘制实心球体,其纬线与当
前的 UCS 的 XY 平面平行,其轴向与 Z 轴平行。调用该命令的方法如下。

☞命令行:在命令行输入 SPHERE,并按回车键。

☞菜单栏:执行【绘图】|【建模】|【球体】菜单命令。

☞功能区:在【实体】选项卡中单击【图元】面板中的【球体】按钮◯。

调用该命令后,绘制出来的实体看起来并不是球体,如图 14-29 所示。可通过调节系统变量【ISOLINES】值控制当前密度,值越大密度越大,【ISOLINES】值为 20 时的效果如图 14-30 所示。

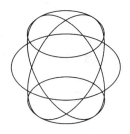

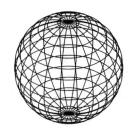

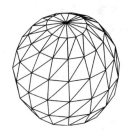

图 14-29　默认情况下绘　　　图 14-30　更改变量后绘　　　图 14-31　球体消隐效果
　　　　制的球体　　　　　　　　　制的球体

技巧:系统默认【ISOLINES】值为 4,更改变量后绘制球体的速度会大大降低。我们可以通过调用【视图】|【消隐】菜单命令来观察球体效果。【ISOLINES】值为 4 时的消隐效果如图 14-31 所示。

14.3.4　绘制圆柱体

在 AutoCAD 中创建的圆柱体是以圆或椭圆为截面形状,沿该截面法线方向拉伸所形成的实体。圆柱体在绘图时经常会用到,例如各类轴类零件、建筑图形中的各类立柱等特征。绘制圆柱体需要输入的参数有底面圆的圆心和半径以及圆柱体的高度。

调用【圆柱体】命令可以绘制圆柱体、椭圆柱体,所生成的圆柱体、椭圆柱体的底面平行于 XY 平面,轴线与 Z 轴平行。

调用该命令的方法如下。

☞命令行:在命令行输入 CYLINDER,并按回车键。

☞功能区:执行【绘图】|【建模】|【圆柱体】菜单命令。

☞功能区:在【实体】选项卡中单击【图元】面板中的【圆柱体】按钮▢。

【课堂举例 14-11】:绘制组合体

(1)调用【视图】|【三维视图】|【西南等轴测】菜单命令,将视图切换为【西南等轴测】模式。

(2)在【常用】选项卡中单击【建模】面板中的【长方体】按钮▢,绘制一个尺寸为 50×50×20 的长方体,结果如图 14-32 所示,命令行操作如下。

命令：_box ✓ //调用【长方体】命令

指定第一个角点或 [中心(C)]: //指定第一个角点

指定其他角点或 [立方体(C)/长度(L)]: l ✓
//选择"长度"备选项

指定长度: 50 ✓ //指定第二个角点

指定宽度: 50 ✓ //指定第三个角点

指定高度或 [两点(2P)] <15.0000>: 20 ✓
//指定长方体高度

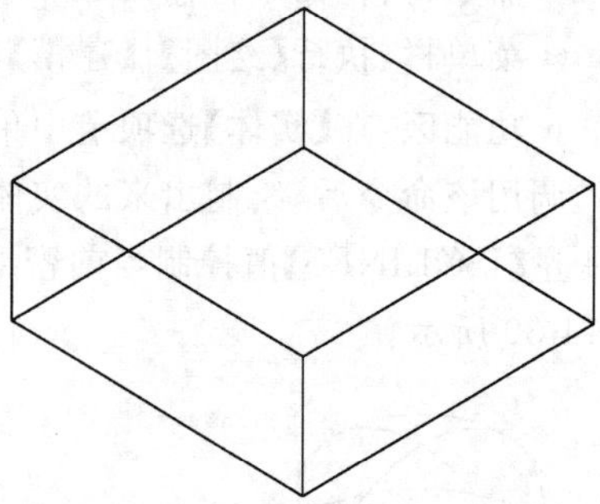

图 14-32 创建长方体

(3)调用【绘图】|【建模】|【圆柱体】命令，在长方体上表面绘制半径为 15、高度为 20 的圆柱体，如图 14-33 所示，命令行操作如下。

命令：_cylinder ✓ //调用【圆柱体】命令

指定底面的中心点或 [三点(3P)/两点(2P)/切点、切点、半径(T)/椭圆(E)]: //指定圆心点

指定底面半径或 [直径(D)]: 15 ✓ //输入半径

指定高度或 [两点(2P)/轴端点(A)] <1033.8210>: 20 ✓ //输入高度值

(4)在命令行输入【HIDE】命令，消隐图形，最终结果如图 14-34 所示。

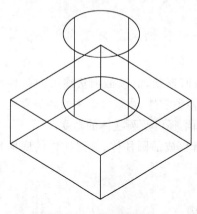

图 14-33 绘制圆柱体

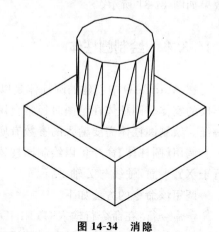

图 14-34 消隐

14.3.5 绘制圆锥体

圆锥体常用于创建圆锥形屋顶、锥形零件和装饰品等，如图 14-35 所示。绘制圆锥体需要输入的参数有底面圆的圆心和半径、顶面圆半径和圆锥高度。同样，当圆锥的底面为椭圆时，绘制出的锥体为椭圆锥体。当顶面圆半径为 0 时，绘制出的图形为圆锥体。反之，当顶面圆半径大于 0 时，绘制出的图形则为圆台，如图 14-36 所示。

调用【圆锥体】命令可以绘制圆锥体、椭圆锥体，所生成的锥体底面平行于 XY 平面，轴线平行于 Z 轴。调用该命令的方法如下。

☞命令行：在命令行输入 CONE，并按回车键。

图 14-35　圆锥体

图 14-36　圆台

☞菜单栏:执行【绘图】|【建模】|【圆锥体】命令。

☞功能区:在【实体】选项卡中单击【图元】面板中的【圆锥体】按钮△。

调用该命令后,命令行出现如下提示及操作。

```
命令:_cone↙        //调用【圆锥体】命令
指定底面的中心点或[三点(3P)/两点(2P)/切点、切点、半径(T)/椭圆(E)]:        //指
   定圆锥体底面的圆心
指定底面半径或[直径(D)]<121.6937>:        //指定圆锥体底面圆的半径
指定高度或[两点(2P)/轴端点(A)/顶面半径(T)]<322.3590>:        //指定圆锥体
   的高度
```

14.3.6　绘制圆环体

圆环常用于创建铁环、环形饰品等实体。圆环有两个半径定义,一个是圆环体中心到管道中心的圆环体半径;另一个是管道半径。随着管道半径和圆环体半径之间相对大小的变化,圆环体的形状是不同的。

调用【圆环】命令可以绘制圆环,调用该命令的方法如下。

☞命令行:在命令行输入 TORUS,并按回车键。

☞菜单栏:执行【绘图】|【建模】|【圆环】菜单命令。

☞功能区:在【实体】选项卡中单击【图元】面板中的【圆环】按钮◎。

14.3.7　绘制多段体

多段体常用于创建三维墙体。调用绘制多段体命令的方法如下。

☞命令行:在命令行输入 POLYSOLID,并按回车键。

☞菜单栏:执行【绘图】|【建模】|【多段体】菜单命令。

☞功能区:在【实体】选项卡中单击【图元】面板中的【多段体】按钮 。

【课堂举例 14-12】:创建多段体

(1)调用【视图】|【三维视图】|【西南等轴测】菜单命令,将视图切换为【西南等轴测】模式。

(2)在命令行输入 PL,并按回车键,调用【多段线】命令,绘制一条二维多段线,如图

14-37 所示。

(3)调用【绘图】|【建模】|【多段体】命令,命令行提示如下。

命令:_Polysolid 高度=80.0000,宽度 = 5.0000,对正=居中　　　//调用【多段体】
命令

指定起点或[对象(O)/高度(H)/宽度(W)/对正(J)]<对象>:H↙

指定高度<80.0000>:100 高度=100.0000,宽度=5.0000,对正=居中　　//输入
多段体高度

指定起点或[对象(O)/高度(H)/宽度(W)/对正(J)]<对象>:W↙

指定宽度<5.0000>:24 高度=100.0000,宽度=24.0000,对正=居中　　//输入
多段体宽度

指定起点或[对象(O)/高度(H)/宽度(W)/对正(J)]<对象>:J↙

输入对正方式[左对正(L)/居中(C)/右对正(R)]<居中>:C↙　　　//输入多段体对正
方式

高度=100.0000,宽度=24.0000,对正=居中

指定起点或[对象(O)/高度(H)/宽度(W)/对正(J)]<对象>:↙

选择对象:　　//选择对象回车确定

(4)调用【消隐】命令,结果如图 14-38 所示。

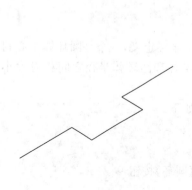

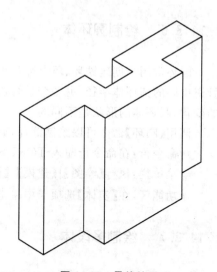

图 14-37　二维多段线　　　　　　　　　　　　　**图 14-38　最终结果**

14.4　用二维图形创建实体

　　用户还可以采用拉伸二维对象或将二维对象绕指定轴线旋转的方法生成三维实体,被拉伸或旋转的对象可以是三维平面、封闭的多段线、矩形、多边形、圆、圆弧、圆环、椭圆、封闭的样条曲线和面域。

14.4.1 拉伸创建实体

通过沿指定的方向将对象或平面拉伸出指定距离,即可创建三维实体,也可以指定路径来创建拉伸,如图 14-39 所示。

执行拉伸的方式如下。

☞命令行:在命令行输入 EXTRUDE/EXT,并按回车键。

☞菜单栏:执行【绘图】|【建模】|【拉伸】菜单命令。

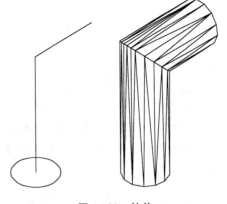

图 14-39 拉伸

☞功能区:在【常用】选项卡中单击【建模】面板中的【拉伸】按钮 ⬚ 。

【课堂举例 14-13】:创建拉伸实体

(1)调用【视图】|【三维视图】|【西南等轴测】命令,将视图切换为【西南等轴测】模式。

(2)在命令行输入 3DPOLY,并按回车键,绘制如图 14-40 所示的三维多段线。

(3)调用【绘图】|【建模】|【拉伸】命令,命令行提示如下。

```
命令：_extrude↙      //调用【拉伸】命令
当前线框密度： ISOLINES＝4,闭合轮廓创建模式＝实体
选择要拉伸的对象或 [模式(MO)]：_MO 闭合轮廓创建
模式 [实体(SO)/曲面(SU)]＜实体＞：_SO↙      //选择模式
选择要拉伸的对象或 [模式(MO)]：      //选择矩形作为拉伸对象
选择要拉伸的对象或 [模式(MO)]：↙
指定拉伸的高度或 [方向(D)/路径(P)/倾斜角(T)/
表达式(E)]＜－128.8241＞：P↙      //选择路径模式
选择拉伸路径或 [倾斜角(T)]：↙      //选择拉伸路径
```

(4)调用【消隐】命令,结果如图 14-41 所示。

图 14-40 三维多段线

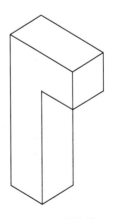

图 14-41 拉伸结果

14.4.2 旋转创建实体

【旋转】命令通过绕轴旋转二维对象来创建三维实体。
调用【旋转】命令的方式如下。

☞命令行:在命令行输入 REVOLVE,并按回车键。

☞菜单栏:执行【绘图】|【建模】|【旋转】菜单命令。

☞功能区:在【实体】选项卡中单击【实体】面板中
的【旋转】按钮 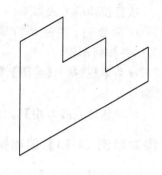。

【课堂举例 14-14】:创建旋转实体

(1)调用【视图】|【三维视图】|【西南等轴测】命令,
将视图切换为【西南等轴测】模式。

(2)在命令行输入【3DPOLY】命令,绘制如图 14-
42 所示的三维多段线。

(3)调用【绘图】|【建模】|【旋转】命令,命令行提示
如下。

图 14-42 三维多段线

命令: _ revolve ↙   //调用【旋转】命令
当前线框密度: ISOLINES=4,闭合轮廓创建模式＝实体
选择要旋转的对象或［模式(MO)］: _ MO 闭合轮廓创建模式
［实体(SO)/曲面(SU)］＜实体＞: _ SO ↙
选择要旋转的对象或［模式(MO)］: 找到 1 个
选择要旋转的对象或［模式(MO)］:   //选择多边形作为旋转对象
指定轴起点或根据以下选项之一定义轴［对象(O)/X/Y/Z］＜对象＞:   //选择直
  线作为旋转轴
选择对象: ↙   //选择对象回车确定

(4)调用【消隐】命令,结果如图 14-43 所示。

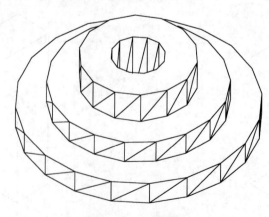

图 14-43 旋转结果

14.4.3 扫掠

【扫掠】通过沿路径扫掠二维对象来创建三维实体。

调用【扫掠】命令的方式如下。

☞命令行:在命令行输入 SWEEP,并按回车键。

☞菜单栏:执行【绘图】|【建模】|【扫掠】菜单命令。

☞功能区:在【实体】选项卡中单击【实体】面板中的【扫掠】按钮。

【课堂举例14-15】:创建弹簧三维实体

(1)调用【视图】|【三维视图】|【西南等轴测】命令,将视图切换为【西南等轴测】模式。

(2)在命令行输入【HELIX】命令,绘制底面、顶面半径为50,圈数为5,高度为100的螺旋线;调用【圆】工具,绘制半径为10的圆,如图 14-44 所示。

(3)调用【绘图】|【建模】|【扫掠】命令,命令行提示如下。

命令:_ sweep↙   //调用【扫掠】命令

当前线框密度: ISOLINES=4,闭合轮廓创建模式=实体

选择要扫掠的对象或[模式(MO)]:_ MO 闭合轮廓创建模式[实体(SO)/曲面(SU)]

<实体>:_ SO↙

选择要扫掠的对象或[模式(MO)]:找到1个   //选择圆作为扫掠对象

选择要扫掠的对象或[模式(MO)]:↙   //回车结束扫掠对象选择

选择扫掠路径或[对齐(A)/基点(B)/比例(S)/扭曲(T)]:↙   //选择扫掠路径

(4)调用【消隐】命令,结果如图 14-45 所示。

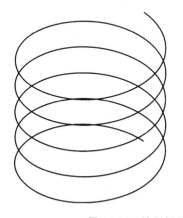

图 14-44　绘制螺旋和圆

图 14-45　扫掠结果

14.4.4 放样

【放样】是在若干横截面之间的空间中创建三维实体或曲面。

调用【放样】命令的方式如下。

☞命令行：在命令行输入 LOFT，并按回车键。

☞菜单栏：执行【绘图】|【建模】|【放样】菜单命令。

☞功能区：在【实体】选项卡中单击【实体】面板中的【放样】按钮🔲。

【课堂举例 14-16】：创建放样三维实体

（1）调用【视图】|【三维视图】|【西南等轴测】菜单命令，将视图切换为【西南等轴测】模式。

（2）调用【圆】工具，绘制若干个大小不等的圆，如图 14-46 所示。

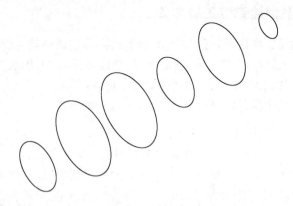

图 14-46　绘制圆

（3）调用【绘图】|【建模】|【放样】命令，命令行提示如下。

```
命令：_loft↙      //调用【放样】命令
当前线框密度：ISOLINES＝4，闭合轮廓创建模式＝实体
按放样次序选择横截面或 [点(PO)/合并多条边(J)/模式(MO)]：_MO 闭合轮廓创
    建模式 [实体(SO)/曲面(SU)] <实体>：_SO↙ 按放样次序选择横截面或 [点
    (PO)/合并多条边(J)/模式(MO)]：
指定对角点：找到 6 个    //依次选择横截面圆
按放样次序选择横截面或 [点(PO)/合并多条边(J)/模式(MO)]：↙      //回车结束
    对象选择
选中了 6 个横截面
输入选项 [导向(G)/路径(P)/仅横截面(C)/设置(S)] <仅横截面>：↙     //回车
    确定
```

（4）调用【视图】|【视觉样式】|【概念】命令，切换至【概念】视觉样式，结果如图 14-47 所示。

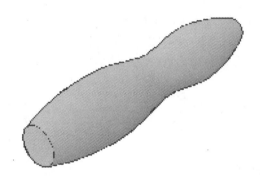

图 14-47　扫掠结果

14.5　综合实例

本节通过具体的实例,巩固之前介绍的三维实体的创建。

14.5.1　绘制酒瓶

(1)单击【快速访问】工具栏中的【打开】按钮 ⊟,打开"14\ 14.5.1 绘制酒瓶.dwg"素材文件,如图 14-48 所示。

(2)调整网格密度,命令行提示如下。

```
命令：surftab1 ↙        //调用【调整网格密度】命令
输入 SURFTAB1 的新值＜6＞：36 ↙        //输入新值并回车
命令：surftab2 ↙        //调用命令
输入 SURFTAB2 的新值＜6＞：36 ↙        //输入新值并回车
```

(3)调用【绘图】|【建模】|【网格】|【旋转网格】命令,创建如图 14-49 所示的酒瓶模型,命令行提示如下。

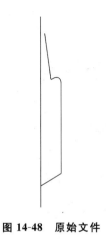

图 14-48　原始文件

图 14-49　酒瓶效果

```
命令：_revsurf↙        //调用【旋转网格】命令
当前线框密度：SURFTAB1＝36  SURFTAB2＝36
选择要旋转的对象：     //选择轮廓线
选择定义旋转轴的对象：   //选择直线
指定起点角度＜0＞:↙    //回车
指定包含角（＋＝逆时针，－＝顺时针）＜360＞:↙     //回车
```

14.5.2　绘制咖啡杯

（1）单击绘图区域左上角的视图切换快捷控件，将视图切换为【前视】模式。

（2）调用【多段线】工具及【圆角】工具，绘制如图 14-50 所示杯子截面轮廓。

（3）调用【绘图】|【样条曲线】命令，创建杯柄扫掠路径，调用【多段线】工具绘制扫掠截面，效果如图 14-51 所示。

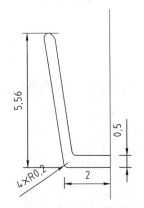

图 14-50　创建杯子截面轮廓

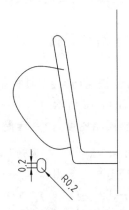

图 14-51　创建杯柄扫掠路径和扫掠截面

（4）单击绘图区域左上角的视图切换快捷控件，将视图切换为【西南等轴测】模式。调用【绘图】|【建模】|【旋转】命令，旋转出杯体，结果如图 14-52 所示。

（5）在命令行输入【SWEEP】扫掠命令，扫掠出杯柄模型，效果如图 14-53 所示。至此，咖啡杯模型就绘制完毕了。

图 14-52　旋转

图 14-53　扫掠

14.5.3 绘制台灯

(1)绘制旋转截面。分别调用【直线】、【圆弧】、【圆】、【修剪】命令，在前视图中绘制台灯底座截面轮廓和中心线，并在命令行中输入 PE 并按回车键，根据命令行的提示，将截面轮廓线合并为多段线，如图 14-54 所示。

(2)旋转网格。执行【绘图】|【建模】|【网格】|【旋转网格】命令，选择轮廓线为旋转的对象，选择中心线为旋转轴，创建台灯底座，如图 14-55 所示。

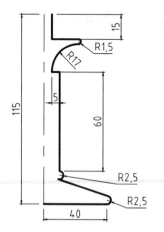

图 14-54 绘制旋转截面

图 14-55 旋转网格

(3)绘制直纹网格轮廓。在命令行中输入 UCS 并按回车键，捕捉模型最上面圆的圆心，创建 Z 轴垂直于圆面的坐标系，在底座正上方绘制半径分别为 40 与 60 的圆，如图 14-56 所示。

(4)创建直纹网格灯罩。选择菜单栏【绘制】|【建模】|【网格】|【直纹网格】命令，选择两个圆创建直纹网格，如图 14-57 所示。

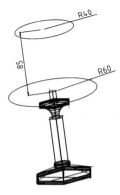

图 14-56 绘制圆

图 14-57 创建直纹曲面

第15章

编辑三维图形

AutoCAD 2014 不仅提供了绘制基本几何实体的命令，还可以对三维图形进行布尔运算以及体、面、边的编辑，创建出更多复杂的模型。

15.1 布尔运算

布尔运算是一个数学名词，指的是代数集合中的并集、差集和交集运算。在 AutoCAD 三维建模中，布尔运算可用来确定多个实体或面域之间的组合关系，通过它可以将多个实体组合为一个实体，从而实现一些特殊的造型。

15.1.1 并集运算

【UNION】并集运算是将两个或两个以上的实体对象组合成一个新的组合对象。并集操作时，原来各实体互相重合的部分变为一体，使其成为无重合的实体。

在执行并集运算操作时，实体并不进行复制，因此复合体的体积只会等于或小于原对象的体积。调用【UNION】命令的方法如下。

☞命令行：在命令行输入 UNION，并按回车键。

☞菜单栏：执行【修改】|【实体编辑】|【并集】菜单命令。

☞功能区：在【常用】选项卡中单击【实体编辑】中的【并集】按钮 ⊚ 。

调用该命令后，在绘图区中选取所有要合并的对象，按回车键或单击鼠标右键，即可调用合并操作，效果如图 15-1 所示。

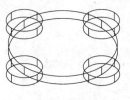
并集运算前

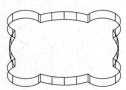
并集运算后

图 15-1　并集运算

【课堂举例 15-1】：并集运算

（1）单击【快速访问】工具栏中的【打开】按钮 ☞，打开"15\课堂举例 15-1 并集运算 . dwg"文件，如图 15-2 所示。

（2）在【常用】选项卡中单击【实体编辑】面板中的【并集】按钮 ⊚ ，对圆柱体之间进行并集运算，如图 15-3 所示，命令行操作如下。

命令：_ union ✓   //调用【并集】命令

选择对象：找到 1 个，总计 5 个✓   //选择大圆柱以及四个外侧圆柱体

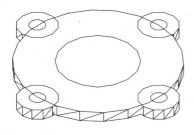

图 15-2　素材图形

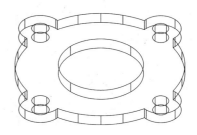

图 15-3　并集运算

（3）在命令行中输入 HIDE，并按回车键，调用【消隐】命令，对图形进行消隐操作，查看并集运算结果如图 15-4 所示。

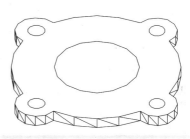

图 15-4　并集运算结果

15.1.2　差集运算

【差集】运算是将一个对象减去另一个对象从而形成新的组合对象。与并集操作不同的是，首先选取的对象为被剪切对象，之后选取的对象则为剪切对象，选取次序的不同，将产生不同的运算结果。调用【SUBTRACT】命令的方法如下。

☞命令行：在命令行输入 SUBTRACT，并按回车键。

☞菜单栏：执行【修改】|【实体编辑】|【差集】菜单命令。

☞功能区：在【常用】选项卡中单击【实体编辑】面板中的【差集】按钮⬚。

调用该命令后，在绘图区域选取被剪切的对象，按回车键或单击鼠标右键结束；选取要剪切的对象，按回车键或单击鼠标右键即可调用差集操作，其差集运算效果如图 15-5 所示。在调用差集运算时，如果第二个对象包含在第一个对象之内，则差集操作的结果是第一个对象减去第二个对象；如果第二个对象只有一部分包含在第一个对象之内，则差集操作的结果是第一个对象减去两个对象的公共部分。

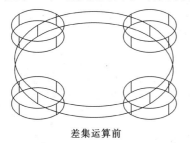
差集运算前

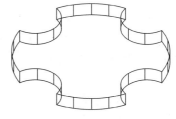
差集运算后

图 15-5　差集运算

【课堂举例 15-2】：差集运算

（1）调用【文件】|【打开】命令，打开"15\课堂举例 15-2 差集运算.dwg"文件，如图 15-

6 所示。

（2）在【常用】选项卡中单击【实体编辑】面板中的【差集】按钮⑩，对圆柱体进行差集运算，如图 15-6 所示，命令行操作如下。

命令：_subtract↙ //调用【差集】命令
选择要从中减去的实体、曲面和面域...
选择对象：找到 1 个↙ //选择上一节合并的图形
选择对象： 选择要减去的实体、曲面和面域...
选择对象：找到 1 个，总计 5 个↙ //选择内侧圆柱体
选择对象：↙ //按回车键进行差集运算

（3）命令行中输入 HIDE 并按回车键，对图形进行消隐操作，最终效果如图 15-7 所示。

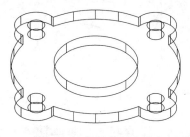

图 15-6　打开素材文件

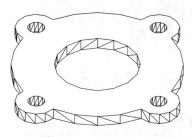

图 15-7　差集运算结果

15.1.3　交集运算

在三维建模过程中调用交集运算可获取相交实体的公共部分，从而获得新的实体。调用【交集运算】命令的方法如下。

☞命令行：在命令行输入 INTERSECT，并按回车键。

☞菜单栏：执行【修改】|【实体编辑】|【交集】菜单命令。

☞功能区：在【常用】选项卡中单击【实体编辑】中的【交集】按钮⑩。

调用该命令后，在绘图区选取具有公共部分的两个对象，按回车键或单击鼠标右键即可调用交集操作，其运算效果如图 15-8 所示。

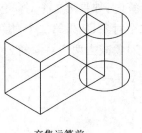

交集运算前

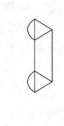

交集运算后

图 15-8　交集运算

15.1.4　干涉运算

【干涉运算】就是当两组三维实体之间存在相交或重叠部分时，创建临时的三维实体，并亮显模型相交的部分，即实体或曲面间的干涉。如果选择集包含三维实体和曲面，则干涉对象可为曲面。

【干涉运算】的方法如下所述。

☞选择一组实体或曲面,创建实体或曲面间的干涉。

☞选择两组实体或曲面,创建在第一组整体和第二组整体之间的干涉。

☞分别指定嵌套在块或外部参照中的实体:分别选择嵌套在块和外部参照中的三维实体或曲面,并将其与选择集中的其他对象相比较。

调用【干涉运算】命令的方法如下。

☞命令行:在命令行输入 INTERFERE,并按回车键。

☞菜单栏:执行【修改】|【三维操作】|【干涉检查】菜单命令。

☞功能区:在【常用】选项卡中单击【实体编辑】面板中的【干涉】按钮 📦。

1. 选择第一组

(1)一组实体或曲面。

如果只在一组实体或曲面中创建干涉,则调用该命令后,在绘图区选取具有公共部分的对象,按回车键或单击鼠标右键即可调用干涉操作,其运算效果如图 15-9 所示。

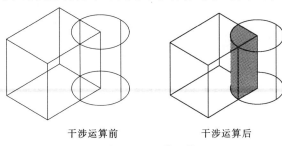

图 15-9 干涉运算

(2)【干涉检查】对话框。

调用干涉运算后,弹出【干涉检查】对话框。在【干涉检查】对话框中可以循环亮显、缩放、平移、动态观察、删除或保留干涉对象。

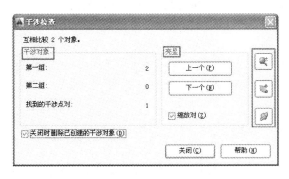

图 15-10 【干涉检查】对话框

其中【干涉对象】栏显示执行干涉运算时,在每组之间找到的干涉数目;【亮显】栏中单击【上一个】和【下一个】按钮在对象中循环时,亮显干涉对象;单击【缩放】按钮 🔍,关闭对话框启动【ZOOM】命令的实体缩放;单击【平移】按钮 ✋,关闭对话框并启动【PAN】命令;单击【三维动态观察】按钮 🔄,关闭对话框启动【3DORBIT】命令;干涉运算会自动把相交或重叠的部分创建为单独的【干涉对象】,若勾选【关闭时删除已创建的干涉对象】复选框,则在关闭对话框时删除干涉对象。

（3）两组实体或曲面。

如果在两组实体或曲面中创建干涉对象，前面的操作步骤与在一组实体或曲面中创建干涉对象一样，但在选择第一组对象回车后根据命令行提示选择另一组对象，回车后创建干涉对象。

2. 嵌套选择

调用干涉命令时，选择【嵌套选择(N)】选项，用户可以选择嵌套在块或者外部参照中的单个实体对象。命令行提示如下。

```
命令：_interfere↙        //调用干涉运算
选择第一组对象或［嵌套选择(N)/设置(S)］：N↙       //选择嵌套选项
选择嵌套对象或［退出(X)］＜退出(X)＞：↙       //选择嵌套在块或者外部参照中的
 实体对象
选择第一组对象或［嵌套选择(N)/设置(S)］：↙
```

15.2　倒角边与圆角边

【倒角】和【倒圆角】工具不仅能够在二维环境中使用，在创建三维对象时同样可以使用。

15.2.1　倒角边

在三维建模过程中，有些家具或者装饰为避免尖角，经常对桌棱边、容器边角一类的尖角进行倒角处理。

在【实体】选项卡中单击【实体编辑】面板中的【倒角边】按钮，在绘图区选取绘制倒角所在的基面，按回车键分别指定倒角距离，指定需要倒角的边线，按回车键即可创建三维倒角。

在调用【倒角】命令时，当出现"选择一条边或［环(L)/距离(D)］："提示信息时，选择【距离】备选项可以设置倒角距离。

15.2.2　圆角边

在【实体】选项卡中单击【实体编辑】面板中的【圆角边】按钮，在绘图区选取需要绘制圆角的边线，输入圆角半径，按回车键。其命令行出现"选择边或［链(C)/环(L)/半径(R)］："提示，选择【链(C)】选项，则可以选择多个边线进行倒圆角；选择【半径】选项，则可以创建不同半径值的圆角，按回车键即可创建三维倒圆角。

15.3　三维图形的操作

AutoCAD 2014 提供了专业的三维对象编辑工具，如三维阵列、三维镜像、三维旋转、三维对齐等,从而为创建出更加复杂的实体模型提供了条件。

15.3.1 三维阵列

使用【三维阵列】命令可以在三维空间中按矩形阵列或环形阵列的方式,创建指定对象的多个副本。

调用【三维阵列】命令的方法如下。

☞命令行:在命令行输入 3DARRAY/3A,并按回车键。

☞菜单栏:执行【修改】|【三维操作】|【三维阵列】菜单命令。

☞功能区:在【常用】选项卡中单击【修改】面板中的【三维阵列】按钮⊞。

调用该命令后,命令行操作如下。

```
命令:3darray↙      //调用【三维阵列】命令
正在初始化...   已加载 3DARRAY。
选择对象:    //选择阵列对象
选择对象:    //继续选择对象或回车结束选择
输入阵列类型［矩形(R)/环形(P)］＜矩形＞:    //输入阵列类型
```

1. 矩形阵列

在调用三维矩形阵列时,需要指定行数、列数、层数、行间距和层间距,其中一个矩形阵列可设置多行、多列和多层。

在指定间距值时,可以分别输入间距值或在绘图区域选取两个点,AutoCAD 将自动测量两点之间的距离值,并以此作为间距值。如果间距值为正,将沿 X 轴、Y 轴、Z 轴的正方向生成阵列;间距值为负,将沿 X 轴、Y 轴、Z 轴的负方向生成阵列。

【课堂举例 15-3】:矩形阵列

(1)在【常用】选项卡中单击【建模】面板中的【长方体】按钮▢,绘制如图 15-11 所示的长方体。

(2)在命令行输入【3A】命令,阵列绘制好的长方体,命令行操作如下。

```
命令:_3darray↙      //调用【三维阵列】命令
选择对象:找到1个
选择对象:↙      //选择需要阵列的对象
输入阵列类型［矩形(R)/环形(P)］＜矩形＞:R↙      //激活"矩形(R)"选项
输入行数 (－－－) ＜1＞:4↙      //输入行数
输入列数 (｜｜｜) ＜1＞:4↙      //输入列数
输入层数 (…) ＜1＞:↙      //输入层数
指定行间距 (－－－):70↙      //指定行间距
指定列间距 (｜｜｜):70↙      //指定列间距
```

(3)在命令行中输入【HIDE】命令,矩形阵列效果如图 15-12 所示。

2. 环形阵列

在调用三维环形阵列时,需要指定阵列的数目、阵列填充的角度、旋转轴的起点和终

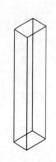

图 15-11　创建长方体

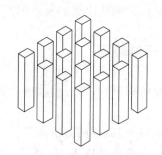

图 15-12　阵列效果

点及对象在阵列后是否绕着阵列中心旋转。

【课堂举例 15-4】:环形阵列

(1)在命令行输入 CY,并按回车键,绘制如图 15-13 所示的任意大小的圆柱体。

(2)在命令行中输入 3A,并按回车键,阵列圆柱体,如图 15-14 所示,命令行操作如下。

```
命令：_3DARRAY✓        //调用【三维阵列】命令
选择对象：找到 1 个
选择对象：✓       //选择需要阵列的圆柱体
输入阵列类型［矩形(R)/环形(P)］＜矩形＞:P✓        //激活"环形(P)"选项
输入阵列中的项目数目：8✓       //输入项目数
指定要填充的角度(＋＝逆时针,－＝顺时针)＜360＞:✓        //选择需要填充的角度,
    默认 360 度
旋转阵列对象？［是(Y)/否(N)］＜Y＞：Y✓       //激活"是(Y)"选项
指定阵列的中心点：      //在 Z 轴上选择一点
指定旋转轴上的第二点：      //在 Z 轴上选择另一点
```

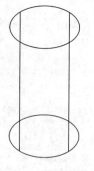

图 15-13　绘制圆柱体

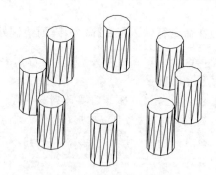

图 15-14　环形阵列并消隐圆柱体

15.3.2　三维镜像

调用【三维镜像】命令可以将三维对象通过镜像平面获取与之完全相同的对象,其中

镜像平面可以是与 UCS 坐标系平面平行的平面或由三点确定的平面。调用该命令的方法如下。

☞命令行:在命令行输入 MIRROR3D,并按回车键。

☞菜单栏:执行【修改】|【三维操作】|【三维镜像】菜单命令。

☞功能区:在【常用】选项卡中单击【修改】面板中的【三维镜像】按钮※。

调用该命令后,即可进入【三维镜像】模式,在绘图区选取要镜像的实体后,按 Enter 键或鼠标右击,按照命令行提示选取镜像平面。图 15-15 所示为创建的三维镜像示例。

 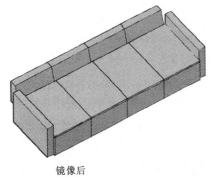

镜像前   镜像后

图 15-15   三维镜像

15.3.3   三维旋转

使用【三维旋转】命令可将选取的三维对象和子对象,沿指定旋转轴(X 轴、Y 轴、Z 轴)自由旋转。调用该命令的方法有以下 3 种。

☞功能区:在【常用】选项卡中单击【修改】面板中的【三维旋转】按钮◎。

☞命令行:在命令行输入【3DROTATE】并回车。

调用该命令后,在绘图区选取需要旋转的对象,此时绘图区出现 3 个圆环(红色代表 X 轴、绿色代表 Y 轴、蓝色代表 Z 轴),然后在绘图区指定一点为旋转基点,如图 15-16 所示。指定完旋转基点后,选择夹点工具上的圆环用以确定旋转轴,接着直接输入角度旋转实体,或选择屏幕上的任意位置用以确定旋转基点,再输入角度值即可获得实体三维旋转效果。

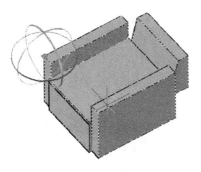 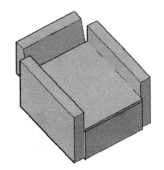

旋转前   旋转后

图 15-16   三维旋转

如果正在视觉样式设置为二维线框中视口中绘图,则在命令执行期间,三维镜像会将视觉样式暂时更改为三维线框。

使用旋转夹点工具,用户可以自由旋转之前选定的对象和子对象,或将旋转约束到轴。

15.3.4 三维对齐

在三维建模环境中,使用【对齐】和【三维对齐】工具可对齐三维对象,从而获得准确的定位效果。这两种对齐工具都可实现对齐两模型的目的,但选取顺序却不同,以下分别对其进行介绍。

1. 对齐对象

调用【对齐】命令可以指定一对、两对或三对原点和定义点,从而使对象通过移动、旋转、倾斜或缩放对齐选定对象。调用该命令的方法如下。

☞命令行:在命令行输入 ALIGN,并按回车键。

☞菜单栏:执行【修改】|【三维操作】|【对齐】菜单命令。

☞功能区:在【常用】选项卡中单击【修改】面板中的【对齐】按钮 🖰。

调用该命令后,即可进入【对齐】模式。下面分别介绍 3 种指定点对齐对象的方法。

(1)一对点对齐对象。

该对齐方式是指定一对源点和目标点进行实体对齐。当只选择一对源点和目标点时,所选取的实体对象将在二维或三维空间中从源点 a 沿直线路径移动到目标点 b,如图 15-17 所示。

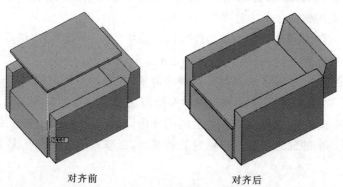

对齐前　　　　　　　　　　对齐后

图 15-17　一对点对齐对象

(2)两对点对齐对象。

该对齐方式是指定两对源点和目标点进行实体对齐。当选择两对点时,可以在二维或三维空间移动、旋转和缩放选定对象,以便与其他对象对齐,如图 15-18 所示。

(3)三对点对齐对象。

该对齐方式是指定三对源点和目标点进行实体对齐。当选择三对源点和目标点时,可直接在绘图区连续捕捉三对对应点即可获得对齐对象操作,其效果如图 15-19 所示。

2. 三维对齐

在 AutoCAD 2014 中,三维对齐操作是指最多指定 3 个点用以定义源平面,以及最多指定 3 个点用以定义目标平面,从而获得三维对齐效果。调用【3DALIGN】(三维对齐)命

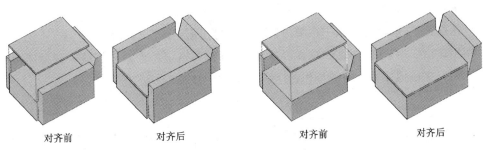

图 15-18　两对点对齐对象　　　　　图 15-19　三对点对齐对象

令的方法如下。

　　☞命令行:在命令行输入 3DALIGN,并按回车键。

　　☞菜单栏:执行【修改】|【三维操作】|【三维对齐】菜单命令。

　　☞功能区:在【常用】选项卡中单击【修改】面板中的【对齐】按钮 。

　　调用该命令后,即可进入"三维对齐"模式。调用三维对齐操作与对齐操作的不同之处在于:调用三维对齐操作时,可首先为源对象指定 1 个、2 个或 3 个点用以确定平面,然后为目标对象指定 1 个、2 个或 3 个点用以确定目标平面,从而使模型与模型之间对齐。图 15-20 所示为三维对齐效果。

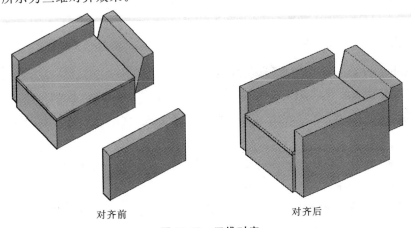

对齐前　　　　　　　　　　　　对齐后

图 15-20　三维对齐

15.4　编辑三维图形的表面

　　在编辑三维实体时,可以对整个实体的任意表面调用编辑操作,即通过改变实体表面,从而达到改变实体的目的。

15.4.1　拉伸面

　　在编辑三维实体面时,可使用【拉伸实体面】工具直接选取实体表面调用拉伸操作,从而获取新的实体。调用【拉伸面】命令的方法如下。

　　☞命令行:在命令行输入 EXT,并按回车键。

☞菜单栏:执行【修改】|【实体编辑】|【拉伸面】菜单命令。

☞功能区:在【常用】选项卡中单击【实体编辑】面板中的【拉伸面】按钮⬚。

　　调用该命令后,在绘图区选取需要拉伸的曲面,并指定拉伸路径或输入拉伸距离,按回车键即可完成拉伸实体面的操作,其效果如图 15-21 所示。

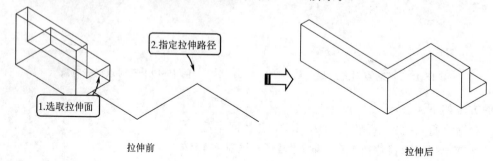

图 15-21　拉伸实体面

【课堂举例 15-5】:拉伸实体面

　　(1)调用【文件】|【打开】命令,打开"15\课堂举例 15-5 拉伸实体面.dwg"图形文件,如图 15-22 所示。

　　(2)在【常用】选项卡中单击【实体编辑】面板中的【拉伸面】按钮⬚,拉伸剩余管道,如图 15-23 所示,命令行操作如下。

```
命令:_ solidedit↙       //调用【拉伸面】命令
实体编辑自动检查:  SOLIDCHECK=1
输入实体编辑选项 [面(F)/边(E)/体(B)/放弃(U)/退出(X)]<退出>:_ face
输入面编辑选项
[拉伸(E)/移动(M)/旋转(R)/偏移(O)/倾斜(T)/删除(D)/复制(C)/颜色(L)/材质
  (A)/放弃(U)/退出(X)]<退出>:_ extrude
选择面或[放弃(U)/删除(R)]:找到一个面。       //选择拉伸面
选择面或[放弃(U)/删除(R)/全部(ALL)]:↙
指定拉伸高度或[路径(P)]:P↙       //激活"路径(P)"选项
选择拉伸路径:    //选择拉伸路径
已开始实体校验。
已完成实体校验。
输入面编辑选项
[拉伸(E)/移动(M)/旋转(R)/偏移(O)/倾斜(T)/删除(D)/复制(C)/颜色(L)/材质
  (A)/放弃(U)/退出(X)]<退出>:↙
实体编辑自动检查:  SOLIDCHECK=1
输入实体编辑选项 [面(F)/边(E)/体(B)/放弃(U)/退出(X)]<退出>:↙       //双
  击回车键退出
```

（3）调用【视图】|【视觉样式】|【概念】命令，最终效果如图 15-24 所示。

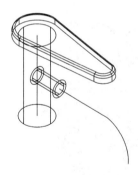 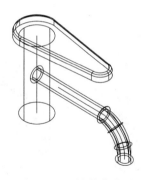 

图 15-22　素材文件　　　　图 15-23　拉伸管道　　　　图 15-24　更换视觉样式

15.4.2　移动面

　　移动实体面是指沿指定的高度或距离移动选定的三维实体对象的一个或多个面。移动时，只移动选定的实体面而不改变方向。调用【移动面】命令的方法如下。

　　☞命令行：在命令行输入 SOLIDEDIT，并按回车键。

　　☞菜单栏：执行【修改】|【实体编辑】|【移动面】菜单命令。

　　☞功能区：在【常用】选项卡中单击【实体编辑】面板中的【移动面】按钮 。

　　调用该命令后，在绘图区选取实体表面，按回车键并使用鼠标右击捕捉移动实体面的基点，指定移动路径或距离值。单击鼠标右键即可调用移动实体面操作，其效果如图 15-25 所示。

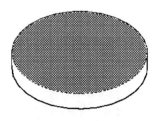 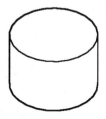

移动面前　　　　　　　　　　　　移动面后

图 15-25　移动实体面

15.4.3　偏移面

　　调用偏移实体面操作是指在一个三维实体上按指定的距离均匀地偏移实体面。可根据设计需要将现有的面从原始位置向内或向外偏移指定的距离，从而获取新的实体面。调用【偏移面】命令的方法如下。

　　☞命令行：在命令行输入 SOLIDEDIT，并按回车键。

　　☞菜单栏：执行【修改】|【实体编辑】|【偏移面】菜单命令。

　　☞功能区：在【常用】选项卡中单击【实体编辑】面板中的【偏移面】按钮 。

调用该命令后,在绘图区选取要偏移的面,输入偏移距离并回车,即可获得如图 15-26 所示的偏移面效果。

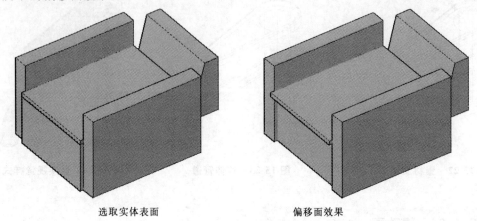

选取实体表面   偏移面效果

图 15-26 偏移实体面

15.4.4 删除面

在三维建模环境中,调用删除实体面操作是指从三维实体对象上删除实体表面、圆角等实体特征。调用【删除面】命令的方法如下。

☞命令行:在命令行输入 SOLIDEDIT,并按回车键。

☞菜单栏:执行【修改】|【实体编辑】|【删除面】菜单命令。

☞功能区:在【常用】选项卡中单击【实体编辑】面板中的【删除面】按钮 。

调用该命令,在绘图区选择要删除的面,按回车键或单击右键即可调用实体面删除操作,如图 15-27 所示。

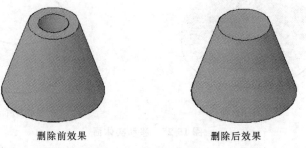

删除前效果   删除后效果

图 15-27 删除实体面

15.4.5 旋转面

调用旋转实体面操作,能够使单个或多个实体表面绕指定的轴线旋转,或者使旋转实体的某些部分形成新的实体。调用【旋转面】命令的方法如下。

☞命令行:在命令行输入 SOLIDEDIT,并按回车键。

☞菜单栏:执行【修改】|【实体编辑】|【旋转面】菜单命令。

☞功能区:在【常用】选项卡中单击【实体编辑】面板中的【旋转面】按钮 。

调用该命令后,选取需要旋转的实体面,捕捉两点为旋转轴,指定旋转角度并回车,即可完成旋转操作,效果如图15-28所示,命令行操作如下。

命令： SOLIDEDIT↙　　//调用【旋转面】命令
实体编辑自动检查： SOLIDCHECK＝1
输入实体编辑选项 [面(F)/边(E)/体(B)/放弃(U)/退出(X)]＜退出＞：F
输入面编辑选项
[拉伸(E)/移动(M)/旋转(R)/偏移(O)/倾斜(T)/删除(D)/复制(C)/颜色(L)/材质
　(A)/放弃(U)/退出(X)]＜退出＞：R
选择面或 [放弃(U)/删除(R)]：找到一个面。　　　//选择旋转面
选择面或 [放弃(U)/删除(R)/全部(ALL)]：
指定轴点或 [经过对象的轴(A)/视图(V)/X 轴(X)/Y 轴(Y)/Z 轴(Z)]＜两点＞：
在旋转轴上指定第二个点：　　//选择旋转轴
指定旋转角度或 [参照(R)]：30　　//输入旋转角度
已开始实体校验。
已完成实体校验。
输入面编辑选项
[拉伸(E)/移动(M)/旋转(R)/偏移(O)/倾斜(T)/删除(D)/复制(C)/颜色(L)/材质
　(A)/放弃(U)/退出(X)]＜退出＞：
实体编辑自动检查： SOLIDCHECK＝1
输入实体编辑选项 [面(F)/边(E)/体(B)/放弃(U)/退出(X)]＜退出＞：　　//按回
　车键退出

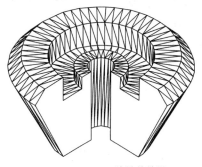
旋转前效果

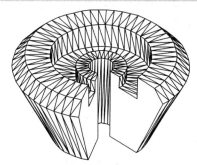
旋转后效果

图 15-28　旋转实体面

15.4.6　倾斜面

在编辑三维实体面时,可利用【倾斜实体面】工具将孔、槽等特征沿着矢量方向,并指定特定的角度进行倾斜操作,从而获取新的实体。调用【倾斜面】命令的方法如下。

☞命令行：在命令行输入 SOLIDEDIT,并按回车键。
☞菜单栏：执行【修改】|【实体编辑】|【倾斜面】菜单命令。

☞功能区：在【常用】选项卡中单击【实体编辑】面板中的【倾斜面】按钮。

调用该命令后，在绘图区选取需要倾斜的曲面，并指定其参照轴线基点和另一个端点，输入倾斜角度，按回车键或单击鼠标右键即可完成倾斜实体面操作，其效果如图 15-29 所示。

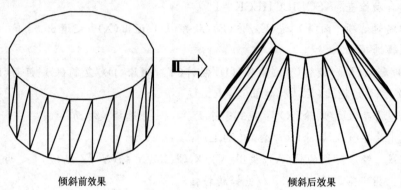

倾斜前效果   倾斜后效果

图 15-29 倾斜实体面

15.4.7 复制面

在三维建模环境中，利用【复制实体面】工具能够将三维实体表面复制到其他位置，且使用这些表面可创建新的实体。调用【复制面】命令的方法如下。

☞命令行：在命令行输入 SOLIDEDIT，并按回车键。

☞菜单栏：执行【修改】|【实体编辑】|【复制面】菜单命令。

☞功能区：在【常用】选项卡中单击【实体编辑】面板中的【复制面】按钮。

调用该命令后，在绘图区选取需要复制的实体表面。如果指定了两个点，AutoCAD 将第一个点作为基点，并相对于基点放置一个副本；如果只指定一个点，AutoCAD 将把原始选择点作为基点，下一点作为位移点。复制得到的对象可以是面域也可以是曲面，如图 15-30 所示。

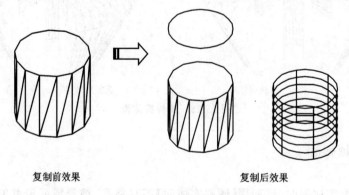

复制前效果   复制后效果

图 15-30 复制实体面

15.5 综合实例

本节通过具体的实例,练习之前学习的三维建模操作,使读者对三维建模有初步的认识。

15.5.1 绘制落地灯三维造型图

落地灯主要用于室内摆设及照明,通常放置在客厅、卧室、会客室等。从结构上分为灯罩、支架、底座。绘制其三维造型图,可以通过【拉伸】、【旋转】等命令,其最终效果如图15-31所示。

(1)在命令行中调用 C 命令,绘制一个半径为150的圆,效果如图15-32所示。

(2)单击【视图】|【三维视图】|【西南等轴测】菜单命令,将视图转换为三维视图;在命令行中调用 EXT 命令,选择圆形,按下空格键,将其拉伸50的高度,效果如图15-33所示。

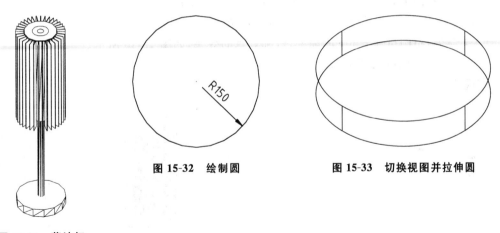

图 15-32　绘制圆　　　　图 15-33　切换视图并拉伸圆

图 15-31　落地灯

(3)重复调用【圆】命令,捕捉大圆的圆心,绘制一个半径为20的圆;在命令行中调用 EXT 命令,将其拉伸1200的高度,效果如图15-34所示。

(4)在命令行中调用 C 命令,捕捉最上面圆的圆心,绘制一个半径为50的圆,效果如图15-35所示。

(5)在命令行中调用 EXT 命令,选择圆,将其拉伸－500的高度,效果如图15-36所示。

(6)单击【视图】|【三维视图】|【左视】菜单命令,将视图转换为左视图;在命令行中调用 REC 命令,绘制一个50×600的矩形;转换到三维视图中,将其拉伸3的高度,效果如图15-37所示。

(7)单击【视图】|【三维视图】|【俯视】菜单命令,将视图转换为俯视图;在命令行中调用 M 命令,将矩形移动对齐到圆的象限点的位置,效果如图15-38所示。

(8)在命令行中调用 AR 命令,按下空格键,输入 PO 命令。按下空格键,以圆心为阵

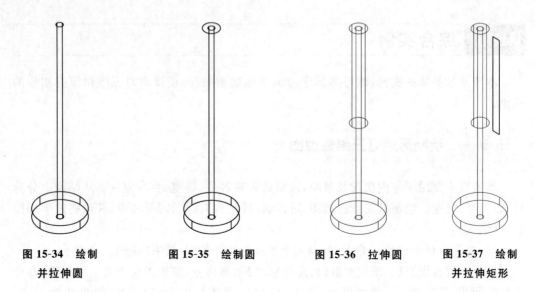

图 15-34　绘制　　　　图 15-35　绘制圆　　　　图 15-36　拉伸圆　　　　图 15-37　绘制
　　　并拉伸圆　　　　　　　　　　　　　　　　　　　　　　　　　　　　并拉伸矩形

列的中心点，输入项目数为 35，填充角度为 360°，阵列后效果如图 15-39 所示。

　　（9）单击【视图】|【三维视图】|【西南等轴测】菜单命令，将视图转换为三维视图；在命令行中调用 C 命令，捕捉最上面圆的圆心，绘制一个半径为 100 的圆；在命令行中调用 EXT 命令，将圆拉伸－500 的高度，得到灯罩的效果，如图 15-40 所示。

　　（10）单击【视图】|【消隐】菜单命令，消隐后的效果如图 15-41 所示。落地灯的绘制就完成了。

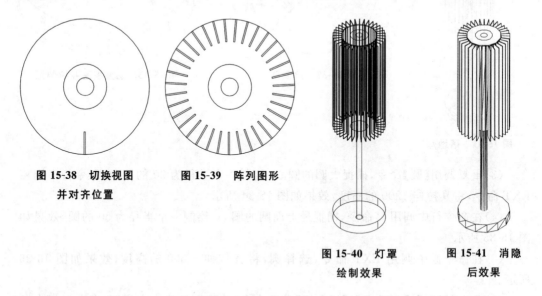

图 15-38　切换视图　　　图 15-39　阵列图形　　　　图 15-40　灯罩　　　　图 15-41　消隐
　　　并对齐位置　　　　　　　　　　　　　　　　　　绘制效果　　　　　　　　后效果

15.5.2　绘制组合办公桌三维造型图

　　本节讲述组合办公桌的绘制，最终效果如图 15-42 所示。在绘制过程中所运用的操作命令有【长方体】、【拉伸】、【多段线】、【圆角】等。

　　（1）在命令行中调用 PL 命令，绘制一条多段线，作为办公桌桌面的轮廓线，效果如图

15-43 所示。

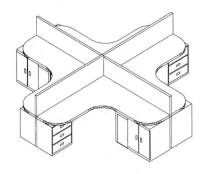

图 15-42　组合办公桌三维造型图示例

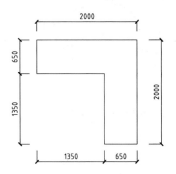

图 15-43　绘制桌面轮廓线

　　(2)在命令行中调用 F 命令,将桌面进行倒圆角,设置圆角半径为 400,效果如图 15-44 所示。

　　(3)单击【视图】|【三维视图】|【西南等轴测】菜单命令,将视图转换为三维视图;在命令行中调用 EXT 命令,拉伸多段线,按下空格键,将其拉伸 50 的高度,效果如图 15-45 所示。

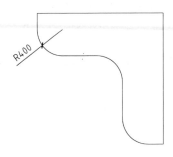

图 15-44　倒圆角

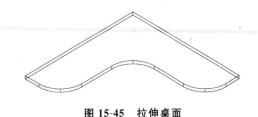

图 15-45　拉伸桌面

　　(4)在命令行中调用 REC 命令,绘制一个尺寸为 600×500 的矩形;在命令行中调用 EXT 命令,选择矩形,将其拉伸－700 的高度,并与桌面移动对齐,作为组合办公桌的柜体,效果如图 15-46 所示。

　　(5)在命令行中调用 C 命令,绘制一个半径为 50 的圆;在命令行中调用 EXT 命令,将圆拉伸－100 的高度,并切换视图,将它移动对齐到桌面,作为孔洞,效果如图 15-47 所示。

　　(6)单击【绘图】|【模型】|【长方体】菜单命令,绘制一个尺寸为 1 000×600×800 的长方体,并放置到图形右侧的位置,作为组合办公桌右侧的柜体,效果如图 15-48 所示。

　　(7)单击【绘图】|【模型】|【长方体】菜单命令,绘制一个尺寸为 750×300×700 的长方体,将它放置在右侧柜体中,效果如图 15-49 所示。

　　(8)单击【修改】|【实体编辑】|【差集】菜单命令,在视图中选择右侧柜体后按空格键,并选择柜体的长方体后按回车键,从柜体中减去该长方体,作为电脑主机柜,效果如图 15-50 所示。

　　(9)单击【绘图】|【模型】|【长方体】菜单命令,绘制一个尺寸为 560×200×20 的长方

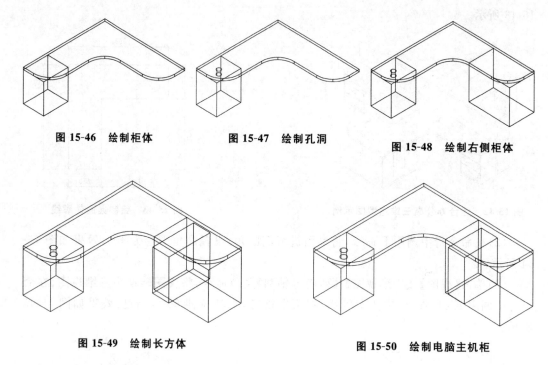

图 15-46 绘制柜体　　　　图 15-47 绘制孔洞　　　　图 15-48 绘制右侧柜体

图 15-49 绘制长方体　　　　　　　图 15-50 绘制电脑主机柜

体,作为抽屉的面板,效果如图 15-51 所示。

　　(10)在命令行中调用 CO 命令,将抽屉板以 220 的距离垂直向下复制两份,效果如图 15-52 所示。

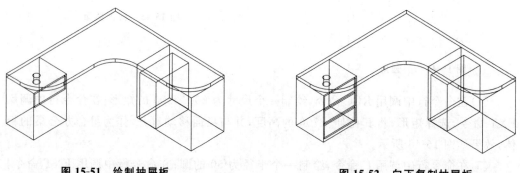

图 15-51 绘制抽屉板　　　　　　　图 15-52 向下复制抽屉板

　　(11)单击【绘图】|【模型】|【长方体】菜单命令,绘制一个尺寸为 $100 \times 40 \times 20$ 的长方体,作为抽屉的拉手;在命令行中调用 CO 命令,将拉手复制两份,效果如图 15-53 所示。

　　(12)单击【视图】|【三维视图】|【左视】菜单命令,将视图转换为左视图;在命令行中调用 REC 命令,绘制一个 350×800 的矩形,作为电脑柜的门板,效果如图 15-54 所示。

　　(13)重复调用 REC 命令,再绘制一个 320×700 的矩形;在命令行中调用 CO 命令,将矩形复制一份,作为右侧柜体的平开门,效果如图 15-55 所示。

　　(14)单击【视图】|【三维视图】|【西南等轴测】菜单命令,将视图转换为三维视图;在命令行中调用 EXT 命令,将绘制的三个矩形分别拉伸 −20 的距离;单击【绘图】|【模型】|【长方体】菜单命令,绘制一个尺寸为 $100 \times 40 \times 20$ 的长方体,作为抽屉的拉手,效果如图

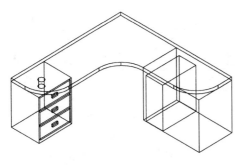

图 15-53　绘制抽屉拉手

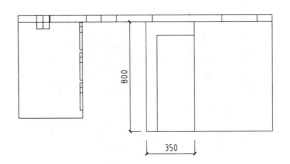

图 15-54　切换视图并绘制矩形

15-56 所示。

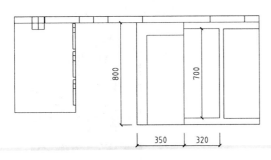

图 15-55　绘制矩形

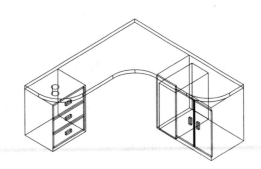

图 15-56　绘制柜门和拉手

　　(15)单击【视图】|【三维视图】|【俯视】菜单命令,将视图转换为俯视图;在命令行中调用 REC 命令,分别绘制尺寸为 2000×50 和 50×2000 的矩形,效果如图 15-57 所示。

　　(16)将视图转换为三维视图,在命令行中调用 EXT 命令,选择绘制的两个矩形,将它们拉伸 500 的高度,作为组合办公桌的隔板,效果如图 15-58 所示。

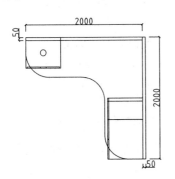

图 15-57　切换视图并绘制矩形

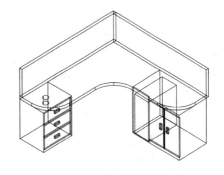

图 15-58　绘制隔板

　　(17)在命令行中调用 MI 命令,将绘制的图形向各个方向镜像一份,效果如图 15-59 所示。

　　(18)单击【视图】|【消隐】菜单命令,消隐后效果如图 15-60 所示。

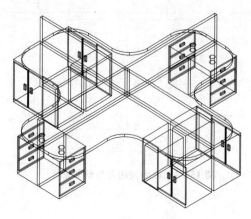

图 15-59　镜像复制图形

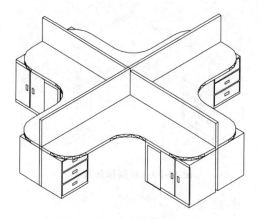

图 15-60　消隐后效果

15.5.3　绘制衣柜模型

本例主要讲述衣柜三维造型图的绘制,其实例效果如图
15-61 所示。

1. 绘制衣柜底座

(1)单击【快速访问】工具栏中的【新建】按钮，新建图形
文件。

(2)将视图切换至【东南等轴测】模式,单击【建模】面板上
【长方体】按钮，分别创建 3 个长方体,其命令行提示如下。

```
命令:_box    //调用【长方体】命令
指定第一个角点或 [中心(C)]:0,0,0↙      //指定长方体的第一个角点
指定其他角点或 [立方体(C)/长度(L)]:@1649,600,15↙    //指定长方体的另一个角点
命令:_box    //按空格键重复调用长方体命令
指定第一个角点或 [中心(C)]:15,0,15↙      //指定长方体的第一个角点
指定其他角点或 [立方体(C)/长度(L)]:@1649,600,70↙    //指定长方体的另一个角点
命令:_box    //继续调用【长方体】命令
指定第一个角点或 [中心(C)]:0,0,85↙      //指定长方体的第一个角点
指定其他角点或 [立方体(C)/长度(L)]:@1649,600,15↙    //指定长方体的另一个角点
```

(3)单击【视图】面板【视觉样式】列表框,选择【隐藏】视觉样式，即可获得如图 15-
62 所示的衣柜底座图。

2. 绘制衣柜旁板

(1)绘制衣柜左旁板。单击【建模】面板上【长方体】按钮，创建一个长方体,如图
15-63 所示,其命令行提示如下。

```
命令:_box    //调用【长方体】命令
指定第一个角点或 [中心(C)]:25,30,100↙     //指定长方体的第一个角点
指定其他角点或 [立方体(C)/长度(L)]:@40,570,1860↙     //指定长方体的另一个角点
```

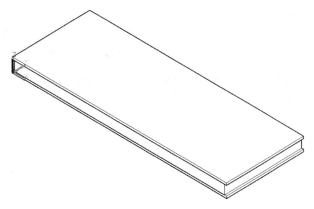

图 15-62　衣柜底座图

（2）绘制右旁板。单击【实体编辑】面板中【三维镜像】按钮 ，选择左旁板为要镜像对象，底板中间平面为镜像平面，执行镜像操作，如图 15-64 所示，其命令行提示如下。

命令：_mirror3d　　//调用【三维镜像】命令

选择对象：找到 1 个　　//选择左旁板为要镜像对象

选择对象：　//单击右键结束对象选择

指定镜像平面（三点）的第一个点或

[对象(O)/最近的(L)/Z 轴(Z)/视图(V)/XY 平面(XY)/YZ 平面(YZ)/ZX 平面(ZX)/三点(3)]＜三点＞：

在镜像平面上指定第二点：

在镜像平面上指定第三点：　//选择地板中间平面为镜像平面

是否删除源对象？[是(Y)/否(N)]＜否＞：　//按 Enter 键结束镜像操作

图 15-63　绘制左旁板

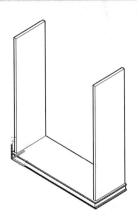

图 15-64　绘制右旁板

（3）绘制中旁板，单击【建模】面板上【长方体】按钮 ，创建一个长方体，如图 15-65 所示，其命令行提示如下。

命令：_box   //调用【长方体】命令
指定第一个角点或 [中心(C)]：545,30,100 ✓   //指定长方体的第一个角点
指定其他角点或 [立方体(C)/长度(L)]：@20,570,1860 ✓   //指定长方体的另一个角点

（4）单击【实体编辑】面板中【三维镜像】按钮 ⁒，选择刚绘制的中旁板为要镜像对象，底座中间平面为镜像平面，绘制另一中旁板，如图 15-66 所示。

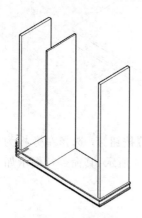

图 15-65　绘制中旁板

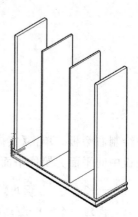

图 15-66　镜像中旁板

3. 绘制衣柜隔板

（1）绘制衣柜隔板，单击【建模】面板上【长方体】按钮 ▢，创建一个长方体作为隔板，如图 15-67 所示，其命令行提示如下。

命令：_box   //调用【长方体】命令
指定第一个角点或 [中心(C)]：65,30,330 ✓   //指定长方体的第一个角点
指定其他角点或 [立方体(C)/长度(L)]：@480,550,15 ✓   //指定长方体的另一个角点

（2）选择【剪切板－带基点复制】复制刚绘制的中隔板，将其连续复制两块，效果如图 15-68 所示。

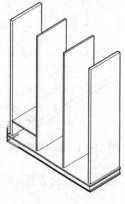

图 15-67　绘制中隔板

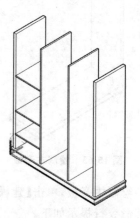

图 15-68　复制中隔板

4.绘制抽屉

(1)单击【建模】面板上【长方体】按钮 ⬚ ,创建一个长方体作为抽屉盒,如图15-69所示,其命令行提示如下。

```
命令:_box        //调用【长方体】命令
指定第一个角点或 [中心(C)]:595,30,130 ↙     //指定长方体的第一个角点
指定其他角点或 [立方体(C)/长度(L)]:@460,500,160 ↙     //指定长方体的另一个角点
```

(2)单击【实体编辑】面板中【抽壳】按钮 ▦ ,选择刚绘制的抽屉盒为要抽壳对象,用抽壳命令来完成抽屉的绘制,如图15-70所示,其命令行提示如下。

```
命令:_solidedit     //调用【抽壳】命令
实体编辑自动检查: SOLIDCHECK=1
输入实体编辑选项 [面(F)/边(E)/体(B)/放弃(U)/退出(X)] <退出>:_b↙
     //激活"体"选项
输入体编辑选项
[压印(I)/分割实体(P)/抽壳(S)/清除(L)/检查(C)/放弃(U)/退出(X)] <退出>:_
   s↙     //激活"抽壳"选项
选择三维实体:     //选择抽屉盒为对象
删除面或 [放弃(U)/添加(A)/全部(ALL)]:找到一个面,已删除1个。     //选择
   顶面
删除面或 [放弃(U)/添加(A)/全部(ALL)]:找到一个面,已删除1个。     //选择
   前面
删除面或 [放弃(U)/添加(A)/全部(ALL)]:     //单击右键结束选择
输入抽壳偏移距离:20     //输入保留边的厚度
已开始实体校验。
已完成实体校验。
输入体编辑选项
[压印(I)/分割实体(P)/抽壳(S)/清除(L)/检查(C)/放弃(U)/退出(X)] <退出>:
   *取消*     //按Enter或Esc键结束操作
```

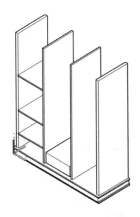

图15-69 绘制抽屉盒

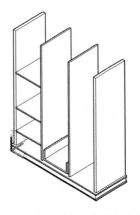

图15-70 绘制抽屉旁边与底板

（3）单击【建模】面板上【长方体】按钮 ▱，创建一个长方体作为抽屉面板，如图 15-71 所示，其命令行提示如下。

命令：_box   //调用【长方体】命令
指定第一个角点或 [中心(C)]：555,30,100 ↙   //指定长方体的第一个角点
指定其他角点或 [立方体(C)/长度(L)]：@540,-20,200 ↙   //指定长方体的另一个角点

（4）单击【建模】面板上【长方体】按钮 ▱，创建一个长方体作为抽屉面板的拉手，如图 15-72 所示，其命令行提示如下。

命令：_box   //调用【长方体】命令
指定第一个角点或 [中心(C)]：C ↙   //激活"中心点"选项
指定中心：   //指定面板的面中心
指定角点或 [立方体(C)/长度(L)]：@50,30,10 ↙   //指定长方体的角点

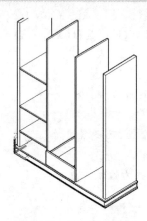

图 15-71　绘制抽屉面板

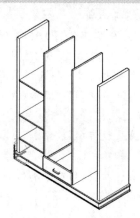

图 15-72　绘制抽屉拉手

（5）单击【实体编辑】面板上【并集】按钮 ◎，将抽屉合并为一个整体。单击右键，选择【剪切板－带基点复制】，选择抽屉面板下部中点为基点，复制刚绘制的抽屉，将其连续复制两个，其效果如图 15-73 所示。

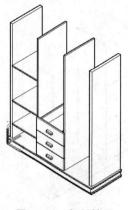

图 15-73　复制抽屉

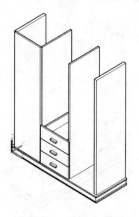

图 15-74　绘制衣柜门

5. 绘制衣柜门

(1)单击【建模】面板上【长方体】按钮 ⬚，创建一个长方体作为衣柜左门，如图 15-74 所示，其命令行提示如下。

命令：_box　　//调用"长方体"命令
指定第一个角点或 [中心(C)]：45,30,100✓　　//指定长方体的第一个角点
指定其他角点或 [立方体(C)/长度(L)]：@500,−20,1860✓　　//指定长方体的另一个
　角点

(2)单击【建模】面板上【长方体】按钮 ⬚，创建一个长方体作为衣柜左门拉手，如图 15-75 所示，其命令行提示如下。

命令：_box　　//调用长方体命令
指定第一个角点或 [中心(C)]：　　//在绘图区任意位置单击一点，确定长方体的位置
指定其他角点或 [立方体(C)/长度(L)]：@25,−30,200✓　　//指定长方体的另一个角点

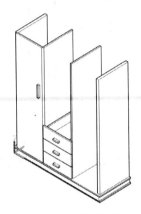

图 15-75　绘制门拉手

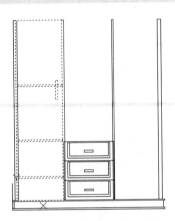

图 15-76　选择镜像对象

(3)将视图切换到【前视】视图，单击【修改】工具栏中【镜像】按钮 ⚎，选择衣柜左门和 3 个隔板为要镜像对象，如图 15-76 所示，底座中间线为镜像中心线，绘制另一边衣柜，如图 15-77 所示，将视图切换到【东南等轴测】视图，其效果如图 15-78 所示。

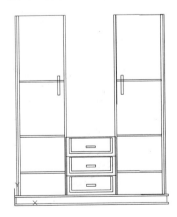

图 15-77　镜像效果

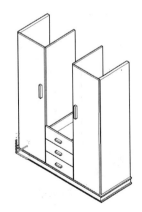

图 15-78　绘制左右柜门效果

(4)绘制衣柜中门,单击【建模】面板上【长方体】按钮▢,创建一个长方体作为衣柜中门,如图 15-79 所示。其命令行提示如下。

命令：_ box   //调用长方体命令
指定第一个角点或［中心(C)］：555,30,720 ↙   //指定长方体的第一个角点
指定其他角点或［立方体(C)/长度(L)］：@540,-20,1230 ↙   //指定长方体的另一个角点

(5)单击【实体编辑】面板中【三维镜像】按钮%,选择衣柜左门拉手为要镜像对象,左旁板中间平面为镜像平面,镜像衣柜左门拉手到中门上,效果如图 15-80 所示。

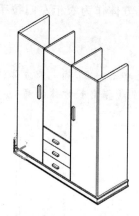

图 15-79   绘制衣柜中门

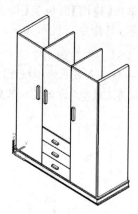

图 15-80   绘制中门拉手

6. 绘制顶板

(1)单击【建模】面板上【长方体】按钮▢,创建一个长方体作为衣柜顶板,如图 15-81 所示,其命令行提示如下。

命令：_ box   //调用长方体命令
指定第一个角点或［中心(C)］：0,0,1960 ↙   //指定长方体的第一个角点
指定其他角点或［立方体(C)/长度(L)］：@1649,600,40 ↙   //指定长方体的另一个角点

(2)单击【修改】面板上【倒圆角】按钮▢,将衣柜顶板倒半径为 10 的圆角,其效果如图 15-82 所示。

图 15-81   绘制顶板

图 15-82   顶板倒圆角

7. 绘制衣柜后板

(1)单击【建模】面板上【长方体】按钮 ⬚，创建一个长方体作为衣柜后板，如图 15-83 所示，其命令行提示如下。

命令：_box //调用长方体命令

指定第一个角点或 [中心(C)]：25,600,0 ↙ //指定长方体的第一个角点

指定其他角点或 [立方体(C)/长度(L)]：@1599,30,2000 ↙ //指定长方体的另一个角点

(2)单击【修改】面板上【倒圆角】按钮 ⬚，将衣柜后板倒半径为 10 的圆角，其效果如图 15-84 所示。

图 15-83 绘制后板

图 15-84 后板倒圆角

8. 建立衣柜三维实体模型

单击【视图】面板上【视觉样式】复选框，选择【概念】样式，效果如图 15-85 所示，至此，即可完成衣柜的三维实体建模操作。

图 15-85 衣柜三维效果图

第16章

三维图形的显示和渲染

当创建好一个实体模型后,如果需要对模型进行显示和发布,还需要对模型进行必要的效果处理,增加模型的可视性和美感。

16.1 消隐

消隐是最简单和最快捷的效果处理手段。通过消隐,消除模型对象上的隐藏线,增强图形的立体感。

启动【消隐】命令的方式如下。

☞命令行:在命令行中输入 HIDE/HI,并按回车键。

☞菜单栏:执行【视图】|【消隐】命令。

【课堂举例 16-1】:消隐平开门模型

(1)单击【快速访问】工具栏中的【打开】按钮📂,打开"16\课堂举例 16-1 消隐平开门模型.dwg"文件,如图 16-1 所示。

(2)在命令行输入 HI,并按回车键,调用消隐命令,效果如图 16-2 所示。

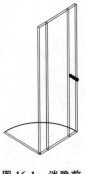

图 16-1　消隐前

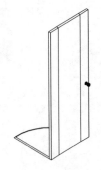

图 16-2　消隐后

消隐就如同是一种能够反映前后遮盖效果关系的线框图,但是,消隐视图仅是一个临时视图,在消隐状态下对模型对象进行编辑和缩放时,视图将恢复到线框图状态。

16.2 着色

着色是一种比较简单的三维效果处理方法,主要作用是为三维模型表面添加简单的颜色和光影效果。为模型表面添加的颜色是模型所在图层的颜色或模型设置的颜色。

启用【着色】命令的方式如下。

☞命令行：在命令行中输入 SHADEMODE/SHA，并按回车键。

☞菜单栏：执行【视图】|【视觉样式】下的子菜单。

☞功能区：在【视图】选项卡中单击【视觉样式】面板中的各个着色工具按钮。

16.3 渲染

在 AutoCAD 中，为了能更加真实、形象地表达三维图形的效果，还需要给三维图形添加颜色、材质、灯光、背景、场景等因素，这样整个过程称为渲染。

16.3.1 设置材质

在 AutoCAD 中，为了使所创建的三维实体模型更加真实，用户可以给不同的模型赋予不同的材质类型和参数。通过赋予模型材质，对这些材质进行微妙的设置，从而使设置的材质达到更加逼真的效果。

1. 材质浏览器

【材质浏览器】集中了 AutoCAD 的所有材质，是用来控制材质操作的设置选项板，可执行多个模型的材质指定操作，并包含相关材质操作的所有工具。

打开【材质浏览器】选项板的方式如下。

☞菜单栏：执行【视图】|【渲染】|【材质浏览器】菜单命令。

☞功能区：在【视图】选项卡中单击【选项板】面板中的【材质浏览器】按钮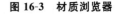。

通过以上方法均可以打开如图 16-3 所示的【材质浏览器】，在【材质浏览器】的【Autodesk 库】中分门别类地存储了若干种材质，并且所有材质都附带一张参考底图。

2. 材质编辑器

材质设置通过【材质编辑器】，打开【材质编辑器】选项板的方式如下。

☞菜单栏：执行【视图】|【渲染】|【材质编辑器】命令。

图 16-3　材质浏览器

☞功能区：在【视图】选项卡中单击【选项板】面板中的【材质编辑器】按钮 ◎材质编辑器。

执行以上任意操作将打开【材质编辑器】选项板，如图 16-4 所示。单击【材质编辑器】选项板左下角按钮，可以打开【材质浏览器】，选择其中的任意一个材质，可以发现【材质编辑器】会同步更新为该材质的效果与可调参数，如图 16-5 所示。

通过【材质编辑器】选项板最上方的【外观信息窗口】，可以直接查看材质当前的效果，单击其右下角的下拉按钮，可以对材质样例形态与渲染质量进行调整，如图 16-6 所示。

此外单击材质名称左下角的【创建或复制材质】按钮，可以快速选择对应的材质类型直接应用，或在其基础上进行编辑，如图 16-7 所示。

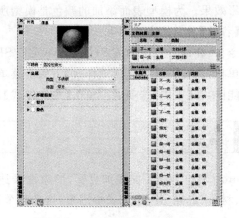

图 16-4　材质编辑器　　　　　图 16-5　材质编辑器与浏览器

图 16-6　调整材质样例形态与渲染质量　　　　图 16-7　选择材质类型

在【材质浏览器】或【材质编辑器】中可以创建新材质。在【材质浏览器】中只能创建已有材质的副本,而在【材质编辑器】中可以对材质做进一步修改或编辑。

【课堂举例 16-2】:创建新材质

(1)执行【视图】|【渲染】|【材质编辑器】命令,弹出如图 16-8 所示的【材质编辑器】对话框。

(2)单击左下角的【创建或复制材质】按钮 ,选择"新建常规材质"选项,如图 16-9 所示。

(3)单击【信息】选项卡,设置好新材质的信息,如图 16-10 所示。

(4)单击【外观】选项卡,设置好新材质的外观、光泽度及反射率,如图 16-11 所示。

(5)单击【材质编辑器】对话框左上角的关闭按钮,确认并关闭材质编辑器。

16.3.2　设置光源

使用不同的光源可以创建不同渲染效果的模型,使之更加真实。

启用光源设置的方式如下。

图 16-8 【材质编辑器】对话框

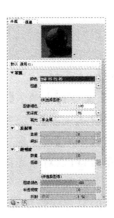

图 16-9 新建材质

图 16-10 【信息】选项卡

图 16-11 【外观】选项卡

☞命令行：在命令行中输入 LIGHT，并按回车键。

在输入命令后，系统将弹出如图 16-12 所示的【光源－视口光源模式】对话框。

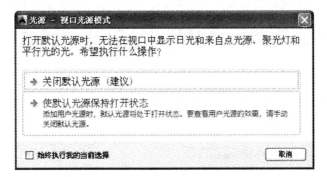

图 16-12 【光源－视口光源模式】对话框

在【光源－视口光源模式】对话框中单击【关闭默认光源（建议）】按钮，此时可以选择所需要的光源，光源主要有点光源、聚光灯、光域网、目标点光源、自由聚光灯、自由光域和平行光 7 种。

1. 点光源

点光源不是以对象为目标,而是从其所在位置向四周发射光线,以达到基本的照明效果。

执行点光源的方式如下。

☞命令行:在命令行中输入【POINTLIGHT】,并按回车键。

☞菜单栏:执行【视图】|【渲染】子菜单中的【光源】|【新建点光源】命令。

☞功能区:在【渲染】选项卡中单击【光源】面板中的【创建光源】|【点】按钮 🔅 。

执行该命令后,可以对点光源的名称、强度因子、状态、阴影、衰减及颜色进行设置。

2. 聚光灯

聚光灯发射的是定向锥形光,投射的是一个聚焦的光束,但可以控制光源的方向和圆锥体的尺寸。

执行聚光灯的方式如下。

☞命令行:在命令行中输入 SPOTLIGHT,并按回车键。

☞菜单栏:执行【视图】|【渲染】子菜单中的【光源】|【新建聚光灯】命令。

☞功能区:在【渲染】选项卡中单击【光源】面板中的【创建光源】|【聚光灯】按钮 🔅 。

聚光灯的设置同点光源,但是多出两个设置选项"聚光角"和"照射角"。"聚光角"用来指定定义最亮光锥的角度;"照射角"用来指定定义完整光锥的角度,其取值范围在 0° 到 160°。

3. 平行光

平行光仅向一个方向发射统一的平行光线。可以在视口中的任意位置指定 FROM 点和 TO 点,以定义光线方向。

执行平行光的方式如下。

☞命令行:在命令行中输入 DISTANTLIGHT,并按回车键。

☞菜单栏:执行【视图】|【渲染】子菜单中的【光源】|【新建平行光】命令。

☞功能区:在【渲染】选项卡中单击【光源】面板中的【创建光源】|【平行光】按钮 🔅 。

在输入命令后,系统将弹出如图 16-13 所示的【光源－光度控制平行光】对话框。

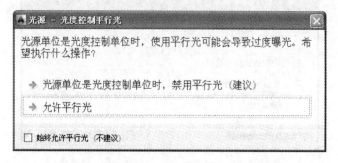

图 16-13 【光源－光度控制平行光】对话框

平行光的设置同点光源,但是多出一个设置选项"矢量"。通过矢量方向来指定光源方向。

4. 光域网灯光

光域网灯光提供现实中的光线分布。光域网灯光源中强度分布用三维表示。光域网灯光可以用于表示各向异性光源分布,此分布来源于现实中的光源制造商提供的数据。

创建光域网灯光的方式如下。

☞命令行:在命令行中输入 WEBLIGHT,并按回车键。

☞功能区:在【渲染】选项卡中单击【光源】面板中的【创建光源】|【光域网灯光】按钮 。

光域网的设置同点光源,但是多出一个设置选项"光域网"。用来指定灯光光域网文件。

5. 目标点光源

目标点光源与点光源的区别在于其目标特性,其可以指向一个对象,也可以通过将点光源的目标特性从"否"改为"是",为点光源创建目标点光源。

执行目标点光源的方式如下。

☞命令行:在命令行中输入 TARGETPOINT,并按回车键。

目标点光源的设置同点光源。

6. 自由聚光灯

用来创建与未指定目标的聚光灯相似的自由聚光灯。

执行自由聚光灯的方式如下。

☞命令行:在命令行中输入 FREESPOT,并按回车键。

自由聚光灯的设置同聚光灯。

7. 自由光域

用来创建与光域网灯光相似但为指定目标的自由光域灯光。

执行自由光域的方式如下。

☞命令行:在命令行中输入 FREEWEB,并按回车键。

自由光域的设置同光域网灯光。

【课堂举例 16-3】:创建光域网灯光

(1)单击【快速访问】工具栏中的【打开】按钮 ,打开"16\课堂举例 16-3 创建光域网灯光.dwg"文件,如图 16-14 所示。

(2)在命令行中输入【WEBLIGHT】命令,创建【光域网灯光】,如图 16-15 所示,命令行提示如下。

命令：WEBLIGHT ↙   //调用【光域网灯光】命令

指定源位置 <0,0,0>：0,−300,300 ↙ //指定源位置

指定目标位置 <0,0,−10>：↙ //指定目标位置

输入要更改的选项 [名称(N)/强度因子(I)/状态(S)/光度(P)/光域网(B)/阴影(W)/
 过滤颜色(C)/退出(X)] <退出>：I↙

输入强度 (0.00 − 最大浮点数) <1>：0.5 ↙ //指定强度因子

输入要更改的选项 [名称(N)/强度因子(I)/状态(S)/光度(P)/光域网(B)/阴影(W)/
 过滤颜色(C)/退出(X)] <退出>：P↙

输入要更改的光度控制选项 [强度(I)/颜色(C)/退出(X)] <强度>：↙ //默认
 "强光"选项

输入强度 (Cd) 或输入选项 [光通量(F)/照度(I)] <1500>：1000 ↙ //指定光度
 强度

输入要更改的光度控制选项 [强度(I)/颜色(C)/退出(X)] <强度>：X↙ //激活
 "退出"选项

输入要更改的选项 [名称(N)/强度因子(I)/状态(S)/光度(P)/光域网(B)/阴影(W)/
 过滤颜色(C)/退出(X)] <退出>：↙ //按回车键确认并退出

图 16-14 素材图形

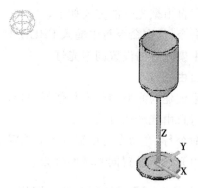

图 16-15 【光域网灯光】效果

16.3.3 设置贴图

  贴图是一种将图片信息（材质）使用修改器将图案以数学方法投影到曲面的方法，使材质看起来更加逼真、生动。

  执行【贴图】命令的方式如下。

 ☞命令行：在命令行中输入 MATERIALMAP，并按回车键。

 ☞菜单栏：执行【视图】|【渲染】|【贴图】命令。

 ☞功能区：在【渲染】选项卡中单击【材质】面板中的【材质贴图】按钮 [材质贴图]。

  贴图可分为长方体、平面、球面、柱面贴图。如果需要对贴图进行调整，可以使用显示在对象上的贴图工具，移动或旋转对象上的贴图，如图 16-16 所示。

图 16-16　贴图效果

16.3.4　渲染环境

渲染环境主要是用于控制对象的雾化效果或者图像背景,用以增强渲染效果。

执行【渲染环境】命令的方式如下。

☞命令行:在命令行中输入 RENDERENVIRONMENT,并按回车键。

☞菜单栏:执行【视图】|【渲染】|【渲染环境】命令。

☞功能区:在【渲染】选项卡中单击【渲染】面板中的下拉列表,单击【渲染环境】按钮 环境。

执行该命令后,系统将弹出如图 16-17 所示的【渲染环境】对话框,用户可以根据实际需要进行相关参数的设置。

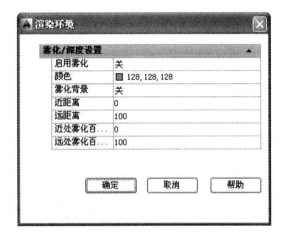

图 16-17　【渲染环境】对话框

16.3.5　渲染效果图

设置好模型的灯光、材质等后,可以对其进行渲染。

执行【渲染】命令的方式如下。

☞命令行:在命令行中输入 RENDER,并按回车键。

☞菜单栏:执行【视图】|【渲染】|【渲染】命令。

☞功能区:在【渲染】选项卡中单击【渲染】面板中【渲染】按钮 。

执行该命令后,系统将自动对模型进行渲染处理。

16.4　使用三维动态观察

AutoCAD 提供了几个三维动态观察命令。使用这些命令,用户可以通过鼠标动态地操控三维对象,使三维对象的显示更加灵活。

执行动态观察的方式如下。

☞菜单栏:执行【视图】中的【动态观察】下的子菜单命令。

☞功能区:在【视图】选项卡中单击【导航】面板中【动态观察】下拉式按钮菜单。

三维动态观察有受约束的动态观察、自由动态观察及连续动态观察。

☞受约束的动态观察:按住鼠标左键拖动,可以从任意的方向观察三维模型。

☞自由动态观察:三维自由动态观察视图显示一个导航球,光标在不同区域时将显示不同形状,三维对象也将随之产生不同的动态的变化。

☞连续动态观察:在绘图区按住鼠标拖动,三维对象将沿拖动方向旋转,且光标移动的速度决定着对象的旋转速度。

16.5　综合实例

本节通过具体实例,对三维实体进行渲染操作,使读者在以后的设计过程中能够熟练运用。

16.5.1　渲染耳塞

(1)单击【快速访问】工具栏中的打开按钮 📂 ,打开"16\16.5.1 渲染耳塞.dwg"文件,如图 16-18 所示。

(2)将视觉样式切换至【真实】视觉样式,执行【视图】|【渲染】|【材质编辑器】命令,打开【材质编辑器】,结果如图 16-19 所示。

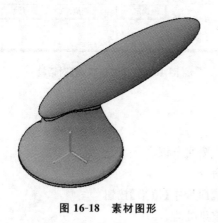

图 16-18　素材图形

图 16-19　材质编辑器

(3)单击左下角的【创建或复制材质】按钮 ,选择"新建常规材质"选项,新建"耳塞"材质,设置光泽度为 90,反射率为 2,结果如图 16-20 所示。

(4)将新材质拖动到对象表面,结果如图 16-21 所示。

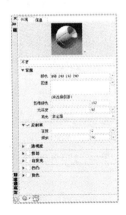

图 16-20 创建"耳塞"材质

图 16-21 材质效果

(5)在【视图】选项卡中单击【渲染】面板中的渲染按钮 ,渲染耳塞,效果如图 16-22 所示。

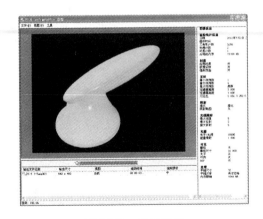

图 16-22 渲染效果

第六篇

行业应用篇

第**17**章
建筑设计及绘图

本章主要讲解建筑设计的概念与建筑制图的内容和流程,并通过具体实例,对各种建筑图形进行实战演练。通过本章的学习,读者能够了解建筑设计的相关理论知识,并掌握建筑制图的流程和实际操作。

17.1 建筑设计与绘图

建筑图形所涉及的内容较多,对图形的精确度要求严格,绘制起来比较复杂。使用 AutoCAD 进行绘制,不仅可以使建筑图形更加专业,还能保证制图质量,提高制图效率,做到图面清晰、简明。

17.1.1 建筑设计的概念

建筑设计(Architectural Design)是指建筑物在建造之前,设计者按照建设任务,把施工过程和使用过程中所存在的或可能发生的问题,事先做好通盘的设想,拟定好解决这些问题的办法和方案,并用图纸和文件表达出来,作为备料、施工组织工作和各工种在制作、建造工作中互相配合协作的共同依据,便于整个工程得以在预定的投资限额范围内,按照周密考虑的预定方案,统一步调,顺利进行,并使建成的建筑物充分满足使用者和社会所期望的各种要求。

17.1.2 施工图及分类

施工图,是表示工程项目总体布局,建筑物的外部形状、内部布置、结构构造、内外装修、材料做法以及设备、施工等要求的图样。施工图具有图纸齐全、表达准确、要求具体的特点,是进行工程施工、编制施工图预算和施工组织设计的依据,也是进行技术管理的重要技术文件。

一套完整的施工图一般包括以下几种类型。

1. 建筑施工图

建筑施工图(简称建施图)主要用来表示建筑物的规划位置、外部造型、内部各房间布置、内外装修、构造及施工要求等。

建施图大体上包括建施图首页、总平面图、各层平面图、各立面图、剖面图及详图。

2. 结构施工图

结构施工图（简称结施）主要表示建筑物的承重构造的结构类型、结构布置，以及构件种类、数量、大小及做法。

结构施工图的内容包括结构设计说明、结构平面布置图及构件详图。

3. 设备施工图

设备施工图（简称设施）主要表达建筑物的给水排水、暖气通风、供电照明、燃气等设备的布置和施工要求等。

设备施工图主要包括各种设备的平面布置图、系统图和详图等内容。

17.1.3 建筑施工图的组成

一套完整的建筑施工图，应当包括以下主要图样内容。

1. 建施图首页

建施图首页内含工程名称、实际说明、图纸目录、经济技术指标、门窗统计表以及本套建施图所选用的标准图集名称列表等。

2. 建筑总平面图

将新建工程四周一定范围内的新建、拟建、原有和拆除的建筑物、构筑物连同其周围的地形、地物状况用水平投影的方法和相应的图例所画出的图样，即为总平面图。

建筑总平面图主要表示新建房屋的位置、朝向、与原有建筑物的关系，以及周围道路、绿化和给水、排水、供电条件等方面的情况，作为新建房屋施工定位、土方施工、设备管网平面布置，安排在施工时进入现场的材料和构件、配件的堆放场地，构件预制的场地以及运输道路的依据。

图 17-1 所示为某市政府主楼建筑总平面图。

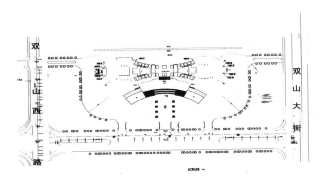

图 17-1 某市政府主楼建筑总平面图

3. 建筑各层平面图

建筑平面图是假想用一水平剖切平面从建筑窗台上一点剖切建筑，移去上面的部分，向下所做的正投影图，称为建筑平面图，简称平面图。

建筑平面图反映建筑物的平面形状和大小、内部布置、墙的位置、厚度和材料、门窗的位置和类型以及交通等情况，可作为建筑施工定位、放线、砌墙、安装门窗、室内装修、编制预算的依据。

　　一般房屋有几层,就应有几个平面图。通常有底层平面图、标准层平面图、顶层平面图等,在平面图下方应注明相应的图名及采用的比例。

　　因平面图是剖面图,因此应按剖面图的图示方法绘制,即被剖切平面剖切到的墙、柱等轮廓用粗实线表示,未被剖切到的部分如室外台阶、散水、楼梯以及尺寸线等用细实线表示,门的开启线用中粗实线表示。

　　图 17-2 所示为某市政府主楼首层平面图。

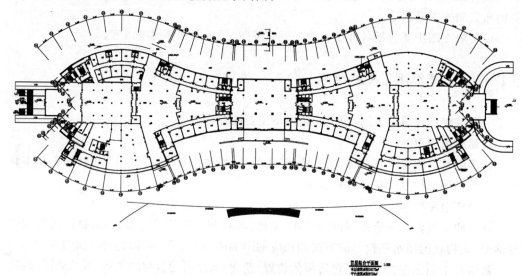

图 17-2　某市政府主楼首层平面图

　　图 17-3 所示为某市政府主楼屋顶平面图。

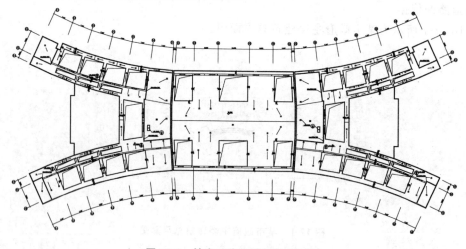

图 17-3　某市政府主楼屋顶平面图

4. 建筑立面图

　　在与建筑立面平行的铅直投影面上所做的正投影图称为建筑立面图,简称立面图。建筑立面图是反映建筑物的体型、门窗位置、墙面的装修材料和色调等的图样。

　　图 17-4 所示为某市政府主楼南立面图。

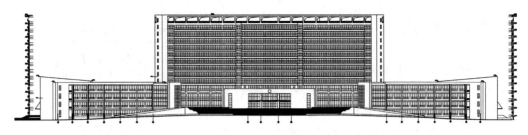

图 17-4　某市政府主楼南立面图

5.建筑剖面图

　　建筑剖面图是假想用一个或一个以上垂直于外墙轴线的铅垂剖切平面剖切建筑,得到的图形称为建筑剖面图,简称剖面图。

　　图 17-5 所示为某市政府主楼侧剖面图。

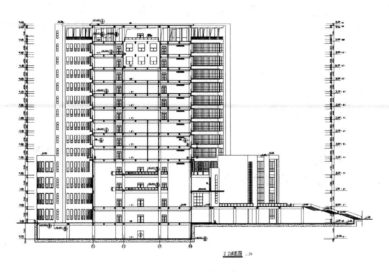

图 17-5　某市政府主楼侧剖面图

6.建筑详图

　　建筑详图主要包括屋顶详图、楼梯详图、卫生间详图及一切非标准设计或构件的详略图。

17.2　绘制常用建筑设施图

　　建筑设施图在 AutoCAD 的建筑绘图中非常常见,如门窗、马桶、浴缸、楼梯、地板砖和栏杆等图形。对于一个完整的建筑图形而言,建筑设施是必不可少的,因此在绘制这些建筑设施图后,可将它们定义为块,保存于图库中,在需要时插入即可,以减少绘图时间,提高绘图效率。

17.2.1 绘制欧式入户门

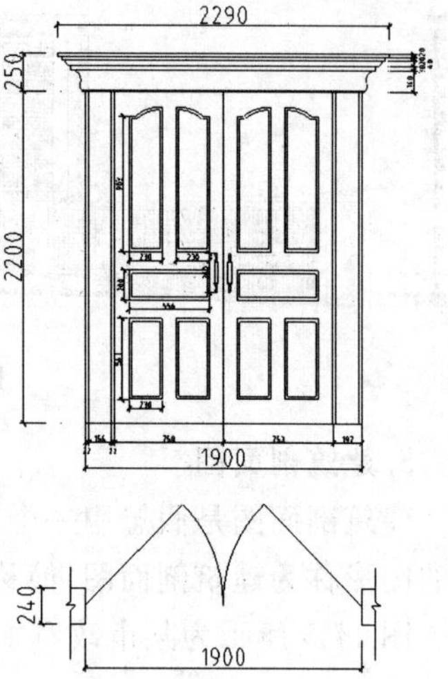

门是建筑制图中最常用的图元之一,它大致可以分为平开门、折叠门、推拉门、推杠门、旋转门和卷帘门等。其中以平开门最为常见。平开门用代号 M 表示。在绘制门立面时,应根据实际情况绘制出门的形式,亦可表明门的开启方向线。本例所绘入户门效果如图 17-6 所示。

1. 绘制入户门平面

(1)绘制墙体。调用【LINE】命令,配合【MIRROR】命令绘制墙体及折断符号,如图 17-7 所示。

(2)绘制平面门示意线。调用【LINE】命令,以墙体中点为起点,绘制角度为 45°、长为门一半长的直线,并镜像至另一边,如图 17-8 所示。

(3)绘制开启方向线。调用【CIRCLE】命令,以墙中点为圆心,门示意线长为半径绘制圆,镜像并修剪图形如图 17-9 所示。

2. 绘制入户门立面

(1)绘制门套。调用【REC】命令绘

图 17-6 欧式入户门立面

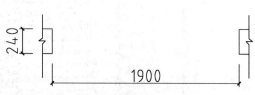

图 17-7 绘制墙体

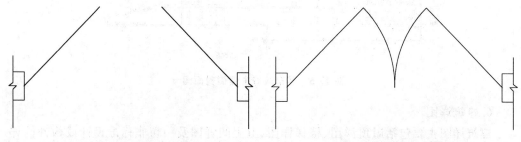

图 17-8 绘制平面门示意线　　　　**图 17-9 绘制门开启方向线**

制一个 1900×2200 大小的矩形,调用【O】命令分解图形,并将矩形左侧边线向右侧依次偏移 22、156、22。调用【MI】镜像命令,对应平面图形镜像门框至另一边,结果如图 17-10 所示。

(2)绘制门。调用【LINE】、【REC】和【ARC】命令,配合偏移命令绘制门装饰图纹,如图 17-11 所示。调用【MOVE】命令,将各装饰图纹移动并定位,结果如图 17-12 所示。调用【MIRROR】命令将其镜像至另一扇门。

(3)绘制门头。调用【REC】命令,依次绘制大小为 2290×20、2220×20、2180×40、2100×30、2050×130 和 1950×10 的 6 个矩形,调用【移动】命令,捕捉中点从上至下将其依次摆放,如图 17-13 所示。

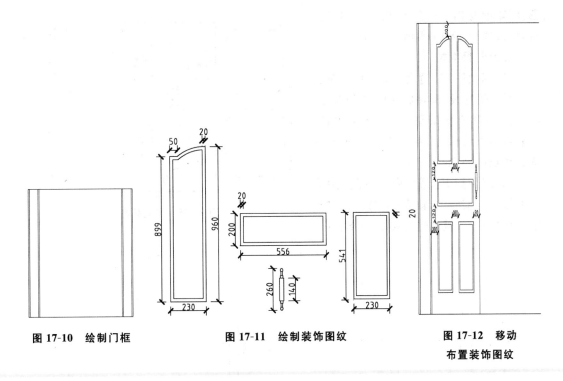

图 17-10　绘制门框　　　　图 17-11　绘制装饰图纹　　　　图 17-12　移动
　　　　　　　　　　　　　　　　　　　　　　　　　　　　布置装饰图纹

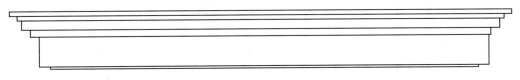

图 17-13　绘制并排列矩形

　　(4)完善门头。调用【TRIM】命令修剪门头，调用【SPLINE】命令完善门头并将其移动定位，结果如图 17-14 所示。至此，欧式入户门绘制完成。

17.2.2　绘制家庭餐桌

　　餐桌在家装中常放置在餐厅，供家庭三餐进食之用，一般分为餐具、杯具、桌与椅几部分，本例所绘餐桌如图 17-15 所示。

1. 绘制餐桌

　　(1)绘制桌。调用【REC】命令，绘制一个长宽 800×1400 的矩形。

　　(2)绘制餐具。再次调用【REC】命令，绘制一个尺寸为 200×300 与 12×120 的矩形。调用【CIRCLE】命令，绘制一个半径为 40 的

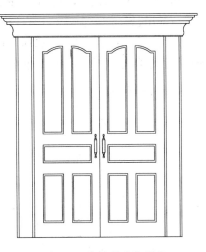

图 17-14　完善并定位门头

圆,将矩形复制一份后和圆一起移动定位,结果如图 17-16 所示。

2. 绘制餐桌椅

(1)调用【LINE】命令,绘制一条长 300 的竖直直线,调用【OFFSET】命令,将其向一侧依次偏移 500、50 个单位。并通过夹点编辑,保持中点不变,调整偏移直线长度为 150。

(2)调用【LINE】命令,捕捉左边直线上端点为临时点,输入【@430,135】指定直线第一点,极轴追踪 165°绘制直线,

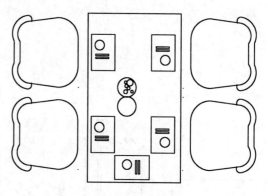

图 17-15　家庭餐桌

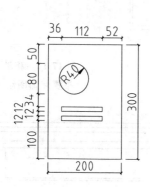

图 17-16　绘制餐桌

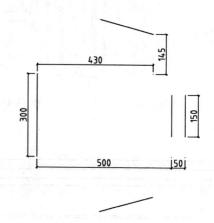

图 17-17　绘制餐桌椅

并将直线关于两竖直直线中点进行镜像复制,结果如图 17-17 所示。

(3)调用【FILLET】命令,指定圆角半径为 110,圆角斜线与左边直线。

(4)调用【CIRCLE】命令,选择"3P"选项,捕捉斜线右边端点与 150 长度竖直直线端点绘制圆,使圆与斜线端点大致相切,结果如图 17-18 所示。

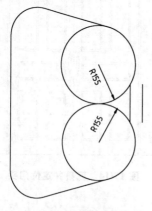

图 17-18　绘制餐桌椅 1

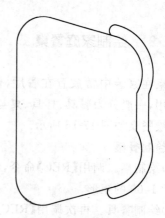

图 17-19　绘制餐桌椅 2

(5)调用【TRIM】命令,修剪圆多余的弧线。调用【OFFSET】命令,将圆弧向外偏移45 个单位,并采用与第 4 步相同的方法连接弧线端点与斜线端点,结果如图 17-19 所示。

(6)调用【COPY】与【MIRROR】命令,在餐桌两侧和餐桌旁布置餐桌椅,结果如图17-15 所示。

17.2.3　绘制旋转楼梯

(1)单击【快速访问】工具栏中的【新建】按钮，新建空白文件。

(2)调用 CIRL【圆】命令,在绘图区空白处,绘制半径为 2000 和 800 的两个同心圆,如图 17-20 所示。

(3)调用 LINE 命令,配合【对象捕捉】功能,过圆心绘制水平直线,如图 17-21 所示。

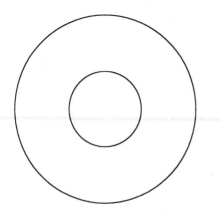
图 17-20　绘制同心圆

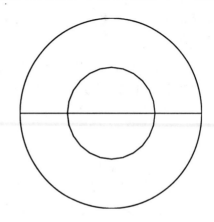
图 17-21　绘制直线

(4)调用 TRIM【修剪】命令,修剪多余线段,如图 17-22 所示。

(5)调用 LINE【直线】命令,在半圆环合适位置过圆心绘制直线,如图 17-23 所示。

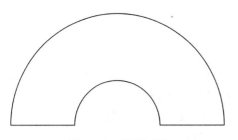
图 17-22　修剪图形

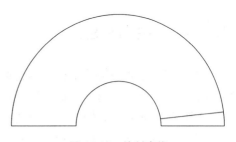
图 17-23　绘制直线

(6)调用 ARRAY【阵列】命令(快捷键为 AR),环形阵列踏步图形,如图 17-24 所示。命令行提示如下。

命令：ARRAY↙　　　//调用【阵列】命令

选择对象：找到 1 个　　//选择绘制的直线

选择对象：　输入阵列类型 [矩形(R)/路径(PA)/极轴(PO)] ＜矩形＞：PO↙　　//

　激活"环形"选项

类型＝路径　关联＝是

选择路径曲线：　　//选择半径为 2000 的半圆弧为阵列路径

选择夹点以编辑阵列或 [关联(AS)/方法(M)/基点(B)/切向(T)/项目(I)/行(R)/层

　(L)/对齐项目(A)/Z 方向(Z)/退出(X)] ＜退出＞：I　　//激活"项目"选项

指定沿路径的项目之间的距离或 [表达式(E)] ＜1791.3753＞：300↙　　//指定项

　目间的距离

最大项目数＝21

指定项目数或 [填写完整路径(F)/表达式(E)] ＜21＞：＊取消＊　　//按回车键结

　束绘制

（7）调用 PLINE【多段线】命令（快捷键为 PL），绘制折断线，表示剖切位置。

（8）调用 TRIM【修剪】命令，修剪多余线段，如图 17-25 所示。

（9）至此，完成旋转楼梯图形的绘制。

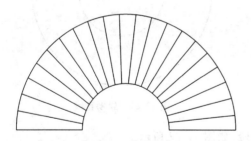 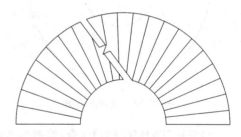

图 17-24　绘制阵列　　　　　图 17-25　绘制剖切线

17.2.4　绘制楼梯栏杆

栏杆从形式上可以分为节间式和连续式栏杆，前者由立柱、扶手和横档组成，扶手支撑于立柱上。后者由具有连续的扶手，由扶手、栏杆柱及底座组成。常见种类有：木制栏杆、石栏杆、不锈钢栏杆、铸铁栏杆、铸造石栏杆、水泥栏杆、组合式栏杆。

一般低栏高 0.2～0.3 米，中栏高 0.8～0.9 米，高栏高 1.1～1.3 米。栏杆柱的间距一般为 0.5～2 米。本例所绘铁艺栏杆如图 17-26 所示。

1. 绘制台阶

（1）绘制单个台阶。调用【LINE】与【REC】命令，绘制单个台阶，结果如图 17-27 所示。

（2）复制台阶。调用【COPY】命令，捕捉竖直直线下方端点为基点对台阶进行复制，结果如图 17-28 所示。

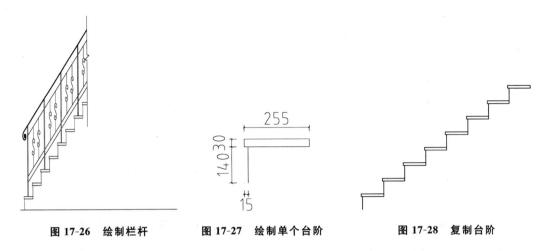

图 17-26　绘制栏杆　　　　图 17-27　绘制单个台阶　　　　图 17-28　复制台阶

2. 绘制立柱

(1)绘制单个立柱。调用【LINE】命令,捕捉单个台阶中点向上绘制一条长 900 的直线,并将其向右偏移 20 个单位,结果如图 17-29 所示。

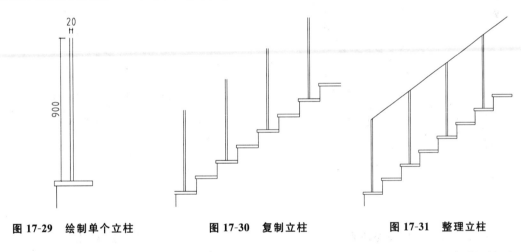

图 17-29　绘制单个立柱　　　　图 17-30　复制立柱　　　　图 17-31　整理立柱

(2)复制立柱。调用【COPY】命令,捕捉单个台阶中点为基点对立柱进行复制,结果如图 17-30 所示。

(3)整理立柱。调用【LINE】命令,绘制直线连接第一个台阶立柱右上端点与最后一个台阶立柱右上端点,修剪并整理图形,结果如图 17-31 所示。

3. 绘制扶手

(1)偏移扶手线。在夹点编辑模式下,将立柱上端封口斜线向左下方拉伸 300 个单位,调用【OFFSET】命令,将其向上偏移 10 个单位,结果如图 17-32 所示。

(2)绘制扶手尾端造型。调用【SPLINE】命令,绘制螺旋形样条曲线,并向内偏移 10 个单位。调用【LINE】命令封闭尾端,结果如图 17-33 所示。

4. 绘制铁艺

(1)绘制边框。调用【OFFSET】命令,将扶手线直线向下分别偏移 200、520、600 个单位。调用 TRIM【修剪】命令,修剪多余的线条,结果如图 17-34 所示。

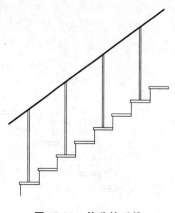

图 17-32　偏移扶手线

图 17-33　绘制样条曲线并偏移

(2)绘制铁艺定位线。调用【OFFSET】命令,将立柱的右侧直线向右分别偏移 150、300 个单位,修剪并延伸线条,结果如图 17-35 所示。

图 17-34　偏移扶手线

图 17-35　偏移直线

(3)绘制铁艺花纹。调用【SPLINE】命令,绘制图 17-36 所示的样条曲线。将其原地复制一份并以样条曲线下端端点为基点旋转 180°,结果如图 17-37 所示。

(4)铁艺花纹定位。调用【COPY】命令,以对称中心点为基点,复制铁艺花纹至铁艺定位线中点,并修剪掉多余的线条,结果如图 17-38 所示。至此,铁艺栏杆绘制完成。

图 17-36　绘制铁艺花纹　　　　**图 17-37　完善铁艺花纹**　　　　**图 17-38　复制铁艺花纹**

17.3　绘制住宅楼设计图

　　供家庭居住使用的建筑称为住宅。住宅的设计,不仅要注重套型内部平面空间关系的组合和硬件设施的改善,还要全面考虑住宅的光环境、声环境、热环境和空气质量环境的综合条件及其设备的配置,这样才能获得一个高舒适度的居住环境。住宅楼按楼层高度分为:低层住宅(一至三层)、多层住宅(四至六层)、中高层住宅(七至九)和高层住宅(十层及十层以上)。

　　本实例为某小区的一栋小户型多层建筑,总层数为六层,每层有四户,其标准层平面图如图 17-39 所示。从总体上看,该建筑是一个结构高度对称的图形,因此可采用镜像复制的方法绘制对称的对象,包括门窗、立柱、楼梯等设施。

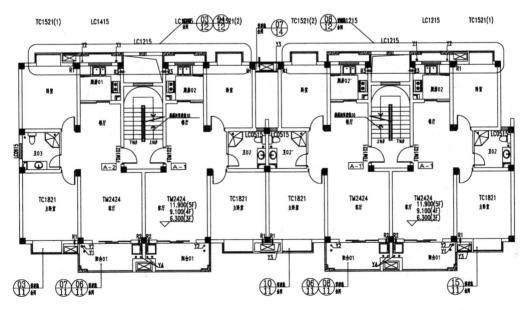

图 17-39　标准层平面图

17.3.1 绘制标准层平面图

该宿舍楼共有两梯四户,呈对称结构。因此,在绘制的时候可以先绘制其中的两个户型再镜像,然后再插入其他图元,最后添加图形标注。

其具体绘制步骤为:先绘制轴线,然后依据轴线绘制墙体,再绘制门、窗,再插入图例设施,最后添加文字标注。

1. 绘制轴线

(1)新建【轴线】图层,指定颜色为 9 号,并将其置为当前图层。

(2)绘制轴线。调用【LINE】命令,配合【OFFSET】命令绘制,其关系如图 17-40 所示。

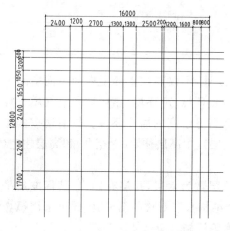

图 17-40　绘制轴线

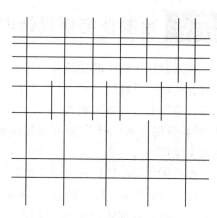

图 17-41　修剪轴线

(3)修剪轴线。利用【TRIM】和【ERASE】命令,整理轴线,结果如图 17-41 所示。

2. 绘制墙体

(1)新建【墙体】图层,设置其颜色、线型、线宽为默认,并将其置为当前层。

(2)创建【墙体】样式。新建【墙体】多线样式,设置参数如图 17-42 所示,并将其置于当前。

(3)绘制墙体。调用【MLINE】命令,指定比例为1,对正为无,沿轴线交点绘制墙体,如图 17-43 所示。

(4)整理图形。调用【EXPLODE】与【TRIM】命令,整理墙体,结果如图 17-44 所示。

3. 绘制柱

(1)新建【柱】图层,设置其颜色为【红色】,并置为当前图层。

(2)绘制柱。调用【REC】命令,绘制两个 350×350、350×300 大小矩形。调用【HATCH】命令,选择【SOLID】填充图案,对矩形进行填充,将填充后的柱创建为块。

(3)插入柱。调用【INSERT】命令,将不同规格的柱分别插入至对应的位置,结果如图 17-45 所示。

4. 绘制窗

(1)新建【窗】图层,设置其颜色为【绿色】,并置为当前图层。

图 17-42　设置多线样式

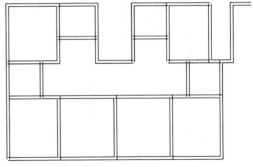

图 17-43　绘制墙体

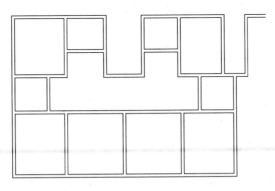

图 17-44　整理墙体

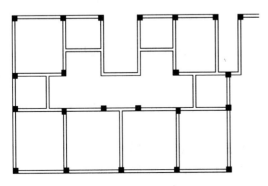

图 17-45　绘制柱

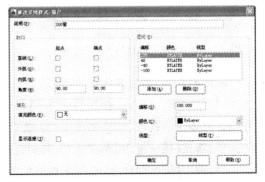

图 17-46　设置多线样式

（2）建立【窗户】样式。新建【窗】多线样式，设置参数如图 17-46 所示，并将其置为当前多线样式。

（3）开窗洞。调用【LINE】命令，绘制窗、墙分割线并修剪多余的线段，结果如图 17-47 所示。

（4）调用【MLINE】命令绘制一般类型窗户，调用【LINE】和【OFFSET】命令绘制飘窗，结果如图 17-48 所示。

5. 绘制门

（1）新建【门】图层，设置其颜色为【200】，并置为当前层。

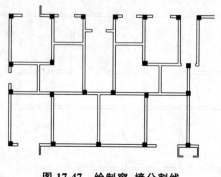

图 17-47　绘制窗、墙分割线

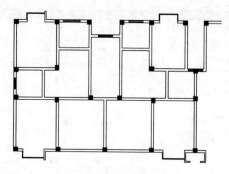

图 17-48　绘制窗户

（2）开门洞。调用【LINE】命令，依据设计的尺寸绘制门与墙的分割线并修剪掉多余的线条，结果如图 17-49 所示。

（3）插入门图块。插入随书光盘中"800 门"、"900 门"、"1000 门"与"三扇推拉门"图块，如图 17-50 所示。

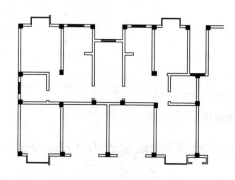

图 17-49　绘制门、墙分割线

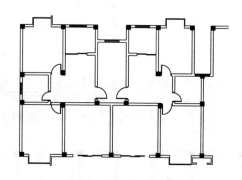

图 17-50　插入门图块

6. 绘制阳台、楼梯及室外造型

（1）绘制阳台隔墙。调用【PLINE】命令，绘制阳台隔墙轮廓线，将其置于【墙体】层，并修剪掉多余的线段，结果如图 17-51 所示。

（2）新建【线—造型】图层，设置其颜色为【青色】，并置为当前图层。

（3）调用【LINE】命令，绘制室外造型及阳台平面轮廓线，结果如图 17-52 所示。

（4）新建【楼梯、栏杆】图层，设置其颜色为【152】，并置为当前图层。

（5）绘制栏杆。调用【OFFSET】命令，将有户外栏杆的地方的造型线依次向内偏移20、50 个单位，并将偏移后的线指定为【楼梯、栏杆】图层。调用【REC】命令，绘制栏杆及柱截面，结果如图 17-53 所示。

（6）绘制楼梯。调用【INSERT】命令，插入随书光盘"楼梯"图块，结果如图 17-54 所示。

7. 绘制家具、电气及管道

（1）新建【家具、电气、管道】图层，设置其颜色为【洋红】，并置为当前图层。

（2）插入家具。调用【INSERT】命令，插入随书光盘文件"洁具"、"淋浴"、"冰箱"、"洗衣机"、"洗脸盆"和"空调"等图块，结果如图 17-55 所示。

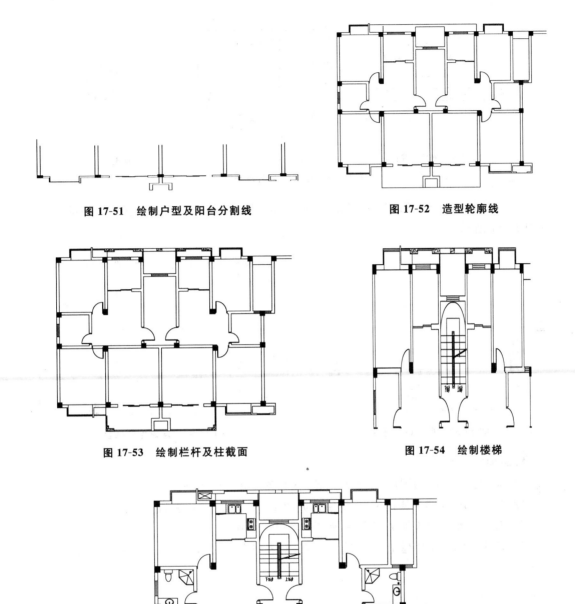

图 17-51 绘制户型及阳台分割线

图 17-52 造型轮廓线

图 17-53 绘制栏杆及柱截面

图 17-54 绘制楼梯

图 17-55 插入家具图块

（3）绘制设备管道。调用【REC】命令，配合【LINE】命令绘制空调、煤气预留洞口。

（4）绘制厨房烟道。再次调用【RECTANG】命令，配合【LINE】命令绘制厨房烟道。

（5）绘制排水管。调用圆环命令，依据实际管道大小绘制 110、75、50 口径大小的排水管，结果如图 17-56 所示。

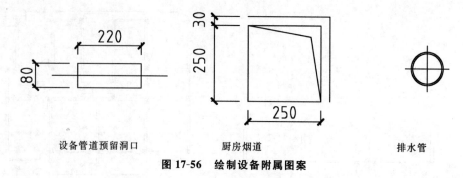

图 17-56　绘制设备附属图案

　　(6)插入图块。调用【INSERT】命令,将上述图案分别插入至相对应位置,局部图形如图 17-57 所示。

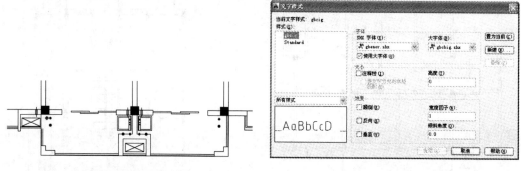

图 17-57　插入设备图块　　　　　　　　图 17-58　新建文字样式

8.添加文字说明

　　(1)新建【文字注释】图层,设置其颜色为【红色】,并置为当前图层。

　　(2)新建【GBCIG】字体样式,设置字体如图 17-58 所示,并将其置为当前文字样式。

　　(3)对门窗及房间添加文字说明,效果如图 17-59 所示。

　　(4)调用【QLEADER】命令,并输入文字,对各设备管道等进行标注,局部如图 17-60 所示。

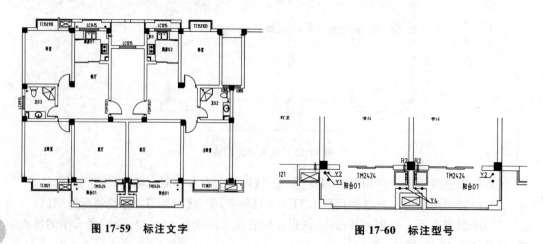

图 17-59　标注文字　　　　　　　　图 17-60　标注型号

9. 镜像户型

镜像图形。调用【MIRROR】命令,以楼梯间窗户中线为轴,镜像户型,结果如图 17-61 所示。

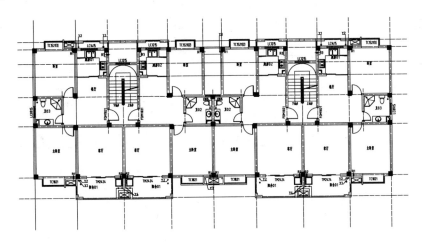

图 17-61 镜像图形

10. 添加尺寸标注

平面图中尺寸的标注,有外部标注和内部标注两种。外部标注是为了便于读图和施工,一般在图形的下方和左侧注写三道尺寸,平面图较复杂时,也可以注写在图形的上方和右侧。为方便理解,按尺寸由内到外的关系说明这三道尺寸。

☞第一道尺寸,是表示外墙门窗洞的尺寸。

☞第二道尺寸,是表示轴线间距离的尺寸,用以说明房间的开间和进深。

☞第三道尺寸,是建筑外包总尺寸,是指从一端外墙边到另一端外墙边的总长和总宽的尺寸。底层平面图中标注了外包总尺寸,在其他各层平面图中,就可以省略外包总尺寸,或者仅标注出轴线间的总尺寸。

三道尺寸线之间应留有适当距离(一般为 7～10 mm,但第一道尺寸线应距离图形最外轮廓线 15～20 mm),以便注写数字等。

内部标注,为了说明房间的净空大小和室内的门窗洞、孔洞、墙厚和固定设备(如厕所、工作台、隔板、厨房等)的大小和位置,以及室内楼地面的高度,在平面图上应清楚地注写出有关的内部尺寸和楼地面标高。相同的内部构造或设备尺寸,可省略或简化标注。

其他各层平面图的尺寸,除标注出轴线间的尺寸和总尺寸外,其余与底层平面图相同的细部尺寸均可省略。

(1)新建【尺寸标注】图层,将其颜色改为蓝色,并置为当前图层。

(2)新建【尺寸标注】标注样式,设置参数如所图 17-62 所示,并将其置为当前标注样式。

(3)尺寸标注。调用【线性】、【连续】和【基线】标注命令,对图形进行尺寸标注,结果如图 17-63 所示。

11. 添加标高标注

插入随书光盘"标高符号.dwg"文件并修改高度,结果如图 17-64 所示。

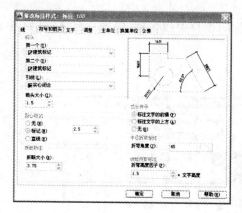

【符号和箭头】选项卡设置

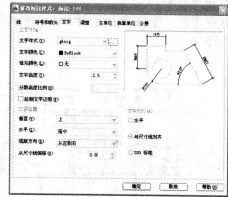

【文字】选项卡设置

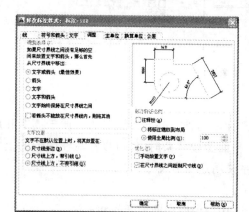

【调整】选项卡设置

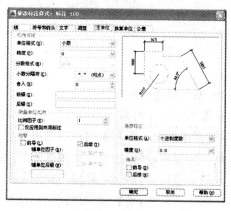

【主单位】选项卡设置

图 17-62　设置尺寸标注参数

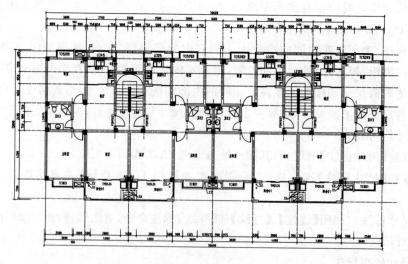

图 17-63　标注尺寸

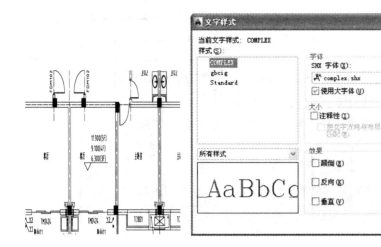

图 17-64　标注标高　　　　　　　　　图 17-65　新建文字样式

12. 添加轴号标注

平面图上定位轴线的编号,横向编号应用阿拉伯数字,从左至右顺序编写,竖向编号应用大写英文字母,从下至上顺序编写。英文字母的 I、Z、O 不得用做编号,以免与数字 1、2、0 混淆。编号应写在定位轴线端部的圆内,该圆的直径一般为 800～1000 mm,横向、竖向的圆心各自对齐在一条线上。

(1)设置轴号标注字体。新建【COMPLEX】文字样式,设置如图 17-65 所示。

(2)设置属性块。调用【CIRCLE】命令绘制一个直径为 600 的圆,并将其定义为属性块,属性参数设置如图 17-66 所示。

(3)调用【INSERT】命令,插入属性块,完成轴号的标注,结果如图 17-67 所示。至此,平面图绘制完成。

图 17-66　定义属性块

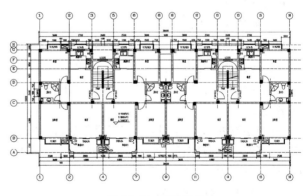

图 17-67　标注轴号

13. 添加图框并标注文字说明

(1)新建【图框】图层,设置其颜色为【135】,并置为当前图层。

(2)调用【INSERT】命令,插入随书光盘图块"A3 图框"。

(3)调用【MTEXT】命令,添加图名及文字说明,并设置图名与比例字体为【黑体】,结果如图 17-68 所示。至此,标准层平面图绘制完成。

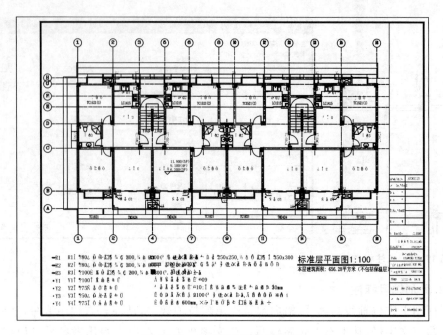

标准层平面图1:100
本层建筑面积: 656.28平方米 (不包括保温层)

图 17-68   添加图框及文字说明

17.3.2   **绘制多层住宅正立面图**

建筑立面是建筑物各个方向的外墙以及可见的构配件的正投影图,简称为立面图。建筑立面图主要用来表示建筑物的体型和外貌、外墙装修、门窗的位置与形式,以及遮阳板、窗台、窗套、屋顶水箱、檐口、雨篷、雨水管、水斗、勒脚、平台、台阶等构配件各部位的标高和必要尺寸。

本例绘制的正立面图如图 17-69 所示。在绘制时,可以参考平面图的尺寸与标高,先绘制出整体立面轮廓线,然后完善细部。

1. 绘制外部轮廓

(1)绘制辅助线。调用【LINE】、【TRIM】等命令,绘制立面图形辅助线,结果如图 17-70 所示。

(2)绘制外墙。调用【OFFSET】命令,将左侧竖直辅助线向左偏移 100 个单位,并将其放入【线—造型】图层,在夹点编辑模式下,将下方水平辅助线向两端拉伸并将其置于【墙体】图层,如图 17-71 所示。

2. 绘制一层门窗立面

(1)新建【一层平面】图层,并将其置为当前图层。

(2)复制一层平面图形,调用【EXPLODE】命令将其全部分解。通过删除和修剪命令整理出所需部分,将其镜像并移动到辅助线图下方,结果如图 17-72 所示。

(3)插入门窗图块。调用【INSERT】命令,对应平面图进行定位,插入"LC0824"、"LC0624"与"M3530"门窗图块。其中窗底部均离地平线高 950,结果如图 17-73 所示。

图 17-69　正立面图

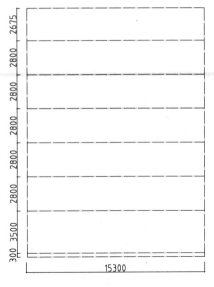

图 17-70　绘制辅助线

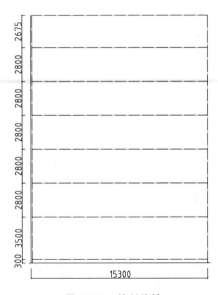

图 17-71　绘制外墙

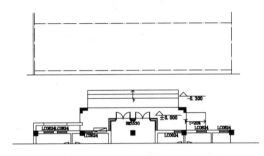

图 17-72　复制平面图

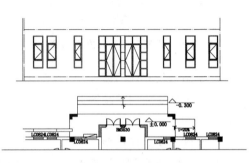

图 17-73　插入门窗

3. 绘制二层门窗立面

（1）新建【二层平面】图层，将其置为当前图层并隐藏【一层平面】图层。

（2）复制二层平面图。参照一层平面图的复制方法复制二层平面图，整理结果如图 17-74 所示。

（3）插入二层门窗图块。调用【INSERT】命令，对应平面图进行定位，插入 "TC1821"、"TM2424" 门窗图块，结果如图 17-75 所示。

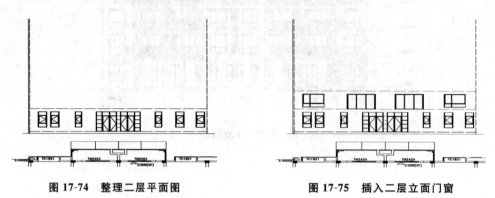

图 17-74　整理二层平面图　　　　　图 17-75　插入二层立面门窗

4. 绘制三至五层门窗立面

观察平面图形可知二层与三至五层正立面门窗的规格是一致的。因此这里我们直接调用【COPY】命令，捕捉室内标高线进行定位，复制出三至五层立面门窗，结果如图 17-76 所示。

图 17-76　复制三至五层立面门窗

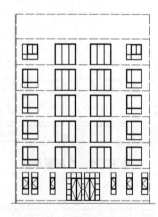

图 17-77　插入六层立面门窗

5. 绘制六层立面门窗

参照一层立面门窗绘制方法，插入 "LC1817" 和 "TM2423" 门窗图块，结果如图 17-77 所示。

6. 绘制建筑立面造型

（1）新建【看线】图层，设置其颜色为 "123"，并将其置为当前图层。

（2）调用【PLINE】命令，绘制入户造型线及窗梁看线，结果如图 17-78 所示。

（3）调用【I】命令，配合【E】【TR】命令，插入栏杆并修剪窗户，如图 17-79 所示。

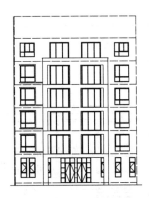

图 17-78　绘制入户造型线及窗梁看线　　　　图 17-79　插入栏杆并修剪窗户

7. 镜像立面

调用【MIRROR】命令,将左边立面以右边竖直辅助线为轴进行镜像,并删除多余图形,结果如图 17-80 所示。

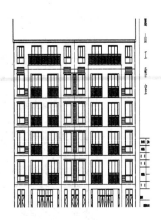

图 17-80　镜像立面　　　　　　　　图 17-81　完善立面门窗

8. 完善图形

(1)调用【PLINE】命令,配合【COPY】命令,绘制单元连接处立面门窗造型,并插入"百叶"造型图块,结果如图 17-81 所示。

(2)调用【LINE】命令,配合偏移命令绘制入户处台阶,结果如图 17-82 所示。

9. 绘制屋顶造型

(1)指定【看线】图层为当前图层。

(2)调用【REC】命令,绘制一个 2930×30 800 大小的矩形,捕捉矩形上侧横匾中点对齐轴线中点。

(3)调用【PLINE】命令,绘制屋檐造型,结果如图 17-83 所示。

(4)插入老虎窗。调用【INSERT】命令,插入"老虎窗"图块。

10. 填充

调用【HATCH】命令,对图形中需特别标出的位置进行图案填充,结果如图 17-84 所示。

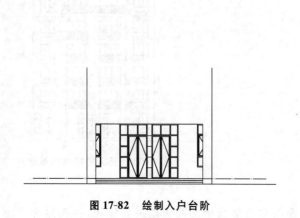

图 17-82 绘制入户台阶

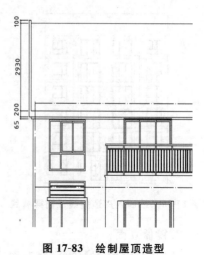

图 17-83 绘制屋顶造型

图 17-84 图案填充

11. 图形标注

参照绘制标准层平面图时的图形标注方法,对立面图进行标高、轴号、文字标注并添加图框,结果如图 17-85 所示。至此,正立面图绘制完成。

17.3.3 绘制多层住宅 A—A 剖面图

假想用一个铅垂切平面,选择能反映全貌、构造特征及有代表性的部位剖切,按正投影法绘制的图形称为剖面图。建筑剖面图用于表示建筑内部的结构构造、垂直方向的分层情况、各层楼地面、屋顶的构造及相关尺寸、标高等。

剖面图的剖切位置和数量应根据建筑物自身的复杂情况而定,一般剖切位置选择在建筑物的主要部位或是构造较为典型的部位,如楼梯间等处。习惯上,剖面图不画基础,

图 17-85　标注图形并添加图框

断开面上材料图例与图线的表示均与平面图的表示相同,即被剖到的墙、梁、板等用粗实线表示,没有剖到的但是可见的部分用中粗实线表示,被剖切断开的钢筋混凝土梁、板涂黑表示。

　　本例绘制的为剖切位置位于典型造型部位的剖面图。在绘制时,可以先绘制出一层和二层的剖面结构,再复制出三至六层的剖面结构,最后绘制屋顶结构。其一般绘制步骤是:先根据平面图和立面图,绘制出剖面轮廓,再绘制细部构造,接着完善图形,然后绘制屋顶剖面结构,最后进行文字和尺寸等的标注。

1. 绘制辅助线

　　(1)复制平面图和立面图于绘图区空白处,并对图形进行清理,保留主体轮廓,并将平面图旋转 90°,使其如图 17-86 所示分布。

　　(2)绘制辅助线。指定【轴线】图层为当前层。调用【XLINE】命令,过墙体、楼层分界线及阳台、台阶绘制横竖 7×16 条辅助线,并对齐进行整理,整理结果如图 17-87 所示。

2. 绘制楼板结构

　　(1)新建【地面】与【楼板】图层,分别指定其颜色为黑色和红色,并将【地面】图层置为当前图层。

　　(2)调用【PLINE】命令,依据平面图所标注的信息,从标高-0.25 的辅助线入手,开始绘制楼板及入口台阶示意线,台阶分三级,每级高 100、宽 300,如图 17-88 所示。

　　(3)指定【墙体】层为当前图层,绘制楼板及入口台阶。调用【OFFSET】命令,将示意线向下依次偏移 50、100 个单位。调用直线和修剪命令完善图形,结果如图 17-89 所示。

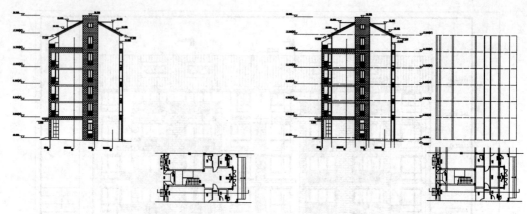

图 17-86　调用并整理平、立面图　　　　图 17-87　绘制并整理辅助线

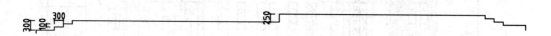

图 17-88　绘制楼板及台阶示意线

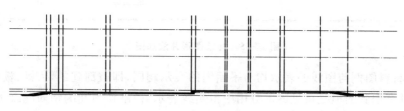

图 17-89　完善图形

3. 绘制墙体

(1)调用【LINE】命令,对应辅助线绘制一、二层墙体。

(2)调用【PLINE】命令,绘制二层楼板结构,如图 17-90 所示,楼板比标高辅助线低 50 个单位。

4. 绘制一层剖面

(1)绘制室内门窗。调用【LINE】命令配合偏移修剪命令,绘制室内门窗,并连接被剖切部分墙体进行填充,结果如图 17-91 所示。

(2)绘制入户门侧门及立柱轮廓。调用【LINE】命令,配合偏移命令、绘制入户门侧面及立柱,结果如图 17-92 所示。

5. 绘制二层剖面

(1)指定【地面】图层为当前图层。

(2)绘制地面线。调用【LINE】命令,绘制地面示意线。沿二层楼地面标高轴线绘制一条直线,并修剪掉该示意线下方和梁板上方的内墙墙体部分,如图 17-93 所示。

(3)绘制二层门窗。调用【LINE】命令,绘制二层剖面门窗,并填充被剖切到的墙体,结果如图 17-94 所示。

(4)绘制二层阳台。调用【INSERT】命令,插入阳台栏杆,并调用【LINE】命令绘制梁,结果如图 17-95 所示。

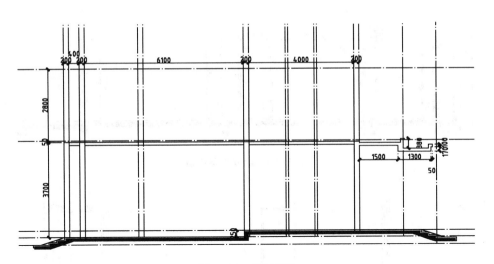

图 17-90　绘制墙体

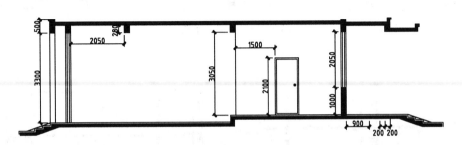

图 17-91　绘制一层内部门窗

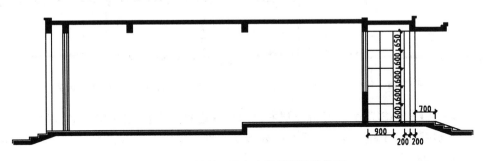

图 17-92　绘制一层入户门侧面及柱轮廓

图 17-93　绘制二层地面线

6. 绘制三至六层剖面

(1)调用【COPY】命令，以二层门左下角点为基点，复制二层剖面至三层，结果如图

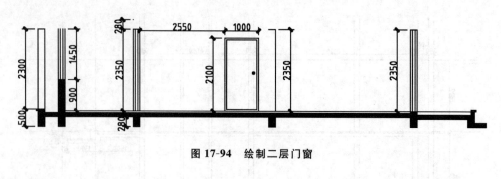

图 17-94 绘制二层门窗

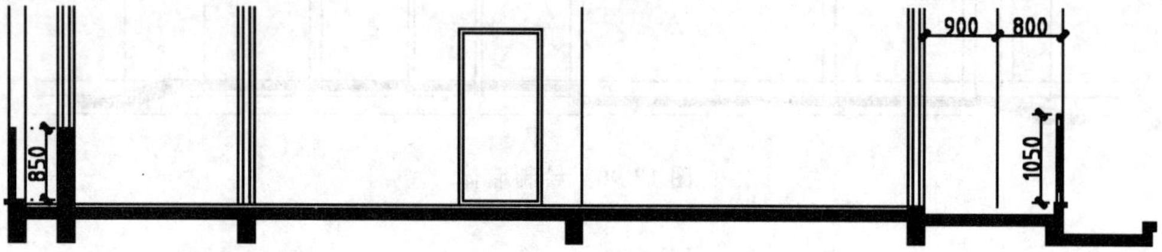

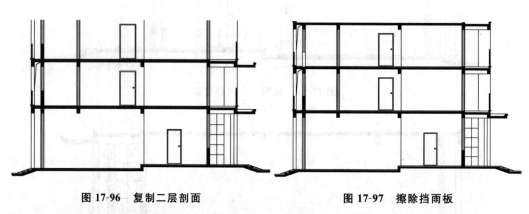

图 17-95 绘制二层阳台

17-96 所示。

图 17-96 复制二层剖面   图 17-97 擦除挡雨板

（2）调用【ERASE】命令，擦除三层右侧阳台右边的挡雨板，结果如图 17-97 所示。

（3）调用【COPY】命令，以三层左侧外墙圈梁剖面左下角为基点，复制出四至六层剖面，如图 17-98 所示。

（4）调用【ERASE】与【LINE】命令，修改并绘制六层阳台，结果如图 17-99 所示。

7. 绘制屋顶剖面结构

（1）调用【OFFSET】命令，将屋顶楼板向上偏移 50 个单位。

（2）调用【LINE】命令，绘制屋顶楼板及梁，如图 17-100 所示。

（3）绘制老虎窗剖面。调用【LINE】命令，绘制老虎窗剖面及屋顶并进行填充，如图 17-101 所示。

8. 图形标注

（1）添加标高与文字说明。参照平面图标注方法为剖面图添加标高与文字说明，如图 17-102 所示。

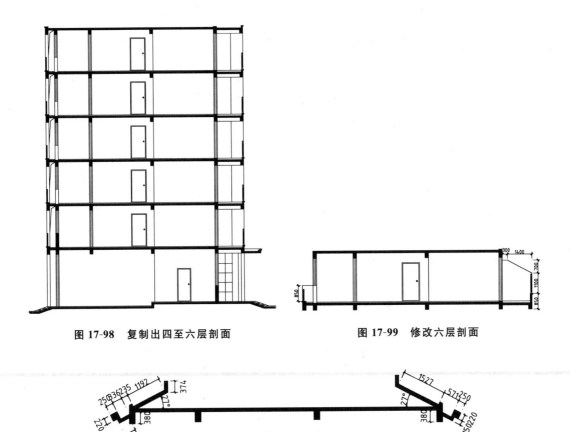

图 17-98　复制出四至六层剖面　　　　图 17-99　修改六层剖面

图 17-100　绘制屋顶楼板及梁

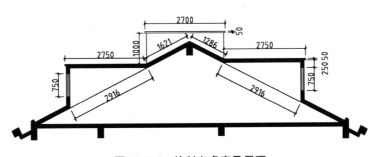

图 17-101　绘制老虎窗及屋顶

（2）添加详图索引。详图索引符号由引线和内容组成，其索引表示方法如图 17-103 所示。其中"14"代表图纸所在页码，"02"代表图纸序号，即此符号表示详图在第 14 张图纸 02 图。看图人可以依据这个索引方便地找到该详图。绘制的时候一般先画一个半径 800 大小的圆，然后添加引线并输入"定义属性"的文字，最后将其创建为块。

9. 添加图纸框

调用【INSERT】命令插入 A3 图纸框，如图 17-104 所示。至此，多层住宅 *A—A* 剖面图绘制完成。

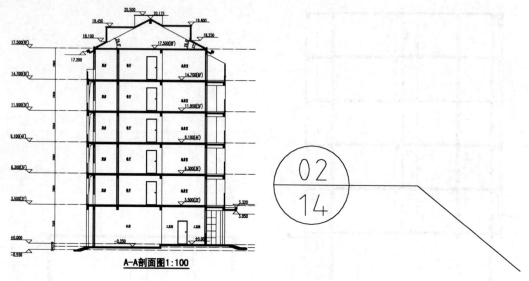

图 17-102 添加文字及标高标注

图 17-103 索引表示方法

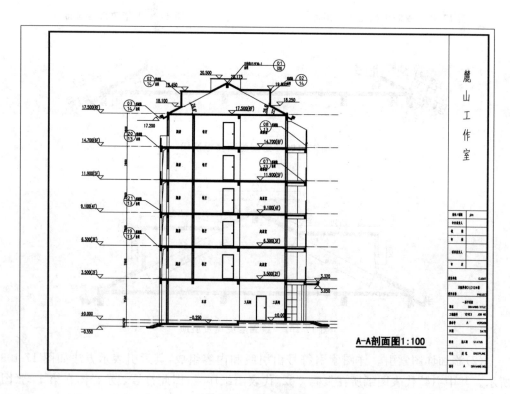

图 17-104 添加图框

第18章
室内设计及绘图

本章主要讲解室内设计的概念及室内设计制图的内容和流程,并通过具体的实例进行操作练习。通过本章的学习,我们能够了解室内设计的相关理论知识,并掌握室内设计及制图的方法。

18.1 室内设计与制图

使用 AutoCAD 绘制室内设计图,可以保证制图的准确性,提高制图效率,且能适应装饰工程的需要。

18.1.1 室内设计的概念

室内设计也称为室内环境设计。它既包括视觉环境和工程技术方面的问题,也包括声、光、热等物理环境及气氛、意境等心理环境和文化内涵等内容。它与建筑设计相联系又相区别,是建筑设计的延伸,旨在创造合理、舒适、优美的室内环境,以满足使用和审美要求。

18.1.2 室内施工图的内容

一套完整的室内设计施工图包括原始户型图、平面布置图、顶棚图、地材图、电气图和给排水图等。

1. 原始户型图

在经过实地量房之后,设计师需要将测量结果用图纸表现出来,包括房型结果、空间关系、尺寸等,这是室内设计绘制的第一张图,即建筑平面图。如图 18-1 所示即为建筑平面图。

其他的施工图都是在建筑平面图的基础上进行绘制的,包括平面布置图、顶棚图、地材图和电气图等。

2. 平面布置图

平面布置图是在原建筑结构的基础上,根据业主的要求和设计师的设计意图,对室内空间进行详细的功能划分和室内设施定位。

平面布置图的主要内容有:空间大小、布局、家具、门窗、人活动路线、空间层次和绿化等。图 18-2 所示为平面布置图。

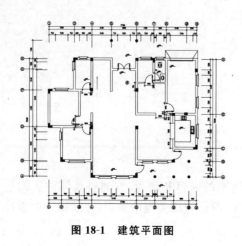

图 18-1　建筑平面图

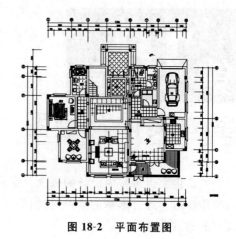

图 18-2　平面布置图

3. 地材图

地材图是用来表示地面做法的图样,包括地面用材和形式,其形成方法与平面布置图相同,所不同的是地面布置图不需要绘制室内家具,只需要绘制地面所使用的材料和固定于地面的设备与设施图形。图 18-3 所示为客房地材图。

4. 电气图

电气图主要用来反映室内的配电情况,包括配电箱的规格、型号、配置以及照明、插座、开关等线路的铺设方式和安装说明等,图 18-4 所示为电气图。

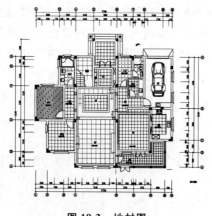

图 18-3　地材图

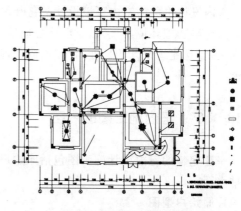

图 18-4　照明开关布置图

5. 顶棚图

顶棚图主要是用来表示顶棚的造型和灯具的布置,同时也反映了空间组合的标高关系和尺寸等。图 18-5 所示为顶棚图,包括各种装饰图形、灯具、文字说明、尺寸和标高。有时为了更详细地表示某处的构造和做法,还需要绘制剖面详图。

6. 立面图

立面图是一种与垂直界面平行的正投影图,它能够反映垂直界面的形状、装修做法和其上的陈设,如图 18-6 所示。

立面图所要表达的内容为四个面所围合成的垂直界面的轮廓和轮廓里面的内容,包括根据正投影原理能够投影到地面上的所有构配件。

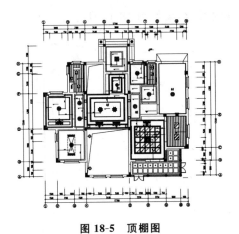

图 18-5　顶棚图

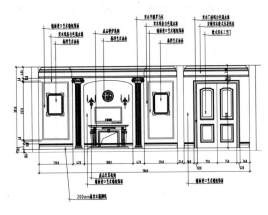

图 18-6　主卧室立面图

7.给排水图

家庭装潢中,管道有给水和排水两个部分。给排水施工图就是用于描述室内给水和排水管道、开关等设施的布置和安装情况。

18.2　绘制室内装饰常见图例

室内设施图在 AutoCAD 的室内设计图中非常常见,如门、灯具、开关、桌、椅、柜等图形。本节主要介绍常见室内设施图图例的绘制方法及相关的基础知识,包括平面、立面及剖面图的绘制。

18.2.1　绘制单开门

(1)调用【REC】命令,在绘图区绘制尺寸为 74×74 的矩形。

(2)调用【LINE】命令,拾取矩形边的中点绘制直线;调用【TRIM】命令,修剪多余线段,如图 18-7 所示。

(3)调用【MIRROR】命令,镜像复制修剪完成的图形,再调用【MOVE】命令,将镜像复制的图形向右移动 740,结果如图 18-8 所示。

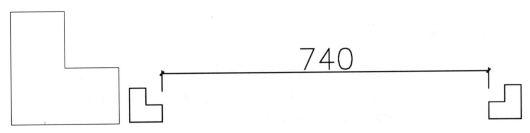

图 18-7　修剪线段　　　　　　　　　　　　　图 18-8　镜像复制

(4)调用【REC】命令,在绘图区合适位置绘制尺寸分别为 740×37、143×31 的矩形,绘制结果如图 18-9 所示。

（5）调用【ARC】命令，配合【端点捕捉】功能，绘制圆弧，结果如图 18-10 所示。

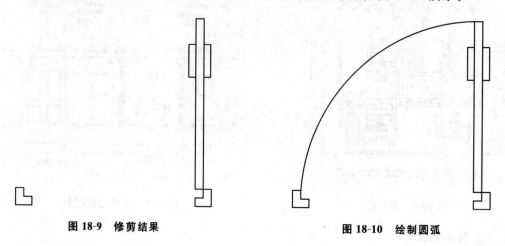

图 18-9　修剪结果　　　　　　　　　　　　　　　图 18-10　绘制圆弧

18.2.2　绘制双开门

（1）调用【REC】命令，在绘图区任意位置绘制尺寸为 731×38 的矩形，绘制结果如图 18-11 所示。

（2）调用【ARC】命令，绘制圆弧，结果如图 18-12 所示。

（3）至此，单开门绘制完成。

（4）调用【MIRROR】命令，镜像复制单开门，结果如图 18-13 所示，双开门绘制完成。

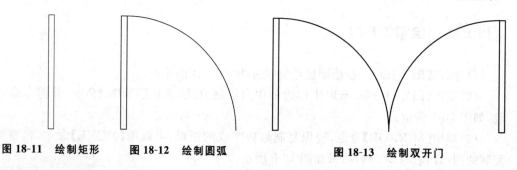

图 18-11　绘制矩形　　图 18-12　绘制圆弧　　　　　　图 18-13　绘制双开门

18.2.3　绘制子母门

（1）调用【RECTANG】命令，在绘图区合适位置绘制尺寸为 31×380 的矩形。

（2）调用【HATCH】命令，在弹出的【图案填充创建】选项卡中选择填充图案类型为【SOLID】，对矩形进行图案填充，结果如图 18-14 所示。

（3）调用【ARC】命令，绘制圆弧，再对绘制的箭头进行移动镜向，结果如图 18-15 所示。

（4）调用【REC】命令，在绘图区绘制尺寸为 31×1130 的矩形。

（5）调用【HATCH】命令，对绘制的矩形填充 SOLID 图案。

(6)调用【ARC】命令,绘制圆弧。

(7)调用【MOVE】命令,将后面绘制的门图形移动至合适位置。至此,子母门绘制完成,如图 18-16 所示。

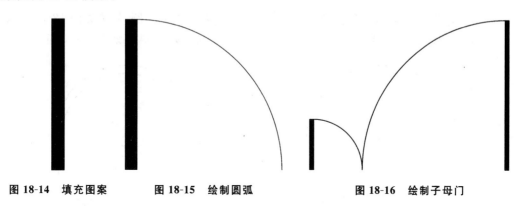

图 18-14　填充图案　　　图 18-15　绘制圆弧　　　图 18-16　绘制子母门

18.2.4　绘制推拉门

(1)调用【REC】命令,在绘图区空白处绘制尺寸为 30×780 的矩形。

(2)调用【COPY】命令,移动复制矩形至合适位置,结果如图 18-17 所示。

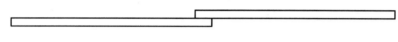

图 18-17　复制矩形

(3)调用【PLINE】命令,根据命令行的提示绘制表示推拉方向的箭头,再对绘制的箭头进行移动镜向,如图 18-18 所示。命令行提示如下。

```
命令:PLINE↙      //调用【多段线】命令
指定起点:      //指定起点
当前线宽为 0.0000
指定下一个点或 [圆弧(A)/半宽(H)/长度(L)/放弃(U)/
宽度(W)]:120↙      //指定下一点
指定下一点或 [圆弧(A)/闭合(C)/半宽(H)/长度(L)/放弃(U)/宽度(W)]:W↙
    //激活"宽度"选项
指定起点宽度 <0.0000>:20↙      //设置起点宽度为 20
指定端点宽度 <20.0000>:0↙      //终点宽度为 0
指定下一点或 [圆弧(A)/闭合(C)/半宽(H)/长度(L)/放弃(U)/宽度(W)]:100↙
    //向右移动鼠标绘制箭头
```

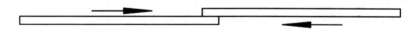

图 18-18　绘制箭头

18.2.5　绘制旋转门

（1）调用【CIRCLE】命令，分别绘制半径为 750 和 36 的同心圆，结果如图 18-19 所示。

（2）调用【OFFSET】命令，将半径为 750 的圆向内偏移 80，结果如图 18-20 所示。

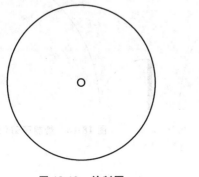 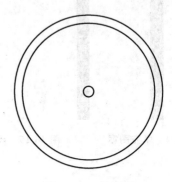

图 18-19　绘制圆　　　　　　　　　　　图 18-20　偏移圆

　　（3）调用【LINE】命令，配合【对象捕捉】功能，过圆心绘制直线；调用【TRIM】命令，修剪多余线段，结果如图 18-21 所示。

　　（4）调用【LINE】命令，配合【对象捕捉】功能，绘制直线，结果如图 18-22 所示。

　　（5）至此，旋转门的绘制就完成了。

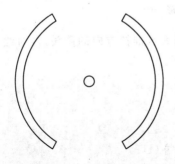 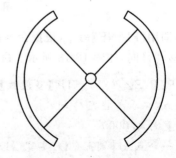

图 18-21　修剪直线　　　　　　　　　　图 18-22　绘制旋转门

18.2.6　绘制床和床头柜

　　床是室内平面布置中最为常用的图块之一，按照床的材质分类，大体可以分为实木床、人造板床、金属床、藤艺床等。实木床造型丰富、色泽漂亮；板式床、简约时尚；金属床造型多样；藤艺床环保自然，带有鲜明的地域特色。

　　本例讲解双人实木床的绘制方法，其绘制效果如图 18-23 所示。

1. 绘制外部框架

（1）绘制床框架。调用【REC】命令，绘制一个尺寸为 1800×2000 的矩形。

（2）绘制床垫框架。调用【XPLODE】命令，分解矩形。调用【OFFSET】命令，将矩形上部边线向下偏移 20 个单位,其余三边向内偏移 50 个单位。调用【FILLET】命令,设置圆角半径为 0,闭合框架,如图 18-24 所示。

图 18-23 双人床

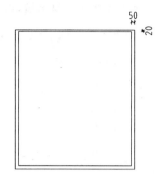

图 18-24 绘制床边框

(3)绘制床边柜框架。调用【REC】命令,绘制两个尺寸为 624×480 的矩形,如图 18-25 所示。

(4)绘制地毯边线。调用【LINE】命令,绘制地毯边线,结果如图 18-26 所示。

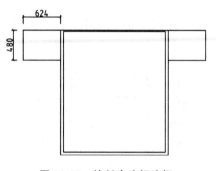

图 18-25 绘制床头柜边框

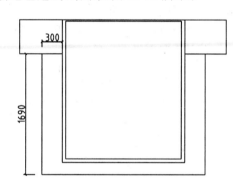

图 18-26 绘制地毯边框

(5)绘制枕头边框。调用【SPLINE】命令,绘制枕头轮廓,结果如图 18-27 所示。

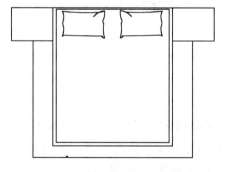

图 18-27 绘制枕头边框线

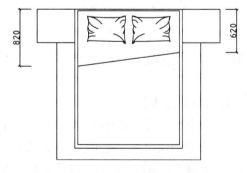

图 18-28 绘制床单翻折位置线

2. 绘制内部纹理

(1)绘制床单。调用【LINE】命令,绘制床单翻折线位置如图 18-28 所示。调用【SPLINE】命令,绘制床单翻折部分边线,调用【LINE】命令连接样条曲线与床单翻折线,结果如图 18-29 所示。

(2)绘制床单与枕头的皱褶。调用【SPLINE】命令,于枕头四角与床单上随意绘制部分样条曲线作为床单皱褶,如图 18-30 所示。

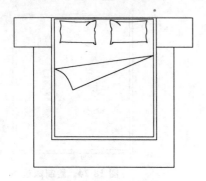

图 18-29　绘制连接线

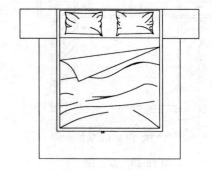

图 18-30　绘制皱褶

(3)绘制床头灯。调用【CIRCLE】命令,于床头柜中心绘制两个半径分别为 20 和 60 的圆。调用【LINE】命令,过圆心绘制辅助线。调用【COPY】命令,将其复制到另一个床头柜中心,如图 18-31 所示。

(4)绘制地毯纹理。调用【SPLINE】命令,随意绘制地毯纹理,如图 18-32 所示。至此,双人床绘制完成。

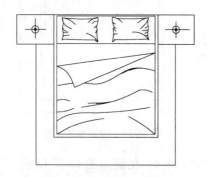

图 18-31　绘制床头灯

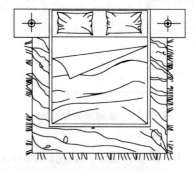

图 18-32　绘制地毯纹理

18.2.7　绘制沙发和茶几

1.绘制单人沙发

(1)绘制沙发扶手轮廓线。调用【LINE】命令,绘制图 18-33 所示的沙发初步轮廓。

(2)圆角沙发轮廓。调用【FILLET】命令,分别指定圆角半径为 75 和 200,圆角沙发轮廓。调用【TRIM】命令,修剪掉其中相交的部分,结果如图 18-34 所示。

(3)绘制坐垫。调用【REC】命令,绘制一个长宽 525 × 530 的矩形坐垫。调用【MOVE】移动命令,移动矩形至沙发图形中合适位置,如图 18-35 所示。

(4)绘制底座轮廓。调用【OFFSET】命令,将矩形向外偏移 35 个单位。调用【FIL-LET】命令,设置圆角半径为 60,对沙发底座轮廓进行圆角,结果如图 18-36 所示。

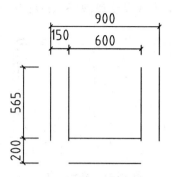

图 18-33　绘制初始轮廓

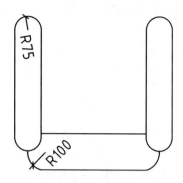

图 18-34　绘制圆角单人沙发轮廓

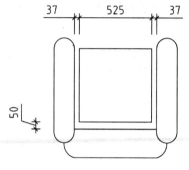

图 18-35　绘制单人沙发坐垫

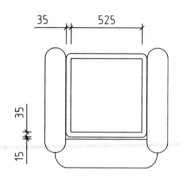

图 18-36　圆角沙发底座轮廓

（5）填充皮质坐垫及扶手。调用【SPLINE】命令，随意绘制两处皱褶。再调用【HATCH】命令，选择【AR-SAND】填充图案进行填充，结果如图 18-37 所示。

2. 绘制双人沙发

（1）绘制沙发扶手轮廓。参照单人沙发的绘制方法，在图 18-38 所示轮廓线的基础上绘制出扶手轮廓，如图 18-39 所示。

（2）绘制沙发坐垫与底座。参照单人沙发坐垫的绘制方法，绘制沙发坐垫与底座，如图 18-40 所示。

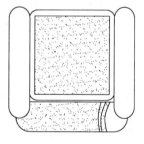

图 18-37　沙发纹理填充

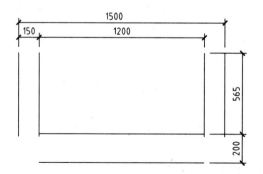

图 18-38　圆角沙发底座轮廓

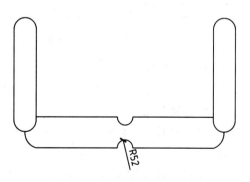

图 18-39　绘制沙发扶手

395

(3)填充纹理。参照单人沙发纹理绘制方法,填充双人沙发纹理,如图 18-41 所示。

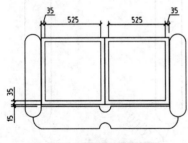

图 18-40　绘制坐垫与底座

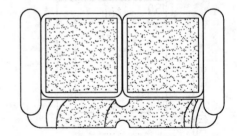

图 18-41　填充纹理

3. 绘制三人沙发

(1)调用【LINE】命令,绘制沙发轮廓,调用【DIVDE】命令,将较长的边定数等分为三段,结果如图 18-42 所示。

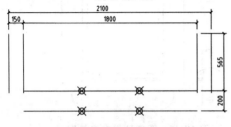

图 18-42　绘制沙发轮廓线

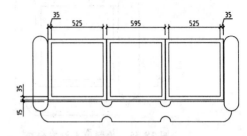

图 18-43　绘制坐垫

(2)参照单人沙发的绘制方法完善沙发并绘制坐垫,结果如图 18-43 所示。

(3)调用【HATCH】命令,参照单人沙发填充方法,填充材质纹理,结果如图 18-44 所示。

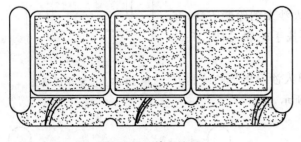

图 18-44　填充纹理

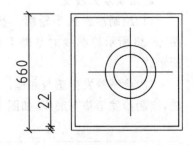

图 18-45　绘制坐沙发边柜

4. 绘制沙发柜

沙发柜的绘制方法与床头柜一样,这里不做过多讲解,绘制结果如图 18-45 所示。

5. 绘制茶几

(1)调用【REC】命令,绘制一个尺寸为 900×900 的矩形并将矩形向内偏移 20 个单位。

(2)调用【SPLINE】命令,绘制茶几纹理,结果如图 18-46 所示。

6. 组合并完善图形

调用【MOVE】命令,将沙发、边柜、茶几等元素组合到一起,结果如图 18-47 所示。至此,沙发茶几组合绘制完毕。

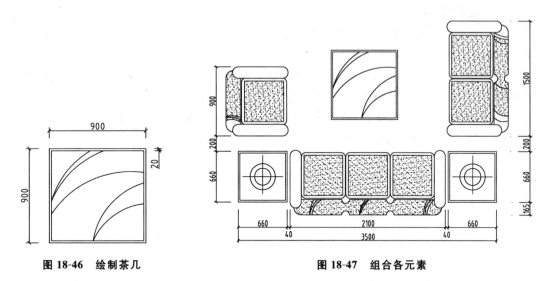

图 18-46 绘制茶几   图 18-47 组合各元素

18.3 绘制家居室内设计图

本实例通过一套三室二厅的户型,讲解室内设计与绘图的方法和流程。该户型空间包括:主人房、小孩房、书房、客厅、餐厅、厨房及卫生间。该户型原始平面图如图 18-48 所示,下面在该平面图的基础上绘制平面布置图、地面布置图、顶棚平面图、开关布置图及主要立面图。

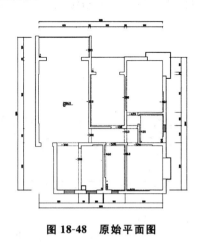

图 18-48 原始平面图

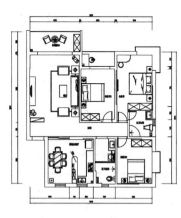

图 18-49 平面布置图

18.3.1 绘制平面布置图

平面布置图是在原建筑结构的基础上,根据业主的要求和设计师的设计意图,对室内空间进行详细的功能划分和室内设施定位。

本例绘制的平面布置图如图 18-49 所示。其一般绘制步骤为:先对原始平面图进行整理和修改,然后分区插入室内家具图块,最后进行文字和尺寸等标注。

1. 拆墙砌墙

(1)单击【快速访问】工具栏中的【打开】按钮 ,打开"18.3 原始平面图"素材文件,如图 18-48 所示。

(2)清理图形。调用【COPY】命令,将原始平面图复制一份至绘图区空白处,删除室内标注,并对其进行清理,如图 18-50 所示。

(3)修改图形。将【墙体】层置为当前图层,调用【LINE】命令,绘制拆墙、砌墙部分墙体,并使用不同的填充图案进行填充。填充图例与结果如图 18-51 所示。

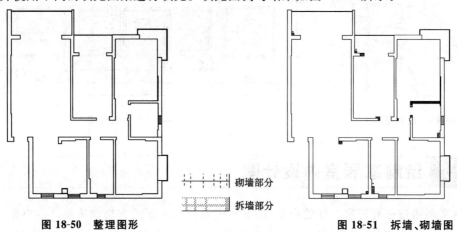

砌墙部分

拆墙部分

图 18-50　整理图形　　　　　　　　图 18-51　拆墙、砌墙图

2. 插入门

将【门窗】图层置为当前图层。调用【INSERT】命令,插入随书光盘中的"普通门-700"、"普通门-800"、"卧室移门"和"厨房移门"图块,将其插入图中相应位置,并根据需要调节大小和方向,结果如图 18-52 所示。

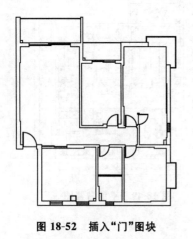

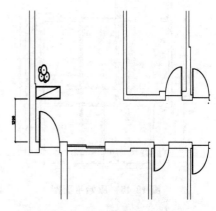

图 18-52　插入"门"图块　　　　　　图 18-53　插入"玄关鞋柜"与"盆栽"

3. 绘制玄关布置

调用【INSERT】命令,插入随书光盘中的"玄关鞋柜平面"与"盆栽",如图 18-53

所示。

4.绘制厨房布置

(1)绘制橱柜台面。调用【LINE】命令,沿厨房右下角绘制橱柜台面,结果如图18-54所示。

(2)完善橱柜台面。调用【OFFSET】命令,将灶台向内偏移20个单位,修剪多余图形。调用【INSERT】命令,插入随书光盘的"洗菜池"与"厨灶",结果如图18-55所示。

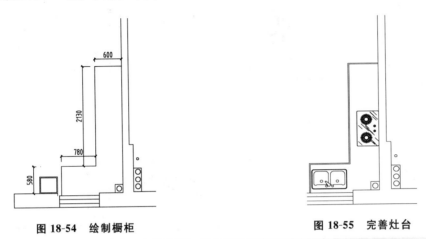

图18-54　绘制橱柜　　　　　　　　　图18-55　完善灶台

(3)绘制吧台。调用【LINE】命令,绘制一条长为2000的竖直直线并将其向一侧偏移500个单位。调用【FILLET】命令,指定圆角半径为250,将两条竖直直线上端进行圆角处理,结果如图18-56所示。

(4)绘制吧台柜轮廓。调用【LINE】命令,在上一步所绘轮廓左下角点处向上绘制一条长650的直线,并将其向右偏移300个单位,调用【FILLET】命令,指定圆角半径为150,对两条直线的上端进行圆角处理,结果如图18-57所示。

(5)完善吧台组合。调用【OFFSET】命令,将吧台柜轮廓向内偏移20个单位。调用【LINE】命令,于吧台柜内部绘制一个虚线X形直线,结果如图18-58所示。

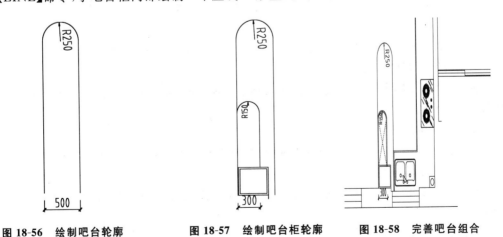

图18-56　绘制吧台轮廓　　　图18-57　绘制吧台柜轮廓　　　图18-58　完善吧台组合

(6)插入其他图块。调用【INSERT】命令,插入随书光盘的"餐桌"、"冰箱"图块,如图

18-59 所示。

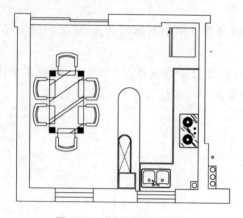

图 18-59 插入"厨房"图块

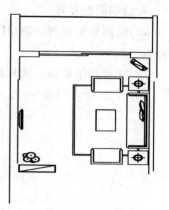

图 18-60 插入"沙发组合"

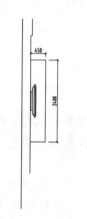

图 18-61 绘制电视柜

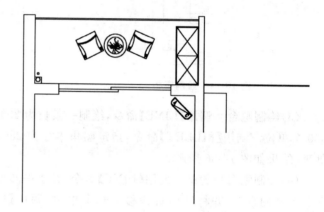

图 18-62 插入"休闲桌椅"

5. 绘制客厅布置

(1)插入图块。调用【INSERT】命令,插入随书光盘中的"组合沙发"与"电视",如图 18-60 所示。

(2)绘制电视柜。调用【LINE】命令,绘制电视机下方的电视柜,如图 18-61 所示。

6. 绘制客厅阳台布置

插入图块。调用【INSERT】命令,插入随书光盘中的"休闲桌椅"与"阳台储物柜",如图 18-62 所示。

7. 绘制卫生间布置

调用【INSERT】命令,插入随书光盘中的"蹲便器"与"淋浴",如图 18-63 所示。

8. 绘制洗手间布置

调用【INSERT】命令,插入随书光盘中的"洗手池"、"洗衣机"及"高柜",如图 18-64 所示。

9. 绘制主卧室卫生间布置

(1)插入图块。调用【INSERT】命令,插入随书光盘中的"洗手池"、"坐便器"及"淋浴",如图 18-65 所示。

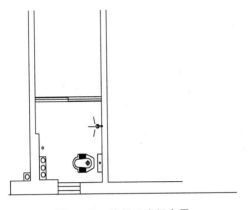

图 18-63　绘制卫生间布置

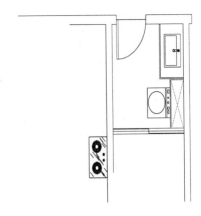

图 18-64　绘制洗手间布置

（2）绘制淋浴区。调用【ARC】命令，以主卧卫生间左下角点为圆心绘制半径为 950 的圆弧，并调用【OFFSET】命令偏移，如图 18-66 所示。

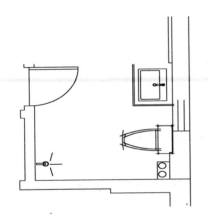

图 18-65　绘制主卧卫生间布置

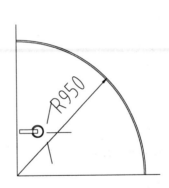

图 18-66　绘制淋浴区隔断

10. 绘制主卧室布置

（1）插入图块。调用【INSERT】命令，插入随书光盘中的"双人床"、"主卧室衣柜"，结果如图 18-67 所示。

（2）绘制主卧室桌。调用【LINE】命令，绘制一条 1200 长的水平直线和 600 长的竖直线。调用【FILLET】命令，指定圆角半径为 380，对直线相交处进行圆角处理，并调用【OFFSET】命令使之向内偏移 20 个单位，结果如图 18-68 所示。

（3）插入图块。调用【INSERT】命令，插入随书光盘中的"旋转座椅"，结果如图 18-69 所示。

11. 绘制次卧室布置

（1）插入图块。调用【INSERT】命令，插入随书光盘中的"双人床"与"次卧室衣柜"图块，如图 18-70 所示。

（2）绘制次卧室座椅。调用【LINE】命令，绘制次卧室桌。调用【INSERT】命令，插入随书光盘中的"旋转座椅"图块，如图 18-71 所示。

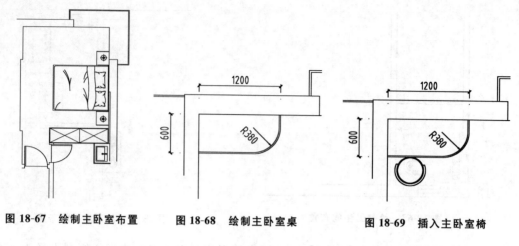

图 18-67　绘制主卧室布置　　　图 18-68　绘制主卧室桌　　　图 18-69　插入主卧室椅

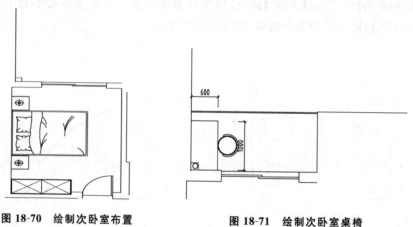

图 18-70　绘制次卧室布置　　　　图 18-71　绘制次卧室桌椅

12. 标注

（1）设置文字标注样式。调用【STYLE】命令，新建"GBCIG"文字样式，其设置如图 18-72 所示，并将其置为当前样式。

（2）文字标注。将【标注】层置为当前图层，调用【DTEXT】命令，进行文字标注，以增加各空间的识别性，在命令行中设置文字高度为 250，结果如图 18-73 所示。

（3）标注多重引线。调用【MLEADRE】命令，进行多重引线标注，并显示尺寸标注，结果如图 18-74 所示。至此，平面布置图绘制完成。

18.3.2　绘制地面布置图

地面布置图又称为地材图，是用来表示地面做法的图样，包括地面用材和铺设形式。

本例绘制的地面布置图如图 18-75 所示，共用到了三种地面材质：米黄色地砖（用于客厅）、防滑地砖（用于厨房和卫生间）、复合木地板（用于卧室）、大理石（用于其他区域）。其一般绘制步骤为：先对平面布置图进行清理，再对需要填充的区域进行描边以方便填充，然后进行图案填充以表示地面材质，最后进行引线标注，说明地面材料和规格。

图 18-72　设置文字样式

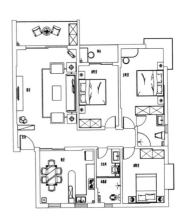

图 18-73　标注文字

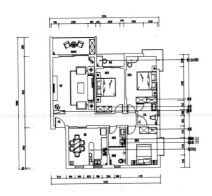

图 18-74　平面布置图

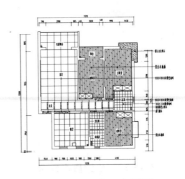

图 18-75　地面布置图

1. 整理平面布置图

(1)清理图形。调用【COPY】命令,将平面布置图复制一份至绘图区空白处,并对其进行清理,保留书柜、衣柜、鞋柜图块和文字标注,删除其他图块和多重引线标注,如图18-76所示。

(2)门洞描边。新建【铺地】图层,设置颜色为8号,将其置为当前图层,调用【LINE】命令,对门洞口进行描边处理,结果如图18-77所示。

2. 填充地材

(1)填充房门槛石。调用【HATCH】命令,选择【AR-CONC】填充图案,设置填充比例为1,填充房门槛石结果如图18-78所示。

(2)填充防滑地砖。调用【HATCH】命令,选择【用户定义】类型,定义双向填充,间距设为300,比例为1,如图18-79所示。在每次选择填充边界后单击【指定原点】按钮,指定填充区域左下角点为原点,填充结果如图18-80所示。

(3)填充客厅地砖。调用【LINE】命令,绘制四条直线作为玄关与客厅填充分界,如图18-81所示。

(4)调用【HATCH】命令,选择【用户定义】类型,定义双向填充,间距设为800,比例为1,在每次选择填充边界后单击【指定原点】按钮,指定填充区域左下角点为原点,填

403

图 18-76　清理图形

图 18-77　门洞描边

图 18-78　填充房门槛石

图 18-79　设置填充选择

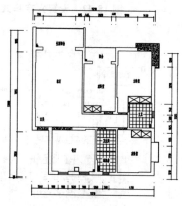

图 18-80　填充卫生间防滑地砖

充结果如图 18-82 所示。

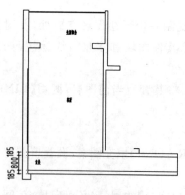

图 18-81　绘制填充边界

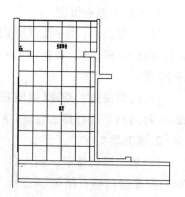

图 18-82　填充客厅地砖

（5）填充玄关、过道铺地。调用【HATCH】命令，选择【用户定义】类型，定义双向填充，间距设为 800，比例为 1，在每次选择填充边界后单击【指定原点】按钮，指定填充区域左下角点为原点，填充结果如图 18-83 所示。再次调用【HATCH】命令，选择【用户定义】类型，定义双向填充，间距设为 800，比例为 1，在每次选择填充边界后单击【指定原点】按钮，指定以填充区域左下角点为基点向左偏移 100 个单位的点为原点，结果如图 18-

84 所示。

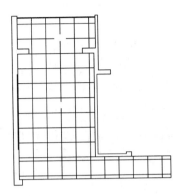

图 18-83　填充过道地砖

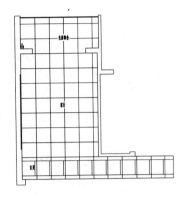

图 18-84　填充过道大理石

（6）调用【EXPLODE】命令，分解过道填充图案。填充大理石，调用【HATCH】命令，选择【AR-CONC】填充图案，设置填充比例为1，填充结果如图 18-85 所示。

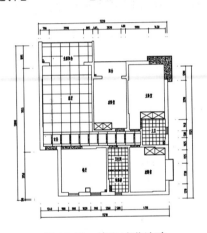

图 18-85　填充过道地砖

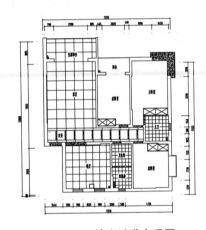

图 18-86　填充过道大理石

（7）填充厨房复古地砖。调用【HATCH】命令，选择【用户定义】类型，定义双向填充，间距设为600，比例为1，在每次选择填充边界后单击【指定原点】按钮，指定填充区域左下角点为原点，填充结果如图 18-86 所示。

（8）填充卧室复合木地板。调用【HATCH】命令，选择【DOLMIT】填充图案，设置填充比例为20，填充角度为90°，填充结果如图 18-87 所示。

3. 标注文字

调用【MLEADER】命令，对图形进行文字标注，结果如图 18-88 所示，至此，地面布置图绘制完成。

18.3.3　绘制顶棚平面图

顶棚平面图主要用来表示顶棚的造型和灯具的布置，同时也反映了室内空间组合的标高关系和尺寸等。其内容主要包括各种装饰图形、灯具、说明文字、尺寸和标高。

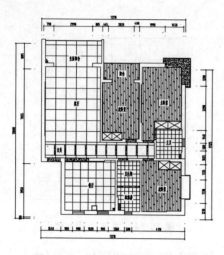

图 18-87　填充卧室复合木地板

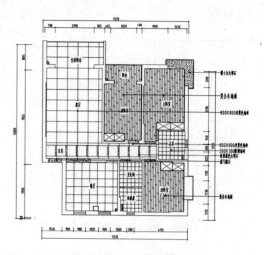

图 18-88　标注文字说明

　　本例绘制的顶棚平面图如图 18-89 所示,客厅和餐厅区域进行了造型处理,厨房和卫生间采用了集成吊顶,其他区域都实行原顶刷白。

1. 修改图形

　　(1)调用【COPY】命令,将地面布置图向右复制一份至绘图区域空白处,删除多余图元。

　　(2)门洞封口。调用【LINE】命令,将推拉门洞封口,如图 18-90 所示。

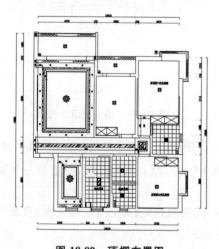

图 18-89　顶棚布置图

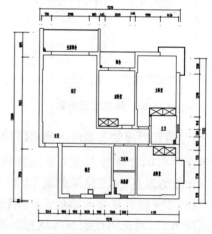

图 18-90　门洞封口

2. 绘制顶棚造型

　　(1)绘制客厅造型。新建【顶棚】图层,设置图层颜色为 140,并将其置为当前图层。

　　(2)调用【OFFSET】命令,将阳台与客厅间的墙线(靠近客厅的一边)向下偏移 200 个单位,得出隐形窗帘盒。

　　(3)调用【REC】命令,对齐客厅与阳台和玄关间的分隔绘制矩形,大小为 5400×4270。

　　(4)调用【OFFSET】命令,将矩形依次向内偏移 340、80、80、120、40 个单位,并将倾斜的部位角点用直线相连,结果如图 18-91 所示。

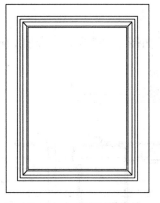

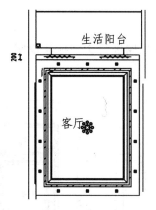

图 18-91　绘制客厅顶棚造型　　　图 18-92　插入图块　　　图 18-93　绘制生活阳台顶棚造型

（5）完善客厅顶棚。调用【HATCH】命令，选择【AR-RROOF】填充图案，设置填充比例为40，填充灰镜区域。调用【INSERT】命令，插入随书光盘的"水晶吊灯平面"、"射灯平面"、"窗帘平面"等图块。调用【OFFSET】命令，将最里边的矩形向外偏移 20 个单位，更改其线型为虚线。

（6）绘制生活阳台顶棚造型。参照客厅隐形窗帘盒的绘制方法，绘制阳台隐形窗帘盒并插入"吊灯"图块，结果如图 18-93 所示。

（7）绘制集成吊顶。调用【INSERT】命令，在卫生间和淋浴房内插入"吊灯"与"浴霸"图块。调用【HATCH】命令，选择【用户定义】类型，定义双向填充，间距设为 300，比例为 1。在每次选择填充边界后单击【指定原点】按钮，指定填充区域左下角点为原点，填充结果如图 18-94 所示。

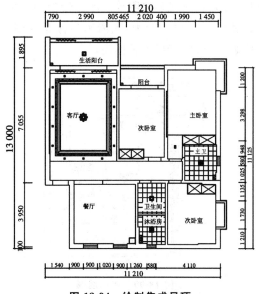

图 18-94　绘制集成吊顶

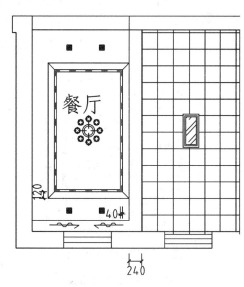

图 18-95　绘制厨房顶棚造型

（8）参照卫生间与客厅顶棚绘制方法，绘制厨房顶棚造型，结果如图 18-95 所示。

（9）插入其他图块。调用【INSERT】命令，插入其他房间的"吊灯"、"窗帘"等图块，结

407

果如图 18-96 所示。

3. 文字标注

调用【MLEADER】命令，对顶棚进行文字标注说明，结果如图 18-97 所示。至此，顶棚布置图绘制完成。

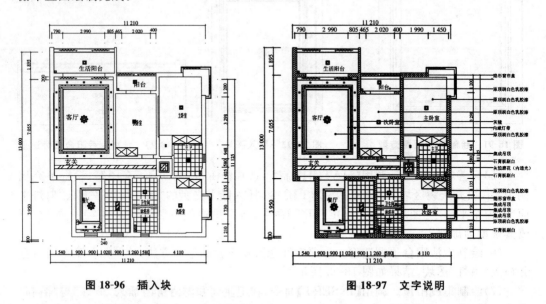

图 18-96　插入块　　　　　　　　　　　图 18-97　文字说明

18.3.4　绘制开关布置图

开关布置图主要用来表示室内开关线路的敷设方式和安装说明等。本例绘制的开关布置图如图 18-98 所示，开关全部为单联开关。其绘制步骤一般为：先清理顶棚布置图，再插入开关图块，然后将开关与灯具用线路连接起来，最后进行各种标注。

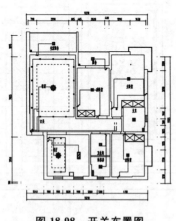

图 18-98　开关布置图

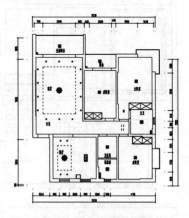

图 18-99　清理图形

1. 清理图形

调用【COPY】命令，复制一份顶棚平面图至绘图区空白处。并删除文字标注和标高，保留灯具图块，结果如图 18-99 所示。

2. 插入开关图块并绘制线路

（1）插入开关。调用【INSERT】命令，插入开关图块至图中相应位置，并调整其方向和角度，结果如图 18-100 所示。

（2）绘制线路。指定【电路】图层为当前图层。调用【PLINE】命令，绘制线路，连接开关和灯具，结果如图 18-101 所示。至此，开关布置图绘制完成。

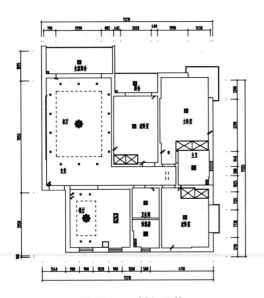

图 18-100　插入开关

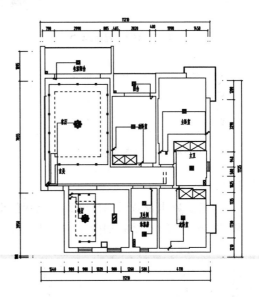

图 18-101　绘制线路

18.3.5　绘制电视背景墙立面图

立面图是一种与垂直界面平行的正投影图，它能够反映垂直界面的形状、装修做法和其上的陈设，是一种很重要的图样。

本例绘制客厅电视背景墙立面图，其一般绘制步骤为：先绘制总体轮廓，再绘制墙体和吊顶，接下来绘制墙体装饰，再插入图块，最后进行标注。

1. 绘制总体轮廓和墙体

（1）绘制总体轮廓。设置【墙体】图层为当前图层。调用【REC】命令，绘制一个 2960×9100 大小的矩形。

（2）绘制墙体。调用【OFFSET】命令，偏移并修剪墙线，结果如图 18-102 所示。

（3）填充墙体。调用【HATCH】命令，选择【AR-HBONE】填充图案，对墙体进行填充，结果如图 18-103 所示。

2. 绘制天花

（1）绘制玄关天花。调用【RECTANG】命令，绘制一个 1170×460 大小的矩形，并移动至图 18-104 所示位置。

（2）绘制客厅天花。调用【LINE】命令，绘制如图 18-105 所示直线。

3. 绘制电视背景墙

（1）绘制电视背景墙轮廓。调用【LINE】命令，绘制电视背景墙轮廓线，结果如图 18-

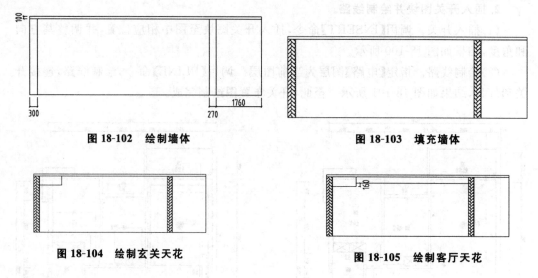

图 18-102　绘制墙体　　　　　　　　　　图 18-103　填充墙体

图 18-104　绘制玄关天花　　　　　　　图 18-105　绘制客厅天花

106 所示。

（2）绘制电视背景墙外框架。调用【OFFSET】命令，将电视背景墙轮廓线向内依次偏移 70、50 个单位，结果如图 18-107 所示。

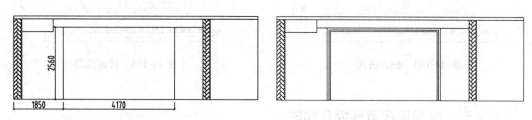

图 18-106　绘制电视背景墙轮廓　　　　图 18-107　绘制电视背景墙框架

（3）插入图块。调用【INSERT】命令，插入随书光盘"水晶吊灯"、"电视机正立面"、"电视柜"、"鞋柜"、"镜子"等图块，结果如图 18-108 所示。

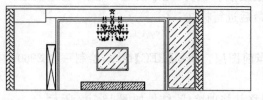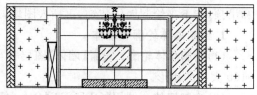

图 18-108　插入图块　　　　　　　　　图 18-109　绘制墙面装饰

4. 绘制墙面装饰

（1）绘制踢脚线。调用【OFFSET】命令，将最下方地面线向上偏移 50 个单位，并修剪多余图形。

（2）绘制墙纸装饰图案。调用【HATCH】命令，选择【CROSS】填充图案，设置填充比例为 50，填充墙体。

（3）绘制电视背景墙纹理。调用【OFFSET】命令，将电视背景墙下方水平线向上逐次偏移 600 个单位。左方水平线逐次向右偏移 1000 个单位，修剪掉多余的线条，结果如图

18-109 所示。

5.图形标注

参照本章前几个例子所用尺寸与文字的标注方法,对图形进行标注,最终结果如图 18-110 所示。至此,电视背景墙立面绘制完成。

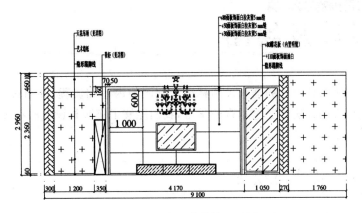

图 18-110　电视背景墙立面图

第**19**章
园林设计及绘图

本章主要讲解园林设计的概念及园林设计制图的内容和流程,并通过具体的实例说明各种园林图形绘制方法。通过本章的学习,我们能够了解园林设计的相关理论知识,并掌握园林制图的流程和实际操作。

19.1 园林设计与绘图

园林设计是一门研究如何应用艺术和技术手段处理自然、建筑和人类活动之间的复杂关系,使其达到和谐完美、生态良好、景色如画之境界的一门学科。

19.1.1 园林设计概述

园林设计就是在一定的地域范围内,运用园林艺术和工程技术手段,通过改造地形(或进一步筑山、叠石、理水)、种植树木花草、营造建筑和布置园路等途径创作出美的自然环境和游憩境域的过程。它所涉及的知识面非常广,包含文学、艺术、生物、生态、工程、建筑等诸多领域,同时,又要求综合各学科的知识统一于园林艺术之中。

19.1.2 园林设计绘图的内容

园林设计绘图是指根据正确的绘图理论及方法,按照国家统一的园林绘图规范将设计情况在二维图面上表现出来,它主要包括总体平面图、植物配置图、网格定位图及各种详图等。绘制的内容主要包括以下几部分。

☞园林主体图形:相应类型的园林图纸,需要突出表明主体的内容。如:总体平面图需要表明的是图纸上各种要素(建筑、道路、植物及水体)的尺寸大小与空间分布关系,可以不用进行详细的绘制;而植物配置图则要求将重点放在植物的配置与设计上,对植物的大小、位置及数量都需要进行精确的定位,其他园林要素则可以相对弱化。

☞尺寸标注:园林设计绘图的尺寸标注包括总体空间尺寸及主要要素的尺寸标注。如建筑的外部轮廓尺寸、水体长宽等,而对于局部详图,则要求进行更为精确的尺寸标注。竖向设计图还需要进行标高标注。

☞文字说明:对图形中各元素的名称、性质等进行说明。

☞图块:园林设计绘图中的植物图例等内容多以图块形式插入到图形中。

19.2 绘制常见园林图例

园林设施图在 AutoCAD 园林绘图中非常常见,如植物图例、花架、景石、景观亭等图形。本章我们主要介绍常见园林设施图的绘制方法和技巧及相关的理论知识。

19.2.1 绘制植物平面图例

植物平面图例是植物种植图主要的组成部分。不同的植物需要使用不同的图例,因此,植物种类的多样性就决定了植物图例的样式的多样性。根据植物的种类,我们可以将植物图例分为乔木图例、灌木图例、模纹地被图例等。

1. 绘制白玉兰乔木

(1)绘制外部轮廓。单击【绘图】工具栏中的【圆】按钮 ⊙,绘制一个半径为 525 的圆,结果如图 19-1 所示。

(2)单击【绘图】工具栏中的【直线】按钮 ╱ 和【样条曲线】按钮 ∿,绘制内部枝丫,结果如图 19-2 所示。

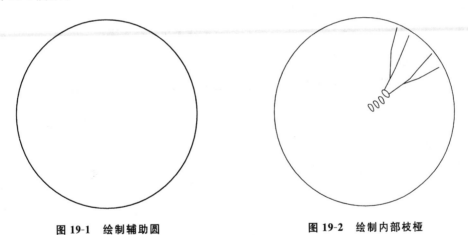

| 图 19-1 绘制辅助圆 | 图 19-2 绘制内部枝桠 |

(3)调用【AR】命令,环形阵列内部枝丫,结果如图 19-3 所示。

(4)单击【绘图】工具栏中的【样条曲线】按钮 ∿,绘制树叶,结果如图 19-4 所示。

(5)在命令行输入【AR】命令,环形阵列绘制好的树叶,设置项目数为 60。调用【删除】命令,删除掉辅助圆,结果如图 19-5 所示。

(6)至此,白玉兰图例绘制完成。

2. 绘制法国枇杷乔木

(1)绘制辅助轮廓。单击【绘图】工具栏中的【圆】按钮 ⊙,绘制一个半径为 525 的圆。

(2)单击【绘图】工具栏中的【修订云线】按钮 ⌇,将绘制的圆转换为修订云线,结果如图 19-6 所示。命令行操作过程如下。

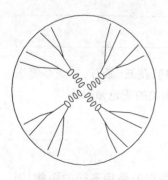

图 19-3　阵列树枝

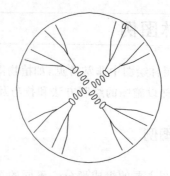

图 19-4　绘制树叶

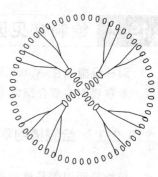

图 19-5　阵列树叶

```
命令：　REVCLOUD↙　　　//调用【修订云线】命令
最小弧长：221　最大弧长：221　样式：普通
指定起点或［弧长(A)/对象(O)/样式(S)］<对象>：A↙　　//激活"弧长"选项
指定最小弧长 <221>：200↙　　//指定最小弧长
指定最大弧长 <200>：　　//按回车键默认最大弧长
指定起点或［弧长(A)/对象(O)/样式(S)］<对象>：O↙　　//激活"对象"选项
选择对象：　//选择绘制的圆
反转方向［是(Y)/否(N)］<否>：　　//按回车键默认
修订云线完成。　　//完成修订云线
```

（3）单击【绘图】工具栏中的【圆弧】按钮，绘制大致如图 19-7 所示的弧线。

图 19-6　转换线条

图 19-7　绘制圆弧

（4）单击【绘图】工具栏中的【修订云线】按钮，用同样的方法将绘制的弧线转换为云线，结果如图 19-8 所示。

（5）在命令行输入【C】命令，在图形中心位置绘制一个半径为 25 的圆，单击【绘图】工具栏中的【直线】按钮，绘制细节效果，结果如图 19-9 所示。

（6）至此，法国枇杷图例绘制完成。

3. 绘制黄金叶灌木

黄金叶学名金露花，以观叶为主，用途极广泛，可地被、修剪造型、拼成图案或强调色

图 19-8　转换线条

图 19-9　绘制结果

彩配植树,极为耀眼醒目,为目前南方广泛应用的优良矮灌木。

(1)绘制外部轮廓。单击【绘图】工具栏中的【圆】按钮◎,绘制一个半径为 525 的圆。

(2)绘制轮廓。在命令行中输入 A,并按回车键,调用【圆弧】命令,绘制如图 19-10 所示的树形轮廓。

(3)调用【TR】命令,修剪出树形,结果如图 19-11 所示。

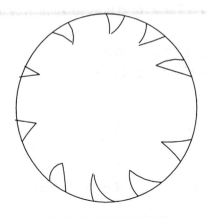

图 19-10　绘制树形轮廓

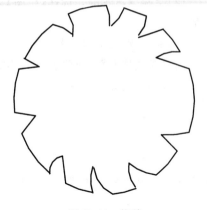

图 19-11　修剪

(4)单击【绘图】工具栏中的【圆】按钮◎,在图形中心位置绘制一个半径为 25 的圆,结果如图 19-12 所示。

(5)至此,黄金叶图例绘制完成。

4. 绘制江南杜鹃灌木

(1)在命令行输入【SPL】命令,绘制如图 19-13 所示的树形轮廓。

(2)单击【绘图】工具栏中的【圆】按钮◎,在图形中心位置绘制一个半径为 25 的圆,结果如图 19-14 所示。

(3)至此,江南杜鹃图例绘制完成。

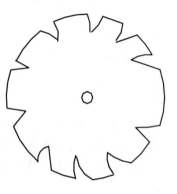

图 19-12　绘制完毕

图 19-13　绘制树形轮廓

图 19-14　绘制圆

5. 绘制绿篱

绿篱一般种植于绿地边缘或建筑墙体下面,起到分隔空间、保护绿地和软化硬质景观的作用。

(1)绘制辅助轮廓。单击【绘图】工具栏中的【矩形】按钮□,绘制尺寸为 2000×550 的矩形。

(2)绘制绿篱轮廓。选择【绘图】菜单栏中的【多段线】命令,绘制如图 19-15 所示的绿篱轮廓。

(3)重复调用【多段线】命令,绘制绿篱的内部轮廓,如图 19-16 所示。

(4)执行【修改】|【删除】命令,删除辅助矩形,结果如图 19-17 所示。

(5)至此,绿篱图例绘制完成。

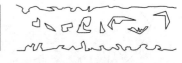

图 19-15　绘制绿篱外部轮廓线　　　图 19-16　绘制绿篱内部线条　　　图 19-17　绿篱图例

19.2.2　绘制园林小品平面图例

1. 绘制景石

本例绘制的是散置于林下的小景石图例,如图 19-18 所示,它是由两块形状不同的景石组合在一起,形成的一组景石。其一般绘制步骤为:先绘制景石外部轮廓,再绘制内部纹理。

(1)绘制外部轮廓。单击【绘图】工具栏中的【多段线】按钮□,设置线宽为 10,绘制大致如图 19-19 所示景石外部轮廓。

(2)重复调用【多段线】命令,设置线宽为 0,绘制景石的内部纹理,结果如图 19-20 所示。

(3)至此,景石绘制完成。

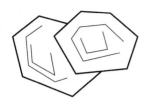

图 19-18　景石图例

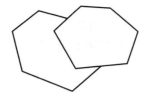

图 19-19　绘制外部轮廓

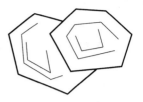

图 19-20　绘制内部纹理

2. 绘制草坪灯

本例绘制的是草坪灯图例,如图 19-21 所示,其一般绘制步骤为:先绘制外部轮廓,再进行填充。

(1)单击【绘图】工具栏中的【多边形】按钮⬡,绘制一个等边三角形,外接圆半径为100,如图 19-22 所示。

(2)输入 L【直线】命令,捕捉顶点,绘制一条垂直线段,调用【图案填充】工具,选择填充类型为【SOLID】,拾取右半边图形进行填充,结果如图 19-23 所示。

图 19-21　草坪灯图例

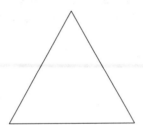

图 19-22　绘制外部轮廓

图 19-23　图案填充

3. 绘制花架平面图

花架可作遮阴休息之用,也可以点缀园景。设计花架要了解所配置植物的原产地和生长习性,以创造适宜于植物生长的条件和造型的要求。本实例讲述园林双柱花架平面图的绘制方法和操作步骤。

(1)单击绘图工具栏□按钮,绘制一个 5959×180 的矩形,作为花架的第一根横梁,效果如图 19-24 所示。

(2)单击修改工具栏⬚按钮,选择绘制的矩形,沿 Y 轴正方向复制一个矩形,距离为1800,得到第二根横梁,效果如图 19-25 所示。

图 19-24　绘制花架横梁　　　　　　　　　　图 19-25　复制横梁

(3)单击绘图工具栏□按钮,绘制一个 350×350 的矩形,作为花架的立柱;单击修改工具栏⬚按钮,以小矩形左侧边中点为基点,捕捉横梁左侧边为参考点,移动矩形,效果如图 19-26 所示。

(4)单击修改工具栏 ⚏ 按钮,将矩形向内偏移 30;单击修改工具栏 ✛ 按钮,选择两个矩形,沿 X 轴正方向移动,距离为 325,效果如图 19-27 所示。

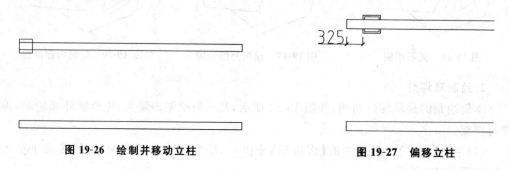

图 19-26　绘制并移动立柱　　　　　　　　　图 19-27　偏移立柱

(5)单击修改工具栏 ⊹ 按钮,修剪多余的线条,以表示叠加的层次,效果如图 19-28 所示。

(6)单击修改工具栏 ⚙ 按钮,指定横梁的左下角端点为基点,输入"A",输入要进行的项目数为 4,输入距离为 1650,按下空格键,复制阵列一组立柱,效果如图 19-29 所示。

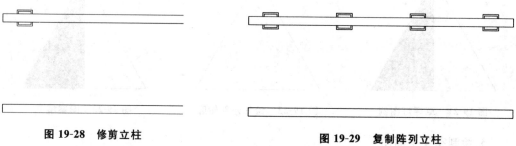

图 19-28　修剪立柱　　　　　　　　　　图 19-29　复制阵列立柱

(7)单击修改工具栏 ⚙ 按钮,选择绘制好的立柱,以上方横梁的左上角端点为基点,下方横梁的左上角端点为第二点,对立柱进行复制,效果如图 19-30 所示。

(8)单击绘图工具栏 ▭ 按钮,绘制一个 80×2580 的矩形,作为花架的木枋,效果如图 19-31 所示。

(9)单击修改工具栏 ⚙ 按钮,输入"A",将木枋进行阵列复制,项目数为 21,距离为 275,效果如图 19-32 所示。

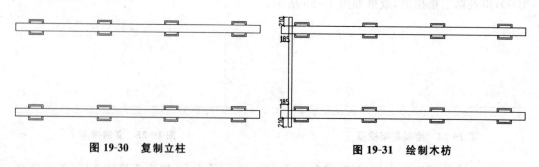

图 19-30　复制立柱　　　　　　　　　　图 19-31　绘制木枋

(10)单击修改工具栏 ⊹ 按钮,修剪直型花架多余的线条,效果如图 19-33 所示。

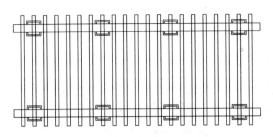

图 19-32 阵列复制木枋

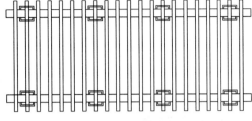

图 19-33 直型花架平面图绘制结果

4. 直型双柱花架立面图

花架有两方面的作用:一是供人歇脚休息、欣赏风景;二是创造攀援植物生长的条件。通过花架立面图的绘制,掌握 AutoCAD 基本命令的使用方法。本实例讲述直型双柱花架立面图的绘制方法和操作步骤,绘制完成的效果如图 19-34 所示。

(1)平面图参照图 19-33。单击绘图工具栏

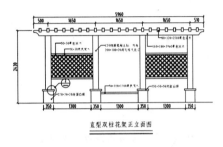

图 19-34 花架立面图

/ 按钮,绘制一条水平直线作为地平线;单击绘图工具栏 ⇨ 按钮,捕捉地平线的一点为起点,沿 Y 轴正方向输入 400,X 轴正方向输入 350,Y 轴负方向输入 400,按下空格键,绘制一条多段线,表示花架立柱的基座,效果如图 19-35 所示。

(2)单击绘图工具栏 □ 按钮,绘制一个 420×50 的矩形;单击修改工具栏 ✛ 按钮,捕捉矩形下方水平方向的边中点,移动至基座上方边的中点,表示花架立柱基座的装饰,效果如图 19-36 所示。

(3)单击绘图工具栏 □ 按钮,绘制一个 200×1800 的矩形,捕捉矩形下方水平方向的边中点,移动至基座装饰上方边的中点,得到花架立柱的效果如图 19-37 所示。

图 19-35 绘制花架基座   图 19-36 绘制基座装饰

(4)单击修改工具栏 按钮,输入"A",将立柱进行阵列复制,项目数为 4,距离为 1650,效果如图 19-38 所示。

(5)单击绘图工具栏 □ 按钮,绘制一个 5960×180 的矩形;单击绘图工具栏 / 按钮,连接左右两边立柱的端点作为辅助线,捕捉矩形下方水平方向的边中点,移动至辅助线中点,效果如图 19-39 所示。

(6)单击修改工具栏 △ 按钮,输入"D",指定第一个倒角距离为 100,第二个倒角距离为 100,按下空格键,选择要倒角的两条直线,得到横梁的两端的倒角装饰,效果如图 19-

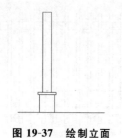

图 19-37 绘制立面

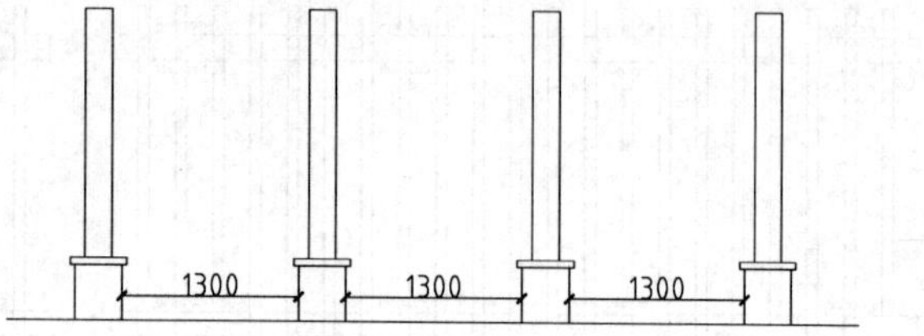

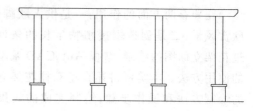

图 19-38 复制阵列立柱

40 所示。

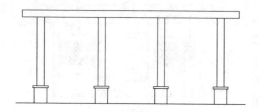

图 19-39 绘制并移动对齐矩形

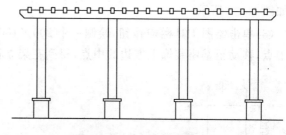

图 19-40 绘制横梁倒角装饰

（7）单击绘图工具栏□按钮，绘制一个 80×120 的矩形；单击修改工具栏✛按钮，指定矩形左侧边的中点为移动基点，捕捉花架横梁的左上角端点，再沿 X 轴方向水平向右移动 185 的距离，作为花架的木枋，效果如图 19-41 所示。

（8）单击修改工具栏🔁按钮，输入"A"，将木枋进行阵列复制，输入项目数为 21，距离为 275；单击修改工具栏✂按钮，修剪多余的线条，花架木枋绘制完成，效果如图 19-42所示。

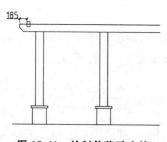

图 19-41 绘制并移动木枋

图 19-42 阵列修剪花架木枋

（9）单击修改工具栏👄按钮，将地平线向上依次偏移 300 和 50 的距离；单击修改工具栏✂按钮，修剪多余的直线，绘制出花架的座椅，效果如图 19-43 所示。

（10）单击修改工具栏👄按钮，将地平线向上依次偏移 800 和 50 的距离；单击修改工具栏🔁按钮，选择偏移的两条直线，沿 Y 轴正方向移动，距离为 800，效果如图 19-44所示。

（11）单击修改工具栏✂按钮，修剪多余的直线，绘制花架的立柱装饰，效果如图 19-45 所示。

（12）单击绘图工具栏▨按钮，打开【图案填充和渐变色】对话框，在【图案】下拉列表中选择【ANSI32】选项，设置角度为 0，比例为 10；单击【边界】选项组【添加：拾取点】按钮，

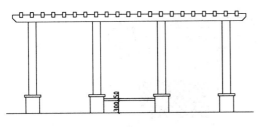

图 19-43　绘制花架座椅

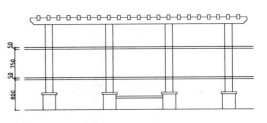

图 19-44　偏移复制直线

选择填充的部分,填充结果如图 19-46 所示。

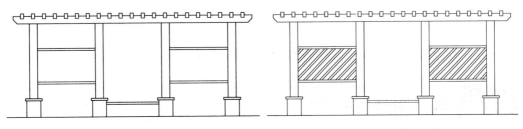

图 19-45　修剪立柱装饰　　　　　　　图 19-46　填充图案

(13)单击绘图工具栏 按钮,打开【图案填充和渐变色】对话框,在【图案】下拉列表中选择【ANSI32】选项,设置角度为 90,比例为 10;单击【边界】选项组【添加:拾取点】按钮,选择填充的部分,填充结果如图 19-47 所示。

(14)执行【标注】|【多重引线】菜单命令,标注花架立面的文字说明,效果如图 19-48 所示。

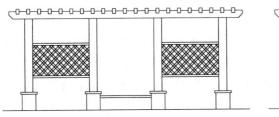

图 19-47　填充图案

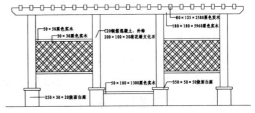

图 19-48　标注文字说明

(15)执行【标注】|【线性】菜单命令和【连续】菜单命令,标注花架立面各部分的主要尺寸;单击绘图工具栏 A 按钮,绘制图名;单击绘图工具栏 按钮,绘制图名下方的下画线,效果如图 19-49 所示。

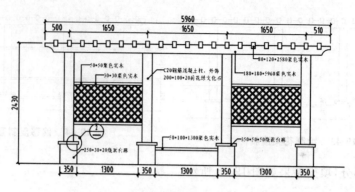

直型双柱花架正立面图

图 19-49　标注图名及尺寸

19.3　绘制园林设计图

　　本例绘制的是某商住楼屋顶花园平面图,属于人工园林的范畴。首先我们对此处场地进行简要的分析。

　　此花园是位于某商住楼小区一住宅楼屋顶,其原始平面图如图 19-50 所示。本节将在原始平面图的基础上,通过绘制总体平面图、植物配置图、竖向设计图及网格定位图,使读者掌握园林设计图的绘制流程和方法。

19.3.1　绘制总体平面图

　　总体平面图又称总平图,它表明了各类园林要素(建筑、道路、植物及水体)在图纸上的尺寸大小与空间分布关系。本例绘制的总体平面图如图 19-51 所示。其一般绘制方法为:先在原始平面图的基础上绘制园路铺装系统,再绘制园林建筑和小品,接下来绘制植物,然后对总平图进行各种标注。

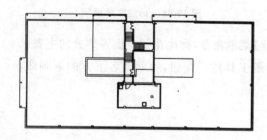

图 19-50　原始平面图

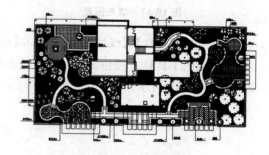

图 19-51　总体平面图

1. 绘制园路铺装

　　园林道路是园林的组成部分,起着组织空间、引导游览、联系交通并提供散步休息场所的作用。

（1）单击【快速访问】工具栏中的【打开】按钮 📂，打开随书光盘中的"第 19 章\19.3 原始平面图.dwg"文件，如图 19-50 所示。

（2）新建【园路】图层，设置图层颜色为红色，并将其置为当前图层。

（3）绘制周边园路。调用【多段线】、【偏移】工具，绘制如图 19-52 所示的多段线。

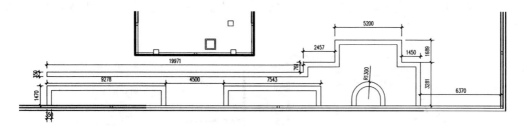

图 19-52 绘制多线段

（4）绘制庭院主园路。调用【直线】、【样条曲线】、【偏移】等工具，绘制如图 19-53 所示的主园路，偏移距离为 350 和 700，并修剪多余的线条。

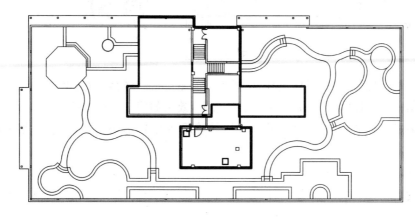

图 19-53 绘制主园路

（5）填充铺装。将【铺装】图层置为当前图层，选择【绘图】菜单栏中的【图案填充】命令，绘制铺装，结果如图 19-54 所示。

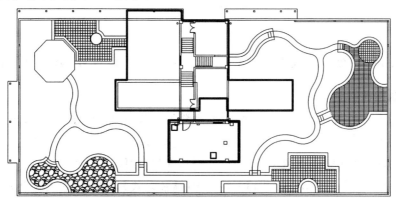

图 19-54 绘制铺装

2. 绘制园林建筑

园林建筑是指园林中提供休息、装饰、照明、展示和为园林管理及方便游人之用的小型建筑设施。本例中的园林建筑包括凉亭和休息平台。

(1)将【建筑】图层置为当前图层。

(2)绘制凉亭。单击【绘图】工具栏中的【多段线】按钮 ⌒，绘制凉亭，结果如图 19-55 所示。

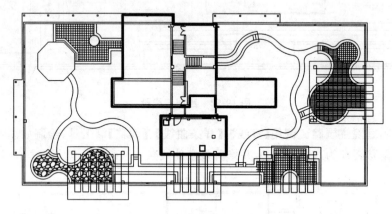

图 19-55　凉亭

(3)绘制休息平台。将【建筑】图层置为当前图层，选择【绘图】菜单栏中的【正多边形】命令，绘制一个内接圆半径为 2697 的正八边形，效果如图 19-56 所示。

(4)偏移休息平台。调用【偏移】工具，偏移距离为 200，偏移正多边形，结果如图 19-57 所示。

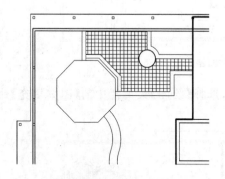

图 19-56　绘制正八边形

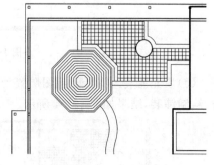

图 19-57　偏移正八边形

3. 绘制园林小品

本例的小品包括景石、躺椅，休闲桌椅、坐凳等一系列园建设施。其中，园建设施一般以图例的形式插入。

(1)新建【小品】图层，设置颜色为青，并将其置为当前图层。

(2)绘制休闲桌椅。单击【绘图】工具栏中的【插入块】按钮 ⬚，插入随书光盘中的"休闲桌椅"图块，放置于合适的位置，结果如图 19-58 所示。

(3)复制休闲桌椅。单击【修改】工具栏中的【复制】按钮 ⬚，将插入的休闲桌椅复制至其他位置,结果如图 19-59 所示。

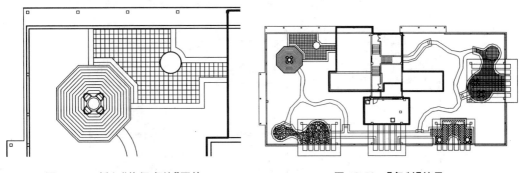

图 19-58　插入"休闲桌椅"图块　　　　图 19-59　【复制】结果

(4)绘制躺椅。单击【绘图】工具栏中的【插入块】按钮📇,插入"躺椅"图块,放置于合适的位置,结果如图 19-60 所示。

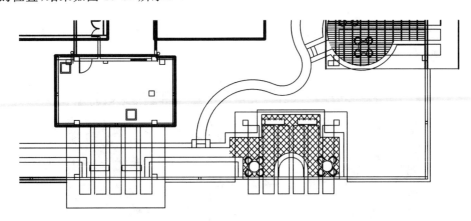

图 19-60　插入"躺椅"图块

(5)绘制草坪灯。调用【矩形】工具,绘制出草坪灯,其效果如图 19-61 所示。

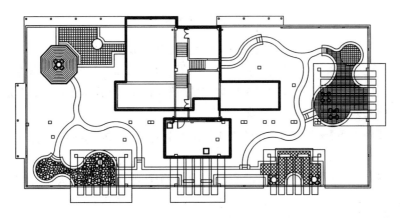

图 19-61　绘制草坪灯

4. 绘制植物

本例中的园林植物包括朱蕉、旅人蕉、米兰、龙船花、黄金榕、苏铁等以及草坪植物。

（1）新建【花带】图层，设置图层颜色为洋红，并将其置为当前图层。

（2）描边轮廓。调用【修订云线】工具，描边花带轮廓，效果如图 19-62 所示。

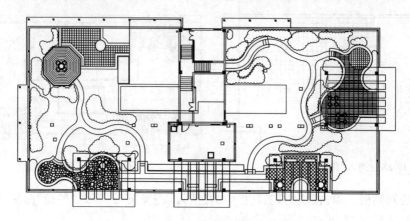

图 19-62　绘制花带描边

（3）填充花带。选择【绘图】菜单栏中的【图案填充】命令，设置比例为 20，为花带填充图案，结果如图 19-63 所示。

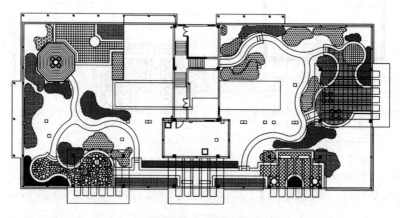

图 19-63　填充花带

（4）新建【草皮】图层，设置图层颜色为绿色，并将其置为当前图层。

（5）描边草皮轮廓。选择【绘图】菜单栏中的【多段线】命令，描边草皮轮廓。

（6）填充草皮。调用【图案填充】工具，设置填充【GRASS】图案，设置填充比例为 5，在花园周边填充如图 19-64 所示草皮。

（7）插入【旅人蕉】图例。单击【绘图】工具栏中的【插入块】按钮，插入"旅人蕉"图块，结果如图 19-65 所示。

（8）用同样的方法插入随书光盘中的其他植物图例，并调节其大小，结果如图 19-66 所示。

5.文字标注

（1）新建【文字】图层，设置图层颜色为白色，并将其置为当前图层。

（2）设置文字标注样式。选择【格式】菜单栏中的【文字样式】命令，新建【标注】文字样

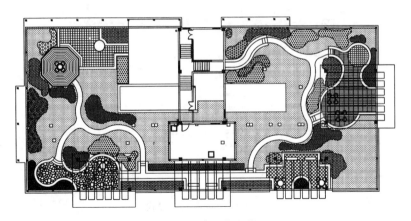

图 19-64　填充草皮效果

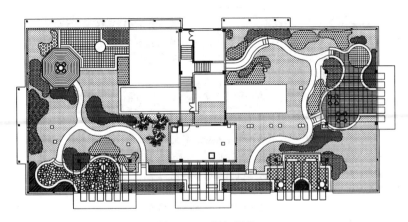

图 19-65　插入图块

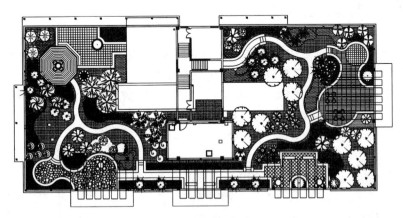

图 19-66　插入结果

式,其设置如图 19-67 所示,并将其置为当前。

　　(3)标注文字。调用【TEXT/DT】命令,设置文字高度为 500,调用【直线】工具,在图中相应的位置进行文字标注,并修改文字效果,使文字不被填充图案遮挡,结果如图 19-68 所示。至此,总体平面图绘制完成。

图 19-67　设置文字样式

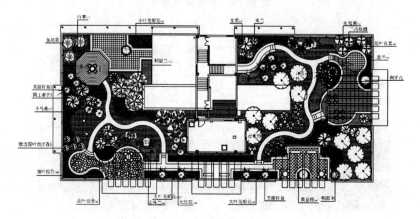

图 19-68　文字标注结果

19.3.2　绘制植物配置图

　　植物配置图是园林设计中比较重要的一类图形,它表明了该设计中植物的具体种类和数量,以及其在图形中的位置、相互之间的比例关系。

　　本例绘制的植物种植图如图 19-69 所示。其一般绘制步骤为:先在总平图的基础上删除文字标注、草皮等,并完善图形,然后增加表格。

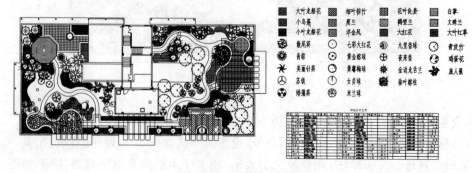

图 19-69　植物种植图

1. 修改图形

(1)复制图形。单击【修改】工具栏中的【复制】按钮 ，将绘制完成的总平图复制一份到绘图区空白处。

(2)删除文字标注。调用【修改】工具栏中的【删除】按钮 ，删除图形中文字标注，并将图形中的填充图案补充完整，结果如图 19-70 所示。

(3)删除草皮。选择【修改】菜单栏中的【删除】命令，删除图形中的草皮，结果如图 19-71 所示。

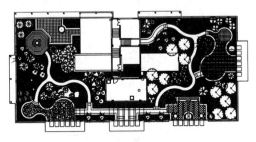

图 19-70　删除文字标注

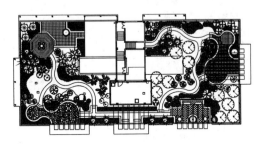

图 19-71　删除草皮

2. 标注植物图例

(1)标注花带图例。以标注大叶龙船花为例。选择【绘图】菜单栏中的【矩形】命令，绘制一个尺寸为 1600×1400 的矩形。

(2)填充矩形，单击【绘图】工具栏中的【图案填充】按钮 ，选择【STARS】填充图案，设置比例为 20。然后调用【TEXT/DT】命令，设置文字高度为 1300，输入文字，结果如图 19-72 所示。

(3)用同样的方法标注其他花带图例，并调节图例大小，排列整齐，并为其加上标题，结果如图 19-73 所示。

 大叶龙船花

图 19-72　标注文字

图例

图 19-73　标注结果

(4)标注植物图例，以标注散尾葵为例。将【标注】图层置为当前图层，选择【修改】菜单栏中的【复制】工具，复制一个散尾葵图例至绘图区空白处。调用【TEXT/DT】命令，在命令行中指定文字高度为 1300，输入文字，标注结果如图 19-74 所示。

(5)用同样的方法标注其他图例，并调节图例大小，以排列整齐，结果如图 19-75 所示。

3. 绘制植物名录表

(1)设置表格样式。选择【格式】菜单栏中的【表格样式】命令，新建【种植苗木总表】，各参数设置如图 19-76 所示，并将其置为当前样式。

(2)设置表格范围。调用【绘图】工具栏中的【矩形】按钮 ，绘制一个尺寸为 9113×

散尾葵

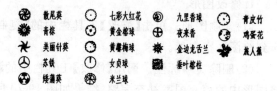

图 19-74 标注文字　　　　　　　　　　**图 19-75 标注结果**

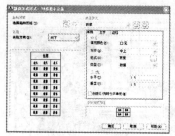

"常规"选项卡设置　　　　　　"文字"选项卡设置　　　　　　"边框"选项卡设置

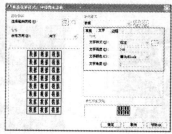

图 19-76 设置【表格样式】

10349 的矩形,以指定表格范围。

(3)插入表格。单击【绘图】工具栏中的【表格】按钮 ▦ ,在弹出的【插入表格】对话框中进行如图 19-77 所示的设置。单击【确定】按钮,在绘图区中单击矩形的两个对角点,以指定表格的范围。在弹出的【文字格式】对话框中单击【确定】按钮,结果如图 19-78 所示。

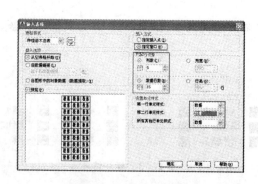

图 19-77 设置【表格样式】

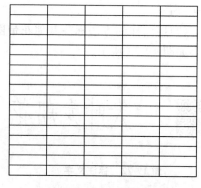

图 19-78 【插入表格】结果

(4)调用【复制】工具,复制两份表格至右侧。输入文字。双击表格,在弹出的对话框中输入相应的文字,结果如图 19-79 所示。

(5)用相同的方法输入其他文字,并为表格加上标题,结果如图 19-80 所示。

(6)将标注的植物图例和苗木总表移动至合适的位置,植物种植图绘制完成,其结果如图 19-81 所示。

(7)在种植图中选择一个米兰图例,然后右击鼠标,选择【快速选择】选项,弹出【快速选择】对话框。

(8)单击对话框中"应用到"右侧的【选择对象】按钮,在绘图区中选择植物种植图,对

序号	名称	规格/cm	数量/株	备注	序号	名称	规格/cm	数量/株	备注	序号	名称	规格/cm	数量/株	备注
1					15					29				
2					16					30				
3					17					31				
4					18					32				
5					19					33				
6					20					34				
7					21					35				
8					22					36				
9					23					37				
10					24					38				
11					25					39				
12					26					40				
13					27									
14					28									

图 19-79 输入文字

种植苗木总表

序号	名称	规格/cm	数量/株	备注	序号	名称	规格/cm	数量/株	备注	序号	名称	规格/cm	数量/株	备注
1	鱼尾葵	ΤH200-250	3	3枝以上/丛	15	小老松	φ10-12	1		29	小叶龙船花	H20×20	480袋	20袋/m²
2	国王椰子	TH50-100	3		16	米兰球	H80i?80	6		30	黄叶榕	H30×30	45袋	15袋/m²
3	三药槟榔	ΤH150-200	5	5枝以上/丛	17	酒瓶椰子	,TH40-60	3		31	花叶良姜	H40×20	100袋	10袋/m²
4	花叶鹅掌柴	H60×120	2		18	平安树	H120x80	3		32	葱兰	H40×20	325袋	25袋/m²
5	青皮竹	H250-300	11丛	60枝/丛	19	小叶紫薇	H80×80	4		33	小鸟焦	H80×80	150袋	10袋/m²
6	佛肚竹	H100-150	3丛	8枝/丛	20	鸭脚木	H150-200	1		34	鹤望兰	H40×40	130袋	10袋/m²
7	美丽针葵	ΤH100-120	12		21	斐济桐	H120-150	1		35	洋金凤	H30×40	243袋	9袋/m²
8	散尾葵	ΤH200-250	1		22	猩红椰子	ΤH150-200		5枝以上/丛	36	乔芋	H30×30	160袋	20袋/m²
9	镶边网叶南洋杉	H150x80	5		23	狗牙花	H80x80	2		37	文珠兰	H30×30	195袋	15袋/m²
10	鸡蛋花	H120x150	5		24	白掌	H25x25	180盆	20袋/m²	38	大红花	H40×40	108袋	9袋/m²
11	旅人蕉	H250-300	3		25	大叶红草	H20x20	525袋	25袋/m²	39	细叶棕竹	H40×40	80袋	8袋/m²
12	黄叶榕	H70x?140	3		26	朱蕉	H30x30	75袋	15袋/m²	40	地毯草		280m²	满铺
13	绿巨人	H50-70	3		27	水鬼蕉	H30x30	105袋	15袋/m²					
14	双英槐	H120x120	6		28	大叶龙船花	H30x30	390袋	15袋/m²					

图 19-80 输入结果

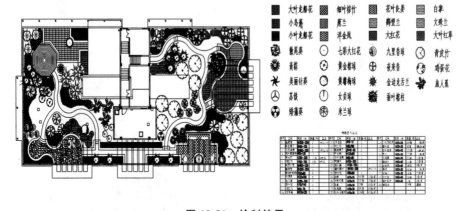

图 19-81 绘制结果

话框中其他设置如图 19-82 所示。

(9) 单击【确定】按钮,命令行显示选择图形中米兰的数量,如图 19-83 所示,绘图区中米兰图例也将被标记。

提示:当植物数量较少时,可以直接在图形中清点来确定,当植物数量较多时,可以通过【快速选择】的方式来确定植物数量。

在统计图形中植物的面积时,可以调用【AREA】命令,直接算出相应填充图案的面积。下面以统计葱兰的面积为例,来介绍计算灌木面积的方法。

在命令行中调用【AREA】命令,命令行操作过程如下。

图 19-82　设置快速选择参数　　　　　　**图 19-83　命令行显示**

命令：area↙　　　　　//调用【查询面积】命令

指定第一个角点或 [对象(O)/加(A)/减(S)]：o↙　　　//激活"对象"选项

选择对象：　//选择葱兰的填充图案

区域＝4126316,周长＝10343

19.3.3　绘制竖向设计图

竖向设计一般指地形在垂直方向上的起伏变化,由等高线、路面坡度方向、标高等要素共同组成。本例绘制的竖向设计图如图 19-84 所示。

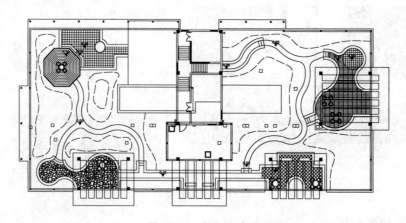

图 19-84　竖向设计图

1.修改备份图形

使用【复制】工具,复制备份的总平修改图,删除所有植物,保留建筑和小品,结果如图19-85 所示。

2.路面标高

一般室外绿地、路面等的标高用实心倒三角形表示,而水体标高则用空心倒三角形表示,其方法都一样。

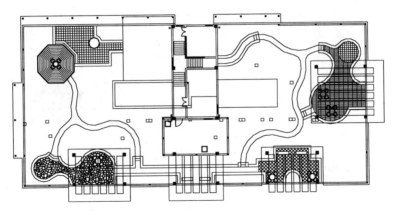

图 19-85　修改结果

（1）绘制标高符号。选择【绘图】菜单栏中的【正多边形】命令，绘制一个外接圆半径为225 的正三角形，对其填充【SOLID】图案，并将其设置为属性块，其参数设置如图 19-86所示。

（2）绘制楼梯入口处的标高。单击【绘图】工具栏中的【插入块】按钮 🗔，将随书光盘中的"第 19 章\标高符号"属性块插入楼梯入口位置，并根据命令行的提示输入高度值。这里保持默认值，并调整填充图案的显示，结果如图 19-87 所示。

（3）绘制铺装标高。使用同样的方法插入标高符号，并根据命令行提示输入高度值为0.10、0.20，并调整填充图案的显示，结果如图 19-88 所示。

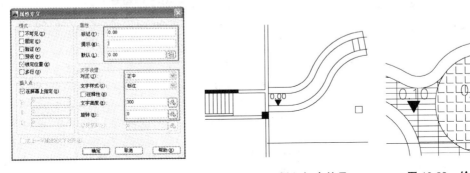

图 19-86　属性设置　　　　图 19-87　插入标高符号　　　　图 19-88　绘制结果

（4）用同样的方法插入水池和路面其他位置的标高，结果如图 19-89 所示。

3. 绘制等高线

等高线具有如下特点。

☞ 在同一条等高线上的所有的点，其高程都相等。

☞ 每一条等高线都是闭合的。

☞ 等高线的水平间距的大小表示地形的缓或陡。

☞ 等高线一般不相交或重叠，只有在悬崖处等高线才可能出现相交情况。

☞ 等高线在图纸上不能直穿横过河谷、堤岸和道路等。

绘制等高线具体操作如下。

（1）新建【等高线】图层，设置图层颜色为白色，线型选择虚线，并将其置为当前图层。

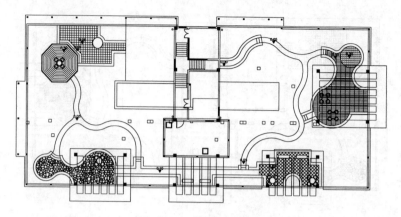

图 19-89　路面标高结果

(2)绘制等高线。单击【绘图】工具栏中的【样条曲线】按钮～,绘制如图 19-90 所示的等高线。

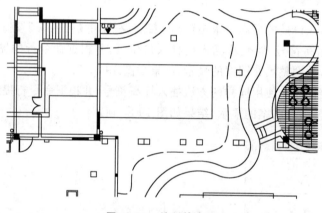

图 19-90　绘制等高线

(3)用同样的方法绘制其他位置的等高线,结果如图 19-91 所示。

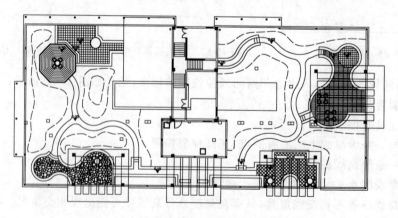

图 19-91　绘制结果

4. 绿地标高

绿地标高的方法与路面标高一样,其标注位置一般在草坪边缘、最高处等位置。等高线标高时不须要绘制标高符号,只要在等高线上标注数值即可。

(1)绘制绿地标高。将【标注】图层置为当前图层,用标注路面标高的方法标注绿地标高,结果如图 19-92 所示。

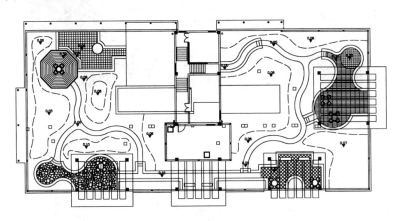

图 19-92 草皮标高

(2)绘制等高线标高。调用【TEXT/DT】命令,设置文字高度为 300,在等高线位置处标注如图 19-93 所示的数值。

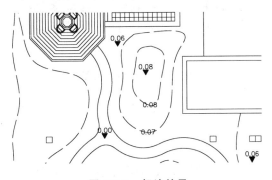

图 19-93 标注结果

(3)用同样的方法标注其他等高线位置的高度,结果如图 19-94 所示。至此,竖向设计图绘制完成。

19.3.4 绘制网格定位图

网格定位图就是在图纸上绘制的一系列间距相等的垂直和水平的线条。在园林工程中,园林建筑、小品、园路等要素的位置是需要精确定位的,这时就需要借助方格网来增加施工的准确度。本例绘制的网格定位图如图 19-95 所示。

(1)新建【方格网】图层,图层颜色设置为红色,并将其置为当前图层。

(2)使用【复制】工具,复制一份【竖向修改图】至绘图区空白处,在此基础上绘制图形。

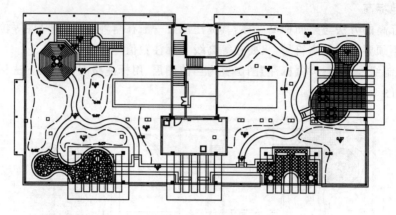

图 19-94　标注结果

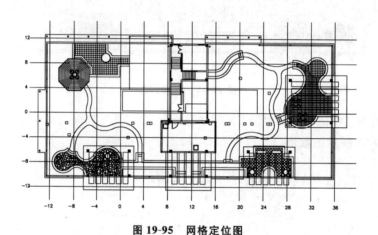

图 19-95　网格定位图

(3)使用【直线】工具,过顶楼建筑左下角端点绘制如图 19-96 所示的水平和垂直直线。

(4)单击【修改】工具栏中的【偏移】按钮，将绘制的水平线条分别向上、向下偏移,偏移量 4000;垂直线条分别向左偏移 3 次、向右偏移 9 次,偏移量均为 4000,结果如图 19-97 所示。

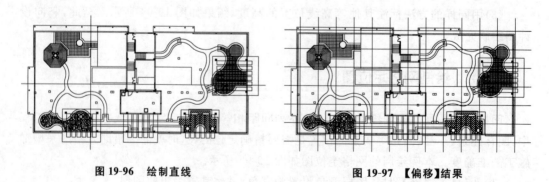

图 19-96　绘制直线　　　　　　　**图 19-97　【偏移】结果**

(5)坐标标注。调用【TEXT/DT】命令,设置文字高度为 500,在图形的左边和下方进行原点的标注,结果如图 19-98 所示。

　　(6)用同样的方法,以 4 m 为间距,进行其他位置的标注,结果如图 19-99 所示。网格定位图绘制完成。

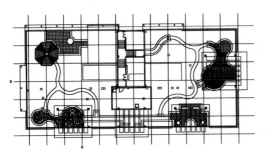

图 19-98　标注坐标原点

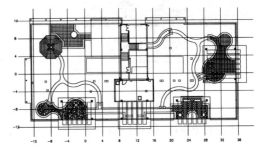

图 19-99　标注结果

第20章
产品造型设计及绘图

本章综合运用前面所学的三维建模知识，深入讲解 AutoCAD 在家具设计、工业产品设计等行业的应用和绘图技法，以达到学以致用的目的。

20.1 家具设计与绘图

家具设计是用图形（或模型）和文字说明等方法，表达家具的造型、功能、尺度与尺寸、色彩、材料和结构。家具设计既是一门艺术，又是一门应用科学。主要包括造型设计、结构设计及工艺设计 3 个方面。

20.1.1 绘制衣柜

本节主要讲述衣柜三维造型图的绘制，其案例效果如图 20-1 所示。该衣柜的结构相当简单，只是由不同大小的长方体组合而成。

(1)单击【快速访问】工具栏中的【新建】按钮 ，新建空白文件，再将工作空间切换至【三维建模】。

(2)在命令行中输入【REC】命令，绘制一个尺寸为 1700×500 的矩形，效果如图 20-2 所示。

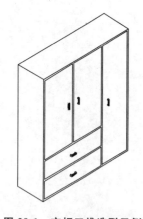

图 20-1 衣柜三维造型示例

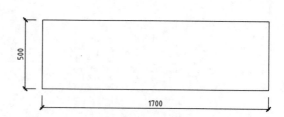

图 20-2 绘制矩形

(3)在【视图】选项卡中单击【视图】面板中的【视图】下拉菜单，选择【西南等轴测】，将视图转换为西南等轴测模式。

(4)在命令行中输入【EXT】命令,选择绘制的矩形,将其拉伸2000的高度,效果如图20-3所示。

(5)在【常用】选项卡中单击【建模】面板中的【长方体】按钮⬜,绘制一个尺寸为500×10×1950的长方体,作为衣柜的面板,并将其放置于衣柜的适当位置,效果如图20-4所示。

(6)重复【长方体】命令,绘制一个尺寸为1125×10×475的长方体,同样作为衣柜的抽屉面板,效果如图20-5所示。

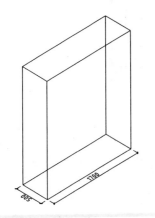
图20-3 切换视图并拉伸图形

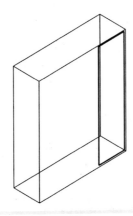
图20-4 绘制衣柜面板

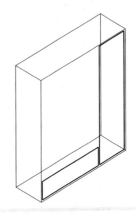
图20-5 继续绘制
衣柜抽屉面板

(7)在命令行中输入【CO】命令,将刚绘制的抽屉面板向上复制一份,效果如图20-6所示。

(8)依照上面的方法,绘制衣柜的其他面板,尺寸为550×10×1300的长方体,在命令行中输入【CO】命令,将刚绘制的面板向右复制一份,效果如图20-7所示。

(9)在命令行中输入【PL】命令,在绘图区合适位置绘制扫掠路径,如图20-8所示。

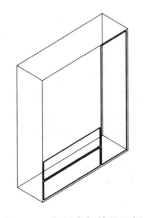
图20-6 复制衣柜抽屉面板

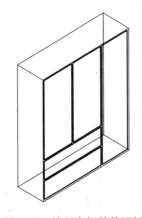
图20-7 绘制衣柜其他面板

图20-8 绘制扫掠路径

(10)在命令行中输入【REC】命令,在扫掠路径右侧端点处绘制尺寸为20×15的矩形。

(11)在【常用】选项卡中单击【建模】面板中的【扫掠】按钮🐞,扫掠矩形,如图 20-9 所示。

(12)单击【修改】面板中的【倒圆角】按钮◯,设置圆角半径为 5,对扫掠得到的模型进行圆角处理,如图 20-10 所示。

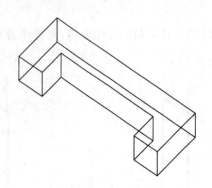

图 20-9　扫掠矩形

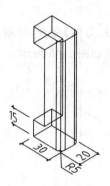

图 20-10　衣柜拉手

(13)利用【移动】、【复制】、【三维旋转】命令,将衣柜拉手放置到适当位置,如图 20-11 所示。

(14)在命令行中输入【HIDE】命令,消隐后效果如图 20-12 所示。

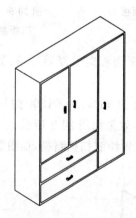

图 20-11　添加衣柜拉手

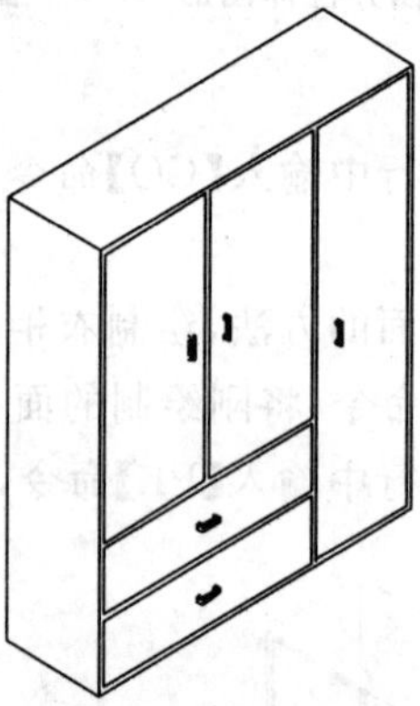

图 20-12　消隐后效果

20.1.2　绘制办公桌

本节讲述办公桌的绘制,其案例效果如图 20-13 所示。在绘制过程中所运用的操作命令大致有【长方体】、【拉伸】、【多段线】、【圆角】等。

(1)单击【快速访问】工具栏中的【新建】按钮▢,新建空白文件,再将工作空间切换至【三维建模】。

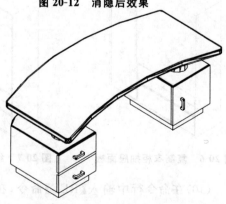

图 20-13　办公桌三维造型图示例

（2）在命令行中输入【ARC】、【LINE】命令，绘制办公桌桌面的轮廓线，效果如图 20-14 所示。

（3）在命令行中输入【F】命令，分别设置圆角半径 37、50，对桌面进行圆角处理，效果如图 20-15 所示。

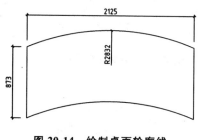

图 20-14　绘制桌面轮廓线

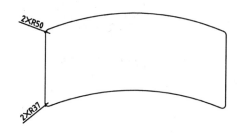

图 20-15　倒圆角

（4）在【常用】选项卡中单击【绘图】面板中的【面域】按钮，转换轮廓线为面域。

（5）在【视图】选项卡中单击【视图】面板中的【视图】下拉菜单，选择【西南等轴测】，将视图转换为西南等轴测模式。

（6）在命令行中输入【EXT】命令，将创建的面域拉伸 50 的高度，效果如图 20-16 所示。

（7）在【视图】选项卡中单击【视图】面板中的【视图】下拉菜单，选择【俯视】，切换视图至俯视。

（8）在命令行中输入【PL】命令，绘制如图 20-17 所示的办公桌柜体轮廓，再调用【偏移】命令，将绘制好的轮廓线向内偏移 50。

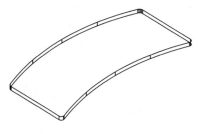

图 20-16　拉伸桌面

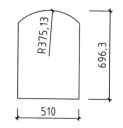

图 20-17　绘制柜体轮廓

（9）在【视图】选项卡中单击【视图】面板中的【视图】下拉菜单，选择【西南等轴测】，将视图转换为西南等轴测模式。

（10）在命令行中输入【EXT】命令，选择轮廓线，分别将其拉伸 444 和 -102，效果如图 20-18 所示。

（11）在命令行中输入【C】命令，绘制两个半径为 105 的圆，在命令行中输入【EXT】命令，输入拉伸高度为 200，调整其位置，效果如图 20-19 所示。

（12）在命令行中输入【M】命令，移动柜体到适当位置，效果如图 20-20 所示。

（13）在命令行中输入【MIRROR3D】命令，镜像柜体到右侧，效果如图 20-21 所示。

（14）在【常用】选项卡中单击【建模】面板中的【长方体】按钮，绘制一个尺寸为 510×25×200 的长方体，作为办公桌抽屉面板，调用【复制】命令，移动复制出另一个抽屉面板，

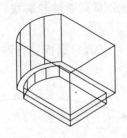

图 20-18　拉伸柜体

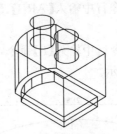

图 20-19　绘制支撑圆柱

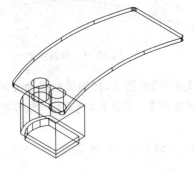

图 20-20　移动组合柜体与桌面

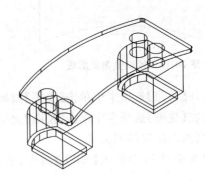

图 20-21　绘制右侧柜体

效果如图 20-22 所示。

（15）使用相同的方法，绘制尺寸为 510×25×420 的右侧柜体门面板，效果如图 20-23 所示。

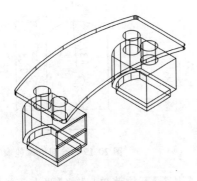

图 20-22　绘制抽屉面板

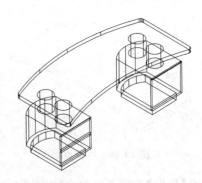

图 20-23　绘制柜门

（16）切换视图到俯视图，输入【PL】命令，绘制如图 20-24 所示的抽屉和门拉手轮廓。

（17）切换视图到西南轴等轴测模式，在命令行中输入【EXT】，调用拉伸命令，将拉手向上拉伸高度 20，并利用【M】、【CO】命令布置拉手到适当位置，效果如图 20-25 所示。

（18）在【常用】选项卡中单击【建模】面板中的【长方体】按钮▱，绘制一个尺寸为 1044×25×300 的长方体，作为办公桌的挡板，在命令行中输入【M】命令，将挡板移动到适当位置，效果如图 20-26 所示。

（19）在命令行中输入【F】命令，设置圆角半径为 10，对办公桌桌面棱角及柜体棱角进行圆角处理，效果如图 20-27 所示。

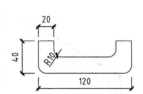

图 20-24　绘制拉手轮廓

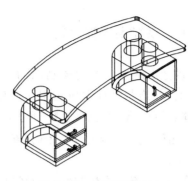

图 20-25　复制移动拉手

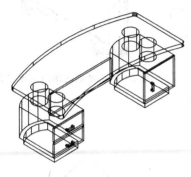

图 20-26　绘制办公桌挡板

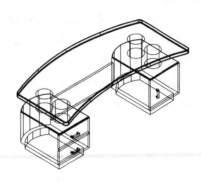

图 20-27　圆角处理

（20）在命令行输入【HI】命令,消隐后效果如图 20-28 所示。

图 20-28　消隐效果

20.2　工业产品造型设计

随着科技日新月异地发展,工业产品设计得到了更广泛的运用与推广。工业产品设计能使整个生产流水线更加规范,能够大大提高企业的生产效率。因此工业产品设计能够直接影响企业的市场竞争力。工业产品设计包括工业美术设计、产品造型设计与产品设计等。

20.2.1 绘制电脑显示器

本节讲述电脑显示器的绘制,其案例效果如图 20-29 所示。在绘制过程中所运用的操作命令大致有【长方体】、【拉伸】、【多段线】、【圆角】等。

(1)单击【快速访问】工具栏中的【新建】按钮 ◻,新建空白文件。

(2)在命令行输入【PL】命令,绘制如图 20-30 所示的显示器底座二维轮廓曲线。

(3)在命令行中输入【RO】命令,将轮廓线逆时针旋转 45°,再在命令行中输入【F】命令,设置圆角半径为 30,对其进行圆角处理,效果如图 20-31 所示。

(4)在命令行输入【REC】命令,绘制一个尺寸大小为 80×30 的矩形,将其移动到底座轮廓线中适当

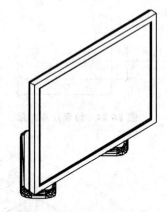

图 20-29　电脑显示器三维造型示例

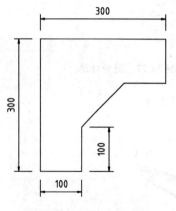

图 20-30　绘制底座轮廓线

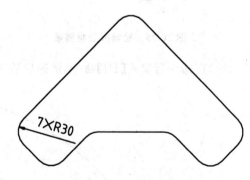

7×R30

图 20-31　圆角轮廓线

位置,作为支架插槽,效果如图 20-32 所示。

(5)在【视图】选项卡中单击【视图】面板中的【视图】下拉菜单,选择【西南等轴测】,将视图切换至西南等轴测模式。

(6)在命令行中输入【EXT】命令,将拉伸底座及插槽,拉伸高度为 20,效果如图 20-33 所示。

(7)在【常用】选项卡中单击【实体编辑】中的【差集】按钮 ◎,将矩形从底座实体中修剪掉。再在命令行中输入【F】命令,设置圆角半径为 10,对底座进行圆角处理,效果如图 20-34 所示。

(8)切换视图到左视图,在命令行中输入【PL】命令,绘制如图 20-35 所示的支架轮廓。

(9)在命令行输入【PL】命令,绘制如图 20-36 所示的连接槽;切换视图到西南等轴测,输入【EXT】命令,拉伸支架和连接槽,拉伸高度分别为 80 和 40,效果如图 20-37 所示。

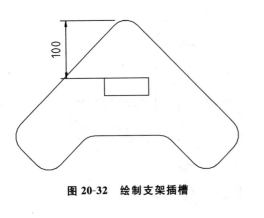

图 20-32　绘制支架插槽

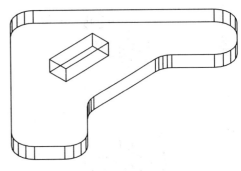

图 20-33　拉伸底座及插槽

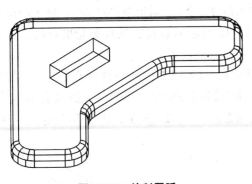

图 20-34　绘制圆弧

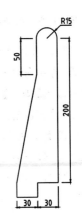

图 20-35　绘制支架轮廓

　　(10)在命令行中输入【M】命令,捕捉辅助线的中点,移动连接槽到支架中,效果如图 20-38 所示。

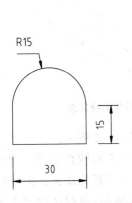

图 20-36　绘制连接槽轮廓

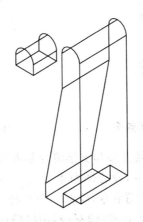

图 20-37　拉伸支架及连接槽

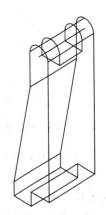

图 20-38　移动连接槽

　　(11)在命令行中输入 UCS,并按回车键,移动坐标系,并绘制一个半径为 4、高度为 80 的圆柱体,再执行【实体编辑】|【差集】命令,去掉连接槽及圆柱。最后,在命令行中输入【E】命令,删除辅助线,得到连接槽及连接轴孔,效果如图 20-39 所示。

　　(12)在命令行中输入【M】命令,将支架组合到底座上,效果如图 20-40 所示。

445

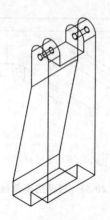

图 20-39 绘制连接槽及连接轴孔

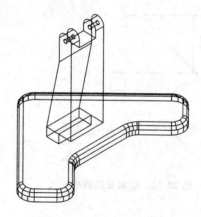

图 20-40 组合底座及支架

(13)切换视图到左视图。在命令行中输入【C】命令，分别绘制半径为 15 和 4 的两个同心圆；再在命令行中输入【PL】，绘制如图 20-41 所示的连接支架局部轮廓；最后，在命令行中输入【REC】命令，绘制一个尺寸大小为 15×90 的矩形。

(14)切换视图到西南等轴测。在命令行中输入【EXT】命令，拉伸圆高度为 40，拉伸局部连接支架为 80，拉伸矩形高度为 90。再调用【移动】命令，将圆、局部连接支架、矩形组合起来，分别单击【实体编辑】面板中的【差集】按钮 ⑩ 和【并集】按钮 ⑩，得到连接支架，效果如图 20-42 所示。

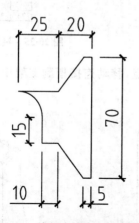

图 20-41 绘制连接支架局部轮廓

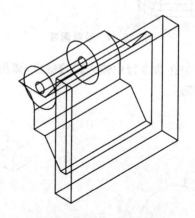

图 20-42 组合连接支架

(15)调用【移动】命令，将连接支架和支架组合起来，效果如图 20-43 所示。

(16)在命令行中输入【F】命令，设置圆角半径为 2，对连接支架进行圆角处理。切换视图到左视图，在命令行中输入【C】命令，绘制一个半径为 4 的圆。切换视图到西南等轴测，输入【EXT】命令，拉伸高度为 80，拉伸圆；利用【M】命令，捕捉圆心，将圆移动到支架连接处，作为连接轴，效果如图 20-44 所示。

(17)执行【视图】|【后视】菜单命令，切换视图到后视图；在命令行中输入【REC】命令，绘制一个尺寸为 480×360 的矩形；输入【O】命令，将矩形向内分别偏移 20、30、80，效果如图 20-45 所示。

(18)切换至西南等轴测视图，在【常用】选项卡中单击【建模】面板中的【拉伸】按钮

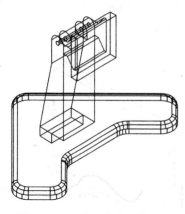

图 20-43　组合支架和连接支架

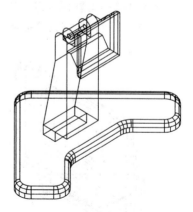

图 20-44　圆角处理连接支架

，利用【拉伸】命令绘制如图 20-46 所示的截面，拉伸高度由外向内分别为 30、5、30、20。

(19)调用【移动】命令，移动拉伸好的矩形，结果如图 20-47 所示。

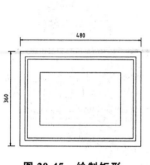

图 20-45　绘制矩形

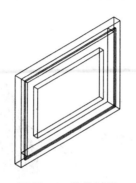

图 20-46　拉伸矩形

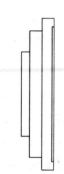

图 20-47　移动矩形

(20)在【常用】选项卡中单击【实体编辑】面板中的【差集】按钮 ⑩，减去高度为 5 的长方体；然后单击【实体编辑】面板中的【并集】按钮 ⑩，将余下长方体并在一起，结果如图 20-48 所示。

(21)在命令行中输入【F】命令，对屏幕进行圆角细节处理，效果如图 20-49 所示。

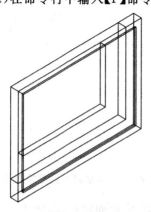

图 20-48　组合屏幕

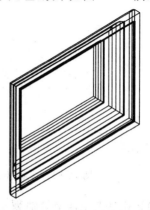

图 20-49　屏幕圆角细节处理

（22）调用【移动】命令，组合屏幕及支撑底座，效果如图 20-50 所示。

（23）在命令行输入【HI】命令，消隐后效果如图 20-51 所示。

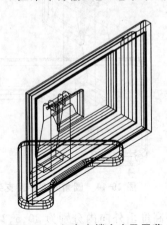

图 20-50　组合支撑底座及屏幕

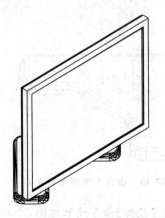

图 20-51　消隐后效果

20.2.2　绘制壁灯

本节讲述壁灯的绘制，其案例效果如图 20-52 所示。在绘制过程中运用【EDGESURF】命令生成曲面。

（1）单击【快速访问】工具栏中的【新建】按钮🗋，新建空白文件。

（2）切换视图为西南等轴测，在命令行输入【BOX】命令，绘制一个尺寸为 620×12×100 的长方体，如图 20-53 所示的壁灯墙板。

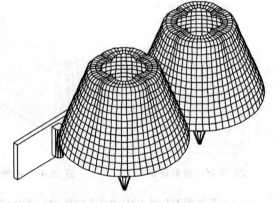

图 20-52　壁灯三维造型示例

（3）切换视图到俯视图中，输入【PL】命令，绘制如图 20-54 所示的灯架底座轮廓。

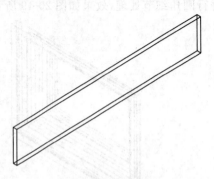

图 20-53　绘制墙板

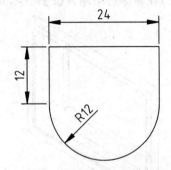

图 20-54　绘制灯架底座轮廓线

（4）切换视图至西南等轴测，在命令行输入【EXT】命令，拉伸底座，高度为 80，效果如图 20-55 所示。

(5)再将视图切换至前视图,输入【C】命令,绘制半径为 10 的圆作为灯架轮廓,切换视图至西南等轴测,输入【EXT】命令,拉伸高度为 185,拉伸出灯架,效果如图 20-56 所示。

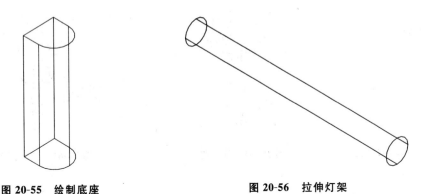

图 20-55　绘制底座　　　　　　　　　　图 20-56　拉伸灯架

(6)利用【M】、【RO】命令,旋转角度为 15°,组合灯架与底座,选择【实体编辑】菜单栏中的【并集】命令,将其合并在一起,效果如图 20-57 所示。

(7)利用【M】、【MI】命令,将灯架安装至墙板上,并绘制出另一个灯架,效果如图 20-58 所示。

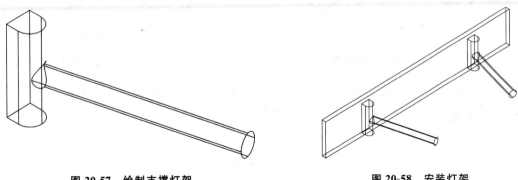

图 20-57　绘制支撑灯架　　　　　　　　图 20-58　安装灯架

(8)切换视图至左视图,在命令行输入【PL】命令,绘制如图 20-59 所示的灯座轮廓;切换视图到西南等轴测,输入【REV】命令,绘制出灯座,效果如图 20-60 所示。

(9)在命令行中输入【M】命令,安装灯座至合适位置,在命令行中输入【CO】命令,绘制出另一个灯座,效果如图 20-61 所示。

(10)在命令行输入【C】命令,绘制一个半径为 160 的圆,输入【L】命令,绘制两条辅助线,在命令行输入【UCS】命令,将坐标原点重新定位于辅助线的交点上,效果如图 20-62 所示。

(11)在命令行中输入【PL】命令,绘制一段多段线,效果如图 20-63 所示。

(12)在命令行中输入【CO】命令,复制绘制好的多段线到另一个端点,如图 20-64 所示。

(13)在命令行中输入【3DR】命令,旋转复制的多段线,角度为 90°,效果如图 20-65 所示。

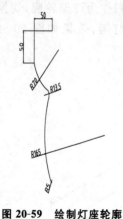

图 20-59　绘制灯座轮廓

图 20-60　旋转灯座

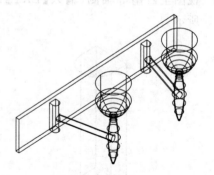

图 20-61　安装灯座

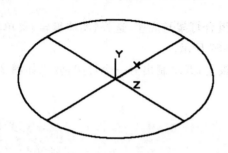

图 20-62　绘制灯罩底面

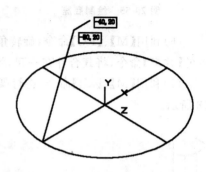

图 20-63　绘制灯罩

(14)在命令行输入【UCS】命令并按下 Enter 键,把用户坐标绕 X 轴旋转-90°,输入【ARC】命令,绘制半径为 28 的圆弧,效果如图 20-66 所示。

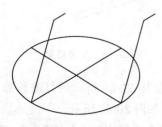

图 20-64　复制多段线

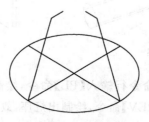

图 20-65　旋转多段线

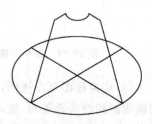

图 20-66　绘制圆弧

(15)在命令行中输入【SURFTAB1】/【SURFTAB2】命令,输入数值为 15;再在命令行中输入【TR】命令,修剪部分底面圆;最后,在命令行中输入【EDGESURF】,绘制边界网格,效果如图 20-67 所示。

(16)在命令行中输入【AR】命令,对曲面进行环形阵列,设置项目数为 4,在命令行中输入【E】删除命令,删除掉辅助线,效果如图 20-68 所示。

(17)调用【移动】、【复制】命令,安装灯罩,效果如图 20-69 所示。

(18)在命令行输入【HI】命令,消隐后效果如图 20-70 所示。

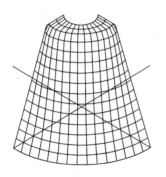

图 20-67　生成曲面

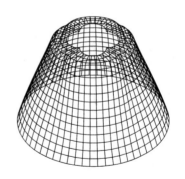

图 20-68　阵列曲面

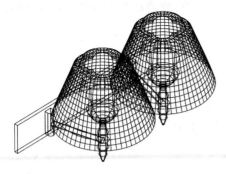

图 20-69　安装灯罩

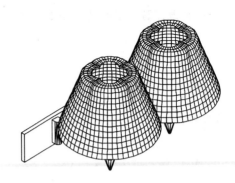

图 20-70　消隐后效果

20.2.3　绘制耳麦

本实例将具体讲解怎么绘制耳机的三维实体,效果如图 20-71 所示。

(1)单击【快速访问】工具栏中的【新建】按钮□,新建图形文件。

(2)在命令行中输入【ISOLINES】,并按回车键,将其值改为"16"。

(3)将视图切换到【东南等轴测】模式,单击【建模】面板上的【长方体】按钮□,绘制一个角点在原点,且长为15、宽为30、高为30的长方体,如图 20-72 所示。

(4)单击【绘图】面板上【圆】按钮⊘,以(7.5,10,30)为圆心,以 4 为半径,在长方体表面绘制一个圆,如图 20-73 所示。

图 20-71　耳机的三维实体效果

(5)在命令行中输入【UCS】,并按回车键,将坐标系沿 X 轴旋转90°,以点(90,0,0)为原点,绘制一个半径为 90 的圆,效果如图 20-74 所示。

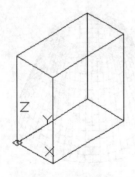

图 20-72　绘制长方体

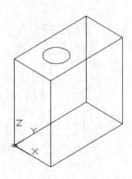

图 20-73　绘制圆

（6）再调用【LINE】和【TRIM】命令，配合【删除】命令，修剪图形到如图 20-75 所示的效果。

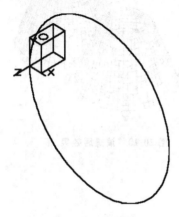

图 20-74　绘制圆

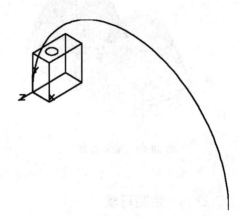

图 20-75　修剪图形

（7）单击【建模】面板上【拉伸】按钮 ，选择长方体表面的小圆为要拉伸的对象，选择圆弧为拉伸路径，效果如图 20-76 所示，其命令行提示如下。

```
命令：_extrude    //调用【拉伸】命令
当前线框密度：ISOLINES=4,闭合轮廓创建模式=实体
选择要拉伸的对象或［模式(MO)］：_MO 闭合轮廓创建模式［实体(SO)/曲面(SU)］
   ＜实体＞：SO↙    //激活"实体"选项
选择要拉伸的对象或［模式(MO)］：找到 1 个    //选择小圆为拉伸对象
选择要拉伸的对象或［模式(MO)］：    //单击右键结束对象选择
指定拉伸的高度或［方向(D)/路径(P)/倾斜角(T)/表达式(E)］＜30.0000＞：P↙
   //激活"路径"选项
选择拉伸路径或［倾斜角(T)］：    //选择之前绘制的圆弧为拉伸路径
```

（8）在状态栏中单击打开【正交】模式，在合适位置绘制矩形，并调用【REG】命令，将其创建成面域，绘制如图 20-77 所示的平面。

（9）单击【修改】面板上【三维镜像】按钮 ，选择刚拉伸的实体为镜像对象，刚绘制的平面为镜像平面，进行镜像操作，效果如图 20-78 所示。

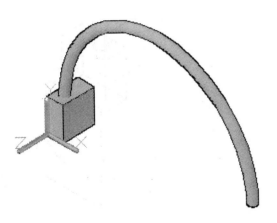

图 20-76　拉伸圆

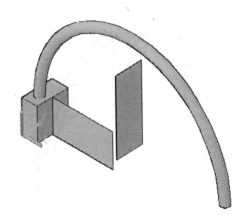

图 20-77　绘制镜像平面

（10）重复镜像操作，镜像长方体，效果如图 20-79 所示。

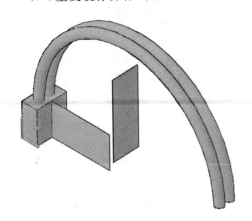

图 20-78　镜像图形

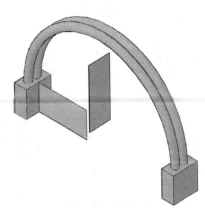

图 20-79　镜像长方体

（11）单击【绘图】面板上【圆】按钮⊙，以(7.5,6 ,0)为圆心，在长方体表面绘制半径为 1 的圆，如图 20-80 所示。

（12）将视图转换到【左视】视图，绘制如图 20-81 所示的路径。

（13）单击【建模】面板上【拉伸】按钮▯，选择长方体表面的小圆为要拉伸的对象，选择刚绘制的路径为拉伸路径，效果如图 20-82 所示。

（14）单击【修改】面板上【三维镜像】按钮％，选择刚拉伸的实体为镜像对象，在横平的那个平面为镜像平面，进行镜像操作，效果如图 20-83 所示。

（15）单击【实体编辑】面板【并集】按钮◎，将两个挂钩求并集。以挂钩的中点为长方体中心，绘制如图 20-84 所示的长方体，此长方体要保证长度为 60。

（16）单击【实体编辑】面板【差集】按钮◎，在【绘图区】中选取挂钩为被剪切的对象，按 Enter 键或单击鼠标右键，根据提示，选取挂钩上的长方体为要剪切的对象，按 Enter 键或单击鼠标右键即可执行差集操作，效果如图 20-85 所示。

（17）单击【修改】面板上【三维镜像】按钮％，选择挂钩为镜像对象，在竖直的那个平面为镜像平面，进行镜像操作，效果如图 20-86 所示。

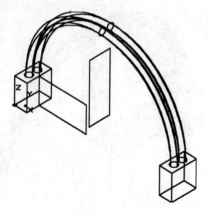

图 20-80　绘制圆

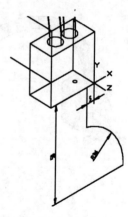

图 20-81　绘制拉伸路径

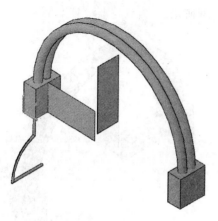

图 20-82　拉伸图形

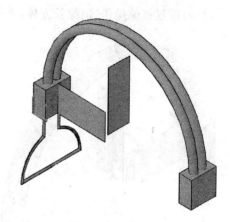

图 20-83　镜像图形

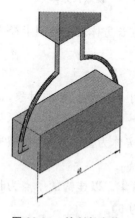

图 20-84　绘制长方体

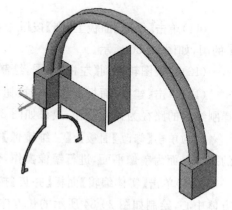

图 20-85　差集运算

　　(18)单击【实体编辑】面板中 ，选择两个长方体的四个面为拔模面，选择长方体的一条侧棱为倾斜轴，方向自上而下，角度为 3°，效果如图 20-87 所示。

　　(19)单击【修改】面板上【圆角】按钮 ，对各连接边倒半径为 2 的圆角，结果如图 20-88 所示。

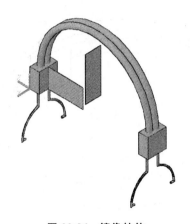

图 20-86　镜像挂钩

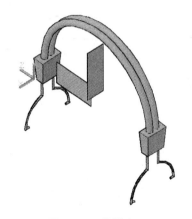

图 20-87　拔模表面

（20）再删除辅助平面，至此耳机的上半部分已经绘制完成。

（21）在命令行中输入【UCS】，并按回车键，将坐标系切换到世界坐标系，如图 20-89 所示。

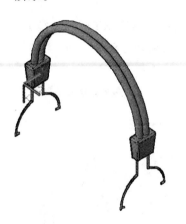

图 20-88　倒圆角

图 20-89　转换坐标系

（22）单击【建模】面板中【圆柱体】按钮 ，以原点为底面中心、半径为35、高为8建立一个圆柱体，效果如图 20-90 所示。

（23）重复绘制圆柱体，以（0,0,0）为底面中心、半径为 31.5、高为 7 绘制圆柱体，效果如图 20-91 所示。

（24）单击【建模】面板中【球体】按钮 ，以（0,0,−32）为球心、半径为 56.6 建立一个球体，结果如图 20-92 所示。

（25）单击【实体编辑】面板中【剖切】按钮 ，选择球体为剖切对象，其命令行提示如下。

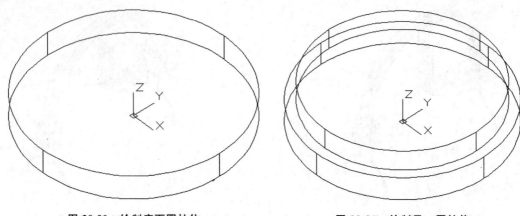

图 20-90　绘制底面圆柱体　　　　　　　　图 20-91　绘制另一圆柱体

命令：_slice　　//调用【剖切】命令

选择要剖切的对象：找到 1 个　　//选择球体为剖切对象

选择要剖切的对象：　　//单击右键结束选择

指定切面的起点或 [平面对象(O)/曲面(S)/Z 轴(Z)/视图(V)/XY(XY)/YZ(YZ)/

　ZX(ZX)/三点(3)]＜三点＞：XY　　//选择 XY 平面方式剖切对象

指定 XY 平面上的点 ＜0,0,0＞：0,0,15　　//输入一个剖切平面上的点

在所需的侧面上指定点或 [保留两个侧面(B)]＜保留两个侧面＞：　　//选择保留上半部分

　　(26)通过以上操作即可完成剖切操作，效果如图 20-93 所示。

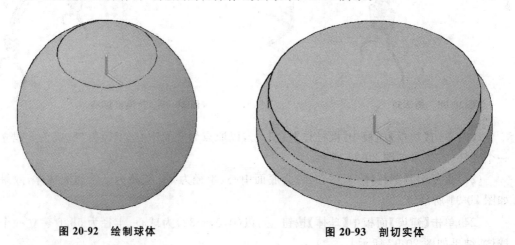

图 20-92　绘制球体　　　　　　　　　图 20-93　剖切实体

　　(27)将视图切换到【前视】视图，以(0,11.5)为圆心、半径分别为 2 和 1 绘制两个圆，效果如图 20-94 所示。

　　(28)将两个圆转化为面域，单击【实体编辑】面板上【差集】按钮⑩，在【绘图区】中选取大圆为被剪切的对象，按 Enter 键或单击鼠标右键，根据提示，选择小圆为要剪切的对象，按 Enter 键或单击鼠标右键即可执行差集操作。

　　(29)单击【建模】面板上的【拉伸】按钮，选择面域为要拉伸的对象，拉伸长度为 34，效果如图 20-95 所示。

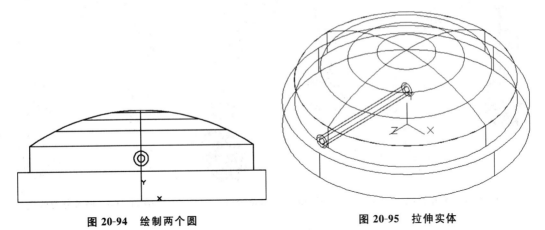

图 20-94　绘制两个圆　　　　　　　　图 20-95　拉伸实体

（30）单击【实体编辑】面板上【拉伸面】按钮，选择刚绘制的圆柱面为拉伸面，输入拉伸高度为 34，效果如图 20-96 所示。

（31）单击【实体编辑】面板的【并集】按钮，将所有实体对象合并为一个整体，单击【实体编辑】面板中的【圆角】按钮，对实体最底的边倒半径为 4 的圆角，对实体中最底处的圆柱体上边倒半径为 2 的圆角，对实体中上下两圆柱交界的一边倒半径为 1 的圆角，自此耳机的下半部分就绘制完成了，效果如图 20-97 所示。

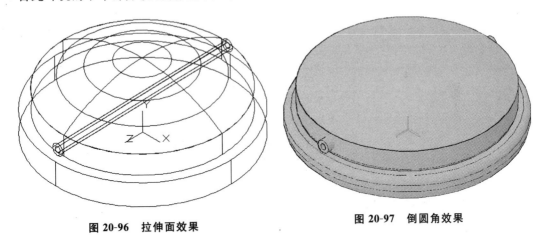

图 20-96　拉伸面效果　　　　　　　　图 20-97　倒圆角效果

（32）将耳机下半部分选择 90°，在命令行中输入【ALIGN】，将耳机下半部分装配到耳机的上半部分，效果如图 20-98 所示。

（33）单击【修改】面板上【三维镜像】按钮，选择听筒为镜像对象，进行镜像操作，效果如图 20-99 所示。

（34）在【功能区】将【常用】选项卡切换到【渲染】选项卡，并在【材质】面板中单击选择【材质/纹理开】复选框，单击【材质浏览器】按钮，打开材质浏览器。选择合适的材质赋予耳机，并调整其色彩显示，其效果如图 20-100 所示。

图 20-98 装配耳机   图 20-99 镜像听筒   图 20-100 添加材质效果